"十二五"普通高等教育本科国家级规划教材

"十三五"江苏省高等学校重点教材

国家精品在线开放课程

电子设计与嵌入式开发实践丛书

嵌入式技术基础与实践（第6版）

——基于STM32L431微控制器

微课视频版

王宜怀　主编

李跃华　徐文彬　施连敏　副主编

U0228511

清华大学出版社

北京

内 容 简 介

本书以意法半导体(ST)ARM Cortex-M4 内核的 STM32L431 微控制器为蓝本,以知识要素为核心,以构件化为基础阐述嵌入式技术基础与实践,同时本书随附实践硬件系统。全书共 12 章,第 1 章在运行一个嵌入式系统实例的基础上简要阐述嵌入式系统的知识体系、学习误区与学习建议;第 2 章给出 ARM Cortex-M4 微处理器简介;第 3 章给出 MCU 存储器映像、中断源与硬件最小系统;第 4 章以 GPIO 为例给出规范的工程组织框架,阐述底层驱动的应用方法;第 5 章阐述嵌入式硬件构件与底层驱动构件基本规范;第 6 章给出串行通信模块及第一个带中断的实例;第 1～6 章囊括了学习一个微控制器入门环节的完整要素;第 7～11 章分别给出 SysTick、Timer、PWM、Flash 在线编程、ADC、DAC、SPI、I2C、TSC、CAN、DMA、位带操作、系统时钟、复位模块、看门狗及电源控制模块等内容;第 12 章给出 RTOS、嵌入式人工智能、NB-IoT、4G、WiFi 及 WSN 等应用案例。

本书提供了电子教学资源,内含芯片资料、使用文档、硬件说明、源程序等,还制作了课件及微课视频。

本书适用于高等学校嵌入式系统的教学及技术培训,也可供嵌入式系统与物联网应用技术人员作为研发参考。

图书在版编目(CIP)数据

嵌入式技术基础与实践:基于 STM32L431 微控制器:微课视频版/王宜怀主编.—6 版.—北京:清华大学出版社,2021.7(2024.8重印)

（电子设计与嵌入式开发实践丛书）

ISBN 978-7-302-58530-5

Ⅰ.①嵌… Ⅱ.①王… Ⅲ.①微处理器－系统设计 Ⅳ.①TP332

中国版本图书馆 CIP 数据核字(2021)第 121996 号

责任编辑:刘向威 常晓敏
封面设计:文 静
责任校对:李建庄
责任印制:曹婉颖

出版发行:清华大学出版社
    网 址:https://www.tup.com.cn,https://www.wqxuetang.com
    地 址:北京清华大学学研大厦 A 座 邮 编:100084
    社 总 机:010-83470000 邮 购:010-62786544
    投稿与读者服务:010-62776969,c-service@tup.tsinghua.edu.cn
    质量反馈:010-62772015,zhiliang@tup.tsinghua.edu.cn
    课件下载:https://www.tup.com.cn,010-83470236
印 装 者:三河市铭诚印务有限公司
经 销:全国新华书店
开 本:185mm×260mm 印 张:20.5 字 数:497 千字
版 次:2007 年 11 月第 1 版 2021 年 8 月第 6 版 印 次:2024 年 8 月第 6 次印刷
印 数:11001～16000
定 价:99.80 元

产品编号:091229-01

前言

嵌入式计算机系统简称为嵌入式系统,其概念最初源于传统测控系统对计算机的需求。随着以微处理器(MPU)为内核的微控制器(MCU)制造技术的不断进步,计算机领域在通用计算机系统与嵌入式计算机系统这两大分支分别得以发展。通用计算机已经在科学计算、通信、日常生活等各个领域产生重要影响。在后 PC 时代,嵌入式系统的广阔应用是计算机发展的重要特征。一般来说,嵌入式系统的应用范围可以粗略分为两大类:一类是电子系统的智能化(如工业控制、汽车电子、数据采集、测控系统、家用电器、现代农业、嵌入式人工智能及物联网应用等),这类应用也被称为微控制器(MCU)领域;另一类是计算机应用的延伸(如平板电脑、手机、电子图书等),这类应用也被称为应用处理器(MAP)领域。在 ARM 产品系列中,ARM Cortex-M 系列与 ARM Cortex-R 系列适用于电子系统的智能化类应用,即微控制器领域;ARM Cortex-A 系列适用于计算机应用的延伸,即应用处理器领域。不论如何分类,嵌入式系统的技术基础是不变的,即要完成一个嵌入式系统产品的设计,需要有硬件、软件及行业领域相关知识。但是,随着嵌入式系统中软件规模的日益增大,业界对嵌入式底层驱动软件的封装提出了更高的要求,因此嵌入式底层驱动软件的可复用性与可移植性受到特别的关注,嵌入式软硬件构件化开发方法逐步被业界重视。

本书 1~5 版先后获得苏州大学精品教材、江苏省高等学校重点教材、"十一五""十二五"普通高等教育本科国家级规划教材、国家精品在线开放课程等。本版是在 2019 年出版的第 5 版基础上重新撰写的,样本芯片使用意法半导体 ARM Cortex-M4 内核的 STM32L431 微控制器。同时,在意法半导体、南京沁恒微电子及清华大学出版社的支持下,配备了可以直接实践的硬件系统,具备简捷、便利、边学边实践等优点,克服了实验箱模式的冗余、不方便带出实验室、不易升级等缺点,为探索嵌入式教学模式提供了一种新的尝试。

书中以嵌入式硬件构件及底层软件构件设计为主线,基于嵌入式软件工程的思想,按照"通用知识—驱动构件使用方法—测试实例—构件制作过程"的线条,逐步阐述电子系统智能化嵌入式应用的软件与硬件设计。需要特别说明的是,虽然书籍撰写与教学必须以某一特定芯片为蓝本,但作为嵌入式技术基础,本书试图阐述嵌入式通用知识要素。因此,本书以知识要素为基本立足点设计芯片底层驱动,使得应用程序与芯片无关,具有通用嵌入式计算机(GEC)的性质。书中将大部分驱动的使用方法提前阐述,而驱动构件的设计方法后置,

Preface

目的是先学会使用构件进行实际编程,后理解构件的设计方法。因构件设计方法部分有一定难度,对于不同要求的教学场景,也可不要求学生理解全部构件的设计方法,讲解一两个即可。

本书具有以下特点。

(1)把握通用知识与芯片相关知识之间的平衡。书中对于嵌入式"通用知识"的基本原理,以应用为立足点,进行语言简洁、逻辑清晰的阐述,同时注意与芯片相关知识之间的衔接,使读者在更好地理解基本原理的基础上,学习芯片应用的设计,进而加深对通用知识的理解。

(2)把握硬件与软件的关系。嵌入式系统是软件与硬件的综合体,嵌入式系统设计是一个软件、硬件协同设计的工程,不能像通用计算机那样把软件、硬件完全分开来看。特别是对电子系统智能化嵌入式应用来说,没有对硬件的理解就不可能写好嵌入式软件,同样没有对软件的理解也不可能设计好嵌入式硬件。因此,本书注重把握硬件知识与软件知识之间的关系。

(3)对底层驱动进行构件化封装。书中根据嵌入式软件工程基本原则并按照构件化封装要求,给出每个模块的底层驱动程序,同时给出详细、规范的注释及对外接口,为实际应用提供底层构件,方便移植与复用,为读者进行实际项目开发节省大量时间。

(4)设计合理的测试用例。书中所有源程序均经测试通过,并保留测试用例在本书的网上教学资源,避免了因例程的书写或固有错误给读者带来烦恼。这些测试用例,也为读者验证与理解带来方便。

(5)网上教学资源提供了所有模块完整的底层驱动构件化封装程序与测试用例,包括需要使用PC的程序测试用例,提供了PC的C♯源程序、芯片资料、使用文档、硬件说明等,还制作了课件及微课视频,网上教学资源的版本将会适时更新。

本书由苏州大学王宜怀教授担任主编,李跃华、徐文彬、施连敏担任副主编。苏州大学嵌入式人工智能与物联网实验室的博士研究生、硕士研究生参与程序开发、书稿整理及有关资源建设,他们卓有成效的工作使得本书更加充实。ST大学计划的丁晓磊女士,ARM中国教育生态部的王梦馨女士、南京沁恒微电子的杨勇先生及刘帅先生等为本书提供了许多帮助。刘纯平教授、赵雷教授、章晓芳副教授、刘晓升博士等老师参与本书撰写的讨论,提出了不少建设性建议,在此一并表示诚挚的感谢。

由于作者水平有限,书中难免存在不妥之处,恳望读者提出宝贵意见和建议,以便再版时改进。

苏州大学　王宜怀

2021年6月

硬件资源及网上教学资源

硬件资源（AHL-STM32L431）

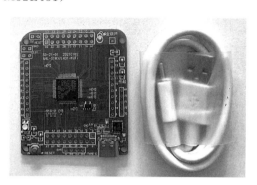

网上教学资源：AHL-MCU-6

文 件 夹		内 容
01-Information		内核及芯片文档
02-Document		补充阅读材料、硬件使用说明等
03-Hardware		硬件文档
04-Software	CH01	硬件测试程序（含 MCU 方及 PC 方程序）
	CH02	认识汇编语句生成的机器码
	CH04	直接地址方式干预发光二极管；构件方式干预发光二极管；汇编编程方式干预发光二极管
	CH06	直接地址方式串口发送数据，构件方式串口发送数据，利用串口接收中断进行数据接收
	CH07	内核 SysTick 定时器；带日历功能实时时钟 RTC；Timer 模块基本定时器；脉宽调制 PWM、输入捕捉、输出比较；PC 方配套测试程序
	CH08	Flash、ADC、DAC；PC 方配套测试程序
	CH09	SPI、I2C、TSC；GPIO 模拟 TSC
	CH10	CAN、DMA、位带操作
	CH11	系统时钟程序的注解、看门狗、CRC
	CH12\RTOS	实时操作系统的延时函数、事件、消息队列、信号量、互斥量
	CH12\EORS	嵌入式人工智能：物体认知系统
	CH12\NB-IoT	窄带物联网 NB-IoT
	CH12\IoT	物联网的 4G、Cat1、WiFi、WSN 通信方式
05-Tool		AHL-STM32L431 板载 TTL-USB 芯片驱动程序
06-Other		C♯2019 串口测试程序；C♯快速应用指南下载导引

该网上教学资源适时更新，可通过百度搜索"苏州大学嵌入式学习社区"官网→"金葫芦专区"→"嵌入式书 6 版"下载；也可通过清华大学出版社官网下载。

目 录

Contents

第1章

概　　述

本章导读：由于本书配有可实践的硬件体系，作为全书导引，本章首先从运行第一个嵌入式程序开始，使读者直观认识到嵌入式系统就是一个实实在在的微型计算机；接着阐述嵌入式系统的基本概念、由来、发展简史、分类及特点；给出嵌入式系统的学习困惑、知识体系及学习建议；随后给出微控制器与应用处理器简介；最后简要归纳嵌入式系统的常用术语，以便对嵌入式系统的基本词汇有初步认识，为后续内容的学习提供基础。补充阅读材料中简要总结了嵌入式系统常用的 C 语言基本语法概要，以便快速收拢本书所用到的 C 语言知识要素。读者可扫描书中的二维码获得补充阅读材料。

1.1　初识嵌入式系统

视频讲解

嵌入式系统即嵌入式计算机系统(Embedded Computer System)，它不仅具有通用计算机的主要特点，还具有自身特点。嵌入式系统不单独以通用计算机的产品出现，而是隐含在各类具体的智能产品中，如手机、机器人、自动驾驶系统等。嵌入式系统在嵌入式人工智能、物联网、工厂智能化等产品中起核心作用。

由于嵌入式系统是一门理论与实践密切结合的课程，为了使读者能够更好、更快地学习嵌入式系统，本书随附了苏州大学嵌入式人工智能与物联网实验室(SD-EAI&IoT)研发的 AHL-STM32L431 嵌入式开发套件。下面从运行这个小小的微型计算机开始，开启嵌入式系统的学习之旅。

1.1.1　运行硬件系统

1. 了解实践硬件

图 1-1 为本书随附的 AHL-STM32L431 嵌入式开发套件，它由 AHL-STM32L431 主

板与一根标准的 Type-C 数据线①组成,具体内容如表 1-1 所示。

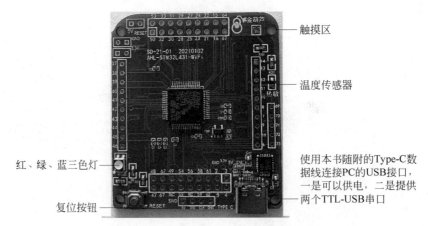

触摸区

温度传感器

使用本书随附的Type-C数据线连接PC的USB接口,一是可以供电,二是提供两个TTL-USB串口

红、绿、蓝三色灯

复位按钮

图 1-1 AHL-STM32L431 嵌入式开发套件

表 1-1 AHL-STM32L431 嵌入式开发套件的硬件清单

名 称	数量	备 注
AHL-STM32L431	1 套	① 内含微控制器(型号:STM32L431),5V 转 3.3V 电源模块,红、绿、蓝三色灯,温度传感器,触摸按键,两路 TTL-USB 串口,复位按键等; ② 对外接口:GPIO、UART、SPI、I2C、ADC、DAC、PWM 等
Type-C 数据线	1 根	标准 Type-C 数据线,取电与串口通信使用

AHL-STM32L431 是一个典型的嵌入式系统,虽然体积很小,但它包含了计算机的基本要素,也就是俗话所说的麻雀虽小五脏俱全。

2. 测试实践硬件

出厂时已经将补充阅读材料中的..04-Software\CH01 文件夹下的测试程序灌入这个嵌入式计算机内,只要给它供电,其中的程序就可以运行了,步骤如下。

步骤 1:使用 Type-C 数据线给主板供电。将 Type-C 数据线的小端连接主板,另外一端接通用计算机的 USB 接口。

步骤 2:观察程序运行效果。现象如下:①红、绿、蓝各灯每 5s、10s、20s 状态变化,对外表现为三色灯的合成色,其实际效果如图 1-2 所示。即开始时为暗,依次变化为红、绿、黄(红+绿)、蓝、紫(红+蓝)、青(蓝+绿)、白(红+蓝+绿),周而复始;②用手触摸主板上标有"热敏"字样的温度传感器,可以看到黄灯会闪烁 3 次;③用手触摸主板上标有"金葫芦"字样的触摸区,可以看到白灯闪烁 3 次。

从运行效果可以体会到这小小的嵌入式计算机的功能。实际上,该嵌入式计算机的功能十分丰富,通过编程可以完成智能化领域的许多重要任务,本书将由此带领读者逐步进入嵌入式系统的广阔天地。

接下来,尝试自己下载一个程序到嵌入式计算机中运行,首先需要安装集成开发环境。

---

① Type-C 数据线是 2014 年面市的基于 USB 3.1 标准接口的数据线,没有正反方向的区别,可承受 1 万次反复插拔。

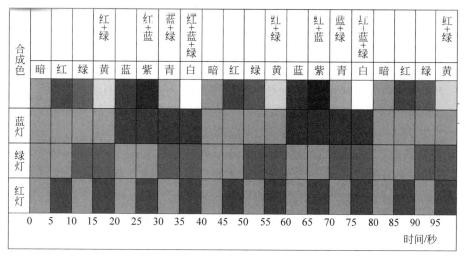

图 1-2 三色灯实际效果

1.1.2 实践体系简介

视频讲解

　　为了更好地进行嵌入式系统的教学,SD-EAI&IoT 开发了 AHL-STM32L431 嵌入式开发套件。AHL 三个字母是 Auhulu 的缩写,中文名字为"金葫芦",其含义是"照葫芦画瓢①"。该开发套件,与一般的嵌入式系统实验箱不同,其不仅可以作为嵌入式系统教学使用,还是一套较为完备的嵌入式微型计算机应用开发系统。

　　AHL-STM32L431 嵌入式开发套件由硬件部分、软件部分、教学资源 3 部分组成。

1. 硬件部分

　　AHL-STM32L431 以 STM32L431 为核心,辅以硬件最小系统,集成红、绿、蓝三色灯,温度传感器,触摸感应区,复位按钮,二路 TTL-USB 串口,外接 Type-C 线,从而形成完整的通用嵌入式计算机(General Embedded Computer,GEC),配合补充阅读材料,可以使读者方便地进行嵌入式系统的学习与开发。随书所附套件分为基础型,可以完成本书 90% 的实验。为了满足学校实验室建设要求,还制作了增强型套件,增加了 9 个外接组件,包括声音传感器、加速度传感器、人体红外传感器、循迹传感器、振动马达、蜂鸣器、四按钮模块、彩灯及数码管等,可完成本书所有实验。亦可适用通过主板上的开放式外围引脚外接其他接口模块进行创新性实验。增强型的包装分为盒装式与箱装式,盒装式便于携带,学生可借出实验室,箱装式主要供学生在实验室进行实验。

2. 集成开发环境

　　嵌入式软件开发有别于个人计算机(Personal Computer,PC)软件开发的一个显著的特点在于:它需要一个交叉编译和调试环境,即工程的编辑和编译所使用的工具软件通常在

---

　　① 照葫芦画瓢:比喻照着样子模仿,出自宋·魏泰《东轩笔录》第一卷。古希腊哲学家亚里士多德说过:"人从儿童时期起就有模仿本能,他们用模仿而获得了最初的知识,模仿就是学习"。孟子则曰:"大匠诲人必以规矩,学者亦必以规矩",其含义是说高明的工匠教人手艺必定依照一定的规矩,而学习的人也就必定依照一定的规矩。本书借此,期望通过建立符合软件工程基本原理的"葫芦",为"照葫芦画瓢"提供坚实基础,达到降低学习难度的目标。

PC 上运行,这个工具软件称为集成开发环境(Integrated Development Environment,IDE),而编译生成的嵌入式软件的机器码文件则需要通过写入工具下载到目标机上执行。这里的工具机就是人们通常使用的台式个人计算机或笔记本式个人计算机。本书的目标机就是随书所附的 AHL-STM32L431 开发套件。

本书使用的集成开发环境为 SD-EAI&IoT 推出的 AHL-GEC-IDE,具有编辑、编译、链接等功能,特别是配合"金葫芦"硬件,可直接运行、调试程序,根据芯片型号不同兼容常用嵌入式集成开发环境。注意:PC 的操作系统需要使用 Windows 10 版本。

3. 电子资源的下载与 IDE 安装

AHL-GEC-IDE 及补充阅读资料等电子资源,可以通过百度搜索"苏州大学嵌入式学习社区"官网,随后进入"金葫芦专区"→"嵌入式书 6 版"→"6 版书金葫芦小助手",在小助手协助下完成电子资源的下载及集成开发环境的下载与安装。电子资源中包含了芯片资料、开发套件快速指南、补充阅读材料、硬件说明、源程序、常用软件工具、硬件测试程序等。

1.1.3   编译、下载与运行第一个嵌入式程序

步骤 1:硬件接线。将 Type-C 数据线的小端连接主板的 Type-C 接口,另外一端接通用计算机的 USB 接口。

步骤 2:打开环境,导入工程。打开集成开发环境 AHL-GEC-IDE,单击菜单"文件"→"导入工程",随后选择电子资源中..\04-Software\CH01\AHL-STM32L431-Test(文件夹名就是工程名。注意:路径中不能包含汉字,也不能太深)。导入工程后,左侧为工程树形目录,右侧为文件内容编辑区,初始显示 main.c 文件内容,如图 1-3 所示。

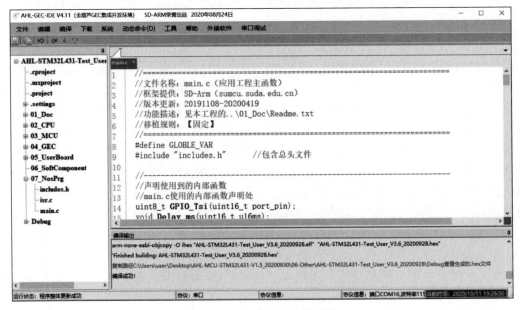

图 1-3   IDE 界面及编译结果

步骤 3：编译工程。单击菜单"编译"→"编译工程"，就开始编译。正常情况下，编译后会显示"编译成功!"。

步骤 4：连接 GEC。单击菜单"下载"→"串口更新"，将进入更新窗体界面。单击"连接 GEC"查找目标 GEC，若提示"成功连接……"，则可进行下一步操作。若连接不成功，则可参阅电子资源中..\02-Document 文件夹内的快速指南文档中的"常见问题及解决办法"一节进行解决。

步骤 5：下载机器码。单击"选择文件"按钮，导入被编译工程目录下 Debug 中的.hex 文件，然后单击"一键自动更新"按钮，等待程序自动更新完成。当更新完成之后，程序将自动运行。

步骤 6：观察运行结果。与 1.1.1 节一致，这就是出厂时灌入的程序。

步骤 7：通过串口观察运行情况。①观察程序运行过程。进入"工具"→"串口工具"，选择其中一个串口，波特率设为 115200 并打开，串口调试工具页面会显示三色灯的状态、MCU 温度、环境温度（若没有显示，则关闭该串口，打开另一个串口）。②验证串口收发。关闭已经打开的串口，打开另一个串口，波特率选择默认参数，在"发送数据框"中输入字符串，单击"发送数据"按钮。正常情况下，主板会回送数据给 PC，并在接收框中显示，效果如图 1-4 所示。

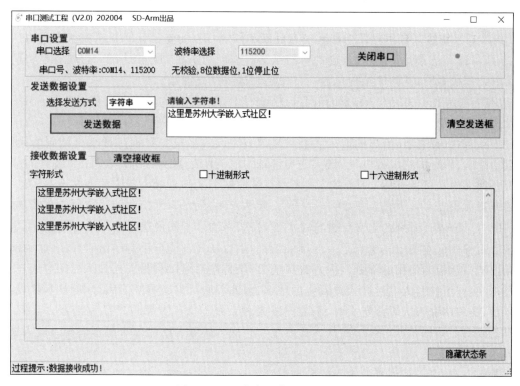

图 1-4 IDE 内嵌的串口调试工具

有了这些初步体验，下面开始进入嵌入式系统的学习之旅，了解嵌入式系统的定义、发展简史、分类及特点。

1.2　嵌入式系统的定义、发展简史、分类及特点

1.2.1　嵌入式系统的定义

嵌入式系统(Embedded System)有多种多样的定义，但本质是相同的。这里给出美国CMP Books 出版的 Jack Ganssle 和 Michael Barr 的著作 *Embedded System Dictionary*[①]给出的嵌入式系统的定义：**嵌入式系统是一种计算机硬件和软件的组合，也许还有机械装置，用于实现一个特定功能。在某些特定情况下，嵌入式系统是一个大系统或产品的一部分。**该词典还给出了嵌入式系统的一些示例，如微波炉、手持电话、数字手表、巡航导弹、全球定位系统接收机、数码相机、遥控器等，难以尽数。通过与通用计算机的对比可以更形象地理解嵌入式系统的定义。**该词典给出的通用计算机定义是：计算机硬件和软件的组合，用作通用计算平台。**个人计算机是最流行的现代计算机。

下面将列举其他文献给出的定义，以便读者了解对嵌入式系统定义的不同表述方式，也可看作从不同角度定义嵌入式系统。

中国《国家标准 GB/T 22033—2008 信息技术　嵌入式系统术语》给出的嵌入式系统定义：**嵌入式系统置入应用对象内部起信息处理和控制作用的专用计算机系统。**它是以应用为中心，以计算技术为基础，软件硬件可剪裁，对功能、可靠性、成本、体积、功耗有严格约束的专用计算机系统，其硬件至少包含一个微控制器或微处理器。

IEEE(Institute of Electrical and Electronics Engineers，电气电子工程师学会)给出的嵌入式系统定义：**嵌入式系统是控制、监视或者辅助装置、机器和设备运行的装置。**

维基百科(英文版)给出的嵌入式系统定义：**嵌入式系统是一种用计算机控制的、具有特定功能的、较小的机械或电气系统，且经常有实时性的限制，在被嵌入整个系统中时一般包含硬件部件和机械部件。**现如今，嵌入式系统控制了人们日常生活中的许多设备，98%的微处理器被用在了嵌入式系统中。

国内对嵌入式系统的定义曾进行过广泛讨论，有许多不同说法。其中，嵌入式系统定义的涵盖面问题是主要争论焦点之一。例如，有的学者认为不能把手持电话叫嵌入式系统，而只能把其中起控制作用的部分叫嵌入式系统，而手持电话可以称为嵌入式系统的应用产品。其实，这些并不妨碍人们对嵌入式系统的理解，因此不必对定义感到困惑。有些国内学者特别指出，在理解嵌入式系统定义时，不要把嵌入式系统与嵌入式系统产品相混淆。实际上，从口语或书面语言角度，不区分"嵌入式系统"与"嵌入式系统产品"，只要不妨碍对嵌入式系统的理解就没有关系。

总地说来，可以从计算机本身的角度概括表述嵌入式系统。嵌入式系统，即嵌入式计算机系统，它是不以计算机面目出现的"计算机"，这个计算机系统隐含在各类具体的产品之中，这些产品中的计算机程序起到了重要作用。

---

① 　Jack Ganssle,Michael Barr. 英汉双解嵌入式系统词典[M]. 马广云,潘琢金,彭甫阳,译. 北京：北京航空航天大学出版社,2006.

1.2.2　嵌入式系统的由来及发展简史

1. 嵌入式系统的由来

通俗地说,计算机是因科学家需要一个高速的计算工具而产生的。直到 20 世纪 70 年代,电子计算机在数字计算、逻辑推理及信息处理等方面表现出非凡的能力。而在通信、测控与数据传输等领域,人们对计算机技术给予了更大的期待。这些领域的应用与单纯的高速计算要求不同,主要表现在:直接面向控制对象;嵌入具体的应用产品中,而非以计算机的面貌出现;能在现场连续可靠地运行;体积小,应用灵活;突出控制功能,特别是对外部信息的捕捉与丰富的输入输出功能等。由此可以看出,满足这些要求的计算机与满足高速数值计算的计算机是不同的。因此,一种称之为微控制器(单片机)[①]的技术得以产生并发展。为了区分这两种计算机类型,通常把满足海量高速数值计算的计算机称为**通用计算机系统**,而把嵌入实际应用系统中,实现嵌入式应用的计算机称为**嵌入式计算机系统**,简称**嵌入式系统。可以说,是因为通信、测控与数据传输等领域对计算机技术的需求催生了嵌入式系统的产生。**

2. 嵌入式系统的发展简史

1946 年,世界上第一台电子数字积分计算机(The Electronic Numerical Integrator And Calculator,ENIAC)诞生。它由美国宾夕法尼亚大学莫尔电工学院制造,重达 30t,总体积约 $90m^3$,占地 $170m^2$,耗电 140kW/h,运算速度为每秒 5000 次加法,标志着计算机时代开始。其中,最重要的部件是**中央处理器**(Central Processing Unit,CPU),**它是一台计算机的运算和控制核心。CPU 的主要功能是解释指令和处理数据,其内部含有运算逻辑部件,即算术逻辑运算单元(Arithmetic Logic Unit,ALU)、寄存器部件和控制部件等。**

1971 年,Intel 公司推出了单芯片 4004 微处理器(Micro-Processor Unit,MPU),它是世界上第一个商用微处理器,Busicom 公司就是用它制作电子计算器的,这就是嵌入式计算机的雏形。1976 年,Intel 公司又推出了 MCS-48 单片机(Single Chip Microcomputer,SCM),这个内部含有 1KB 只读存储器(Read Only Memory,ROM)、64B 随机存取存储器(Random Access Memory,RAM)的简单芯片成为世界上第一个单片机,开创了将 ROM、RAM、定时器、并行口、串行口及其他各种功能模块等 CPU 外部资源,与 CPU 一起集成到一个硅片上生产的时代。1980 年,Intel 公司对 MCS-48 单片机进行了完善,推出了 8 位 MCS-51 单片机,并获得巨大成功,开启了嵌入式系统的单片机应用模式。至今,MCS-51 单片机仍有较多应用。这类系统大部分应用于一些简单、专业性强的工业控制系统中,早期主要使用汇编语言编程,后来大部分使用 C 语言编程,一般没有操作系统的支持。

20 世纪 80 年代,逐步出现了 16 位、32 位的微控制器(Micro-Controller Unit,MCU)。1984 年,Intel 公司推出了 16 位 8096 系列,并将其称为嵌入式微控制器,这可能是"嵌入式"一词第一次在微处理机领域出现。这个时期,Motorola、Intel、TI、NXP、Atmel、Microchip、Hitachi、Philips、ST 等公司推出了不少微控制器产品,功能也不断变强,也逐步支持了实时操作系统。

[①]　微控制器与单片机这两个术语的语义是基本一致的,本书后面除讲述历史之外,一律使用微控制器一词。

20 世纪 90 年代开始,数字信号处理器(Digital Signal Processing,DSP)、片上系统(System on Chip,SoC)得到了快速发展。嵌入式处理器扩展方式从并行总线型发展出各种串行总线,并被工业界所接受,形成了一些工业标准,如集成电路互联(Inter Integrated Circuit,I2C)总线、串行外设接口(Serial Peripheral Interface,SPI)总线。甚至将网络协议的低两层或低三层都集中到嵌入式处理器上,如某些嵌入式处理器集成了(Control Area Network,CAN)总线接口、以太网接口。随着超大规模集成电路技术的发展,将数字信号处理器、精简指令集计算机[①]、存储器、I/O、半定制电路集成到单芯片的产品 SoC 中。值得一提的是,ARM 微处理器的出现,较快地促进了嵌入式系统的发展。

21 世纪开始以来,嵌入式系统芯片制造技术快速发展,融合了以太网与无线射频技术,成为物联网(Internet of Things,IoT)的关键技术基础。嵌入式系统发展的目标应该是实现信息世界和物理世界的完全融合,构建一个可控、可信、可扩展并且安全高效的信息物理系统(Cyber-Physical Systems,CPS),从根本上改变人类构建工程物理系统的方式。此时的嵌入式设备不仅要具备个体智能(Computation,计算)、交流智能(Communication,通信),还要具备在交流中的影响和响应能力(Control,控制与被控),实现"智慧化"。显然,今后嵌入式系统研究要与网络和高性能计算的研究更紧密地结合。

在嵌入式系统的发展历程中,不得不介绍 ARM 公司。由于 ARM 处理器占据了嵌入式市场的最重要份额,因此本书以 ARM 处理器为蓝本阐述嵌入式应用,下面我们分单独一小段来简要介绍 ARM。

3. ARM 简介

ARM(Advanced RISC Machines)既可以认为是一个公司的名称,也可以认为是对一类微处理器的通称,还可以认为是一种技术的名称。

1985 年 4 月 26 日,第一个 ARM 原型在英国剑桥的 Acorn 计算机有限公司诞生,由美国加州 San Jose VLSI 技术公司制造。20 世纪 80 年代后期,ARM 很快开发完成 Acorn 的台式机产品,形成了英国的计算机教育基础。1990 年成立了 Advanced RISC Machines Limited(后来简称为 ARM Limited,ARM 公司)。20 世纪 90 年代,ARM 的 32 位嵌入式 RISC 处理器扩展到世界各地。ARM 处理器具有耗电少、功能强、16 位/32 位双指令集和众多合作伙伴的特点。ARM 处理器占据了低功耗、低成本和高性能的嵌入式系统应用领域的重要地位。目前,采用 ARM 技术知识产权(Intellectual Property,IP)的微处理器,即通常所说的 ARM 微处理器,已遍及工业控制、消费类电子产品、通信系统、网络系统、无线系统等各类嵌入式产品市场,基于 ARM 技术的微处理器的应用,约占据了 32 位 RISC 微处理器 75%以上的市场份额,ARM 技术正在逐步渗入人们生活的各个方面。但 ARM 公司作为设计公司,本身并不生产芯片,而是采用转让许可证制度,由合作伙伴生产芯片。

---

① 精简指令集计算机(Reduced Instruction Set Computer,RSIC)的特点是指令数目少、格式一致、执行周期一致、执行时间短,采用流水线技术等。它是 CPU 的一种设计模式,这种设计模式对指令数目和寻址方式都做了精简,使其实现更容易,指令并行执行程度更好,编译器的效率更高。这种设计模式的技术背景是:CPU 实现复杂指令功能的目的是让用户代码更加便捷,但复杂指令通常需要几个指令周期才能实现,且实际使用较少;此外,处理器和主存之间运行速度的差别也变得越来越大。这样,人们发展了一系列新技术,使处理器的指令得以流水执行,同时降低处理器访问内存的次数。RISC 是对比于 CISC(Complex Instruction Set Computer,复杂指令计算机)而言的,可以粗略地认为,RISC 只保留了 CISC 常用的指令,并进行了设计优化,更适合设计嵌入式处理器。

1003 年,ARM 公司发布了全新的 ARM7 处理器核心。其中的代表产品为 ARM7-TDMI,它搭载了 Thumb 指令集[①],是 ARM 公司通用 32 位微处理器家族的成员之一。其代码密度提升了 35%,内存占用也与 16 位处理器相当。

2004 年开始,ARM 公司在经典处理器 ARM11 以后不再用数字命名处理器,而统一改用 Cortex 命名,并分为 A、M 和 R 三类,旨在为各种不同的市场提供服务。

ARM Cortex-A 系列处理器是基于 ARM v8A/v7A 架构基础的处理器,面向具有高计算要求、运行丰富操作系统以及提供交互媒体和图形体验的应用领域,如智能手机、移动计算平台、超便携的上网本或智能本等。

ARM Cortex-M 系列基于 ARM v7M/v6M 架构基础的处理器,面向对成本和功耗敏感的 MCU 和终端应用,如智能测量、人机接口设备、汽车和工业控制系统、大型家用电器、消费性产品和医疗器械等。

ARM Cortex-R 系列基于 ARM v7R 架构基础的处理器,面向实时系统,为具有严格的实时响应限制的嵌入式系统提供高性能计算解决方案。目标应用包括智能手机、硬盘驱动器、数字电视、医疗行业、工业控制、汽车电子等。Cortex-R 处理器是专为高性能、可靠性和容错能力而设计的,其行为具有高确定性,同时保持很高的能效和成本效益。

2009 年,推出了体积最小、功耗最低和能效最高的处理器 Cortex-M0。这款 32 位处理器问世后,打破了一系列的授权记录,成为各制造商竞相争夺的"香饽饽",仅 9 个月时间,就有 15 家厂商与 ARM 公司签约。此外,该芯片还将各家厂商拉出了老旧的 8 位处理器泥潭。2011 年,ARM 公司推出了旗下首款 64 位架构 ARM v8。2015 年,ARM 公司推出了基于 ARM v8 架构的一种面向企业级市场的新平台标准。2016 年,ARM 公司推出了 Cortex-R8 实时处理器,可广泛应用于智能手机、平板电脑、物联网领域。2018 年,ARM 公司力图推出一项名为 integrated SIM 的技术,将移动设备用户识别卡(Subscriber Identification Module,SIM)与射频模组整合到芯片,以便为物联网 IoT 应用提供更便捷的产品。

综上所述,不同嵌入式处理器,应用领域有所侧重,开发方法与知识要素也有所不同。基于此,下面介绍嵌入式系统的分类。

1.2.3 嵌入式系统的分类

嵌入式系统的分类标准有很多,有的按照处理器位数来分,有的按照复杂程度来分,还有的按其他标准来分,这些分类方法各有特点。从嵌入式系统的学习角度来看,因为应用于不同领域的嵌入式系统,其知识要素与学习方法有所不同,所以可以按应用范围简单地把嵌入式系统分为电子系统智能化(微控制器类)和计算机应用延伸(应用处理器)这两大类。一般来说,微控制器与应用处理器的主要区别在于可靠性、数据处理量、工作频率等方面,相对应用处理器来说,微控制器的可靠性要求更高、数据处理量较小、工作频率较低。

---

① Thumb 指令集可以看作 ARM 指令压缩形式的子集,它是为减小代码量而提出的,具有 16 位的代码密度。Thumb 指令体系并不完整,只支持通用功能,必要时仍需要使用 ARM 指令,如进入异常时。Thumb 指令的格式与使用方式与 ARM 指令集类似。

1. 电子系统智能化类(微控制器类)

电子系统智能化类的嵌入式系统,主要用于工业控制、现代农业、家用电器、汽车电子、测控系统、数据采集等,这类应用所使用的嵌入式处理器一般称为**微控制器**。这类嵌入式系统产品,从形态上看,更类似于早期的电子系统,但内部计算程序起核心控制作用。这对应于 ARM 公司的面向各类嵌入式应用的微控制器内核 Cortex-M 系列及面向实时应用的高性能内核 Cortex-R 系列。Cortex-R 系列相对于 Cortex-M 系列来说,Cortex-R 系列主要针对高实时性应用,如硬盘控制器、网络设备、汽车应用(安全气囊、制动系统、发动机管理)等。从学习与开发角度,电子系统智能化类的嵌入式应用,需要终端产品开发者面向应用对象设计硬件、软件,注重软件、硬件的协同开发。因此,开发者必须掌握底层硬件接口、底层驱动及软硬件密切结合的开发调试技能。电子系统智能化类的嵌入式系统,即微控制器,是嵌入式系统的软硬件基础,是学习嵌入式系统的入门环节,且为重要的一环。从操作系统角度看,电子系统智能化类的嵌入式系统,可以不使用操作系统,也可以根据复杂程度及芯片资源的容纳程度,使用操作系统。电子系统智能化类的嵌入式系统使用的操作系统通常是实时操作系统(Real Time Operating System,RTOS),如 RT-Thread、mbedOS、MQXLite、FreeRTOS、μCOS-Ⅲ、μCLinux、VxWorks 和 ECOS 等。

2. 计算机应用延伸类(应用处理器类)

计算机应用延伸类的嵌入式系统,主要用于平板电脑、智能手机、电视机顶盒、企业网络设备等,这类应用所使用的嵌入式处理器一般被称之为**应用处理器**(Application Processor),一般也称为多媒体应用处理器(Multimedia Application Processor,MAP)。这类嵌入式系统产品,从形态上看,更接近通用计算机系统。从开发方式上看,也类似于通用计算机的软件开发方式。从学习与开发角度看,计算机应用延伸类的嵌入式应用,终端产品开发者大多购买厂商制作好的硬件实体在嵌入式操作系统下进行软件开发,或者还需要掌握少量的对外接口方式。因此,从知识结构角度看,学习这类嵌入式系统,对硬件的要求相对较少。计算机应用延伸类的嵌入式系统,即应用处理器,也是嵌入式系统学习中重要的一环。但是,从学习规律角度看,若是要全面学习掌握嵌入式系统,应该先学习掌握微控制器,然后在此基础上,进一步学习掌握应用处理器编程,而不要倒过来学习。从操作系统角度看,计算机应用延伸类的嵌入式系统一般使用非实时嵌入式操作系统,通常称为嵌入式操作系统(Embedded Operation System,EOS),如 Android、Linux、iOS、WindowsCE 等。当然,非实时嵌入式操作系统与实时操作系统也不是明确划分的,只是粗略分类,侧重有所不同而已。现在的 RTOS 的功能也在不断提升,一般的嵌入式操作系统也在提高实时性。

当然,工业生产车间经常看到利用工业控制计算机、个人计算机(PC)控制机床、生产过程等,这些可以说是嵌入式系统的一种形态。因为它们完成特定的功能,且整个系统不被称为计算机,而是另有名称,如磨具机床、加工平台等。但是,从知识要素角度看,这类嵌入式系统不具备普适意义,本书不讨论这类嵌入式系统。

1.2.4　嵌入式系统的特点

不同学者对嵌入式系统特点也许有不同的说法,这里从与通用计算机对比的角度来介绍嵌入式系统的特点。

与通用计算机系统相比,嵌入式系统的存储资源相对匮乏、速度较低,对实时性、可靠性、知识综合要求较高。嵌入式系统的开发方法、开发难度、开发手段等,均不同于通用计算机程序,也不同于常规的电子产品。嵌入式系统是在通用计算机发展基础上,面向测控系统逐步发展起来的。因此,从与通用计算机对比的角度来认识嵌入式系统的特点,对学习嵌入式系统具有实际意义。

1. 嵌入式系统属于计算机系统,但不单独以通用计算机的面目出现

嵌入式系统不仅具有通用计算机的主要特点,还具有自身特点。和通用计算机一样,嵌入式系统也必须要有软件才能运行,但其隐含在种类众多的具体产品中。同时,通用计算机种类屈指可数,而嵌入式系统不仅芯片种类繁多,而且由于应用对象大小各异,嵌入式系统作为控制核心,已经融入各个行业的产品之中。

2. 嵌入式系统开发需要专用工具和特殊方法

嵌入式系统不像通用计算机那样,有了计算机系统就可以进行应用软件的开发。一般情况下,微控制器或应用处理器的芯片本身不具备开发功能,必须要有一套与相应芯片配套的开发工具和开发环境。这些开发工具和开发环境一般基于通用计算机上的软硬件设备,以及逻辑分析仪、示波器等。开发过程中往往有工具机(一般为 PC 或笔记本电脑)和目标机(实际产品所使用的芯片)之分,工具机用于程序的开发,目标机作为程序的执行机,开发时需要交替结合进行。编辑、编译、链接生成机器码在工具机完成,通过写入调试器将机器码下载到目标机中,进行运行与调试。

3. 使用 MCU 设计嵌入式系统,数据与程序空间采用不同存储介质

在通用计算机系统中,程序存储在硬盘上。实际运行时,通过操作系统将要运行的程序从硬盘调入内存(RAM),运行中的程序、常数、变量均在 RAM 中。一般情况下,以 MCU 为核心的嵌入式系统中,其程序被固化到非易失性存储器[①]中。变量及堆栈使用 RAM 存储器。

4. 开发嵌入式系统涉及软件、硬件及应用领域的知识

嵌入式系统与硬件紧密相关,嵌入式系统的开发需要硬件和软件的协同设计、协同测试。同时,由于嵌入式系统专用性很强,通常是用在特定应用领域,如嵌入在手机、冰箱、空调、各种机械设备、智能仪器仪表中,起核心控制作用,且功能专用。因此,进行嵌入式系统的开发,还需要对领域知识有一定的理解。当然,一个团队协作开发一个嵌入式产品,其中各个成员可以扮演不同角色,但对系统的整体理解与把握并相互协作,有助于一个稳定可靠嵌入式产品的诞生。

1.3　嵌入式系统的学习困惑、知识体系及学习建议

1.3.1　嵌入式系统的学习困惑

关于嵌入式系统的学习方法,因学习经历、学习环境、学习目的、已有的知识基础等不

---

① 目前,非易失性存储器通常为 Flash 存储器,特点见有关"Flash 在线编程"的内容。

同,可能在学习顺序、内容选择、实践方式等方面有所不同。但是,应该明确哪些是必备的基础知识,哪些应该先学,哪些应该后学;哪些必须通过实践才能了解;哪些是与具体芯片无关的通用知识,哪些是与具体芯片或开发环境相关的知识。

嵌入式系统的初学者应该通过选择一个具体 MCU 作为蓝本,期望通过学习实践,获得嵌入式系统知识体系的通用知识,**其基本原则是:入门时间较快、硬件成本较少、软硬件资料规范、知识要素较多、学习难度较低**。

由于微处理器与微控制器种类繁多,也可能由于不同公司、不同机构出于自身的利益,给出一些误导性宣传,特别是国内芯片制造技术的落后及其他相关情况,人们对微控制器及应用处理器的发展。在认识与理解上存在差异,一些初学者有些困惑。下面简要分析初学者可能存在的 3 个困惑。

(1) **嵌入式系统学习困惑之一——选择入门芯片:是微控制器还是应用处理器?** 在了解嵌入式系统分为微控制器与应用处理器两大类之后,入门芯片选择的困惑表述为:**选微控制器,还是应用处理器作为入门芯片呢?** 从性能角度看,与应用处理器相比,微控制器工作频率低、计算性能弱、稳定性高、可靠性强。从使用操作系统角度看,与应用处理器相比,开发微控制器程序一般使用 RTOS,也可以不使用操作系统;而开发应用处理器程序,一般使用非实时操作系统。从知识要素角度看,与应用处理器相比,开发微控制器程序一般更需要了解底层硬件;而开发应用处理器终端程序,一般是在厂商提供的驱动基础上基于操作系统开发,更像开发一般 PC 软件的方式。从上述分析可以看出,**要想成为一名知识结构合理且比较全面的嵌入式系统工程师,应该选择一个较典型的微控制器作为入门芯片,且从不带操作系统(No Operating System,NOS)学起,由浅入深,逐步推进**。

关于学习芯片的选择还有一个困惑,是系统的工作频率。误认为选择工作频率高的芯片进行入门学习,表示更先进。实际上,工作频率高可能给初学者带来学习过程中的不少困难。

实际上,嵌入式系统设计不是追求芯片的计算速度、工作频率、操作系统等因素,而是追求稳定、可靠、维护、升级、功耗、价格等指标。

(2) **嵌入式系统学习困惑之二——选择操作系统:NOS、RTOS 或 EOS。** 操作系统选择的困惑表述为:**开始学习时,是无操作系统(NOS)、实时操作系统(RTOS),还是一般嵌入式操作系统(EOS)?** 学习嵌入式系统的目的是开发嵌入式应用产品,许多人想学习嵌入式系统,不知道该从何学起,具体目标也不明确。于是,看了一些培训广告,看了书店中书架上种类繁多的嵌入式系统的书籍,或上网以"嵌入式系统"为关键词进行搜索,然后参加培训或看书,开始"学习起来"。一些初学者,往往选择一个嵌入式操作系统就开始学习了。用不十分恰当的比喻,有点儿像"盲人摸大象",只了解其一个侧面。这样难以对嵌入式产品的开发过程有全面了解。**针对许多初学者选择"×××嵌入式操作系统+×××处理器"的嵌入式系统的入门学习模式,本书认为是不合适的。本书的建议是:首先把嵌入式系统软件与硬件基础打好,再根据实际应用需要,选择一种实时操作系统(RTOS)进行实践。** 读者必须明确认识到,RTOS 是开发某些嵌入式产品的辅助工具和手段,不是目的。况且,一些小型微型嵌入式产品并不需要 RTOS。因此,一开始就学习 RTOS,并不符合"由浅入深、循序渐进"的学习规律。

另外一个问题是:**选 RTOS,还是 EOS?面向微控制器的应用,一般选择 RTOS**,如 RT-

Thread、mbedOS、MQXLite、FreeRTOS、μCOS-Ⅲ 和 μCLinux 等。RTOS 种类繁多,实际使用何种 RTOS,一般需要工作单位确定。基础阶段主要学习 RTOS 的基本原理,并学习在 RTOS 之上的软件开发方法,而不是学习如何设计 RTOS。**面向应用处理器的应用**,一般选择 EOS,如 Android、Linux、WindowsCE 等,可根据实际需要进行有选择的学习。

对于嵌入式操作系统,一定不要一开始就学,这样会走很多弯路,也会使读者对嵌入式系统感到畏惧。等读者的软件硬件基础打好了,再学习就感到容易理解。实际上,众多 MCU 嵌入式应用,并不一定需要操作系统或只需要一个小型 RTOS,也可以根据实际项目需要再学习特定的 RTOS。一定不要被一些嵌入式实时操作系统培训班宣传所误导,而忽视实际嵌入式系统软件和硬件基础知识的学习。无论如何,以开发实际嵌入式产品为目标的学习者,不要把过多的精力花在设计或移植 RTOS、EOS 上面。正如很多人使用 Windows 操作系统,而设计 Windows 操作系统只有 Microsoft 公司;许多人"研究"Linux 系统,但从来没有使用它开发过真正的嵌入式产品;人的精力是有限的,因此学习必须有所选择。有的学习者,学了很长时间的嵌入式操作系统移植,而不进行实际嵌入式系统产品的开发,最后,做不好一个稳定的嵌入式系统小产品,偏离了学习目标,甚至放弃了嵌入式系统领域。

(3) **嵌入式系统学习困惑之三——硬件与软件:如何平衡**? 以 MCU 为核心的嵌入式技术的知识体系必须通过具体的 MCU 来体现、实践与训练。但是,选择任何型号的 MCU,其芯片相关的知识只占知识体系的 20% 左右,剩余 80% 左右的是通用知识。但是,这 80% 左右的通用知识,必须通过具体实践才能进行,因此学习嵌入式技术要选择一个系列的 MCU。但是,嵌入式系统均含有硬件与软件两大部分,它们之间的关系如何呢?

有些学者,仅从电子角度认识嵌入式系统。认为"嵌入式系统＝MCU 硬件系统＋小程序"。这些学者,大多具有良好的电子技术基础知识。实际情况是,早期 MCU 内部 RAM 小、程序存储器外接,需要外扩各种 I/O,没有像现在的 USB、嵌入式以太网等较复杂的接口,因此,程序占总设计量的 50% 以下,使人们认为嵌入式系统是"电子系统",以硬件为主、程序为辅。但是,随着 MCU 制造技术的发展,不仅 MCU 内部 RAM 越来越大,Flash 进入 MCU 内部改变了传统的嵌入式系统开发与调试方式,固件程序可以被更方便地调试与在线升级,许多情况与开发 PC 程序的难易程度相差无几,只不过开发环境与运行环境不是同一载体而已。这些情况使得嵌入式系统的软硬件设计方法发生了根本变化。特别是因软件危机而发展起来的软件工程学科对嵌入式系统软件的发展也产生重要影响,产生了嵌入式系统软件工程。

有些学者,仅从软件开发角度认识嵌入式系统,甚至有的仅从嵌入式操作系统认识嵌入式系统。这些学者,大多具有良好的计算机软件开发基础知识,认为硬件是生产厂商的事,他们没有认识到,嵌入式系统产品的软件与硬件均是需要开发者设计的。本书作者常常接到一些关于嵌入式产品稳定性的咨询电话,发现大多数是由于软件开发者对底层硬件的基本原理理解不深造成的。特别是,有些功能软件开发者,过分依赖底层硬件驱动软件的完美设计,自己对底层驱动原理知之甚少。实际上,一些功能软件开发者,名义上是在做嵌入式软件,但仅是使用嵌入式编辑、编译环境与下载工具而已,本质与开发通用 PC 软件没有两样。而底层硬件驱动软件的开发,若不全面考虑高层功能软件对底层硬件的可能调用,也会使得封装或参数设计不合理或不完备,导致高层功能软件的调用相对困难。

从上述描述可以看出,若把一个嵌入式系统的开发孤立地分为硬件设计、底层硬件驱动软件设计、高层功能软件设计,一旦出现了问题,就可能难以定位。**实际上,嵌入式系统设计是一个软件和硬件协同设计的工程,不能像通用计算机那样,软件和硬件完全分开来看,要在一个大的框架内协调工作。**在一些小型公司,需求分析、硬件设计、底层驱动、软件设计、产品测试等过程可能是由同一个团队完成的,这就需要团队成员对软件、硬件及产品需求有充分认识,才能协作完成开发。甚至许多实际情况是在一些小型公司,这个"团队"可能就是一个人。

面对学习嵌入式系统以软件为主还是以硬件为主,或是如何选择切入点,如何在软件与硬件之间找到平衡。对于这个困惑的建议是:**要想成为一名合格的嵌入式系统设计工程师,在初学阶段,必须重视打好嵌入式系统的硬件与软件基础。**以下是从事嵌入式系统设计二十多年的一个美国学者 John Catsoulis 在 *Designing Embedded Hardware* 一书中关于这个问题的总结:**嵌入式系统与硬件紧密相关,是软件与硬件的综合体,没有对硬件的理解就不可能写好嵌入式软件,同样没有对软件的理解也不可能设计好嵌入式硬件。**

充分理解嵌入式系统软件与硬件相互依存关系,对嵌入式系统的学习有良好的促进作用。一方面,既不能只重视硬件,而忽视编程结构、编程规范、软件工程的要求、操作系统等知识的积累;另一方面,也不能仅从计算机软件角度,把通用计算机学习过程中的概念与方法生搬硬套到嵌入式系统的学习实践中,而忽视嵌入式系统与通用计算机的差异。在嵌入式系统学习与实践的初始阶段,应该充分了解嵌入式系统的特点,根据自身已有的知识结构,制定适合自身情况的学习计划。**其目标应该是打好嵌入式系统的硬件与软件基础,通过实践,为成为良好的嵌入式系统设计工程师建立起基本知识结构。**学习过程可以通过具体应用系统为实践载体,但不能拘泥于具体系统,应该有一定的抽象与归纳。例如,有的初学者开发一个实际控制系统,没有使用实时操作系统,但不要认为实时操作系统不需要学习,要注意知识学习的先后顺序与时间点的把握。又例如,有的初学者以一个带有实时操作系统的样例为蓝本进行学习,但不要认为,任何嵌入式系统都需要使用实时操作系统,甚至把一个十分简明的实际系统加上一个不必要的实时操作系统。因此,**片面认识嵌入式系统,可能导致学习困惑。**应该根据实际项目需要,锻炼自己分析实际问题、解决问题的能力。这是一个较长期的、需要静下心来的学习与实践过程,不能期望通过短期培训完成整体知识体系的建立,应该重视自身实践,全面地理解与掌握嵌入式系统的知识体系。

1.3.2　嵌入式系统的知识体系

从由浅入深、由简到繁的学习规律来说,嵌入式学习的入门应该选择微控制器,而不是应用处理器,应通过对微控制器基本原理与应用的学习,逐步掌握嵌入式系统的软件与硬件基础,然后在此基础上进行嵌入式系统其他方面知识的学习。

本书主要阐述以 MCU 为核心的嵌入式技术基础与实践。**要完成一个以 MCU 为核心的嵌入式系统应用产品设计,需要有硬件、软件及行业领域的相关知识。硬件主要有 MCU 的硬件最小系统、输入输出外围电路、人机接口设计。软件设计有固化软件的设计,也可能含 PC 软件的设计。行业知识需要通过协作、交流与总结获得。**

概括地说,学习以 MCU 为核心的嵌入式系统,需要以下软件和硬件基础知识与实践训练，即以 MCU 为核心的嵌入式系统的基本知识体系如下[①]。

（1）**掌握硬件最小系统与软件最小系统框架**。硬件最小系统是包括电源、晶振、复位、写入调试器接口等可使内部程序得以运行的、规范的、可复用的核心构件系统[②]。软件最小系统框架是一个能够点亮一个发光二极管的，甚至带有串口调试构件的，包含工程规范完整要素的可移植与可复用的工程模板[③]。

（2）**掌握常用基本输出的概念、知识要素、构件使用方法及构件设计方法**。如通用 I/O（GPIO）、模数转换（ADC）、数模转换（DAC）、定时器模块等。

（3）**掌握若干嵌入式通信的概念、知识要素、构件使用方法及构件设计方法**。如串行通信接口 UART、串行外设接口 SPI、集成电路互联总线 I2C、CAN、USB、嵌入式以太网、无线射频通信等。

（4）**掌握常用应用模块的构件设计方法、使用方法及数据处理方法**。如显示模块（LED、LCD、触摸屏等）、控制模块（控制各种设备，包括 PWM 等控制技术）等。数据处理如图形、图像、语音、视频等处理或识别等。

（5）**掌握一门实时操作系统的基本用法与基本原理**。作为软件辅助开发工具的实时操作系统，也可以作为一个知识要素。可以选择一种实时操作系统（如 mbedOS、MQXLite、μC/OS 等）进行学习实践，毫无必要在没有明确目的的情况下，选择几种同时学习。学好其中一种，在确有必要使用另一种实时操作系统时，再学习，也可触类旁通。

（6）**掌握嵌入式软硬件的基本调试方法**。如断点调试、打桩调试、printf 调试方法等。在嵌入式调试过程中，特别要注意确保在正确硬件环境下调试未知软件，在正确软件环境下调试未知硬件。

这里给出的是基础知识要素，关键还是看如何学习，是他人做好了驱动程序开发人员直接使用，还是开发人员自己完全掌握知识要素，从底层开始设计驱动程序，同时熟练掌握驱动程序的使用。体现在不同层面的人才培养中。而应用中的硬件设计、软件设计、测试等都必须遵循嵌入式软件工程的方法、原理与基本原则。因此，嵌入式软件工程也是嵌入式系统知识体系的有机组成部分，只不过，它融于具体项目的开发过程之中。

若是主要学习应用处理器类的嵌入式应用，也应该在了解 MCU 知识体系的基础上，选择一种嵌入式操作系统（如 Android、Linux 等）进行学习实践。目前，App 开发也是嵌入式应用的一个重要组成部分，可选择一种 App 开发进行实践（如 Android App、iOS App 等）。

与此同时，在 PC 上，利用面向对象编程语言进行测试程序、网络侦听程序、Web 应用程序的开发及对数据库的基本了解与应用，也应逐步纳入嵌入式应用的知识体系中。此外，理工科的公共基础本身就是学习嵌入式系统的基础。

1.3.3　基础阶段的学习建议

十多年来，嵌入式开发工程师们逐步探索与应用构件封装的原则，把硬件相关的部分封

---

① 有关名词解释详见本章 1.4 节，本书将逐步学习这些内容。

② 将在本书第 3 章阐述。

③ 将在本书第 4 章和第 6 章阐述。

装底层构件,统一接口,努力使高层程序与芯片无关,可以在各种芯片应用系统移植与复用,试图降低学习难度。学习的关键就变成了解底层构件设计方法,掌握底层构件的使用方式,在此基础上,进行嵌入式系统设计与应用开发。当然,掌握底层构件的设计方法,学会实际设计一个芯片的某一模块的底层构件,也是本科学生应该掌握的基本知识。对于专科类学生,可以直接使用底层构件进行应用编程,但也需要了解知识要素的抽取方法与底层构件基本设计过程。对于看似庞大的嵌入式系统知识体系,可以使用"电子札记"的方式进行知识积累与补缺补漏,任何具有一定理工科基础的学生,通过一段稍长时间的静心学习与实践,都能学好嵌入式系统。

下面针对嵌入式系统的学习困惑,从嵌入式系统的知识体系角度,对广大渴望学习嵌入式系统的读者提出5点基础阶段的学习建议。

(1) **遵循"先易后难,由浅入深"的原则,打好软硬件基础**。跟随本书,充分利用本书提供的软硬件资源及辅助视频材料,逐步实验与实践①;充分理解硬件基本原理、掌握功能模块的知识要素、掌握底层驱动构件的使用方法、掌握1~2个底层驱动构件的设计过程与方法;熟练掌握在底层驱动构件基础上,利用C语言编程实践。理解学习嵌入式系统,必须勤于实践。关于汇编语言问题,随着MCU对C语言编译的优化支持,可以只了解几个必须的汇编语句,但必须通过第一个程序理解芯片初始化过程、中断机制、程序存储情况等区别于PC程序的内容;最好认真理解一个真正的汇编实例。另外,为了测试的需要,最好掌握一门PC方面面向对象的编程高级语言(如C♯),本书电子资源中给出了C♯快速入门的方法与实例。

(2) **充分理解知识要素、掌握底层驱动构件的使用方法**。本书对诸如GPIO、UART、定时器、PWM、ADC、DAC、Flash在线编程等模块,首先阐述其通用知识要素,随后给出其底层驱动构件的基本内容。期望读者在充分理解通用知识要素的基础上,学会底层驱动构件的使用方法。即使只有这一点,也要下一番功夫。俗话说,书读百遍,其义自见。有关知识要素涉及硬件基本原理,以及对底层驱动接口函数功能及参数的理解,需反复阅读、反复实践,查找资料,分析、概括及积累。对于硬件,只要在深入理解MCU的硬件最小系统基础上,对上述各硬件模块逐个实验理解,逐步实践,再通过自己动手完成一个实际小系统,就可以基本掌握底层硬件基础。同时,这个过程也是软硬件结合学习的基本过程。

(3) **基本掌握底层驱动构件的设计方法**。对本科学历以上的读者,至少掌握GPIO构件的设计过程与设计方法(第4章)、UART构件的设计过程与设计方法(第6章),透彻理解构件化开发方法与底层驱动构件封装规范(第5章)。从而对底层驱动构件有较好的理解与把握。这是一份细致、静心的任务,力戒浮躁,才能理解其要义。书中的底层驱动构件吸取了软件工程的基本原理,学习时需要注意基本规范。

(4) **掌握单步跟踪调试、打桩调试、printf输出调试等调试手段**。在初学阶段,充分利用单步跟踪调试了解与硬件打交道的寄存器值的变化,理解MCU软件干预硬件的方式。单步跟踪调试也用于底层驱动构件设计阶段。不进入子函数内部执行的单步跟踪调试,可用

---

① 这里说的实验主要指通过重复或验证他人的工作,其目的是学习基础知识,这个过程一定要经历。实践是自己设计,有具体的"产品"目标。如果你能花500元左右自己做一个具有一定功能的小产品,且能稳定运行1年以上,就可以说接近入门了。

于整体功能跟踪。打桩调试主要用于编程过程中,功能确认。一般编写几句程序语句后,即叫打桩,调试观察。通过串口 printf 输出信息在 PC 屏幕显示,是嵌入式软件开发中重要的调试跟踪手段,与 PC 编程中 printf 函数功能类似,只是嵌入式开发 printf 输出是通过串口输出到 PC 屏幕,PC 上需用串口调试工具显示,PC 编程中 printf 直接将结果显示在 PC 屏幕上。

（5）**日积月累,勤学好问,充分利用本书及相关资源**。有副对联:"智叟何智只顾眼前捞一把,愚公不愚哪管艰苦移二山"。学习嵌入式切忌急功近利,需要日积月累、循序渐进,充分掌握与应用"电子札记"方法。同时,要勤学好问,下真功夫、细功夫。人工智能学科里有个术语叫无教师指导学习模式与有教师指导学习模式,无教师指导学习模式比有教师指导学习模式复杂许多。因此,要多请教良师,少走弯路。此外,本书提供了大量经过打磨的、比较规范的软硬件资源,充分用好这些资源,可以更上一层楼。

以上建议,仅供参考。当然,以上只是基础阶段的学习建议,要成为良好的嵌入式系统设计工程师,还需要注重理论学习与实践、通用知识与芯片相关知识、硬件知识与软件知识的平衡。要在理解软件工程基本原理的基础上,理解硬件构件与软件构件等基本概念。在实际项目中锻炼,并不断学习与积累经验。

1.4 微控制器与应用处理器简介

嵌入式系统的主要芯片为两大类:面向测控领域的微控制器类与面向多媒体应用领域的应用处理器类,本节给出其基本含义及特点。

1.4.1 MCU 简介

1. MCU 的基本含义

MCU 是单片微型计算机（单片机）的简称,早期的英文名是 Single-chip Microcomputer,后来大多数称之为微控制器（Micro-controller）或嵌入式计算机（Embedded Computer）。现在 Micro-controller 已经是计算机中一个常用术语,但在 1990 年之前,大部分英文词典并没有这个词。我国学者一般使用中文"**单片机**"一词,而缩写使用 MCU,来自英文 Microcontroller Unit。因此,本书后面的简写一律以 MCU 为准。**MCU 的基本含义是**:在一块芯片内集成了中央处理单元（**Central Processing Unit,CPU**）、存储器（**RAM/ROM** 等）、定时器/计数器及多种输入输出（**I/O**）接口的比较完整的数字处理系统。图 1-5 给出了典型的 MCU 组成框图。

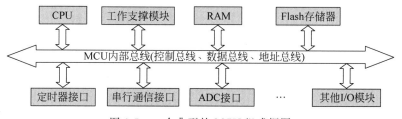

图 1-5 一个典型的 MCU 组成框图

MCU 是在计算机制造技术发展到一定阶段的背景下出现的,它使计算机技术从科学计算领域进入智能化控制领域。从此,计算机技术在两个重要领域——通用计算机领域和嵌入式(Embedded)计算机领域都获得了极其重要的发展,为计算机的应用开辟了更广阔的空间。

就 MCU 的组成而言,虽然它只是一块芯片,但包含了计算机的基本组成单元,仍由运算器、控制器、存储器、输入设备、输出设备五部分组成,只不过这些都集成在一块芯片内,这种结构使得 MCU 成为具有独特功能的计算机。

2. 嵌入式系统与 MCU 的关系

何立民先生说:"有些人搞了十多年的 MCU 应用,不知道 MCU 就是一个最典型的嵌入式系统"[①]。实际上,MCU 是在通用 CPU 基础上发展起来的,MCU 具有体积小、价格低、稳定可靠等优点,它的出现和迅猛发展,是控制系统领域的一场技术革命。MCU 以其较高的性价比、灵活性等特点,在现代控制系统中具有十分重要的地位。**大部分嵌入式系统以 MCU 为核心进行设计**。MCU 从体系结构到指令系统都是按照嵌入式系统的应用特点专门设计的,它能很好地满足应用系统的嵌入、面向测控对象、现场可靠运行等方面的要求。因此,**以 MCU 为核心的系统是应用最广的嵌入式系统**。在实际应用时,开发者可以根据具体要求与应用场合,选用最佳型号的 MCU 嵌入实际应用系统中。

3. MCU 出现之后测控系统设计方法发生的变化

测控系统是现代工业控制的基础,它包含信号检测、处理、传输与控制等基本要素。在 MCU 出现之前,人们必须用模拟电路、数字电路实现测控系统中的大部分计算与控制功能,这样使得控制系统体积庞大,易出故障。MCU 出现以后,测控系统设计方法逐步产生变化,系统中的大部分计算与控制功能由 MCU 的软件实现。其他电子线路成为 MCU 的外围接口电路,承担输入、输出与执行动作等功能,而计算、比较与判断等原来必须用电路实现的功能,可以用软件取代,大大提高了系统的性能与稳定性,这种控制技术称为嵌入式控制技术。在嵌入式控制技术中,核心是 MCU,其他部分依次展开。下面给出一个典型的以 MCU 为核心的嵌入式测控产品的基本组成。

1.4.2　以 MCU 为核心的嵌入式测控产品的基本组成

一个以 MCU 为核心,比较复杂的嵌入式产品或实际嵌入式应用系统,包含模拟量的输入、模拟量的输出,开关量的输入、开关量的输出及数据通信的部分。而所有嵌入式系统中最为典型的则是嵌入式测控系统。图 1-6 给出了一个典型的嵌入式测控系统框图。

1. MCU 工作支撑电路

MCU 工作支撑电路也就是 MCU 硬件最小系统,它保障 MCU 能正常运行,如电源电路、晶振电路及必要的滤波电路等,甚至可包含程序写入器接口电路。

2. 模拟信号输入电路

实际模拟信号一般来自相应的传感器。例如,要测量室内的温度,就需要温度传感器。但是,一般传感器将实际的模拟信号转成的电信号都比较微弱,MCU 无法直接获得该信

---

① 何立民.嵌入式系统的定义与发展简史[J].单片机与嵌入式系统应用,2004,20(1):6-8.

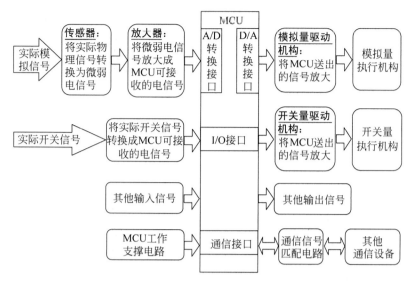

图 1-6 一个典型的嵌入式测控系统框图

号,需要将其放大,然后经过模数转换 ADC 变为数字信号,进行处理。目前,许多 MCU 内部包含 ADC 模块,实际应用时也可根据需要外接 ADC 芯片。常见的模拟量有温度、湿度、压力、重量、气体浓度、液体浓度、流量等。对 MCU 来说,模拟信号通过 ADC 变成相应的数字序列进行处理。

3. 开关量信号输入电路

实际开关信号一般也来自相应的开关类传感器。例如,光电开关、电磁开关、干簧管(磁开关)、声控开关、红外开关等,一些儿童电子玩具中就有一些类似的开关。手动开关也可作为开关信号送到 MCU 中。对 MCU 来说,开关信号就是只有 0 和 1 两种可能值的数字信号。

4. 其他输入信号或通信电路

其他输入信号通过某些通信方式与 MCU 沟通。常用的通信方式有异步串行(UART)通信、串行外设接口(SPI)通信、并行通信、USB 通信、网络通信等。

5. 输出执行机构电路

在执行机构中,有开关量执行机构,也有模拟量执行机构。开关量执行机构只有"开""关"两种状态。模拟量执行机构需要连续变化的模拟量控制。MCU 一般是不能直接控制这些执行机构,需要通过相应的隔离和驱动电路实现。还有一些执行机构,既不是通常的开关量控制,也不是通常数模转换量控制,而是"脉冲"量控制,如控制调频电动机,MCU 则通过软件对其控制。

1.4.3 MAP 简介

1. MAP 的基本概念及特点

MAP 是在低功耗 CPU 的基础上扩展音视频功能和专用接口的超大规模集成电路。与 MCU 相比,MAP 的最主要特点是:工作频率高;硬件设计更为复杂;软件开发需要选用一个嵌入式操作系统;计算功能更强;抗干扰性能较弱;较少直接应用于控制目标对象;

一般情况下,MAP芯片价格也高于MCU。

MAP是伴随着便携式移动设备特别是智能手机而产生的。手机的技术核心是一个语音压缩芯片,称为基带处理器,发送时对语音进行压缩,接收时解压缩,传输码率只是未压缩的几十分之一,在相同的带宽下可服务更多的用户。而智能手机上除通信功能外还增加了数码相机、音乐播放、视频图像播放等功能,基带处理器已经没有能力处理这些新加的功能。另外,视频、音频(高保真音乐)处理的方法和语音不一样,语音只要能听懂,达到传达信息的目的就可以了,视频要求亮丽的彩色图像,动听的立体声伴音,使人能得到最大的感官享受。为了实现这些功能,需要另外一个协处理器专门处理这些信号,它就是MAP。

针对便携式移动设备,MAP的性能需要满足以下3点。

(1) 低功耗。这是因为MAP用在便携式移动设备上,通常用电池供电,节能显得格外重要,使用者给电池充满电后希望使用尽可能长的时间。通常,MAP的核心电压是 $0.9\sim1.2V$,接口电压是2.5V或3.3V,待机功耗小于3mW,全速工作时为 $100\sim300mW$。

(2) 体积微小。因为MAP主要应用在手持式设备中,每1mm空间都很宝贵。MAP通常采用小型BGA封装,引脚数有 $300\sim1000$ 个,锡球直径是 $0.3\sim0.6mm$,间距是 $0.45\sim0.75mm$。

(3) 具备尽可能高的性能。目前的便携式移动设备具备了DAB(Digital Audio Broadcasting)、蓝牙耳机、无线宽带(WiFi)、GPS导航、3D游戏等功能,新的功能仍在积极开发中,这些功能都对MAP的性能提出了更高的要求。

2. MAP与MCU的接口比较

MAP的接口相较于MCU更加丰富,除了MCU常见的接口,如通用I/O(GPIO)、模数转换(ADC)、数模转换(DAC)、串行通信接口(UART)、串行外设接口(SPI)、I2C、CAN、USB、嵌入式以太网、LED、LCD等之外,因MAP的场景多有多媒体、与PC方便互联等需要,因此其接口通常还包括了PCI、TU-R 656、TS、AC97、3D、2D、闪存、DDR、SD等。

3. ARM应用处理器架构

ARM公司在RISC CPU开发领域中不断取得突破,所设计的微处理器结构从v3版本发展到v8版本。

Cortex-A系列处理器主要基于32位的ARM v7A或64位的ARM v8A架构。ARM v7A系列支持传统的ARM、Thumb指令集和新增的高性能紧凑型Thumb-2指令集,主要包括了高性能的Cortex-A17和Cortex-A15、可伸缩的Cortex-A9、经过市场验证的Cortex-A8、高效的Cortex-A7和Cortex-A5。ARM v8A是在ARM v7上开发的支持64位数据处理的全新架构,ARM v7架构的主要特性都在ARM v8架构中得到了保留或进一步拓展,该系列主要包括了性能最出色、最先进的Cortex-A75、性能优异的Cortex-A73、性能和功耗平衡的Cortex-A53、功耗效率最高的Cortex-A35、体积最小功耗最低的Cortex-A32。

1.5　嵌入式系统常用术语

在学习嵌入式应用技术的过程中,经常会遇到一些名词术语。从学习规律的角度,初步了解这些术语有利于随后的学习。因此,本节对嵌入式系统的一些常用术语给出简要说明,以便读者有个初始印象。

1.5.1 与硬件相关的术语

1. 封装

集成电路的封装(Package)是指用塑料、金属或陶瓷等材料把集成电路封在其中。封装可以保护芯片,并使芯片与外部世界连接。常用的封装形式可分为通孔封装和贴片封装两大类。

通孔封装主要有单列直插(Single-in-line Package,SIP)、双列直插(Dual-in-line Package,DIP)、Z字形直插式封装(Zigzag-in-line Package,ZIP)等。

常见的贴片封装主要有小外形封装(Small Outline Package,SOP)、紧缩小外形封装(Shrink Small Outline Package,SSOP)、四方扁平封装(Quad-Flat Package,QFP)、塑料薄方封装(Plastic-Low-profile Quad-Flat Package,LQFP)、塑料扁平组件式封装(Plastic Flat Package,PFP)、插针网格阵列封装(Ceramic Pin Grid Array Package,PGA)、球栅阵列封装(Ball Grid Array Package,BGA)等。

2. 印制电路板

印制电路板(Printed Circuit Board,PCB)是组装电子元件用的基板,是在通用基材上按预定设计形成点间连接及印制元件的印制板,是电路原理图的实物化。PCB 的主要功能是提供集成电路等各种电子元器件固定、装配的机械支撑;实现集成电路等各种电子元器件之间的布线和电气连接(信号传输)或电绝缘;为自动装配提供阻焊图形,为元器件插装、检查、维修提供识别字符和图形等。

3. 动态可读写随机存储器与静态可读写随机存储器

动态可读写随机存储器(Dynamic Random Access Memory,DRAM),由一个 MOS 管组成一个二进制存储位。MOS 管的放电导致表示"1"的电压会慢慢降低。一般每隔一段时间就要控制刷新信息,给其充电。DRAM 价格低,但控制烦琐,接口复杂。

静态可读写随机存储器(Static Random Access Memory,SRAM),一般由 4 个或者 6 个 MOS 管构成一个二进制位。当电源有电时,SRAM 不用刷新,可以保持原有的数据。

4. 只读存储器

只读存储器(Read Only Memory,ROM),数据可以读出,但不可以修改,所以称为只读存储器。通常存储一些固定不变的信息,如常数、数据、换码表、程序等。ROM 具有断电后数据不丢失的特点。ROM 有固定 ROM、可编程 ROM(即 PROM)和可擦除 ROM(即 EPROM)3 种。

PROM 的编程原理是通过大电流将相应位的熔丝熔断,从而将该位改写成 0,熔丝熔断后不能再次改变,所以只改写一次。

EPROM(Erase PROM)是可以擦除和改写的 ROM,它用 MOS 管代替了熔丝,因此可以反复擦除、多次改写。擦除是用紫外线擦除器来完成的,很不方便。有一种用低电压信号即可擦除的 EPROM 称为电可擦除 EPROM,简写为 E^2PROM 或 EEPROM(Electrically Erasable Programmable Read-Only Memory)。

5. 闪速存储器

闪速存储器简称闪存,是一种新型快速的 E^2PROM。由于工艺和结构上的改进,闪存比普通的 E^2PROM 的擦除速度更快,集成度更高。闪存相对于传统的 E^2PROM 来说,其最大的优点是系统内编程,也就是说不需要另外的器件来修改内容。闪存的结构随着时代的发展而有些变动,尽管现代的快速闪存是系统内可编程的,但仍然没有 RAM 使用起来方便。擦写操作必须通过特定的程序算法来实现。

6. 模拟量与开关量

模拟量是指时间连续、数值也连续的物理量,如温度、压力、流量、速度、声音等。在工程技术上,为了便于分析,常用传感器、变换器将模拟量转换为电流、电压或电阻等电学量。

开关量是指一种二值信号,用两个电平(高电平和低电平)分别来表示两个逻辑值(逻辑 1 和逻辑 0)。

1.5.2　与通信相关的术语

1. 并行通信

并行通信是指数据的各位同时在多根并行数据线上进行传输的通信方式,数据的各位同时由源到达目的地;适合近距离、高速通信;常用的有 4 位、8 位、16 位、32 位等同时传输。

2. 串行通信

串行通信是指数据在单线(电平高低表征信号)或双线(差分信号)上,按时间先后一位一位地传送,其优点是节省传输线,但相对于并行通信来说,速度较慢。在嵌入式系统中,串行通信一词一般特指用串行通信接口(UART)与 RS232 芯片连接的通信方式。下面介绍的 SPI、I2C、USB 等通信方式也属于串行通信,但由于历史发展和应用领域的不同,它们分别使用不同的专用名词来命名。

3. 串行外设接口

串行外设接口(Serial Peripheral Interface,SPI)也是一种串行通信方式,主要用于 MCU 扩展外围芯片。这些芯片可以是具有 SPI 接口的 A/D 转换、时钟芯片等。

4. 集成电路互联总线

集成电路互联(I2C)总线是一种由 PHILIPS 公司开发的两线式串行总线,有的书籍也记为 IIC 或 I^2C,主要用于用户电路板内 MCU 与其外围电路的连接。

5. 通用串行总线

通用串行总线(Universal Serial Bus,USB)是 MCU 与外界进行数据通信的一种新方式,其速度快、抗干扰能力强,在嵌入式系统中得到了广泛的应用。USB 不仅成为通用计算机上最重要的通信接口,也是手机、家电等嵌入式产品的重要通信接口。

6. 控制器局域网

控制器局域网是一种全数字、全开放的现场总线控制网络,目前在汽车电子中应用最广。

7. 边界扫描测试协议

边界扫描测试协议(Joint Test Action Group,JTAG)是由国际联合测试行动组开发,对芯片进行测试的一种方式,可将其用于对 MCU 的程序进行载入与调试。JTAG 能获取芯片寄存器等内容,或者测试遵守 IEEE 规范的器件之间引脚的连接情况。

8. 串行线调试技术

串行线调试(Serial Wire Debug,SWD)技术使用 2 针调试端口,是 JTAG 的低针数和高性能替代产品,通常用于小封装微控制器的程序写入与调试。SWD 适用于所有 ARM 处理器,兼容 JTAG。

关于通信相关的术语还有嵌入式以太网、无线传感器网络、ZigBee、射频通信等,本章不再进一步介绍。

1.5.3　与功能模块相关的术语

1. 通用输入输出

通用输入输出(General Purpose I/O,GPIO),即基本的输入输出,有时也称并行 I/O。作为通用输入引脚时,MCU 内部程序可以读取该引脚,知道该引脚是"1"(高电平)或"0"(低电平),即开关量输入。作为通用输出引脚时,MCU 内部程序向该引脚输出 1(高电平)或 0(低电平),即开关量输出。

2. 模数转换与数模转换

模数转换(Analog to Digital Convert,ADC)的功能是将电压信号(模拟量)转换为对应的数字量。实际应用中,这个电压信号可能由温度、湿度、压力等实际物理量经过传感器和相应的变换电路转化而来。经过 ADC,MCU 就可以处理这些物理量。而与之相反,数模转换(Digital to Analog Convert,DAC)的功能则是将数字量转换为电压信号(模拟量)。

3. 脉冲宽度调制器

脉冲宽度调制器(Pulse Width Modulator,PWM)是一个数模转换器,可以产生一个高电平和低电平之间重复交替的输出信号,这个信号就是 PWM 信号。

4. 看门狗

看门狗(Watch Dog)是一个为了防止程序跑飞而设计的一种自动定时器。当程序跑飞时,由于无法正常执行清除看门狗定时器,看门狗定时器会自动溢出,使系统程序复位。

5. 液晶显示

液晶显示(Liquid Crystal Display,LCD)是电子信息产品的一种显示器件,可分为字段型、点阵字符型、点阵图形型三类。

6. 发光二极管

发光二极管(Light Emitting Diode,LED)是一种将电流顺向通到半导体 PN 结处而发光的器件。常用于家电指示灯、汽车灯和交通警示灯。

7. 键盘

键盘是嵌入式系统中最常见的输入设备。识别键盘是否有效被按下的方法有查询法、定时扫描法和中断法等。

与功能模块相关的术语很多,这里不再进一步介绍,读者可在学习时逐步积累。

本章小结

1. 关于嵌入式系统的概念、分类与特点

关于嵌入式系统的概念,可以直观表述为嵌入式系统,即嵌入式计算机系统。嵌入式系统是不以计算机面目出现的"计算机",这个计算机系统隐含在各类具体的产品之中,且在这些产品中,计算机程序起到了重要作用。关于嵌入式系统的分类,可以按应用范围简单地把嵌入式系统分为电子系统智能化(微控制器类)和计算机应用延伸(应用处理器类)这两大类。关于嵌入式系统的特点,可以从与通用计算机比较的角度,可以表述为嵌入式系统是不单独以通用计算机的面目出现的计算机系统,它的开发需要专用工具和特殊方法,使用MCU 设计嵌入式系统,数据与程序空间采用不同存储介质,开发嵌入式系统涉及软件、硬件及应用领域的知识等。

2. 关于嵌入式系统的学习方法问题

关于芯片选择,建议初学者使用微控制器而不是使用应用处理器作为入门芯片。开始阶段,不学习操作系统,着重打好底层驱动的使用方法、设计方法等软硬件基础。关于硬件与软件平衡的问题,可以描述为:嵌入式系统与硬件紧密相关,是软件与硬件的综合体,没有对硬件的理解就不可能写好嵌入式软件,同样没有对软件的理解也不可能设计好嵌入式硬件。关于学习基本方法,建议遵循"先易后难,由浅入深"的原则,打好软硬件基础;充分理解知识要素、掌握底层驱动构件的使用方法;基本掌握底层驱动构件的设计方法;掌握单步跟踪调试、打桩调试、printf 输出调试等调试手段。

3. 关于 MCU 的基本含义

MCU 是在一块芯片内集成了 CPU、存储器、定时器/计数器及多种输入输出(I/O)接口的比较完整的数字处理系统。以 MCU 为核心的系统是应用最广的嵌入式系统,是现代测控系统的核心。MCU 出现之前,人们必须用纯硬件电路实现测控系统。MCU 出现以后,测控系统中的大部分计算与控制功能由 MCU 的软件实现,输入、输出与执行动作等通过硬件实现,带来了设计上的本质变化。MAP 是在低功耗 CPU 的基础上扩展音视频功能和专用接口的超大规模集成电路,其功能与开发方法接近 PC。

4. 关于嵌入式系统的常用术语

对于嵌入式系统的硬件、通信、功能模块等方面的术语,从这里开始认识,后续章节再理解。这里重点认识几个缩写词:GPIO、UART、ADC、DAC、PWM、SPI、I2C、LED 等,记住它们的英文全称、中文含义,有利于随后的学习,这是嵌入式系统的最基本内容。

习题

1. 简要总结嵌入式系统的定义、由来、分类及特点。
2. 归纳嵌入式系统的学习困惑,简要说明如何消除这些困惑。
3. 简要归纳嵌入式系统的知识体系。

4 结合书中给出的嵌入式系统基础阶段的学习建议,从个人角度,你认为应该如何学习嵌入式系统?

5. 简要给出 MCU 的定义及典型内部框图。

6. 举例给出一个具体的、以 MCU 为核心的嵌入式测控产品的基本组成。

7. 简要比较中央处理器(CPU)、微控制器(MCU)与应用处理器(MAP)。

8. 列表罗列嵌入式系统常用术语(中文名、英文缩写、英文全称)。

第**2**章

ARM Cortex-M4 微处理器

本章导读：本书开发板中的 MCU 使用 ARM Cortex-M4 处理器内核，需要学习 ARM Cortex-M4 汇编的读者可以阅读本章全部内容，一般读者可简要了解 2.1 节。虽然本书使用 C 语言描述 MCU 的嵌入式开发，但理解 1～2 个结构完整、组织清晰的汇编程序对嵌入式开发将有很大帮助。第 4 章中将结合 GPIO 的应用给出汇编实例，供学习参考。实际上，一些如初始化、操作系统调度、快速响应等特殊功能必须使用汇编程序完成。本章给出 ARM Cortex-M4 的特点、内核结构、内部寄存器概述；给出指令简表、寻址方式及指令的分类介绍；给出 ARM Cortex-M4 汇编语言的基本语法。

2.1 ARM Cortex-M4 微处理器简介

在第 1 章中谈及嵌入式系统发展简史时，已经简要介绍了 ARM。本书以 STM32L4 系列 MCU 阐述嵌入式应用，该系列的内核[①]使用 32 位 ARM Cortex-M4 处理器（简称 M4），它是 ARM 大家族中的重要一员。

2.1.1 ARM Cortex-M4 微处理器内部结构概要

2010 年，ARM 公司发布 M4 微处理器，其基于 ARM v7-M 架构，浮点单元（Float Point Unit，FPU）作为内核的可选模块，如果 M4 内核包含 FPU，则一般称它为 M4F。M4 内核采用 32 位 RISC 处理器，该处理器支持一组 DSP 指令，允许有效的信号处理和复杂的算法执行。M4 微处理器性能可达到 3CoreMark/MHz～1.25DMIPS/MHz（基于 Dhrystone 2.1 平台）[②]。该微处理器广泛地应用于微控制器、汽车、数据通信、工业控制、消费电子、片上系统、混合信号设计等方面。在位数、总线结构、中断控制、存储器保护、低功耗等方面有自身

---

① 这里使用内核（Core）一词，而不用 CPU，原因在于 ARM 中使用内核术语涵盖了 CPU 功能，它比 CPU 功能的可扩充性更强。一般情况下，可以认为两个术语概念等同。

② 这是一种微处理器性能效率的度量方式。

的特点。

（1）**位数**。32 位处理器，内部寄存器、数据总线都为 32 位，采用 Thumb-2 技术，同时支持 16 位与 32 位指令。

（2）**总线结构**。采用哈佛架构①，使用统一存储空间编址，32 位寻址，最多支持 4GB 存储空间；三级流水线设计；采用片上接口基于高级微控制器总线架构（Advanced Microcontroller Bus Architecture，AMBA）技术，能进行高吞吐量的流水线总线操作。

（3）**中断控制**。采用集成嵌套向量中断控制器（Nested Vectored Interrupt Controller，NVIC），根据不同的芯片设计，支持 8～256 个中断优先级，最多 240 个中断请求。

（4）**存储器保护**。可选的 MPU（存储器保护单元）具有存储器保护特性，如访问权限控制；提供时钟嘀嗒、主栈指针、线程栈指针等操作系统特性。

（5）**低功耗**。具有多种低功耗特性和休眠模式。

M4 微处理器组件结构图如图 2-1 所示。下面简要介绍各部分。

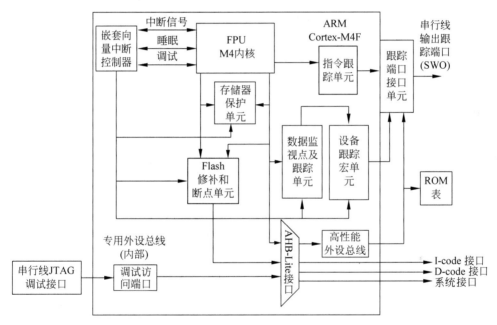

图 2-1   M4 微处理器结构图

1. M4 内核

M4 支持 Thumb 指令集，同时采用 Thumb-2 技术②，且拥有符合 IEEE 754 标准的单精度浮点单元。其硬件方面支持除法指令，并且有中断处理程序和线程两种模式，且有指令和调试两种状态。在处理中断方面，M4 可自动保存处理器状态和回复低延迟中断。M4 微处理器的性能在定点运算速度方面是 M3 内核的两倍，浮点运算速度比 M3 内核快 10 倍以

---

①   Cortex-M3/M4 采用哈佛结构，而 Cortex-M0＋采用的是冯·诺依曼结构。它们的区别在于：它们是不是具有独立的程序指令存储空间和数据存储地址空间。如果有则是哈佛结构；如果没有则是冯·诺依曼结构。而具有独立的地址空间也就意味着在地址总线和控制总线上至少要有一种总线必须是独立的，这样才能保证地址空间的独立性。

②   Thumb 是 ARM 架构中的一种 16 位指令集，而 Thumb-2 则是 16/32 位混合指令集。

上,同时功耗只有其的一半[①]。

2. 嵌套向量中断控制器

嵌套向量中断控制器(Nested Vectored Interrupt Controller,NVIC)是一个在 Cortex M4 中内嵌的中断控制器。在 STM32 系列芯片中,配置的中断源数目为 64 个,优先等级可配置范围为 0～7,其中,0 等级对应最高中断优先级。更细化的是,对优先级进行分组,这样中断在选择时可以选择抢占和非抢占级别。对于 M4 微处理器而言,通过在 NVIC 中实现中断尾链和迟到功能,这意味着两个相邻的中断不用再处理状态保存和恢复了。微处理器自动保存中断入口,并自动恢复,没有指令开销。在超低功耗睡眠模式下可唤醒中断控制器。NVIC 还采用了向量中断的机制,在中断发生时,它会自动取出对应服务例程的入口地址,并且直接调用,无须软件判定中断源,可缩短中断延时。为优化低功耗设计,NVIC 还集成一个可选唤醒中断控制器(Wake-up Interrupt Controller,WIC),在睡眠模式或深度睡眠模式下,芯片可快速进入超低功耗状态,且只能被 WIC 唤醒源唤醒。M4 的内核中,还包含一个 24 位倒计时定时器 SysTick,即使系统在睡眠模式下也能工作,作为嵌套向量中断控制器的一部分实现,若用作实时操作系统的时钟,将给实时操作系统在同类内核芯片间移植带来便利。

3. 存储器保护单元

存储器保护单元(Memory Protection Unit,MPU)是指可以对一个选定的内存单元进行保护。MPU 将存储器划分为 8 个子区域,这些子区域的优先级均是可自定义的。微处理器可以使指定的区域禁用和使能。

4. 调试访问端口

调试访问端口可以对存储器和寄存器进行调试访问。具有 SWD 或 JTAG 调试访问端口,或两种都包括。Flash 修补和断点(Flash Patch and Breakpoint,FPB)单元用于实现硬件断点和代码修补。数据监视点及追踪(Data Watchpoint and Trace,DWT)单元用于实现观察点、触发资源和系统分析。指令跟踪宏单元(Instrumentation Trace Macrocell,ITM)用于提供对 printf()类型调试的支持。跟踪端口接口单元(Trace Port Interface Unit,TPIU)用来连接跟踪端口分析仪,包括单线输出模式。

5. 总线接口

M4 微处理器提供先进的高性能总线(AHB-Lite)接口。其中,包括的 4 个接口分别为:I-code 存储器接口、D-code 存储器接口和系统接口,还有基于高性能外设总线(ASB)的外部专用外设总线(PPB)。位段的操作可以细化到原子位段的读写操作。对存储器的访问是对齐的,并且在写数据时采用写缓冲区的方式。

6. 浮点运算单元

微处理器可以处理单精度 32 位指令数据,结合乘法和累积指令用来提高计算的精度。此外,硬件能够进行加减法、乘除法和平方根等运算操作,同时也支持所有的 IEEE 数据四舍五入模式。该微处理器拥有 32 个专用 32 位单精度寄存器,也可作为 16 个双字寄存器寻址,并且通过采用解耦三级流水线来加快处理器运行速度。

---

① 此性能评估出自 http://www.ti.com.cn/cn/lit/ml/zhct281b/zhct281b.pdf。

2.1.2　ARM Cortex-M4 微处理器的内部寄存器

学习 CPU 时,理解其内部寄存器的用途是重要一环。M4 微处理器的寄存器包含用于数据处理与控制的寄存器、特殊功能寄存器与浮点寄存器。数据处理与控制寄存器在 Cortex-M 系列处理器中的定义与使用基本相同,它包括 R0～R15,如图 2-2 所示。其中, R13 作为堆栈指针 SP。SP 实质上有两个(分别是 MSP 与 PSP),但在同一时刻只能有一个可以被看到,这也就是所谓的 banked 寄存器。特殊功能寄存器有预定义的功能,而且必须通过专用指令来访问,在 M 系列处理器中 M0 与 M0＋的特殊功能寄存器数量与功能相同, M3 与 M4 相比 M0 与 M0＋多了 3 个用于异常或中断屏蔽的寄存器,并在某些寄存器上的预定义不尽相同。在 M 系列处理器中,浮点寄存器只存在于 M4 中。

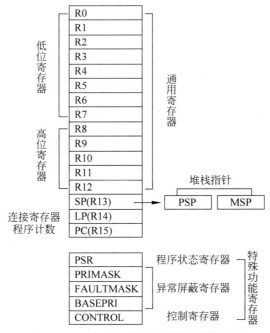

图 2-2　Cortex-M4 微处理器的内部寄存器

2.2　寻址方式与机器码获取方法

CPU 的功能是从外部设备获得数据,通过加工、处理,再把处理结果送到 CPU 的外部世界。设计一个 CPU,首先需要设计一套可以执行特定功能的操作命令,这种操作命令称为**指令**。CPU 所能执行的各种指令的集合,称为该 CPU 的**指令系统**。表 2-1 给出了 ARM Cortex-M 系列处理器的指令集概况。在 ARM 系统中,使用架构(Architecture)一词,即体系结构,主要指使用的指令集。由同一架构可以衍生出许多不同处理器型号。对 ARM 系统而言,其他芯片厂商,可由 ARM 提供的一种处理器型号具体生产出许多不同的 MCU 或应用处理器型号。ARM v7-M 是一种架构型号,其中 v7 是指版本号,而基于该架构处理器有 M3、M4 等型号。一般读者了解基本脉络即可。

表 2-1　ARM Cortex-M 系列处理器的指令集概况

处理器型号	Thumb	Thumb2	硬件乘法	硬件除法	饱和运算	DSP扩展	浮点	ARM 架构	核心架构
M0	大部分	子集	1 或 32 个周期	无	无	无	无	ARM v6-M	冯·诺依曼
M1	大部分	子集	3 或 33 个周期	无	无	无	无	ARM v6-M	冯·诺依曼
M3	全部	全部	1 个周期	有	有	无	无	ARM v7-M	哈佛
M4	全部	全部	1 个周期	有	有	有	可选	ARM v7-M	哈佛

　　本节在给出指令集概况与寻址方式的基础上,简要阐述如何通过简单编程手段即可获取汇编指令对应的二进制代码,进而分析数据的存储方式是小端方式还是大端方式。

2.2.1　指令保留字简表与寻址方式

1. 指令保留字简表

　　M4 微处理器支持所有的 Thumb 和 Thumb2 的全部指令,还支持浮点运算指令、DSP扩展指令等。常用的指令大体分为数据操作指令、转移指令、存储器数据传送指令和其他指令等。下面将 16 位指令、32 位指令、浮点运算指令分别在表 2-2 中罗列出来,其中有 53 条16 位指令、92 条 32 位指令和约 35 条浮点指令,还包含了一些 M3 微处理器中不支持的协议处理器指令和服务于 cache 的指令。表 2-2 给出了基本指令的简表,供读者简明了解、记忆保留字,以便理解基本汇编程序,其他指令需要时请查阅《ARM v7-M 参考手册》。

表 2-2　基本指令简表

类　　型		保　留　字	含　　义
数据传送类		ADR	生成与 PC 指针相关的地址
		LDR、LDRH、LDRB、LDRSB、LDRSH、LDMIA	将存储器中的内容加载到寄存器中
		STR、STRH、STRB、STMIA	将寄存器中的内容存储到存储器中
		MOV、MVN	寄存器间数据传送指令
		PUSH、POP	进栈、出栈
数据操作类	算术运算类	ADC、ADD、SBC、SUB、MUL	加、减、乘指令
		CMN、CMP	比较指令
	逻辑运算类	AND、ORR、EOR、BIC	按位与、或、异或、位段清零
	数据序转类	REV、REVSH、REVH	反转字节序
	扩展类	SXTB、SXTH、UXTB、UXTH	无符号扩展字节、有符号扩展字节
	位操作类	TST	测试位指令
	移位类	ASR、LSL、LSR、ROR	算术右移、逻辑左移、逻辑右移、循环右移
	取补码类	NEG	取二进制补码
	复制类	CPY	把一个寄存器的值复制到另一个寄存器中
跳转控制类		B、B<cond>、BL、BLX、CBZ、CBNZ	跳转指令
其他指令		BKPT、SVC、NOP、CPSID、CPSIE	

2. 寻址方式

指令是对数据的操作,通常把指令中所要操作的数据称为操作数,M4 微处理器所需的操作数可能来自寄存器、指令代码、存储单元。而确定指令中所需操作数的各种方法称为寻址方式(Addressing Mode)。例如,LDRH Rt,[Rn {, ♯imm}],表示有 LDRH Rt,[Rn]和 LDRH Rt,[Rn,♯imm]两种指令格式。其中,指令中的"[ ]"表示其中的内容为地址;"{}"表示其中为可选项;"//"表示注释。

1) 立即数寻址

在立即数寻址方式中,操作数直接通过指令给出。数据包含指令编码中,随着指令一起被编译成机器码存储于程序空间中。用"♯"作为立即数的前导标识符。M4 微处理器的立即数范围是 0x00~0xFF。例如:

```
MOV   R0,♯0xFF    //立即数 0xFF 装入 R0 寄存器
SUB   R1,R0,♯1    //R1←R0 - 1
```

2) 寄存器寻址

在寄存器寻址中,操作数来自寄存器。例如:

```
MOV R0,R1       //将 R1 寄存器内容装入 R0 寄存器
```

3) 直接寻址

在直接寻址方式中,操作数来自存储单元,指令中直接给出存储单元地址。指令码中,显示给出数据的位数,有字(4 字节)、半字(2 字节)、单字节 3 种情况。例如:

```
LDR    Rt,label    //从标号 label 处连续取 4 字节到寄存器中
LDRH   Rt,label    //从地址 label 处读取半字到 Rt
LDRB   Rt,label    //从地址 label 处读取字节到 Rt
```

4) 偏移寻址及寄存器间接寻址

在偏移寻址中,操作数来自存储单元,指令中通过寄存器及偏移量给出存储单元的地址。偏移量不超过 4KB(指令编码中偏移量为 12 位)。偏移量为 0 的偏移寻址也称为寄存器间接寻址。例如:

```
LDR R3, [PC, ♯100]    //从地址(PC + 100)处读取 4 字节到 R3 中
LDR R3,[R4]           //以 R4 中内容为地址,读取 4 字节到 R3 中
```

2.2.2　指令的机器码

在详细讲述指令类型之前,先了解如何获取汇编指令所对应的机器指令,虽然一般不会直接用机器指令进行编程,但是了解机器码的存储方式对理解程序运行细节十分有益。这个过程涉及 3 个文件,分别是源文件、列表文件(.lst)、十六进制机器码文件(.hex)。

1. 运行源文件

运行样例程序的源文件,样例的目的是观察 MOV R0,♯0xDE 语句生成的机器码是什

么,存放在何处,存储顺序是什么样的。

第1步,利用开发环境打开工程..\04-Soft\CH02-1,IDE 会自动打开 main. s 文件。

第2步,利用在文件中查找文字内容的方式,定位到"[理解机器码存储]"处(单击菜单"编辑"→"查找和替换"→"文件查找和替换",输入"[理解机器码存储]",定位到 main. s 文档中的相应位置)。测试代码如下:

```
//测试代码部分[理解机器码存储]
Label:
    MOV R0,♯0xDE          //立即数范围为 0x00~0xFF
    LDR R0, = data_format1 //输出格式送 R0
    LDR R1, = Label        //R1 中是单元地址
    LDR R2,[R1]            //R2 中是单元中的数据
    Bl  printf
```

第3步,编译、下载并运行样例程序,可看到输出窗口显示如图 2-3 所示的显示结果。

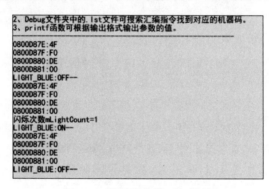

图 2-3　样例程序的运行结果

2. 执行程序获得的信息

从图 2-3 显示的内容可以看出,标号代表的地址为 0800D87E,这就是指令 MOV R0,♯0xDE 机器码要存放的开始地址,各地址存储内容如表 2-3 所示。

表 2-3　指令 MOV R0,♯0xDE 的存储细节表

地　　　址	0800D87E	0800D87F	0800D880	0800D881
内　　　容	4F	F0	DE	00

3. . lst 文件中的信息

打开 Debug 文件夹中的. lst 文件,单击菜单"编辑"→"查找和替换"→"文件查找和替换",输入"[理解机器码存储]",定位到. lst 文档中相应位置,可见该汇编指令存放于 0800D87E 地址开始的单元,其机器码为 F04F 00DE。这里的 F04F 是操作码,00DE 是操作数部分。但是,读者可能有疑惑,字节的顺序与表 2-3 为何不一致呢? 事实上,有的计算机在低地址单元存放字的高字节,在高地址单元存放字的低字节。这种数据存储方式的区别是由不同 MCU 的存储模式决定的,这就是所谓的小端模式与大端模式。例如,STM32 采用的是小端存储模式。所谓小端模式(Little-Endian)是指将 2 字节以上的一个数据的低字

节放在存储器的低地址单元,高字节放在高地址单元。例如,一个 2 字节长度的数据 F04F 小端模式存储方式是 4F 放在低地址单元,F0 放在高地址单元;如果是一个 4 字节长度的数据 0x1A2B_3C4D,其小端模式存储方式的低地址到高地址存储顺序是:4D 3C 2B 1A。读者可以由此容易理解什么是大端模式(Big-Endian)。

4. .hex 文件中的信息

.hex(Intel HEX)文件是由一行一行符合 Intel HEX 文件格式的文本构成的 ASCII 文本文件。在 Intel HEX 文件中,每行包含一个 HEX 记录,这些记录由对应机器语言码(含常量数据)的十六进制编码数字组成。

MOV R0,♯0xDE 指令对应的机器指令编码为 F04F 00DE,实际存储顺序如表 2-3 所示,即 4FF0DE00。在.hex 文件中搜索 4FF0,可在.hex 文件的第 34 行找到相关记录;搜索 DE00,可在第 35 行找到 DE00 相关记录,整行记录的详细释义见本书第 4 章机器码文件解析。可以思考一下,如何更好地在.hex 文件中找到语句对应机器码。

2.3　基本指令分类解析

本节在前面给出指令简表与寻址方式的基础上,按照数据传送类、数据操作类、跳转控制类、其他指令 4 方面,简要阐述 ARM Cortex-M 系列 57 条基本指令的功能。

2.3.1　数据传送类指令

数据传送类指令的功能有两种情况,一是取存储器地址空间中的数传送到寄存器中,二是将寄存器中的数传送到另一寄存器或存储器地址空间中。数据传送类的基本指令有 16 条。

1. 取数指令

存储器中内容加载(Load)到寄存器中的指令如表 2-4 所示。其中,LDR、LDRH、LDRB 指令分别表示加载来自存储器单元的一个字、半字和单字节(不足部分以 0 填充)。LDRSH 和 LDRSB 指令将存储单元中半字、字节的有符号数扩展成 32 位加载到指定寄存器 Rt 中。

表 2-4　取数指令

编号	指　　令	说　　明
(1)	LDR　Rt,[< Rn ∣ SP >{, ♯imm}]	从地址〔SP/Rn+ ♯imm〕处,取字到 Rt 中,imm=0,4,8,…,1020
	LDR　Rt,[Rn, Rm]	从地址 Rn+Rm 处读取字到 Rt 中
	LDR　Rt, label	从标号 label 指定的存储器单元取数到寄存器,标号 label 必须在当前指令的一4~4KB 范围内,且应 4 字节对齐
(2)	LDRH　Rt, [Rn {, ♯imm}]	从地址〔Rn+ ♯imm〕处,取半字到 Rt 中,imm=0,2,4,…,62
	LDRH　Rt,[Rn, Rm]	从地址 Rn+Rm 处读取半字到 Rt 中

续表

编号	指　　令	说　　明
(3)	LDRB　Rt, [Rn {, ♯imm}]	从地址〈Rn+♯imm〉处,取字节到 Rt 中,imm＝0~31
	LDRB　Rt,[Rn, Rm]	从地址 Rn+Rm 处读取字节到 Rt 中
(4)	LDRSH　Rt,[Rn, Rm]	从地址 Rn+Rm 处读取半字到 Rt 中,并带符号扩展至 32 位
(5)	LDRSB　Rt,[Rn, Rm]	从地址 Rn+Rm 处读取字节到 Rt 中,并带符号扩展至 32 位
(6)	LDM　Rn{!}, reglist	从地址 Rn 处读取多个字,加载到 reglist 列表寄存器中,每读一个字后 Rn 自增一次

在 LDM Rn{!}, reglist 指令中, Rn 表示存储器单元起始地址的寄存器; reglist 若包含多个寄存器,则必须以",",分隔,外面用"{}"标识;"!"是一个可选的回写后缀。reglist 列表中包含 Rn 寄存器时不要回写后缀,否则需带回写后缀"!"。带后缀时,在数据传送完毕之后,将最后的地址写回到 Rn＝Rn+4×(n−1),n 为 reglist 中寄存器的个数。Rn 不能为 R15,reglist 可以为 R0~R15 任意组合; Rn 寄存器中的值必须字对齐。这些指令不影响 N、Z、C、V 状态标志。其中,N 为结果为负标志; Z 为结果为 0 标志; C 为进程标志; V 为溢出标志。

2. 存数指令

寄存器中的内容存储(Store)至存储器中的指令如表 2-5 所示。STR、STRH 和 STRB 指令将 Rt 寄存器中的字、低半字或低字节存储到存储器单元。存储器单元地址由 Rn 与 Rm 之和决定。Rt、Rn 和 Rm 必须为 R0~R7 中的一个。

表 2-5　存数指令

编号	指　　令	说　　明
(7)	STR　Rt, [<Rn ｜ SP>{, ♯imm}]	把 Rt 中的字存储到地址 SP/Rn+♯imm 处,imm＝0,4,8,…,1020
	STR　Rt, [Rn, Rm]	把 Rt 中的字存储到地址 Rn+Rm 处
(8)	STRH　Rt, [Rn {, ♯imm}]	把 Rt 中的低半字存储到地址 SP/Rn+♯imm 处,imm＝0,2,4,…,62
	STRH　Rt, [Rn, Rm]	把 Rt 中的低半字存储到地址 Rn+Rm 处
(9)	STRB　Rt, [Rn {, ♯imm}]	把 Rt 中的低字节 SP/Rn+♯imm 处,imm＝0~31
	STRB　Rt, [Rn, Rm]	把 Rt 中的低字节存储到地址 Rn+Rm 处
(10)	STM　Rn!, reglist	存储多个字到 Rn 处,每存一个字后 Rn 自增一次

其中,STM Rn!, reglist 指令将 reglist 列表寄存器中的内容以字存储到 Rn 寄存器中的存储单元地址。以 4 字节访问存储器地址单元,访问地址从 Rn 寄存器指定的地址值到 Rn+4×(n−1),n 为 reglist 中寄存器的个数。按寄存器编号的递增顺序访问,最低编号使用最低地址空间,最高编号使用最高地址空间。对于 STM 指令,如果 reglist 列表中包含了 Rn 寄存器,则 Rn 寄存器必须位于列表首位;如果列表中不包含 Rn,则将位于 Rn+4×n 地址回写到 Rn 寄存器中。这些指令不影响 N、Z、C、V 状态标志。

3. 寄存器间数据传送指令

MOV 指令(见表 2-6),Rd 表示目标寄存器;imm 为立即数,范围是 $0x00 \sim 0xFF$。当 MOV 指令中 Rd 为 PC 寄存器时,丢弃第 0 位;当出现跳转时,传送值的第 0 位清零后的值作为跳转地址。虽然 MOV 指令可以用作分支跳转指令,但强烈推荐使用 BX 或 BLX 指令。这些指令影响 N、Z 状态标志,但不影响 C、V 状态标志。

表 2-6　寄存器间数据传送指令

编号	指　令	说　明
(11)	MOV　Rd, Rm	Rd←Rm,Rd 只可以是 R0~R7
(12)	MOVS　Rd, ♯imm	MOVS 指令功能与 MOV 相同,且影响 N、Z 标志
(13)	MVN　Rd, Rm	将寄存器 Rm 中的数据取反,传送给寄存器 Rd,影响 N、Z 标志

4. 堆栈操作指令

堆栈(Stack)操作指令如表 2-7 所示。PUSH 指令将寄存器值存于堆栈中,最低编号寄存器使用最低存储地址空间,最高编号寄存器使用最高存储地址空间;POP 指令将值从堆栈中弹回寄存器,最低编号寄存器使用最低存储地址空间,最高编号寄存器使用最高存储地址空间。执行 PUSH 指令后,更新 SP 寄存器值 SP=SP−4;执行 POP 指令后更新 SP 寄存器值 SP=SP+4。如果 POP 指令的 reglist 列表中包含了 PC 寄存器,则在 POP 指令执行完成时跳转到该指针 PC 所指地址处。该值最低位通常用于更新 xPSR 的 T 位,此位必须置 1 确保程序正常运行。

表 2-7　堆栈操作指令

编号	指　令	说　明
(14)	PUSH　reglist	进栈指令,SP 递减 4
(15)	POP　reglist	出栈指令,SP 递增 4

5. 生成与指针 PC 相关地址指令

ADR 指令(见表 2-8)将指针 PC 值加上一个偏移量得到的地址写进目标寄存器中。如果利用 ADR 指令生成的目标地址用于跳转指令 BX、BLX,则必须确保该地址最后一位为 1。Rd 为目标寄存器,label 为与指针 PC 相关的表达式。在该指令下,Rd 必须为 R0~R7,数值必须字对齐且在当前 PC 值的 1020 字节以内。此指令不影响 N、Z、C、V 状态标志。这条指令主要提供编译阶段使用,一般可看成一条伪指令。

表 2-8　ADR 指令

编号	指　令	说　明
(16)	ADR　Rd, label	生成与指针 PC 相关的地址,将 label 相对于当前指令的偏移地址值与 PC 相加或者相减(label 有前后,即负、正)写入 Rd 中

2.3.2　数据操作类指令

数据操作主要指算术运算、逻辑运算、移位等。

1. 算术运算类指令

算术运算类指令有加、减、乘、比较等,如表 2-9 所示。

表 2-9　算术类指令

编号	指　　　　令	说　　　明
(17)	ADC　{Rd, } Rn, Rm	带进位加法。Rd←Rn+Rm+C,影响 N、Z、C 和 V 标志位
(18)	ADD　{Rd } Rn, < Rm ∣ ♯imm >	加法。Rd←Rn+Rm,影响 N、Z、C 和 V 标志位
(19)	RSB　{Rd, } Rn, ♯0	Rd←0-Rn,影响 N、Z、C 和 V 标志位(KDS 环境不支持)
(20)	SBC　{Rd, }Rn, Rm	带借位减法。Rd←Rn-Rm-C,影响 N、Z、C 和 V 标志位
(21)	SUB　{Rd} Rn, < Rm ∣ ♯imm >	常规减法。Rd←Rn-Rm/♯imm,影响 N、Z、C 和 V 标志位
(22)	MUL　Rd, Rn Rm	常规乘法。Rd←Rn * Rm,同时更新 N、Z 状态标志,不影响 C、V 状态标志。该指令所得结果与操作数是否为无符号、有符号数无关。Rd、Rn、Rm 寄存器必须为 R0~R7,且 Rd 与 Rm 须一致
(23)	CMN　Rn, Rm	加比较指令。Rn+Rm,更新 N、Z、C 和 V 标志,但不保存所得结果。Rn、Rm 寄存器必须为 R0~R7
(24)	CMP　Rn, ♯imm CMP　Rn, Rm	(减)比较指令。Rn-Rm/♯imm,更新 N、Z、C 和 V 标志,但不保存所得结果。Rn、Rm 寄存器为 R0~R7,立即数 imm 范围为 0~255

加、减指令对操作数的限制条件,如表 2-10 所示。

表 2-10　ADC、ADD、RSB、SBC 和 SUB 操作数限制条件

指　　令	Rd	Rn	Rm	imm	限 制 条 件
ADC	R0~R7	R0~R7	R0~R7	—	Rd 和 Rn 必须相同
ADD	R0~R15	R0~R15	R0~PC	—	Rd 和 Rn 必须相同;Rn 和 Rm 不能同时指定为 PC 寄存器
	R0~R7	SP 或 PC	—	0~1020	立即数必须为 4 的整数倍
	SP	SP	—	0~508	立即数必须为 4 的整数倍
ADD	R0~R7	R0~R7	—	0~7	—
	R0~R7	R0~R7	—	0~255	Rd 和 Rn 必须相同
	R0~R7	R0~R7	R0~R7	—	—
RSB	R0~R7	R0~R7	—	—	—
SBC	R0~R7	R0~R7	R0~R7	—	Rd 和 Rn 必须相同
SUB	SP	SP	—	0~508	立即数必须为 4 的整数倍
SUB	R0~R7	R0~R7	—	0~7	—
	R0~R7	R0~R7	—	0~255	Rd 和 Rn 必须相同
	R0~R7	R0~R7	R0~R7	—	—

2. 逻辑运算类指令

逻辑运算类指令如表 2-11 所示。AND、EOR 和 ORR 指令把寄存器 Rn、Rm 值逐位与、异或和或操作;BIC 指令是将寄存器 Rn 的值与 Rm 的值的反码按位作逻辑"与"操作,

结果保存到 Rd 中。这些指令更新 N、Z 状态标志，不影响 C、Z 状态标志。

表 2-11　逻辑运算类指令

编　号	指　　令	说　　明	举　　例
（25）	AND　{Rd, } Rn, Rm	按位与	AND R2，R2，R1
（26）	ORR　{Rd, } Rn, Rm	按位或	ORR R2，R2，R5
（27）	EOR　{Rd, } Rn, Rm	按位异或	EOR R7，R7，R6
（28）	BIC　{Rd, } Rn, Rm	位段清零	BIC R0，R0，R1

Rd、Rn 和 Rm 必须为 R0～R7，其中 Rd 为目标寄存器，Rn 为存放第 1 个操作数寄存器且必须和目标寄存器 Rd 一致（即 Rd 就是 Rn），Rm 为存放第 2 个操作数寄存器。

3. 移位类指令

移位类指令如表 2-12 所示。ASR、LSL、LSR 和 ROR 指令，将寄存器 Rm 值由寄存器 Rs 或立即数 imm 决定移动位数，执行算术右移、逻辑左移、逻辑右移和循环右移操作。这些指令中，Rd、Rm、Rs 必须为 R0～R7。对于非立即数指令，Rd 和 Rm 必须一致。Rd 为目标寄存器，若省去 Rd，表示其值与 Rm 寄存器一致；Rm 为存放被移位数据寄存器；Rs 为存放移位长度寄存器；imm 为移位长度，ASR 指令移位长度范围是 1～32，LSL 指令移位长度范围是 0～31，LSR 指令移位长度范围是 1～32。

表 2-12　移位类指令

编号	指　　令	操　　作	举　　例
（29）	ASR　{Rd, } Rm, Rs ASR　{Rd, } Rm, ♯ imm		算术右移 ASR R7，R5，♯9
（30）	LSL　{Rd, } Rm, Rs LSL　{Rd, } Rm, ♯ imm		逻辑左移 LSL R1，R2，♯3
（31）	LSR　{Rd, } Rm, Rs LSR　{Rd, } Rm, ♯ imm		逻辑右移 LSR R1，R2，♯3
（32）	ROR　{Rd, } Rm, Rs		循环右移 ROR R4，R4，R6

1）单向移位指令

算术右移指令 ASR 比较特别，它把要操作的字节当作有符号数，而符号位（b31）保持不变，其他位右移一位，即首先将 b0 位移入 C 中，其他位（b1～b31）右移一位，相当于操作数除以 2。为了保证符号不变，ASR 指令使符号位 b31 返回其本身。逻辑右移指令 LSR 把 32 位操作数右移一位，首先将 b0 位移入 C 中，其他右移一位，0 移入 b31 位。根据结果可知，ASR、LSL、LSR 指令对标志位 N、Z 有影响；最后移出位更新 C 标志位。

2）循环移位指令

在循环右移指令 ROR 中，将 b0 位移入 b31 位的同时也移入 C 中，其他位右移一位，从 b31～b0 内部看来循环右移了一位。根据结果可知，ROR 指令对标志位 N、Z 有影响；最后移出位更新 C 标志位。

4. 位测试类指令

位测试类指令如表 2-13 所示。

表 2-13　位测试类指令

编号	指　　令	说　　明
（33）	TST　Rn, Rm	将 Rn 寄存器的值逐位与 Rm 寄存器的值进行与操作，但不保存所得结果。为测试寄存器 Rn 某位为 0 或 1，将 Rn 寄存器某位置 1，其余位清零。寄存器 Rn、Rm 必须为 R0～R7。根据结果可知，该指令更新 N、Z 状态标志，但不影响 C、V 状态标志

5. 数据序转指令

数据序转指令如表 2-14 所示。该指令用于改变数据的字节顺序，其具体操作如图 2-4 所示。Rn 为源寄存器，Rd 为目标寄存器，且必须为 R0～R7。这些指令不影响 N、Z、C、V 状态标志。

表 2-14　数据序转指令

编号	指　　令	说　　明
（34）	REV　Rd, Rn	将 32 位大端数据转小端存放或将 32 位小端数据转大端存放
（35）	REV16　Rd, Rn	将一个 32 位数据划分成两个 16 位大端数据，将这两个 16 位大端数据转小端存放或将一个 32 位数据划分成两个 16 位小端数据，将这两个 16 位小端数据转大端存放
（36）	REVSH　Rd, Rn	将 16 位带符号大端数据转成 32 位带符号小端数据或将 16 位带符号小端数据转成 32 位带符号大端数据

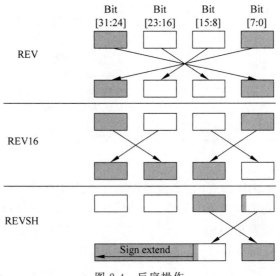

图 2-4　反序操作

6. 扩展类指令

扩展类指令如表 2-15 所示。寄存器 Rm 存放待扩展操作数；寄存器 Rd 为目标寄存器；Rm、Rd 必须为 R0～R7。这些指令不影响 N、Z、C、V 状态标志。

表 2-15 扩展类指令

编号	指 令	说 明
(37)	SXTB Rd, Rm	将操作数 Rm 的 Bit[7:0]带符号扩展到 32 位,结果保存到 Rd 中
(38)	SXTH Rd, Rm	将操作数 Rm 的 Bit[15:0]带符号扩展到 32 位,结果保存到 Rd 中
(39)	UXTB Rd, Rm	将操作数 Rm 的 Bit[7:0]无符号扩展到 32 位,结果保存到 Rd 中
(40)	UXTH Rd, Rm	将操作数 Rm 的 Bit[15:0]无符号扩展到 32 位,结果保存到 Rd 中

2.3.3 跳转控制类指令

跳转控制类指令如表 2-16 所示,这些指令不影响 N、Z、C、V 状态标志。

表 2-16 跳转控制类指令

编号	指 令	跳 转 范 围	说 明
(41)	B{cond} label	−256B～+254B	转移到标号 label 对应的地址处,可以带(或不带)条件,所带条件如表 2-17 所示。例如,BEQ 表示标志位 Z=1 时转移
(42)	BL label	−16MB～+16MB	转移到标号 label 处对应的地址,并且把转移前的下条指令地址保存到 LR,并置寄存器 LR 的 Bit[0]为 1,保证随后执行 POP {PC}或 BX 指令时可成功返回分支
(43)	BX Rm	任意	转移到由寄存器 Rm 给出的地址,寄存器 Rm 的 Bit[0]必须为 1,否则会导致硬件故障
(44)	BLX Rm	任意	转移到由寄存器 Rm 给出的地址,并且把转移前的下条指令地址保存到 LR。寄存器 Rm 的 Bit[0]必须为 1,否则会导致硬件故障

跳转控制类指令举例如下,特别注意 BL 用于调用子程序。

```
BEQ label    @条件转移,标志位 Z=1 时转移到标号 label
BL  funC     @调用子程序 funC,把转移前的下条指令地址保存到 LR
BX  LR       @返回到函数调用处
```

B 指令所带条件众多,可形成不同条件下的跳转,但只在前 256 字节至后 254 字节地址范围内跳转。B 指令所带的条件如表 2-17 所示。

表 2-17 B 指令所带的条件

条件后缀	标 志 位	含 义	条件后缀	标 志 位	含 义
EQ	Z=1	相等	HI	C=1 并且 Z=0	无符号数大于

续表

条件后缀	标 志 位	含 义	条件后缀	标 志 位	含 义
NE	Z=0	不相等	LS	C=1 或 Z=1	无符号数小于或等于
CS 或者 HS	C=1	无符号数大于或等于	GE	N=V	带符号数大于或等于
CC 或者 LO	C=0	无符号数小于	LT	N!=V	带符号数小于
MI	N=1	负数	GT	Z=0 并且 N=V	带符号数大于
PL	N=0	正数或零	LE	Z=1 并且 N!=V	带符号数小于或等于
VS	V=1	溢出	AL	任何情况	无条件执行
VC	V=0	未溢出			

2.3.4　其他指令

未列入数据传输类、数据操作类、跳转控制类三大类的指令,归为其他指令。其他指令如表 2-18 所示。其中,spec_reg 表示特殊寄存器,包括 APSR、IPSR、EPSR、IEPSR、IAPSR、EAPSR、PSR、MSP、PSP、PRIMASK 和 CONTROL。

表 2-18　其他指令

类型	编号	指　　令	说　　明
断点指令	(45)	BKPT ♯imm	如果调试被使能,则进入调试状态(停机)。如果调试监视器异常被使能,则调用一个调试异常;否则调用一个错误异常。处理器忽视立即数 imm,立即数范围是 0~255,表示断点调试的信息。该指令不影响 N、Z、C、V 状态标志
中断指令	(46)	CPSIE i	除了 NMI,使能总中断。该指令不影响 N、Z、C、V 标志
	(47)	CPSID i	除了 NMI,禁止总中断。该指令不影响 N、Z、C、V 标志
屏蔽指令	(48)	DMB	数据内存屏蔽(与流水线、MPU 和 cache 等有关)
	(49)	DSB	数据同步屏蔽(与流水线、MPU 和 cache 等有关)
	(50)	ISB	指令同步屏蔽(与流水线、MPU 等有关)
特殊寄存器操作指令	(51)	MRS Rd, spec_reg1	加载特殊功能寄存器的值到通用寄存器。若当前执行模式不为特权模式,除 APSR 寄存器外,读其余所有寄存器的值为 0
	(52)	MSR spe_reg, Rn	存储通用寄存器的值到特殊功能寄存器。Rd 不允许为 SP 或 PC 寄存器,若当前执行模式不为特权模式,除 APSR 外,任何试图修改寄存器的操作均被忽视。该指令影响 N、Z、C、V 标志
空操作	(53)	NOP	空操作,但无法保证能够延迟时间,处理器可能在执行阶段之前就将此指令从线程中移除。该指令不影响 N、Z、C、V 标志
发送事件指令	(54)	SEV	发送事件指令。在多处理器系统中,向所有处理器发送一个事件,也可置位本地寄存器。该指令不影响 N、Z、C、V 标志

续表

类型	编号	指　　令	说　　明
操作系统 服务调用 指令	(55)	SVC ♯imm	操作系统服务调用,带立即数调用代码。SVC 指令触发 SVC 异常。处理器忽视立即数 imm,若需要,则该值可通过异常处理程序重新取回,以确定哪些服务正在请求。执行 SVC 指令期间,当前任务优先级高于等于 SVC 指令调用处理程序时,将产生一个错误。该指令不影响 N、Z、C、V 标志
休眠指令	(56)	WFE	休眠并且在发生事件时被唤醒。该指令不影响 N、Z、C、V 标志
	(57)	WFI	休眠并且在发生中断时被唤醒。该指令不影响 N、Z、C、V 标志

表 2-18 中的中断指令(使能总中断指令为 CPSIE i,禁止总中断指令为 CPSID i)为编程必用指令,实际编程时,由宏函数给出。

下面对两条休眠指令 WFE 与 WFI 做简要说明。这两条休眠指令均只用于低功耗模式,并不产生其他操作(这一点类似于 NOP 指令)。休眠指令 WFE 执行情况由事件寄存器决定。如果事件寄存器为零,则只有在发生如下事件才执行:①发生异常,且该异常未被异常屏蔽寄存器或当前优先级屏蔽;②在进入异常期间,系统控制寄存器的 SEVONPEND 置位;③若使能调试模式时,则触发调试请求;④外围设备发出一个事件或在多重处理器系统中另一个处理器使用 SVC 指令。若事件寄存器为 1,则 WFE 指令把该寄存器清零后立刻执行。休眠指令 WFI 执行条件为:发生异常,或 PRIMASK.PM 被清 0,产生的中断将会被先占,或发生触发调试请求(不论调试是否被使能)。

2.4　汇编语言的基本语法

能够在 MCU 内直接执行的指令序列是机器语言,用助记符号来表示机器指令便于记忆,这就形成了汇编语言。因此,用汇编语言写成的程序不能直接放入 MCU 的程序存储器中去执行,必须先转为机器语言。把用汇编语言写成的源程序"翻译"成机器语言的工具叫汇编程序或编译器(Assembler),以下统一称为编译器。

本书给出的所有样例程序均在 CCS 6.2 开发环境下实现,CCS 6.2 环境在汇编编程时推荐使用 GNU v4.9.3 汇编器,汇编语言格式满足 GNU 汇编语法,下面简称为 ARM-GNU 汇编。为了有助于解释涉及的汇编指令,下面将介绍一些汇编语法的基本信息[①]。

2.4.1　汇编语言的格式

汇编语言源程序可以用通用的文本编辑软件编辑,以 ASCII 码形式保存。具体的编译器对汇编语言源程序的格式有一定的要求,同时,编译器除了识别 MCU 的指令系统外,为

---

① 参见 Using as the GNU Assembler Version 2.11.90,2012(GNU 汇编语法)。

了能够正确产生目标代码以及方便汇编语言的编写,编译器还提供了一些在汇编时使用的命令、操作符号。在编写汇编程序时,也必须正确使用它们。由于编译器提供的指令仅是为了更好地做好"翻译"工作,并不产生具体的机器指令,因此这些指令被称为伪指令(Pseudo Instruction)。例如,伪指令告诉编译器:从哪里开始编译,到哪里结束,编译后的程序如何放置等相关信息。当然,这些相关信息必须包含在汇编源程序中,否则编译器就难以编译好源程序,难以生成正确的目标代码。

汇编语言源程序以行为单位进行设计,每行最多可以包含以下4部分。

标号:　　操作码　　操作数　　注释

1. 标号

对于标号(Labels)有下列要求及说明。

(1) 如果一个语句有标号,则标号必须书写在汇编语句的开头部分。

(2) 可以组成标号的字符有字母 A～Z、字母 a～z、数字 0～9、下画线(_)、美元符号($),但开头的第1个符号不能为数字和$。

(3) 编译器对标号中字母的大小写敏感,但指令不区分大小写。

(4) 标号长度基本不受限制,但实际使用时通常不超过20个字符。如果希望更多的编译器能够识别,则建议标号(或变量名)的长度小于8个字符。

(5) 标号后必须带冒号(:)。

(6) 一个标号在一个文件(程序)中只能被定义一次,否则出现重复定义,不能通过编译。

(7) 一行语句只能有一个标号,编译器将把当前程序计数器的值赋给该标号。

2. 操作码

操作码(Opcodes)包括指令码和伪指令,其中伪指令是指 CCS 开发环境 M4 汇编编译器可以识别的伪指令。对于有标号的行,必须用至少一个空格或制表符(TAB)将标号与操作码隔开。对于没有标号的行,不能从第1列开始写指令码,应以空格或制表符开头。编译器不区分操作码中字母的大小写。

3. 操作数

操作数(Operands)可以是地址、标号或指令码定义的常数,也可以是由伪运算符构成的表达式。如果一条指令或伪指令有操作数,则操作数与操作码之间必须用空格隔开书写。操作数多于一个的,操作数之间用逗号(,)分隔。操作数也可以是 M4 内部寄存器,或者另一条指令的特定参数。操作数中一般都有一个存放结果的寄存器,这个寄存器在操作数的最前面。

1) 常数标识

编译器识别的常数有十进制(默认不需要前缀标识)、十六进制(用 0x 前缀标识)、二进制(用 0b 前缀标识)。

2) "#"表示立即数

一个常数前添加"#"表示一个立即数;不加"#"时,表示一个地址。

特别说明:初学时常常会将立即数前的"#"遗漏,如果该操作数只能是立即数,则编译器会提示错误。例如:

```
MOV    R3, 1      //给寄存器 R3 赋值为 1(这个语句不对)
```

编译时会提示"immediate expression requires a ♯ prefix--'mov R3,1'",应该改为:

```
MOV    R3,♯1        //寄存器 R3 赋值为1(这个语句对)
```

3)圆点

如果圆点(.)单独出现在语句操作码之后的操作数位置上,则代表当前程序计数器的值被放置在圆点的位置。例如,b.指令代表转向本身,相当于永久循环。在调试时希望程序停留在某个地方可以添加这种语句,调试之后应删除。

4)伪运算符

表 2-19 列出了一系列的伪运算符。

表 2-19　CCS M4 编译器识别的伪运算符

运算符	功　能	类型	实　例	
＋	加法	二元	MOV 3,♯30＋40	等价于 MOV R3,♯70
－	减法	二元	MOV R3,♯40－30	等价于 MOV R3,♯10
*	乘法	二元	MOV R3,♯5＊4	等价于 MOV R3,♯20
/	除法	二元	MOV R3,♯20/4	等价于 MOV R3,♯5
％	取模	二元	MOV R3,♯20％7	等价于 MOV R3,♯6
||	逻辑或	二元	MOV R3,♯1||0	等价于 MOV R3,♯1
&.&.	逻辑与	二元	MOV R3,♯1&.&.0	等价于 MOV R3,♯0
≪	左移	二元	MOV R3,♯4≪2	等价于 MOV R3,♯16
≫	右移	二元	MOV R3,♯4≫2	等价于 MOV R3,♯1
^	按位异或	二元	MOV R3,♯4^6	等价于 MOV R3,♯2
&	按位与	二元	MOV R3,♯4^2	等价于 MOV R3,♯0
|	按位或	二元	MOV R3,♯4|2	等价于 MOV R3,♯6
＝＝	等于	二元	MOV R3,♯1＝＝0	等价于 MOV R3,♯0
!=	不等于	二元	MOV R3,♯1!=0	等价于 MOV R3,♯1
＜＝	小于或等于	二元	MOV R3,♯1＜＝0	等价于 MOV R3,♯0
＞＝	大于或等于	二元	MOV R3,♯1＞＝0	等价于 MOV R3,♯1
＋	正号	一元	MOV R3,♯＋1	等价于 MOV R3,♯1
－	负号	一元	LDR R3,＝－325	等价于 LDR R3,＝0xffff_febb
～	取反运算	一元	LDR R3,＝～325	等价于 LDR R3,＝0xffff_feba
＞	大于	一元	MOV R3,♯1＞0	
＜	小于	一元	MOV R3,♯1＜＝0	

4. 注释

注释(Comments)是说明文字,类似于 C 语言,多行注释以"/＊"开始,以"＊/"结束。这种注释可以包含多行,也可以独占一行。在 CCS 环境的 M4 处理器汇编语言中,单行注释以"♯"引导或者用"//"引导。用"♯"引导时,"♯"必须为单行的第 1 个字符。

2.4.2　常用伪指令简介

不同集成开发环境下的伪指令稍有不同,**伪指令书写格式与所使用的开发环境有关,参照具体的工程样例,可以"照葫芦画瓢"。**

伪指令主要有用于常量以及宏的定义、条件判断、文件包含等。在 CCS 6.2.0 开发环境下,所有的汇编命令都是以"."开头的。下面以本书使用的开发环境(CCS)为例介绍有关汇编伪指令。

1. 系统预定义的段

C 语言程序在经过 gcc 编译器最终生成 .elf 格式的可执行程序。.elf 可执行程序是以段为单位来组织文件的。通常划分为如下 3 个段:.text、.data 和 .bss。其中,.text 是只读的代码区;.data 是可读可写的数据区;.bss 是可读可写且没有初始化的数据区。.text 段的开始地址为 0x0,接着分别是 .data 段和 .bss 段。

```
.text        @表明以下代码在.text 段
.data        @表明以下代码在.data 段
.bss         @表明以下代码在.bss 段
```

2. 常量的定义

汇编代码常用的功能之一为常量的定义。使用常量定义,能够提高程序代码的可读性,并且使代码维护更加简单。常量的定义可以使用 .equ 汇编指令,下面是 GNU 编译器的一个常量定义的例子:

```
.equ    _NVIC_ICER,  0xE000E180
…
LDR     R0, = _NVIC_ICER    @将 0xE000E180 放到 R0 中
```

常量的定义还可以使用 .set 汇编指令,其语法结构与 .equ 相同。

```
.set ROM_size, 128 * 1024          @ROM 大小为 131072 字节 (128KB)
.set   start_ROM, 0xE0000000
.set   end_ROM, start_ROM + ROMsize   @ROM 结束地址为 0xE0020000
```

3. 程序中插入常量

对于大多数汇编工具来说,一个典型的特性为可以在程序中插入数据。GNU 编译器的语法可以写作如下:

```
    LDR R3, = NUMNER        @得到 NUMNER 的存储地址
    LDR R4,[R3]             @将 0x123456789 读到 R4
    …
    LDR R0, = HELLO_TEXT    @得到 HELLO_TEXT 的起始地址
    BL   PrintText          @调用 PrintText 函数显示字符串
    …
    ALIGN 4
NUMNER:
    .word   0x123456789
HELLO_TEXT:
    .asciz "hello\n"        @以 '\0'结束的字符
```

为了在程序中插入不同类型的常量,GNU 编译器中包含许多不同的伪指令,表 2-20 中

列出了常用伪指令。

表 2-20　用于程序中插入不同类型常量的常用伪指令

插入数据的类型	GNU 编译器
字	. word(如. word 0x12345678)
半字	. hword(如. word 0x1234)
字节	. byte(如. byte 0x12)
字符串	. ascii/. asciz(如. ascii "hello\n",. asciz 与. ascii,只是生成的字符串以 '\0'结尾)

4. 条件伪指令

. if 条件伪指令后面紧跟一个恒定的表达式(即该表达式的值为真),并且最后要以 . endif 结尾。中间如果有其他条件,可以用. else 填写汇编语句。

. ifdef 标号表示如果标号被定义,则执行下面的代码。

5. 文件包含伪指令

```
.include  "filename"
```

. include 是一个附加文件的链接指示命令,利用它可以把另一个源文件插入当前的源文件一起汇编,成为一个完整的源程序。filename 是一个文件名,可以包含文件的绝对路径或相对路径,但建议对于一个工程的相关文件放到同一个文件夹中,因此更多的时候使用相对路径。具体例子参见本书第 4 章的第 1 个汇编实例程序。

6. 其他常用伪指令

除了上述的伪指令外,GNU 编译器还有其他常用伪指令。

(1). section 伪指令:用户可以通过. section 伪指令来自定义一个段。例如:

```
.section  .isr_vector,  "a"  @定义一个.isr_vector 段,"a"表示允许段
```

(2). global 伪指令:. global 伪指令可以用来定义一个全局符号。例如:

```
.global  symbol    @定义一个全局符号 symbol
```

(3). extern 伪指令:. extern 伪指令的语法为. extern　symbol,声明 symbol 为外部函数,调用时可以遍访所有文件找到该函数并且使用它。例如:

```
.extern  main    @声明 main 为外部函数
bl main          @进入 main 函数
```

(4). align 伪指令:. align 伪指令可以通过添加填充字节使当前位置满足一定的对齐方式。语法结构为. align [exp[, fill]],其中,exp 为 0~16 的数字,表示下一条指令对齐至 2^{exp} 位置。若未指定,则将当前位置对齐到下一个字的位置。fill 给出为对齐而填充的字节值,可省略,默认为 0x00。例如:

```
.align  3  @把当前位置计数器值增加到 2³ 的倍数上.如果已是 2³ 的倍数,则不做改变
```

(5) .end 伪指令：.end 伪指令声明汇编文件的结束。

此外,还有有限循环伪指令、宏定义和宏调用伪指令等,参见《GNU 汇编语法》。

本章小结

本章简要概述 M4 的内部结构功能特点及汇编指令,有助于读者更深层次地理解和学习 M4 软硬件的设计。

1. 关于 ARM Cortex-M4 微处理器的内部结构

要了解 M4 的特点、内核结构、内部寄存器、寻址方式及指令系统,可为进一步学习和应用 M4 提供基础。重点掌握 CPU 内部寄存器。

2. 关于 M4 的指令系统

学习和记忆基本指令对理解处理器特性十分有益的。本章 2.2 节和 2.3 节给出的基本指令简表可以方便读者记忆基本指令保留字。

另外,读者也需要了解汇编指令对应的机器指令、了解机器码的存储方式,这对理解程序运行细节十分有益。

3. 关于汇编程序及其结构

虽然本书使用 C 语言阐述 MCU 的嵌入式开发,但理解 1~2 个结构完整、组织清晰的汇编程序对嵌入式学习将有很大帮助,初学者应下功夫理解 1~2 个汇编程序。实际上,一些特殊功能的操作必须使用汇编完成,如初始化、中断、休眠等功能,都需用到汇编代码。本章 2.4 节给出了 M4 汇编语言基本语法。

习题

1. M4 微处理器有哪些寄存器?简要给出各寄存器的作用。
2. 说明对 CPU 内部寄存器的操作与对 RAM 中的全局变量操作有何异同点。
3. M4 指令系统寻址方式有几种?简要叙述各自特点,并举例说明。
4. 举例在.lst 和.hex 文件中找到一个指令机器码。
5. 调用子程序是用 B 还是用 BL 指令?请写出返回子程序的指令。
6. 举例说明运算指令与伪运算符的本质区别。

第 **3** 章

存储器映像、中断源与硬件最小系统

本章导读：本章首先概述以 ARM Cortex-M4 为核心的 STM32L4 系列 MCU，然后给出该 MCU 的存储器映像、中断源与硬件最小系统，并由此构建一种通用嵌入式计算机（AHL-STM32L431），作为本书硬件实践平台。MCU 的外围电路简单清晰，它以 MCU 为核心辅以最基本电子线路，构成 MCU 硬件最小系统，使得 MCU 的内部程序可以运行起来。本章在此基础上进行嵌入式系统的软硬件学习。

视频讲解

3.1 STM32L4 系列 MCU 概述

本节简要概述 STM32L4 系列的 MCU 命名规则、存储器映像以及中断源，其中 MCU 命名规则帮助使用者获得芯片信息；STM32L4 存储器映像是把 M4 内核之外的模块，用类似存储器编址的方式，统一分配地址，关于存储空间的使用，主要记住片内 Flash 区和片内 RAM 区的存储器映像；中断源主要包括 STM32L4 中断源的定义及中断源的分类。

3.1.1 STM32L4 系列 MCU 命名规则

STM32L4 系列 MCU 是意法半导体(ST)公司于 2016 年开始陆续推出基于 M4 内核带 FPU 处理器的超低功耗微控制器，工作频率为 80MHz，与所有 ARM 工具和软件兼容，内部硬件模块主要包括 GPIO、UART、Flash、RAM、SysTick、Timer、PWM、RTC、Incapture、12 位 A/D、SPI、I2C 与 TSC。该系列包含不同的产品线：STM32L4x1（基本型系列），STM32L4x2～6 为不同 USB 体系及 LCD 等模块的扩展型 MCU，满足不同应用的选型需要。

认识一个 MCU，从了解型号含义开始，一般来说，主要包括**芯片家族**、**产品类型**、**具体特性**、**引脚数目**、**Flash 大小**、封装类型以及温度范围等。

STM32 系列芯片的命名格式为 STM32 X AAA Y B T C，各字段说明如表 3-1 所示，本书所使用的芯片型号为 STM32L431RCT6。对照命名格式，可以从型号获得以下信息：属于 32 位的 MCU，超低功耗型，高性能微控制器，引脚数为 64，Flash 大小为 256KB，封装形式为 64 引脚 LQFP 封装；工作范围为 $-40℃\sim+85℃$。

表 3-1　STM32 系列芯片命令字段说明

字段	说明	取　值
STM32	芯片家族	表示 32 位 MCU
X	产品类型	F 表示基础型；L 表示超低功耗型；W 表示无线系统芯片
AAA	具体特性	取决于产品系列。0xx 表示入门级 MCU；1xx 表示主流 MCU；2xx 表示高性能 MCU；4xx 表示高性能微控制器，具有 DSP 和 FPU 指令；7xx 表示配备 ARM Cortex-M7 内核的超高性能 MCU
Y	引脚数目	T 表示 36；C 表示 48；R 表示 64；V 表示 100；Z 表示 144；B 表示 208；N 表示 216
B	Flash 大小	8 表示 64KB；C 表示 256KB；E 表示 512KB；I 表示 2048KB
T	封装类型	T 表示 LQFP 封装；H 表示 BGA 封装；I 表示 UFBGA 封装
C	温度范围	6/A 表示 $-40℃\sim+85℃$；7/B 表示 $-40℃\sim+105℃$；3/C 表示 $-40℃\sim+125℃$；D 表示 $-40℃\sim+150℃$

3.1.2　STM32L4 存储器映像

ARM Cortex-M 处理器直接寻址空间为 4GB，地址范围是 0x0000_0000～0xFFFF_FFFF。**所谓存储器映像，是指把这 4GB 空间当作存储器来看待，分成若干区间，都可安排一些什么实际的物理资源。**哪些地址服务什么资源是 MCU 生产厂家规定好的，用户只能用而不能改。

STM32L4 把 M4 内核之外的模块，用类似存储器编址的方式，统一分配地址。在 4GB 的存储映射空间内，片内 Flash、静态存储器 SRAM、系统配置寄存器以及其他外部设备，如通用型输入输出(GPIO)，被分配给独立的地址，以便内核进行访问，表 3-2 给出了本书使用的 STM32L4 系列存储器映像的常用部分内容。

表 3-2　STM32L4 存储器映射表

32 位地址范围	对应内容	说　明
0x0000_0000～0x0003_FFFF	Flash、系统存储器或 SRAM	取决于 BOOT 配置
0x0004_0000～0x07FF_FFFF	保留	—
0x0800_0000～0x0803_FFFF	Flash 存储器	256KB
…	…	…
0x2000_0000～0x2000_BFFF	SRAM1[注]	48KB
0x2000_C000～0x2000_FFFF	SRAM2	16KB
0x2001_0000～0x3FFF_FFFF	保留	
0x4000_0000～0x5FFF_FFFF	系统总线和外围总线	GPIO(0x4800_0000～0x4800_1FFF)
…	…	…
0xE000_0000～0xFFFF_FFFF	带 FPU 的 M4 内部外部设备	—

注：SRAM 区分为两部分是因为 SRAM1 可以被映射到位带区，参见本书 10.3 节。

关于存储空间的使用，主要记住片内 Flash 区和片内 RAM 区的存储器映像。因为中断向量、程序代码、常数放在片内 Flash 中，在源程序编译后的链接阶段需要使用的链接文件中,需要含有目标芯片 Flash 的地址范围以及用途等信息,才能顺利生成机器码。在产生的链接文件中还需要包含 RAM 的地址范围及用途等信息,以便生成机器码来准确定位全局变量、静态变量的地址及堆栈指针。

1. 片内 Flash 区的存储器映像

STM32L4 片内 Flash 大小为 256KB,与其他芯片不同,Flash 区的起始地址并不是从 0x0000_0000 开始,而是从 0x0800_0000 开始,其地址范围是 0x0800_0000～0x0803_FFFF。Flash 区中扇区大小为 2KB,扇区总共有 128 个。

2. 片内 RAM 区的存储器映像

STM32L4 片内 RAM 为静态随机存储器(SRAM),大小为 64KB,分成 SRAM1 和 SRAM2,地址范围分别为 0x2000_0000～0x2000_BFFF(48KB) 和 0x2000_C000～0x2000_FFFF(16KB),片内 RAM 一般用来存储全局变量、静态变量、临时变量(堆栈空间)等。大部分编程把它们连续在一起使用,即地址范围是 0x2000_0000～0x2000_FFFF,共 64KB。由于 SRAM1 具有可以被映射到位带区功能,在某些高级编程中用于快速位操作(参见本书 12.6 节)。

STM32L4 芯片堆栈空间的使用方向是向小地址方向进行的,因此将堆栈的栈顶(stack top)设置为 RAM 地址的最大值。这样,全局变量及静态变量从 RAM 的低地址向高地址方向使用,堆栈从 RAM 的最高地址向低地址方向使用,从而减少重叠错误。

3. 其他存储器映像

与其他芯片不同的是,STM32L4 芯片在 Flash 区前,驻留了 BootLoader 程序,地址范围为 0x0000_0000～0x07FF_FFFF。用户可以根据 BOOT0、BOOT1 引脚的配置,设置程序复位后的启动模式。在 STM32L4 芯片中,BOOT0 为引脚 PTH3,无 BOOT1 时,可用 Flash 选项寄存器(FLASH_OPTR)中的第 23 位(详细内容参考本书第 8 章)与 BOOT0 引脚搭配使用,用于选择 Flash 主存储器、SRAM1 或系统存储器的启动方式。其他存储器映像,如外部设备区存储器映像(如 GPIO 等)、系统保留段存储器映像等,只需了解即可,实际使用时,由芯片头文件给出宏定义。

3.1.3　STM32L4 中断源

中断是计算机发展中一个重要的技术,它的出现很大程度上解放了处理器,提高了处理器的执行效率。所谓中断,是指 MCU 正常运行程序时,由于 MCU 内核异常或者 MCU 各模块发出请求事件,引起 MCU 停止正在运行的程序,而转去处理异常或执行处理外部事件的程序,又称中断服务程序。

这些引起 MCU 中断的事件称为中断源,一个 MCU 具有哪些中断源是在芯片设计阶段确定的。STM32L4 芯片的中断源分为两类,一类是内核中断,另一类是非内核中断,如表 3-3 所示,这种表共中断编程时备查。内核中断主要是异常中断,也就是说,当出现错误时,这些中断会复位芯片或是做出其他处理。非内核中断是指 MCU 各个模块引起的中断,MCU 执行完中断服务程序后,又回到刚才正在执行的程序,从停止的位置继续执行后续的指令。非内核中断又称可屏蔽中断,这类中断可以通过编程控制开启或关闭该类中断。表 3-3 中中断向量号是从 0 开始编号的,包含内核中断和非内核中断,与中断向量表一一对应。IRQ 号是非内核中断从 0 开始的编号,因此对内核中断来说,IRQ 号是负值,编程时直接使用统一的按照中断向量号排序的中断向量表即可。

表 3-3　STM32L4 中断向量表

中断类型	IRQ 号	中断向量号	优先级	中　断　源	引　用　名
内核中断		0		_estack	
		1	—3	重启	Reset
	—14	2	—2	NMI	NMI Interrupt
	—13	3	—1	硬性故障	HardFault Interrupt
	—12	4	0	内存管理故障	MemManage Interrupt
	—11	5	1	总线故障	Bus Fault Interrupt
	—10	6	2	用法错误	Usage Fault Interrupt
		7～10		保留	
	—5	11	3	SVCall	SV Call Interrupt
	—4	12	4	调试	Debug Interrupt
		13		保留	
	—2	14	5	PendSV	Pend SV Interrupt
	—1	15	6	Systick	SysTick Interrupt
非内核中断	0	16	7	看门狗(Watch Dog)	WWDG
	1	17	8	PVD_PVM	CS Interrupt
	2	18	9	RTC_TAMP_STAM	RTC_TAMP_STAM Interrupt
	3	19	10	RTC_WKUP	RTC_WKUP Interrupt
	4	20	11	Flash	Flash Interrupt
	5	21	12	RCC	RCC Interrupt
	6～10	22～26	13～17	EXTI	EXTIn Interrupt(n 为 1～5)
	11～17	27～33	18～24	DMA1	DMA1 channel n Interrupt
	18	34	25	ADC	ADC Interrupt
	19～22	35～38	26～29	CAN	CANn Interrupt
	23	39	30	EXTI9_5	EXTI9_5 Interrupt
	24～27	40～43	31～34	TIM1	TIM1 Interrupt
	28	44	35	TIM2	TIM2 Interrupt
	29～30	45～46		保留	
	31～34	47～50	38～41	I2C	I2C Interrupt
	35～36	51～52	42～43	SPI	SPI Interrupt
	37～39	53～55	44～46	USART	USARTn Interrupt(n 为 1～3)
	40	56	47	EXTI15_10	EXTI15_10 Interrupt
	41	57	48	RTC_ALArm	RTC_ALArm Interrupt
		58～64		保留	
	49	65	56	SDMMC1	SDMMC1 Interrupt
		66		保留	
	51	67	58	SPI3	SPI3 Interrupt
		68～69		保留	
	54	70	61	TIM6	TIM6 Interrupt
	55	71	62	TIM7	TIM7 Interrupt
	56～60	72～76	63～67	DMA2	DMA2 channel n Interrupt

续表

中断类型	IRQ 号	中断向量号	优先级	中 断 源	引 用 名
		77~79		保留	
	64	80	71	COMP	COMP Interrupt
	65~66	81~82	72~73	LPTIM	LPTIM Interrupt
		83		保留	
	68	84	75	DMA2_CH6	DMA2 channel 6 Interrupt
	69	85	76	DMA2_CH7	DMA2 channel 7 Interrupt
	70	86	77	LPUART	LPUART Interrupt
	71	87	78	QUADSPI	QUADSPI Interrupt
非内核	72	88	79	I2C3_EV	I2C3_EV Interrupt
中断	73	89	80	I2C3_ER	I2C3_ER Interrupt
	74	90	81	SAI	SAI Interrupt
		91		保留	
	76	92	83	SWPMI1_IRQn	SWPMI1 Interrupt
	77	93	84	TSC_IRQn	TSC Interrupt
		94~95		保留	
	80	96	87	RNG_IRQn	RNG Interrupt
	81	97	88	FPU_IRQn	Floating Interrupt
	82	98	89	CRS_IRQn	CRS Interrupt

3.2 STM32L4 芯片的引脚图与硬件最小系统

要使一个 MCU 芯片可以运行程序,必须为它做好服务工作,也就是找出哪些引脚需要用户提供服务,如电源与地、晶振、程序写入引脚、复位引脚等。

3.2.1 STM32L4 芯片的引脚图

本书以 64 引脚 LQFP 封装的 STM32L431RCT6 芯片为例阐述 ARM Cortex-M4 架构的 MCU 的编程和应用,图 3-1 给出的是 64 引脚 LQFP 封装的 STM32L431 的引脚图,芯片的引脚功能请参阅电子资源..\Information 文件夹中的数据手册第 4 章。

芯片引脚可以分为两大部分,一部分是需要用户为它服务的引脚,另一部分是它为用户服务的引脚。

1. 硬件最小系统引脚

硬件最小系统引脚是指需要为芯片提供服务的引脚,包括电源类引脚、复位引脚、晶振引脚等,表 3-4 给出了 STM32L431 的硬件最小系统引脚表。STM32L431 芯片电源类引脚在 LQFP 封装中有 11 个,芯片使用多组电源引脚为内部电压调节器、I/O 引脚驱动、AD 转换电路等电路供电,其中内部电压调节器为内核和振荡器等供电。为了提供稳定的电源,MCU 内部包含多组电源电路,同时给出多处电源引脚,便于外接滤波电容。为了电源平衡,MCU 提供了内部有共同接地点的多处电源引脚,供电路设计使用。

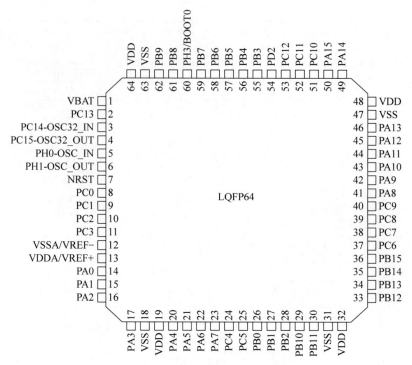

图 3-1　64 引脚 LQFP 封装 STM32L431

表 3-4　STM32L431 的硬件最小系统引脚表

分　类	引　脚　名	引　脚　号	功　能　描　述
电源输入	VDD	19,32,48,64	电源,典型值:3.3V
	VSS	18,31,47,63	地,典型值:0V
	VSSA	12	AD 模块的电源接地,典型值:0V
	VDDA	13	AD 模块的输入电源,典型值:3.3V
	VBAT	1	内部 RTC 备用电源引脚
复位	NRST	7	双向引脚,有内部上拉电阻。作为输入,拉低可使芯片复位
晶振	PTC14、PTC15	3、4	低速无源晶振输入、输出引脚
	PTH0、PTH1	5、6	外部高速无源晶振输入、输出引脚
SWD 接口	SWD_IO/PTA13	46	SWD 数据信号线
	SWD_CLK/PTA14	49	SWD 时钟信号线
启动方式	BOOT0/PTH3	60	程序启动方式控制引脚,BOOT0=0,从内部 Flash 中程序启动(本书使用)
引脚个数统计		硬件最小系统引脚为 19 个	

2. 对外提供服务引脚

除了需要为芯片服务的引脚(硬件最小系统引脚)之外,芯片的其他引脚是向外提供服务的,也可称为 I/O 端口资源类引脚,如表 3-5 所示,这些引脚一般具有多种复用功能。

表 3-5   STM32L4 对外提供 I/O 端口资源类引脚表

端 口 号	引脚个数/个	引 脚 名	硬件最小系统复用引脚
A	16	PTA[0-15]	PTA13、PTA14
B	16	PTB[0-15]	
C	16	PTC[0-15]	PTC14、PTC15
D	1	PTD2	
H	1	PTH3	PTH3
合计	50		

说明：本书中涉及的 GPIO 端口，如 PTA 引脚，与图 3-1 中的 PA 引脚同义，均可作为 Port A 的缩写。

STM32L4(64 引脚 LQFP 封装)具有 50 个 I/O 引脚(包含两个 SWD 的引脚；两个外部低速晶振引脚；程序启动方式控制引脚，如 BOOT0 引脚)，这些引脚均具有多个功能，在复位后，会立即被配置为高阻状态，且为通用输入引脚，有内部上拉功能。

【思考】 把 MCU 的引脚分为硬件最小系统引脚与对外提供服务引脚对嵌入式系统的硬件设计有何益处？

3.2.2 STM32L4 硬件最小系统原理图

MCU 的硬件最小系统是指，包括电源、晶振、复位、写入调试器接口等，可使内部程序得以运行的、规范的、可复用的核心构件系统。 使用一个芯片，必须完全理解其硬件最小系统。当 MCU 工作不正常时，在硬件层面，应该检查硬件最小系统中可能出错的元件。芯片要能工作，必须有电源与工作时钟。至于复位电路则提供不掉电情况下 MCU 重新启动的手段。随着 Flash 存储器制造技术的发展，大部分芯片提供了在板或在线系统(On System)的写入程序功能，即把空白芯片焊接到电路板上后，再通过写入器把程序下载到芯片中。这样，硬件最小系统应该把写入器的接口电路也包含在其中。基于这个思路，STM32L4 芯片的硬件最小系统包括电源电路、复位电路、与写入器相连的 SWD 接口电路及可选晶振电路。图 3-2 给出了 STM32L4 硬件最小系统原理图(读者需彻底理解该原理图的基本内涵)。

1. 电源及其滤波电路

MCU 的电源类引脚较多，用来提供足够的电流容量，一些模块也有单独电源与地的引出脚。为了保持芯片电流平衡，电源分布于各边。为了保持进入 MCU 内部的电源稳定，所有电源引出脚必须外接适当的滤波电容，用来抑制电源波动。至于需要外接电容，是由于集成电路制造技术无法在集成电路内部通过光刻的方法制造这些电容。电源滤波电路可改善系统的电磁兼容性、降低电源波动对系统的影响、增强电路工作的稳定性。

需要强调的是，虽然硬件最小系统原理图中(图 3-2)的许多滤波电容被画在了一起，但实际布板时，需要各自接到靠近芯片的电源与地之间，才能起到滤波效果。

【思考】 实际布板时，电源与地之间的滤波电容为什么要靠近芯片引脚？简要说明电容容量大小与滤波频率的关系。

2. 复位引脚

复位，意味着 MCU 一切重新开始，其引脚为 RESET。若复位引脚有效(低电平)，则会

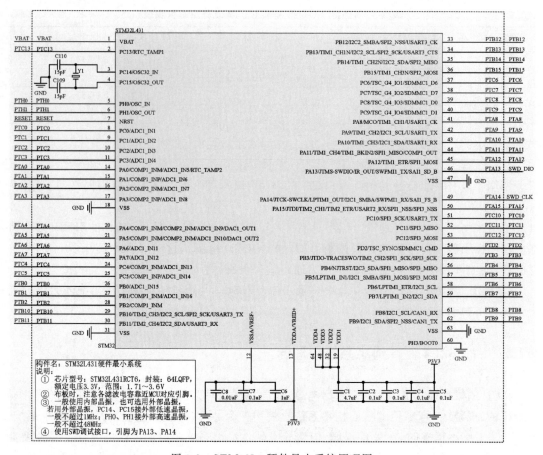

图 3-2　STM32L4 硬件最小系统原理图

引起 MCU 复位。一般芯片的复位引脚内部含有上拉电阻,若外部悬空,则上电的一瞬间,引脚为低电平,随后为高电平,这就是上电复位了。若外接一个按钮一端,按钮的另一端接地,这个按钮就称为**复位按钮**,可以从不同角度对复位进行基本分类。

（1）**外部复位和内部复位**。根据引起 MCU 复位的内部与外部因素来区分,复位可分为外部复位和内部复位两种。外部复位有上电复位、按下"复位"按钮复位。内部复位有看门狗定时器复位、低电压复位、软件复位等。

（2）**冷复位和热复位**。根据复位时芯片是否处于上电状态来区分,复位可分为冷复位和热复位。芯片从无电状态到上电状态的复位属于冷复位,芯片处于带电状态时的复位属于热复位。冷复位后,MCU 内部 RAM 的内容是随机的。而热复位后,MCU 内部 RAM 的内容会保持复位前的内容,即热复位并不会引起 RAM 中内容的丢失。

（3）**异步复位与同步复位**。根据 CPU 响应快慢来区分,复位还可分为异步复位和同步复位。异步复位源的复位请求一般表示一种紧要的事件,因此复位控制逻辑会立即有效,不会等到当前总线周期结束后再复位。异步复位源有上电、低电压复位等。同步复位的处理方法与异步复位不同,当一个同步复位源给出复位请求时,复位控制器并不使之立即起作用,而是等到当前总线周期结束之后才起作用,这是为了保护数据的完整性。在该总线周期结束后的下一个系统时钟的上升沿时,复位才有效。同步复位源有看门狗定时器、软件等。

【思考】　实际编程时,有哪些方式可判定热复位与冷复位?

3. 晶振电路

计算机的工作需要一个时间基准,这个时间基准由晶振电路提供。STM32L4 芯片可使用内部晶振和外部晶振两种方式为 MCU 提供工作时钟。

STM32L4 系列芯片含有内部时钟源,可以通过编程产生最高 48MHz 时钟频率,供系统总线及各个内部模块使用。CPU 使用的频率是其频率的 2 倍,可达 96MHz。使用内部时钟源时可略去外部晶振电路。

若时钟源需要更高的精度,可自行选用外部晶振。例如,图 3-2 给出外接 8MHz 无源晶振的晶振电路接法,晶振连接在芯片的晶振输入引脚(3 引脚)与晶振输出引脚(4 引脚)之间,根据芯片手册要求,它们均通过 15pF 电容接地。实际上,两个电容有一定偏差,否则晶振不会起振,而电容制造过程中总会有一个微小的偏差,满足起振条件。若使用内部时钟源,这个外接晶振电路就可以不焊接。

芯片启动时,需要运行芯片时钟初始化程序,随后才能正常工作。这个程序比较复杂,放在本书第 12 章阐述。从第 4 章开始的所有程序,均有芯片工作时钟初始化过程,大家先用起来,然后再理解其编程细节。

【思考】　通过查阅资料,了解晶振有哪些类型,简述其工作原理。

4. SWD 接口引脚

在芯片内部没有程序的情况下,需要用写入器将程序写入芯片,串行线调试接口 SWD 是一种写入方式的接口。STM32L4 芯片的 SWD 是基于 CoreSight 架构[①],该架构在限制输出引脚和其他可用资源情况下,提供了最大的灵活性。通过 SWD 接口可以实现程序的下载和调试功能。SWD 接口只需两根线,数据输入输出线(DIO)和时钟线(CLK),实际应用时还包含电源与地。在 STM32L4 芯片中,DIO 为引脚 PTA13,CLK 为引脚 PTA14。

在本书中,SWD 写入器用于写入 BIOS,随后在 BIOS 支持下,进行嵌入式系统的学习与应用开发,这就是通用嵌入式计算机的架构,因此本书所附硬件系统不包含 SWD 写入器,而是通过 Type-C 线与 PC 连接,实现用户程序的写入。

3.3　由 MCU 构建通用嵌入式计算机

一般来说,嵌入式计算机是一个微型计算机,目前嵌入式系统开发模式大多数是从"零"做起,也就是硬件从 MCU(或 MPU)芯片做起,软件从自启动开始,增加了嵌入式系统的学习与开发难度,存在软硬件开发颗粒度低、可移植性弱等问题。随着 MCU 性能的不断提高及软件工程概念的普及,给解决这些问题提供了契机。若能向通用计算机那样,把做计算机与用计算机的工作相对分开,则可以提高软件可移植性,降低嵌入式系统开发门槛,对嵌入式人工智能、物联网、智能制造等嵌入式应用领域将会形成有力推动。

---

①　CoreSight 架构是 ARM 定义的一个开放体系结构,以使 SoC 设计人员能够将其他 IP 内核的调试和跟踪功能添加到 CoreSight 基础结构中。

3.3.1　嵌入式终端开发方式存在的问题与解决办法

1. 嵌入式终端开发方式存在的问题

微控制器 MCU 是嵌入式终端的核心,承担着传感器采样、滤波处理、融合计算、通信、控制执行机构等功能。MCU 生产厂家往往配备一本厚厚的参考手册,少则几百页,多则可达近千页;许多厂家也给出软件开发包(Software Development Kit,SDK)。但是,MCU 的应用开发人员通常花费太多的精力在底层驱动上,终端 UE 的开发方式存在软硬件设计**颗粒度低、可移植性弱**等问题。

(1) **硬件设计颗粒度低。** 以窄带物联网(Narrow Band Internet of Things,NB-IoT)终端(Ultimate-Equipment,UE)为例说明硬件设计颗粒度问题。在通常 NB-IoT 终端的硬件设计中,首先选一款 MCU 和一款通信模组,再选一家 eSIM 卡,根据终端的功能,开始了 MCU 最小系统设计、通信适配电路设计、eSIM 卡接口设计及其他应用功能设计,这里有许多共性可以抽取。

(2) **寄存器级编程,软件编程颗粒度低,门槛较高。** MCU 参考手册属于寄存器级编程指南,是终端工程师的基本参考资料。例如,要完成一个串行通信,需要涉及波特率寄存器、控制寄存器、状态寄存器、数据寄存器等。一般情况下,工程师针对所使用的芯片封装其驱动。即使利用厂家给出的 SDK,也需要一番周折。无论如何,是有一定技术门槛的,也需要花费不少时间。此外,工程师面向个性产品制作,不具备社会属性,常常弱化可移植性。又比如,对于 NB-IoT 通信模组,厂家提供的是 AT 指令,要想打通整个通信流程,则需要花费一番功夫。

(3) **可移植性弱,更换芯片困难,影响产品升级。** 一些终端厂家的某一产品使用一个 MCU 芯片多年,有的芯片甚至已经停产,且价格较贵,但由于早期开发可移植性较弱,更换芯片需要较多的研发投入,因此,即使新的芯片性价比高,也较难更换。对于 NB-IoT 通信模组,如何做到更换其芯片型号,而原来的软件不变,是值得深入分析思考的。

2. 解决终端开发方式颗粒度低与可移植性弱的基本方法

针对嵌入式终端开发方式存在颗粒度低、可移植性弱的问题,必须探讨如何提高硬件颗粒度、如何提高软件颗粒度、如何提高可移植性,做到这三个"提高",就可大幅度降低嵌入式系统应用开发的难度。

(1) **提高硬件设计的颗粒度。** 若能将 MCU 及其硬件最小系统、通信模组及其适配电路、eSIM 卡及其接口电路,做成一个整体,则可提高 UE 的硬件开发颗粒度。硬件设计也应该从元件级过渡到硬件构件为主,辅以少量接口级、保护级元件,以提高硬件设计的颗粒度。

(2) **提高软件编程颗粒度。** 针对大多数以 MCU 为核心的终端系统,可以通过**面向知识要素**角度设计底层驱动构件,把编程颗粒度从寄存器级提高到以知识要素为核心的构件级。这里以 GPIO 为例阐述这个问题。共性知识要素是:引脚复用成 GPIO 功能、初始化引脚方向;若定义成输出,则设置引脚电平;若定义成输入,则获得引脚电平,等等。寄存器级编程涉及引脚复用寄存器、数据方向寄存器、数据输出寄存器、引脚状态寄存器等。寄存器级编程因芯片不同,其地址、寄存器名字、功能而不同。嵌入式开发人员可以面向共性知识要素编程,把寄存器级编程不同之处封装在内部,把编程颗粒度提高到知识要素级。

（3）**提高软硬件可移植性**。特定厂家提供 SDK,也需要注意可移植性。但是,由于厂家之间的竞争关系,其社会属性被弱化。因此,让芯片厂家工程师从共性**知识要素**角度封装底层硬件驱动,有些勉为其难。科学界必须从共性知识要素本身角度研究这个问题。把共性抽象出来,面向知识要素封装,把个性化的寄存器屏蔽在构件内部,这样才能使得应用层编程具有可移植性。在硬件方面,遵循硬件构件的设计原则,提高硬件可移植性。

3.3.2　提出 GEC 概念的时机、GEC 定义与特点

1. 提出 GEC 概念的时机

要能够做到提高编程颗粒度、提高可移植性,可以借鉴通用计算机（General Computer）的概念与做法,在一定条件下,做**通用嵌入式计算机**（General Embedded Computer,GEC）,把基本输入输出系统（Basic Input and Output System,BIOS）与用户程序分离开来,实现彻底的工作分工。GEC 虽然不能涵盖所有嵌入式开发,但可涵盖其中大部分。

GEC 概念的实质是把面向寄存器编程提高到面向知识要素编程,提高了编程颗粒度。但是,这样做也会降低实时性。弥补实时性降低的方法是提高芯片的运行时钟频率。目前,MCU 的总线频率是早期 MCU 总线频率的几十倍,甚至几百倍,因此,更高的总线频率给提高编程颗粒度提供了物理支撑。

另外,软件构件技术的发展与认识的普及,也为提出 **GEC 概念**提供了机遇。嵌入式软件开发人员越来越认识到**软件工程**对嵌入式软件开发的重要支撑作用,也意识到掌握和应用软件工程的基本原理对嵌入式软件的设计、升级、芯片迭代与维护等方面,具有不可或缺的作用。**因此,从"零"开始的编程,将逐步分化为构件制作与构件使用两个不同方面,也为嵌入式人工智能提供先导基础。**

2. GEC 定义及基本特点

一个具有特定功能的通用嵌入式计算机,体现在硬件与软件两方面。在硬件方面,把 MCU 硬件最小系统及面向具体应用的共性电路封装成一个整体,为用户提供 SoC 级芯片的、可重用的硬件实体,并按照硬件构件要求进行原理图绘制、文档撰写及硬件测试用例设计。在软件方面,把嵌入式软件分为 BIOS 程序与 User 程序两部分。BIOS 程序先于 User 程序固化于 MCU 内的非易失存储器（如 Flash）中,启动时,BIOS 程序先运行,随后转向 User 程序。BIOS 提供工作时钟及面向知识要素的底层驱动构件,并为 User 程序提供函数原型级调用接口。

与 MCU 对比,GEC 具有硬件直接可测性、用户软件编程快捷性和用户软件可移植性 3 个基本特点。

（1）**GEC 的硬件直接可测性**。与一般 MCU 不同,GEC 类似 PC,通电后可直接运行内部 BIOS 程序,BIOS 驱动保留使用的小灯引脚,高低电平切换（在 GEC 上,可直接观察到小灯闪烁）。可利用 AHL-GEC-IDE 开发环境,使用串口连接 GEC,直接将 User 程序写入 GEC。User 程序中包含类似 PC 程序调试的 printf 语句,通过串口向 PC 输出信息,实现了 GEC 的硬件直接可测性。

（2）**GEC 的用户软件编程快捷性**。与一般 MCU 不同,GEC 内部驻留的 BIOS 与 PC 上电过程类似,需完成系统总线时钟初始化;需提供一个系统定时器、时间设置与获取函数

接口;BIOS 内驻留了嵌入式常用驱动,如 GPIO、UART、ADC、Flash、I2C、SPI、PWM 等,并提供了函数原型级调用接口。利用 User 程序的不同框架,用户软件不需要从"零"编起,而是在相应框架基础上,充分应用 BIOS 资源,实现快捷编程。

(3) **GEC 的用户软件可移植性**。与一般 MCU 软件不同,GEC 的 BIOS 软件由 GEC 提供者研发完成,随 GEC 芯片一起提供给用户,即软件被硬件化了,具有通用性。BIOS 驻留了大部分面向知识要素的驱动,提供了函数原型级调用接口。在此基础上编程,只要遵循软件工程的基本原则,GEC 用户软件就具有较高的可移植性。

3.3.3　由 STM32L431 芯片构成的 GEC

本书以 STM32L431 为核心构建一种通用嵌入式计算机,命名为 AHL-STM32L431,作为本书的主要实验平台,在此基础上可以构建各种类型的 GEC。

1. AHL-STM32L431 硬件系统基本组成

图 3-3 给出了 AHL-STM32L431 硬件图,内含 STM32L431 芯片及其硬件最小系统、三色灯、复位按钮、温度传感器、触摸区、两路 TTL-USB 串口,基本组成如表 3-6 所示。

图 3-3　AHL-STM32L431 硬件图

表 3-6　AHL-STM32L431 的基本组成

序号	部　件	功　能　说　明
1	三色灯	红、绿、蓝
2	温度传感器	测量环境温度
3	TTL-USB	两路 TTL 串口电平转 USB,与工具计算机通信,下载程序,用户串口
4	触摸区	进行初步的触摸实验
5	复位按钮	用户程序不能写入时,按此按钮 6 次以上,绿灯闪烁,可继续下载用户程序
6	MCU	STM32L431 芯片
7	SWD	图 3-3 中最下方的接口,供利用 SWD 写入器写入 BIOS 使用
8	5V 转 3.3V 电路	实验时通过 Type-C 线接 PC,5V 引入本板,在板上转为 3.3V 给 MCU 供电
9	引出脚编号	1~73,把 MCU 的基本引脚全部再次引出,供应用开发者使用

下面对 AHL-STM32L431 中的 LED 三色灯、温度传感器、TTL-USB 串口、触摸区和复位按钮等做简要说明。

（1）**LED 三色灯**。红（R）、绿（G）、蓝（B）三色灯电路原理图，如图 3-4 所示。三色灯的型号为 1SC3528VGB01MH08，内含红、绿、蓝 3 个发光二极管。图 3-4 中，每个二极管的负极外接 1kΩ 限流电阻后接入 MCU 引脚，只要 MCU 内的程序，控制相应引脚输出低电平，对应的发光二极管被点亮，达到软件控制硬件的目的。

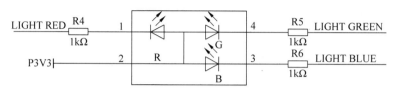

图 3-4　三色灯电路图

【**思考**】　根据三色灯 1SC3528VGB01MH08 的芯片手册查看其内部发光二极管的额定电流是多少？为了延长三色灯的使用寿命，限流电阻应该适当增大，还是适当减少？限流电阻增大或减少带来的影响是什么？

（2）**温度传感器**。AHL-STM32L431 除了其 MCU 内部有温度传感器外，图 3-3 的右侧还有一个区域标有“热敏”字样，这是一个外接温度传感器，即热敏电阻，用于测量环境温度。其电路及编程方法将在本书第 9 章 ADC 一节中阐述。

（3）**TTL-USB 串口**。这个用于使用 Type-C 线将 GEC 与 PC 的 USB 连接起来，实质是串行通信连接，PC 使用 USB 接口模拟串口是为了方便，现在的 PC 和笔记本电脑已经逐步没有串行通信接口，将在本书第 6 章对此进行阐述。这个 TTL-USB 串口提供了两个串口，一个用于下载用户与调试程序，一个供用户使用，本书第 6 章将阐述其编程方法。

（4）**触摸区**。图 3-3 的右上部标有“金葫芦”字样的小铜板，是个可以模拟触摸按键效应的区域，本书第 4 章将阐述其编程方法。

（5）**复位按钮**。图 3-3 的左下部有个按钮，其作用是热复位。特别功能是，在短时间内连续按 6 次以上，GEC 将进入 BIOS 运行状态，可以进行用户程序下载，仅用于解决 GEC 与开发环境连接不上时的写入操作问题。

2. AHL-STM32L431 的对外引脚

AHL-STM32L431 具有 73 个引出脚，如表 3-7 所示。大部分是 MCU 的引脚直接引出，有的引脚功能被固定下来，在进行具体应用的硬件系统设计时查阅此表。

表 3-7　AHL-STM32L431 的引脚复用功能

编号	特定功能	MCU 引脚名	复 用 功 能
1	GND	GND	
2		PTC9	TSC_G4_IO4/SDMMC1_D1
3		PTC8	TSC_G4_IO3/SDMMC1_D0
4		PTC7	TSC_G4_IO2/SDMMC1_D7
5		PTC6	TSC_G4_IO1/SDMMC1_D6
6		PTC5	COMP1_INP/ADC1_IN14/WKUP5/USART3_RX
7		PTC4	COMP1_INM/ADC1_IN13/ USART3_TX

编号	特定功能	MCU 引脚名	复 用 功 能
8	用户串口	PTA3	**UART_2_RX(UART_User)**
9	GND	GND	
10	用户串口	PTA2	**UART_2_TX(UART_User)**
11		PTB1	COMP1_INM/ADC1_IN16/TIM1_CH3N/USART3_RTS_DE/LPUART1_RTS_DE/QUADSPI_BK1_IO0/LPTIM2_IN1/
12		PTB0	ADC1_IN15/TIM1_CH2N/SPI1_NSS/USART3_CK/QUADSPI_BK1_IO1/COMP1_OUT/SAI1_EXTCLK
13	调试串口	PTC11	**UART_3_RX（UART_Debug，BIOS 保留使用）**
14	调试串口	PTC10	**UART_3_TX（UART_Debug，BIOS 保留使用）**
15		PTA7	ADC1_IN12/IM1_CH1N/I2C3_SCL/SPI1_MOSI/QUADSPI_BK1_IO2/COMP2_OUT
16		PTA6	ADC1_IN11/TIM1_BKIN/SPI1_MISO/COMP1_OUT/USART3_CTS/LPUART1_CTS/QUADSPI_BK1_IO3/TIM1_BKIN_COMP2/TIM16_CH1
17	GND	GND	
18	GND	GND	
19	GNSS-ANT		GPS/北斗天线接入（保留）
20	GND	GND	
21		PTA5	COMP1_INM/COMP2_INM/ADC1_IN10/DAC1_OUT2/TIM2_CH1/TIM2_ETR/SPI1_SCK/LPTIM2_ETR
22		PTA15	JTDI/TIM2_CH1/TIM2_ETR/USART2_RX/SPI1_NSS/SPI3_NSS/USART3_RTS_DE/TSC_G3_IO1/SWPMI1_SUSPEND
23		PTB3	COMP2_INM/JTDO-TRACESWO/TIM2_CH2/SPI1_SCK/SPI3_SCK/USART1_RTS_DE/SAI1_SCK_B
24		PTB4	COMP2_INP/NJTRST/I2C3_SDA/SPI1_MISO/SPI3_MISO/USART1_CTS/TSC_G2_IO1/SAI1_MCLK_B
25		PTB5	LPTIM1_IN1/I2C1_SMBA/SPI1_MOSI/SPI3_MOSI/USART1_CK/TSC_G2_IO2/COMP2_OUT/SAI1_SD_B/TIM16_BKIN
26	GND	GND	
27		PTB6	COMP2_INP/LPTIM1_ETR/I2C1_SCL/USART1_TX/TSC_G2_IO3/SAI1_FS_B/TIM16_CH1N
28		PTB14	TIM1_CH2N/I2C2_SDA/SPI2_MISO/USART3_RTS_DE/TSC_G1_IO3/SWPMI1_RX/SAI1_MCLK_A/TIM15_CH1
29		PTB15	RTC_REFIN/TIM1_CH3N/SPI2_MOSI/TSC_G1_IO4/SWPMI1_SUSPEND/SAI1_SD_A/TIM15_CH2
30		PTB13	TIM1_CH1N/I2C2_SCL/SPI2_SCK/USART3_CTS/LPUART1_CTS/TSC_G1_IO2/SWPMI1_TX/SAI1_SCK_A/TIM15_CH1N
31		PTB12	TIM1_BKIN/TIM1_BKIN_COMP2/I2C2_SMBA/SPI2_NSS/USART3_CK/LPUART1_RTS_DE/TSC_G1_IO1/SWPMI1_IO/SAI1_FS_A/TIM15_BKIN
32	GND	GND	
33	保留		保留无线通信模组的天线接入使用

续表

编号	特定功能	MCU 引脚名	复 用 功 能
34	GND	GND	
35	GND	GND	
36	P3V3_ME		输出检测用 3.3V
37		PTA8	MCO/TIM1_CH1/USART1_CK/SWPMI1_IO/SAI1_SCK_A/LPTIM2_OUT/
38		PTB11	TIM2_CH4/I2C2_SDA/USART3_RX/LPUART1_TX/QUADSPI_BK1_NCS/COMP2_OUT
39		PTB10	TIM2_CH3/I2C2_SCL/SPI2_SCK/USART3_TX/LPUART1_RX/TSC_SYNC/QUADSPI_CLK/COMP1_OUT/SAI1_SCK_A
40		PTA4	COMP1_INM/COMP2_INM/ADC1_IN9/DAC1_OUT1/SPI1_NSS/SPI3_NSS/USART2_CK/SAI1_FS_B/LPTIM2_OUT
41		PTH1	OSC_OUT
42		PTH0	OSC_IN
43	GND	GND	
44		PTA1	OPAMP1_VINM/COMP1_INP/ADC1_IN6/TIM2_CH2/I2C1_SMBA/SPI1_SCK/USART2_RTS_DE/TIM15_CH1N
45		PTA0	OPAMP1_VINP/COMP1_INM/ADC1_IN5/RTC_TAMP2/WKUP1/TIM2_CH1/USART2_CTS/COMP1_OUT/SAI1_EXTCLK/TIM2_ETR
46		PTC1	ADC1_IN2/LPTIM1_OUT/I2C3_SDA/LPUART1_TX
47		PTC0	ADC1_IN1/LPTIM1_IN1/I2C3_SCL/LPUART1_RX/LPTIM2_IN1
48		PTC2	ADC1_IN3/LPTIM1_IN2/SPI2_MISO
49		PTC3	ADC1_IN4/LPTIM1_ETR/SPI2_MOSI，SAI1_SD_A/LPTIM2_ETR
50	RESET	NRST	
51	GND	GND	
52	GND	GND	
53	保留		
54	蓝灯引脚	PTB9	IR_OUT/I2C1_SDA/SPI2_NSS/CAN1_TX/SDMMC1_D5/SAI1_FS_A
55	绿灯引脚	PTB8	I2C1_SCL/CAN1_RX/SDMMC1_D4/SAI1_MCLK_A/TIM16_CH1
56	红灯引脚	PTB7	COMP2_INM/PVD_IN/LPTIM1_IN2/I2C1_SDA/USART1_RX/TSC_G2_IO4
57	RST	NRST	
58	SWD_DIO	PTA13	JTMS-SWDIO/IR_OUT/SWPMI1_TX/SAI1_SD_B
59		PTD2	USART3_RTS_DE/TSC_SYNC/SDMMC1_CMD
60	GND	GND	
61		PTC12	SPI3_MOSI/USART3_CK/TSC_G3_IO4/SDMMC1_CK
62	SWD_CLK	PTA14	JTCK-SWDCLK/LPTIM1_OUT/I2C1_SMBA/SWPMI1_RX/SAI1_FS_B
63	GND	GND	
64	3.3V		3.3V 输出(150mA)

续表

编号	特定功能	MCU引脚名	复　用　功　能
65	GND	GND	
66	5V输入		
67	5V输入		
68	GND	GND	
69		PTC13	RTC_TAMP1/RTC_TS/RTC_OUT/WKUP2
70		PTA12	TIM1_ETR/PI1_MOSI/USART1_RTS_DE/CAN1_TX
71		PTA11	TIM1_CH4/TIM1_BKIN2/SPI1_MISO/COMP1_OUT/USART1_CTS/CAN1_RX/TIM1_BKIN2_COMP1
72		PTA10	TIM1_CH3/I2C1_SDA/USART1_RX/SAI1_SD_A
73		PTA9	TIM1_CH2/I2C1_SCL/USART1_TX/SAI1_FS_A/TIM15_BKIN

本章小结

1. 关于初识一个 MCU

初识一个 MCU 时,首先要从认识型号标识开始,可以从型号标识中获得芯片家族、产品类型、具体特性、引脚数目、Flash 大小、温度范围、封装类型等信息,这些信息是购买芯片的基本知识;其次了解内部 RAM 及 Flash 的大小、地址范围,以便设置链接文件,为程序编译及写入做好准备;最后了解中断源及中断向量号,为中断编程做准备。

2. 关于硬件最小系统

一个芯片的硬件最小系统是指可以使内部程序运行所必需的最低规模的外围电路,也可以包括写入器接口电路。使用一个芯片,必须完全理解其硬件最小系统。硬件最小系统引脚是必须为芯片提供服务的引脚,包括电源、晶振、复位、SWD 接口等,做好这些服务之后,其他引脚就为用户提供服务了。硬件最小系统电路中着重掌握电容滤波原理及布板时靠近对应引脚的基本要求。

3. 关于利用 MCU 构建通用嵌入式计算机

引入通用嵌入式计算机概念的目的不仅是为了降低硬件设计复杂度,更重要目的是降低软件开发难度。硬件上,使其只要供电就可工作,关键是其内部有 BIOS。BIOS 不仅可以驻留构件,还可以驻留实时操作系统,提供方便灵活的动态命令[①],等等。在最小的硬件系统基础上,辅以 WiFi、NB-IoT、5G 等,可形成不同应用的 GEC 系列,为嵌入式人工智能与物联网的应用提供技术基础。

习题

1. 举例说明,对照命名格式,从所用 MCU 芯片的芯片型号标识可以获得哪些信息?
2. 给出所学 MCU 芯片的 RAM 及 Flash 大小、地址范围。

---

① 动态命令用于扩展嵌入式终端的非预设功能,用于深度嵌入式开发中,这里了解即可,不做深入阐述。

3. 中断的定义是什么？什么是内核中断？什么是非内核中断？给出所学 MCU 芯片的中断个数。

4. 什么是芯片的硬件最小系统，它由哪几部分组成？简要阐述各部分技术要点。

5. 谈谈你对通用嵌入式计算机的理解。

6. 若不用 MCU 芯片的引脚直接控制 LED 三色灯，给出 MCU 引脚通过三极管控制 LED 三色灯的电路。

第4章

GPIO 及程序框架

本章导读: 本章是全书的重点和难点之一,需要深入透彻理解,达到快速且规范入门的目的。主要内容包括:给出 GPIO 通用基础知识;给出以 GPIO 构件为基础的编程方法,这是最简单的嵌入式系统程序;讲述 GPIO 构件是如何制作出来的,这是第 1 个基础构件设计样例,有一定难度;给出汇编工程模板,利用汇编程序点亮一个发光二极管,通过这个例程,可以更透彻地理解软件是如何干预硬件的。

视频讲解

4.1 GPIO 通用基础知识

GPIO 是嵌入式应用开发最常用的功能,用途广泛,编程灵活,是嵌入式编程的重点和难点之一,本节对 GPIO 做简要概述。

4.1.1 GPIO 概念

输入输出(Input/Output,I/O)接口是 MCU 同外界进行交互的重要通道,MCU 与外部设备进行数据交换通过 I/O 接口来实现。I/O 接口是一电子线路,其内部有若干专用寄存器和相应的控制逻辑电路构成。接口的英文单词是 interface,另一个英文单词是 port。但有时把 interface 翻译成"接口",而把 port 翻译成"端口",从中文字面看,接口与端口似乎有点区别,但在嵌入式系统中它们的含义是相同的。有时把 I/O 引脚称为接口(Interface),而把用于对 I/O 引脚进行编程的寄存器称为端口(Port),实际上它们是紧密相连的。因此,有些书中甚至直接称 I/O 接口(端口)为 I/O 口。在嵌入式系统中,接口种类很多,有显而易见的人机交互接口,如键盘、显示器,也有无人介入的接口,如串行通信接口、USB 接口、网络接口等。

通用 I/O(General Purpose I/O,GPIO),即基本输入输出,有时也称并行 I/O,或普通 I/O,它是 I/O 的最基本形式。本书中使用正逻辑,电源(V_{CC})代表高电平,对应数字信号 1;地(GND)代表低电平,对应数字信号 0。作为通用输出引脚,MCU 内部程序通过端口寄**存器控制该引脚状态**,使得引脚输出 1(高电平)或 0(低电平),即开关量输出。作为通用输入引脚,MCU 内部程序可以通过端口寄存器**获取该引脚状态**,以确定该引脚是 1(高电平)或 0(低电平),即开关量输入。大多数通用 I/O 引脚可以通过编程来设定其工作方式为输入或输出,称之为双向通用 I/O。

4.1.2　输出引脚的基本接法

作为通用输出引脚,MCU 内部程序向该引脚输出高电平或低电平来驱动器件工作,即开关量输出,如图 4-1 所示。

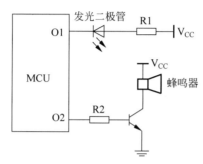

图 4-1　通用 I/O 引脚输出电路

输出引脚 O1 和 O2 采用了不同的方式驱动外部器件。一种接法是 O1 直接驱动发光二极管(LED),当 O1 引脚输出高电平时,LED 不亮;当 O1 引脚输出低电平时,LED 点亮。这种接法的驱动电流一般在 2~10mA。另一种接法是 O2 通过一个 NPN 三极管驱动蜂鸣器,当 O2 引脚输出高电平时,三极管导通,蜂鸣器响;当 O2 引脚输出低电平时,三极管截止,蜂鸣器不响。这种接法可以用 O2 引脚上几毫安(mA)的控制电流驱动高达 100mA 的驱动电流。若负载需要更大的驱动电流,就必须采用光电隔离外加其他驱动电路,但对MCU 编程来说,没有任何影响。

4.1.3　上拉、下拉电阻与输入引脚的基本接法

芯片输入引脚的外部有 3 种不同的连接方式:带上拉电阻的连接、带下拉电阻的连接和"悬空"连接。通俗地说,若 MCU 的某个引脚通过一个电阻接到电源(V_{CC})上,这个电阻就被称为"上拉电阻";与之相对应,若 MCU 的某个引脚通过一个电阻接到地(GND)上,则相应的电阻被称为"下拉电阻"。这种做法使得悬空的芯片引脚被上拉电阻或下拉电阻初始化为高电平或低电平。根据实际情况,上拉电阻与下拉电阻可以取值为 1~10kΩ,其阻值大小与静态电流及系统功耗有关。

图 4-2 给出了一个 MCU 输入引脚的 3 种外部连接方式,假设 MCU 内部没有上拉电阻或下拉电阻,图中 I3 引脚上的开关 K3 采用悬空方式连接就不合适,因为 K3 断开时,引脚I3 的电平不确定,图中 R1 远大于 R2(R1≫R2),R3 远小于 R4(R3≪R4),各电阻的典型取值分别为 R1=10kΩ、R2=200Ω、R3=200Ω、R4=10kΩ。

【思考】　上拉电阻的实际取值如何确定?

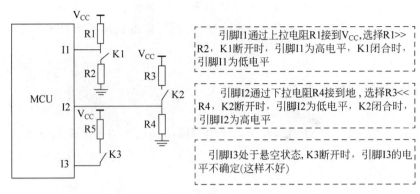

图 4-2　通用 I/O 引脚输入电路接法举例

4.2　软件干预硬件的方法

本节以 GPIO 构件为基础的样例工程为例说明软件如何干预硬件,该样例工程见电子资源..\04-Software\CH04\GPIO-Output-Component。关于软硬件构件的概念将在本书第 5 章阐述。

4.2.1　GPIO 构件 API

嵌入式系统的重要特点是软硬件相结合,通过软件获得硬件的状态,控制硬件的动作。通常情况下,软件与某一硬件模块通过其底层**驱动构件**相结合,也就是封装好的一些函数,编程时通过调用这些函数,干预硬件。这样就把**制作构件**与**使用构件**的工作分成不同过程。就像建设桥梁,先做标准预制板一样,这个标准预制板就是构件。

1. 软件如何干预硬件

现在先来看软件是如何干预硬件的。例如,想点亮图 3-4 中的蓝色 LED 小灯,由该电路图可以看出,只要使得标识 LIGHT_BLUE 的引脚为低电平,蓝色 LED 小灯就可以被点亮。为了能够做到软件干预硬件,必须将标记 LIGHT_BLUE 的引脚与 MCU 的一个具有GPIO 功能的引脚连接起来,通过编程使得与 MCU 连接的引脚电平为低电平(逻辑 0),蓝色 LED 被点亮,这就是软件干预硬件的基本过程。

若采用从"零"开始编程的方法,使得具有 GPIO 功能的引脚为低电平,则要了解该引脚在哪个端口,端口都有哪些寄存器,每个寄存器相应二进制位的含义,还要了解编程步骤,等等。整个过程对一般读者或初学者十分困难,本章 4.4 节将会描述这个过程。现在,可以利用已经做好的构件,先把 LED 小灯点亮,然后根据不同的学习要求,再理解构件是如何被做出来的。

每个驱动构件均含有若干函数,例如,GPIO 构件具有初始化、设定引脚状态、获取引脚状态等函数,使用构件可通过应用程序接口(Application Programming Interface,API)使用这些函数,也就是调用函数名,并使其参数实例化。所谓驱动构件的 API 是应用程序与构件之间的衔接约定,使得应用程序开发人员通过它干预硬件,而无须理解其内部工作细节。

2. GPIO 构件的常用函数

GPIO 构件的主要 API 有 GPIO 的初始化、设置引脚状态、获取引脚状态、设置引脚中断等。表 4-1 给出了 GPIO 常用接口函数简明列表,这些函数声明放在头文件 gpio.h 中,如何构件头文件请参考构件的使用说明。

表 4-1　GPIO 常用接口函数简明列表

序号	函 数 名	简 明 功 能	描　　述
1	gpio_init	初始化	引脚复用为 GPIO 功能;定义其为输入或输出;若为输出,则需给出其初始状态
2	gpio_set	设定引脚状态	在 GPIO 输出情况下,设定引脚状态(高/低电平)
3	gpio_get	获取引脚状态	在 GPIO 输入情况下,获取引脚状态(1/0)
4	gpio_reverse	反转引脚状态	在 GPIO 输出情况下,反转引脚状态
5	gpio_pull	设置引脚上拉或下拉电阻	当 GPIO 输入情况下,设置引脚上拉或下拉电阻
6	gpio_enable_int	使能中断	当 GPIO 输入情况下,使能引脚中断
7	gpio_disable_int	关闭中断	当 GPIO 输入情况下,关闭引脚中断

3. GPIO 构件的头文件 gpio.h

头文件 gpio.h 中包含的主要内容有头文件说明、防止重复包含的条件编译代码结构"#ifndef … #define … #endif"、有关宏定义、构件中各函数的 API 及使用说明等。这里给出 GPIO 初始化及设置引脚状态函数的 API,其他函数 API 请参见电子文档中的样例工程源码。

```
// ============================================================
//文件名称: gpio.h
//功能概要: GPIO 底层驱动构件头文件
//版权所有: SD - EAI&IoT Lab.
//版本更新: 20190520 - 20200221
//芯片类型: STM32L431
// ============================================================

#ifndef  GPIO_H          //防止重复定义(GPIO_H 开头)
#define  GPIO_H
…
//端口号地址偏移量宏定义
#define PTA_NUM    (0 << 8)
#define PTB_NUM    (1 << 8)
#define PTC_NUM    (2 << 8)
#define PTD_NUM    (3 << 8)
#define PTE_NUM    (4 << 8)
#define PTH_NUM    (7 << 8)
//GPIO 引脚方向宏定义
#define GPIO_INPUT   (0)        //GPIO 输入
#define GPIO_OUTPUT (1)         //GPIO 输出
```

```
// ===================================================================
//函数名称: gpio_init
//函数返回: 无
//参数说明: port_pin: (端口号)|(引脚号)(如: (PTB_NUM)|(9) 表示为 B 口 9 号脚)
//          dir: 引脚方向(0 = 输入,1 = 输出,可用引脚方向宏定义)
//          state: 端口引脚初始状态(0 = 低电平,1 = 高电平)
//功能概要: 初始化指定端口引脚作为 GPIO 引脚功能,并定义为输入或输出,若是输出,
//还指定初始状态是低电平或高电平
// ===================================================================
void gpio_init(uint16_t port_pin, uint8_t dir, uint8_t state);


// ===================================================================
//函数名称: gpio_set
//函数返回: 无
//参数说明: port_pin: (端口号)|(引脚号)(如: (PTB_NUM)|(9) 表示为 B 口 9 号脚)
//          state: 希望设置的端口引脚状态(0 = 低电平,1 = 高电平)
//功能概要: 当指定端口引脚被定义为 GPIO 功能且为输出时,本函数设定引脚状态
// ===================================================================
void gpio_set(uint16_t port_pin, uint8_t state);
…
#endif      //防止重复定义(GPIO_H  结尾)
```

通过底层驱动构件干预硬件的编程相对来说简单多了,下面给出如何通过构件点亮一盏小灯。

4.2.2　GPIO 构件的输出测试方法

在开发套件的底板上,有红绿蓝三色灯(合为一体的),若使用 GPIO 构件实现蓝灯闪烁,具体实例可参考电子资源..\04-Software\CH04\GPIO-Output-Component,实现步骤如下所示。

第 1 步,给小灯起个名字。要用宏定义方式给蓝灯起个英文名(如 LIGHT_BLUE),明确蓝灯接在芯片的哪个 GPIO 引脚。由于这个工作属于用户程序,**按照"分门别类,各有归处"之原则**,该宏定义应该写在工程的 05_UserBoard\User.h 文件中,如下所示。

```
//指示灯端口及引脚定义
#define  LIGHT_BLUE  (PTB_NUM|9)     //蓝灯所在引脚
```

第 2 步,给小灯状态命名。由于灯的亮暗状态所对应的逻辑电平由物理硬件接法决定,为了应用程序的可移植性,需要在 05_UserBoard\User.h 文件中,对蓝灯的"亮""暗"状态进行宏定义,如下所示。

```
//灯状态宏定义(灯的亮暗对应的逻辑电平,由物理硬件接法决定)
#define  LIGHT_ON    0    //灯亮
#define  LIGHT_OFF   1    //灯暗
```

特别说明:对灯的"亮""暗"状态使用宏定义,不仅是为了编程更加直观,还是为了软件

能够更好地适应硬件。若硬件电路发生了变动,采用灯的"暗"状态对应低电平,那么只要改变本头文件中的宏定义即可,而程序源码不需更改。

【思考】　若灯的"亮""暗"状态不使用宏定义会出现什么情况? 有何不妥之处?

第3步,初始化蓝灯。在 07_AppPrg\main.c 文件中,对蓝灯进行编程控制。先将蓝灯初始化为"暗"状态,在"用户外设模块初始化"处增加下列语句:

```
gpio_init(LIGHT_BLUE,GPIO_OUTPUT,LIGHT_OFF);       //初始化蓝灯,输出,暗
```

其中,GPIO_OUTPUT 是在 GPIO 构件中,对 GPIO 设置输出的宏定义,是为了编程直观方便,不然很难区分"1"是输出,还是输入。

特别说明:在嵌入式软件设计中,是输入还是输出,需站在 MCU 角度,也就是站在 GEC 角度。要控制蓝灯的"亮""暗"状态,对 GEC 引脚来说,就是输出。若要获取外部状态到 GEC 中,对 GEC 来说,就是输入。例如,获取磁开关传感器的状态就需要初始化 GPIO 引脚为输入。

第4步,改变蓝灯的"亮""暗"状态。在 main 函数的主循环中,利用 GPIO 构件中的 gpio_set 函数,改变蓝灯状态。工程编译生成可执行文件后,写入目标板,可观察到蓝灯实际闪烁情况,部分程序摘录如下:

```
//(2.3.2)如灯状态标志 mFlag 为'L',灯的闪烁次数+1并显示,改变灯状态及标志
if (mFlag == 'L')                    //判断灯的状态标志
{
    mLightCount++;
    printf("灯的闪烁次数 mLightCount = % d\n",mLightCount);
    mFlag = 'A';                     //灯的状态标志
    gpio_set(LIGHT_BLUE,LIGHT_ON);   //灯"亮"
    printf(" LIGHT_BLUE: ON -- \n"); //串口输出灯的状态
}
//(2.3.3)如灯状态标志 mFlag 为'A',改变灯状态及标志
else
{
    mFlag = 'L';                     //灯的状态标志
    gpio_set(LIGHT_BLUE,LIGHT_OFF);  //灯"暗"
    printf(" LIGHT_BLUE: OFF -- \n");//串口输出灯的状态
}
```

第5步,观察蓝灯运行情况。经过编译生成机器码,通过 AHL-GEC-IDE 软件将 hex 文件下载到目标板中,可观察板载蓝灯每秒闪烁一次,也可在 AHL-GEC-IDE 界面看到蓝灯状态改变的信息,如图 4-3 所示。由此,读者可体会到使用 printf 语句进行调试的好处。

到这里看到了小灯在闪烁,这就是利用编程控制的,软件控制了硬件的动作。由此可以体会程序在现代控制系统中的作用。随着逐步深入的学习,读者可以看到更多更复杂的软件干预硬件的实例。

【练习】　利用 AHL-GEC-IDE 集成开发环境,对 AHL-STM32L431 硬件上的三色灯编程,使三色灯以紫色形式闪烁。

为了规范地编程,提高程序的可靠性、可移植性与可维护性,本书把每个程序作为一个工程来对待,既然是个工程,就要有规范的工程框架,本章 4.3 节将重点阐述。

图 4-3　GPIO 构件的输出测试方法

4.3　认识工程框架

4.3.1　工程框架及所含文件简介

　　嵌入式系统工程包含若干文件,包括程序文件、头文件、与编译调试相关的文件、工程说明文件、开发环境生成文件等。文件众多,合理组织这些文件,规范工程组织,可以提高项目的开发效率、阅读清晰度、可维护性,也可以降低维护难度。工程组织应体现嵌入式软件工程的基本原则与基本思想。这个工程框架也可被称为软件最小系统框架,因为它包含工程的最基本要素。**软件最小系统框架是一个能够点亮一个发光二极管的,甚至带有串口调试构件的,包含工程规范完整要素的可移植与可复用的工程模板。**

　　该工程模板简洁易懂,去掉了一些初学者不易理解或不必要的文件,同时应用底层驱动构件化的思想改进了程序结构,重新分类组织了工程,目的是引导读者进行规范的文件组织与编程。

　　1. 工程名与新建工程

　　工程名使用工程文件夹标识工程,不同工程文件夹用来区别不同工程。这样,工程文件夹内的文件中所包含的工程名字不再具有标识意义,可以修改,也可以不修改。建议新工程文件夹使用手动复制标准模板工程文件夹或复制功能更少的旧标准工程的方法来建立,这样更容易进行后续进一步编程。不推荐使用 IDE 或其他开发环境的新建功能建立一个新工程。

　　2. 工程文件夹内的基本内容

　　除去 AHL_GEC_IDE 环境保留的文件夹 Debug,工程文件夹内共含 7 个编号的下级文件夹,分别是 01_Doc、02_CPU、03_MCU、04_GEC、05_UserBoard、06_ SoftComponent、07_

AppPrg,其简明功能及特点如表 4-2 所示。

表 4-2　工程文件夹内的基本内容

名　　称	文　件　夹		简明功能及特点
文档文件夹	01_Doc		工程改动时,及时记录
CPU 文件夹	02_CPU		与内核相关的文件
MCU 文件夹	03_MCU	linker_File	链接文件夹,存放链接文件
		MCU_drivers	MCU 底层构件文件夹,存放芯片级硬件驱动
		startup	启动文件夹,存放芯片头文件及芯片初始化文件
GEC 相关文件夹	04_GEC		GEC 芯片相关文件夹,存放引脚头文件
用户板文件夹	05_UserBoard		用户板文件夹,存放应用级硬件驱动,即应用构件
软件构件文件夹	06_SoftComponent		抽象软件构件文件夹,存放硬件不直接相关的软件构件
应用程序文件夹	07_AppPrg	include. h	总的头文件,包含各类宏定义
		isr. c	中断服务程序文件,存放各中断服务程序子函数
		main. c	主程序文件,存放芯片启动的入口 main 函数

3. CPU(内核)相关文件简介

CPU(内核)相关文件(core_cm4. h、core_cmFunc. h、core_cmInstr. h)位于工程框架的..\02_CPU 文件夹内,它们是 ARM 公司提供的符合 ARM Cortex 微控制器软件接口标准(Cortex Microcontroller Software Interface Standard,CMSIS)的内核相关文件,原则上与具体芯片制造商无关。其中,core_cm4. h 为 ARM Cortex-M4 内核的外部设备访问层头文件;而 core_cmFunc. h 及 core_cmInstr. h 分别为 ARM Cortex-M 系列内核函数及指令访问头文件。使用 CMSIS 标准可简化程序的开发流程,提高程序的可移植性。对任何使用该 CPU 设计的芯片,该文件夹内容均相同。

4. MCU(芯片)相关文件简介

MCU(芯片)相关文件(startup_stm32l431rctx. s、stm32l4xx. h、stm32l431xx. h、system_stm32l4xx. c、system_stm32l4xx. h)位于工程框架的..\03_MCU\startup 文件夹内,由芯片厂商提供。

芯片头文件 stm32l431xx. h 中,给出了芯片专用的寄存器地址映射。设计面向直接硬件操作的底层驱动时,利用该文件使用映射寄存器名,获得对应地址。该文件一般由芯片设计人员提供,一般嵌入式应用开发者不必修改该文件,只需遵循其中的命名。

启动文件 startup_stm32l431rctx. s,其中包含中断向量表。

系统初始化文件 system_stm32l4xx. c、system_stm32l4xx. h,主要存放启动文件 startup_stm32l431rctx. s 中调用的系统初始化函数 SystemInit()及其相关宏常量的定义,此函数实现关闭看门狗及配置系统工作时钟的功能。

5. 应用程序源代码文件

在工程框架的..\07_AppPrg 文件夹内放置着总头文件 includes. h、主程序文件 main. c 及中断服务例程文件 isr. c。

总头文件 includes. h 是主程序文件 main. c 使用的头文件,内含常量、全局变量声明、外部函数及外部变量的引用。

主程序文件 main.c 是应用程序启动后的总入口,main()函数即在该文件中实现。在 main()函数中包含了一个永久循环,对具体事务过程的操作几乎都是添加在该主循环中。应用程序的执行,一共两条独立的线路,main.c 文件中的是一条运行路线。另一条是中断线路,在 isr.c 文件中编程。

中断服务例程文件 isr.c 是中断处理函数编程的地方,有关中断编程问题将在本书 6.3.3 节中阐述。

6. 编译链接产生的其他相关文件简介

映像文件(.map)与列表文件(.lst)位于 ..\Debug 文件夹中,由编译链接产生。.map 文件提供了查看程序、堆栈设置、全局变量、常量等存放的地址信息。.map 文件中指定的地址在一定程度上是动态分配的(由编译器决定),工程有任何修改,这些地址都可能发生变动。.lst 文件提供函数编译后机器码与源代码的对应关系,用于程序分析。

4.3.2　了解机器码文件及芯片执行流程简析

本节有一点难度,供希望了解完整启动过程的读者阅读。

在 AHL_GEC_IDE 开发环境中,针对 STM32 系列 MCU,在编译链接过程中生成针对 ARM CPU 的 .elf 格式的可执行代码,同时也可生成十六进制(.hex)格式的机器码。

.elf(Executable and Linking Format,可执行链接格式),最初由 UNIX 系统实验室(UNIX System Laboratories,USL)作为应用程序二进制接口(Application Binary Interface,ABI)的一部分而制定和发布。其最大特点在于它有比较广泛的适用性,通用的二进制接口定义使之可以平滑地移植到多种不同的操作系统上。UltraEdit 软件工具可查看 .elf 文件内容。

.hex(Intel HEX)文件是由一行行符合 Intel HEX 文件格式的文本所构成的 ASCII 文本文件,在 Intel HEX 文件中,每一行包含一个 HEX 记录,这些记录由对应机器语言码(含常量数据)的十六进制编码数字组成。

1. 记录格式

.hex 文件中的语句有 6 种不同类型的语句,但总体格式是一样的,根据表 4-3 所示的格式来记录。

表 4-3　.hex 文件记录行语义

格式	字段 1	字段 2	字段 3	字段 4	字段 5	字段 6
名称	标记	长度	偏移量	记录类型	数据/信息	校验和
长度	1字节	1字节	2字节	1字节	N字节	1字节
内容	开始标记 ":"		数据类型记录有效;非数据类型字段为"0000"	00: 数据记录; 01: 文件结束记录; 02: 扩展段地址; 03: 开始段地址; 04: 扩展线性地址; 05: 链接开始地址	取决于记录类型	开始标记之后字段的所有字节之和的补码。 校验和=0xFF−(记录长度+记录偏移+记录类型+数据段)+0x01

2. 实例分析

以电子资源中..\04-Software\CH04\GPIO-Output-Component 工程中的. hex 为例，截取该文件中的部分行进行简明分解，如表 4-4 所示。

表 4-4 GPIO-Output-Component . hex 文件部分行分解

行	记录标记	记录长度	偏移量	记录类型	数据/信息区	校验和
1	:	02	0000	04	0800	F2
2	:	10	D000	00	FFFF002059F20008ADF20008ADF20008	61
…	…	…	…	…	…	…
496	:	00	0000	01		FF

第 1 行："：020000040800F2"根据行语义分割可得"：02 0000 04 0800 F2"。分析如下。

以"："开始；02 表示长度为 2 字节；0000 表示相对地址；04 表示记录类型为扩展线性地址；0800 与 0000 组成 08000000 表示代码段在 Flash 的起始地址；F2 表示校验和。

第 2 行："：10D00000FFFF002059F20008ADF20008ADF2000861"根据语义分割可得"：10 D000 00 FFFF002059F20008ADF20008ADF20008 61"，分析如下。

以"："开始；10 表示长度为 16 字节；D000 表示偏移量，实际地址为 0800～D000；00 表示记录类型为数据类型。接下来的就是数据段 FFFF002059F20008ADF20008ADF20008，以 4 字节为划分。第 1 个 4 字节为 FFFF0020，由于是小端方式存储，这个数按照阅读习惯应写为 2000FFFF，就是堆栈栈顶(参见电子资源..\03_MCU\linker_file 下的. ld 链接文件与编译后的..\Debug 下的. map 映像文件)，这 4 字节占用了中断向量表的 0 号中断位置，其内容由 MCU 内部机制在 MCU 启动时被放入堆栈寄存器 SP 中(参见..\03_MCU\startup 下的启动文件)。第 2 个 4 字节为 59F20008，同样是小端方式存储，按照阅读习惯应写为 0800F259，占用了中断向量表的 1 号中断位置(即复位向量)，该数减 1，在 MCU 启动时被放入程序计数器(PC)中，那么就从存储器的 0x0800_F258 地址中取出指令，开始执行程序。在. hex 文件中，第 448 行的偏移量为 F258，定位到 F258 处，连续的 4 字节为 DFF838D0，按照阅读习惯应写为 F8DFD038，这就是第 1 条被执行的指令代码，也可以在. lst 得到验证，如图 4-4 所示。从源程序角度看，该指令即开始执行复位中断服务程序 Reset_Handler；也可以从. map 文件、. lst 文件找到相应信息进行理解，例如，此时 Reset_Handler 的地址为 0x0800_F258。至于为什么文件中的 0x0800_F258 到了机器码中变成了 0x0800_F259？这是因为 Cortex-M4 处理器的指令地址为半字对齐，也就意味着 PC 寄存器的最低位必须始终为 0。但是，程序在跳转时，PC 的最低位必须被置为 1，以表明内核仍然处于 thumb 状态，而不是 ARM 状态，参见《ARM-Cortex-M4F 权威指南》(第 3 版)一书。

```
Reset_Handler:
    ldr    sp, =_estack    /* Atollic update: set stack pointer */
800f258:    f8df d038    ldr.w   sp, [pc, #56]    ; 800f294 <LoopForever+0x2>
```

图 4-4 . lst 文件中 Reset_Handler 的首地址及第一条指令机器码

第 496 行：最后一行。该行为文档的结束记录,01 表示记录类型；FF 表示本记录的校验和。

综合分析工程的 .map 文件、.ld 文件、.hex 文件、.lst 文件,可以理解程序的执行过程,也可以对生成的机器码进行分析对比。

3. 芯片执行流程简析

芯片复位到 main 函数之前,程序运行过程总结如下。

由于在链接文件 STM32L431RCTX_FLASH.ld 中,链接时将 __StackTop 的值放到 Flash 的 0x0800_D000 地址中,芯片上电复位后,芯片内部机制首先从 Flash 的 0x0800_D000 地址中取出第 1 个表项的内容,赋给内核寄存器 SP(堆栈指针),完成堆栈指针初始化。

芯片内部机制将第 2 个表项的内容,赋值给内核寄存器 PC(程序计数器)。由于该表项存放启动函数 Reset_Handler 的首地址,因而运行 ..\ 03 _ MCU \ startup \ startup_stm32l433rctxp.s 文件中的 Reset_Handler 函数,第 1 个语句就是"LDR　SP, = _estack",SP 的值又被赋值一次。接着进行初始化数据处理及清零未初始化 BSS 数据段,运行 ..\03_MCU\startup\ system_stm32l4xx.c 文件中的 SystemInit 函数,进行芯片部分初始化设置(依次关闭看门狗、系统时钟初始化),再回到 Reset_Handler 中继续剩余初始化功能,随后进入用户主函数 main。一般情况下,认为程序从 main 函数开始运行。

实际应用中,可根据是否启动看门狗、是否复制中断向量表至 RAM、是否清零未初始化的 BSS 数据段等要求来修改此文件。初学者在未理解相关内容情况下,不建议修改 startup_stm32l433rctxp.s 及 system_stm32l4xx.c 文件内容。

需要说明的是,虽然本书给出的例程基于 BIOS,但不影响基本流程的理解,用户程序只要改变 Flash 首地址、RAM 首地址,即可从空白片写入运行,但不建议这样做,否则 BIOS 就被覆盖。此外,希望深入理解链接文件内容的读者,可参阅电子资源中的补充阅读材料。

【思考】 综合分析 .hex 文件、.map 文件、.lst 文件,在第一个样例工程中找出,SystemInit 函数、main 函数的存放地址,给出各函数前 16 个机器码,并找到其在 .hex 文件中位置。

4.4　GPIO 构件的制作过程

本节阐述 GPIO 构件是如何制作出来的,这是第一个基础构件设计样例,有一定难度,读者可根据所希望达到的学习深度,确定对本节相关内容的学习。构件的制作过程主要是与 MCU 内部模块寄存器(映像寄存器)打交道,大部分细节涉及寄存器的某一位,程序就是通过寄存器的位干预相应硬件的。

4.4.1　端口与 GPIO 模块

STM32L431 的大部分引脚具有多重复用功能,可以通过对相关寄存器编程来设定使用其中某一种功能,本节给出引脚作为 GPIO 功能时所用到的寄存器。

1. STM32L431 芯片的 GPIO 引脚概述

64 引脚封装的 STM32L431 芯片的 GPIO 引脚分为 5 个端口,标记为 A、B、C、D、H,共含 50 个引脚。端口作为 GPIO 引脚时,逻辑 1 对应高电平,逻辑 0 对应低电平。GPIO 模块使用系统时钟,从实时性细节来说,当作为通用输出时,高/低电平出现在时钟上升沿。下面给出各端口可作为 GPIO 功能的引脚数目及引脚名称。

(1) 端口 A 有 16 个引脚,分别记为 PTA[0～15]。

(2) 端口 B 有 16 个引脚,分别记为 PTB[0～15]。

(3) 端口 C 有 16 个引脚,分别记为 PTC[0～15]。

(4) 端口 D 有 1 个引脚,记为 PTD2。

(5) 端口 H 有 1 个引脚,记为 PTH3。

2. GPIO 寄存器概述

每个 GPIO 端口包含 11 个 32 位寄存器,分别是 4 个配置寄存器、2 个数据寄存器和 5 个其他寄存器,如表 4-5 所示。端口 A 寄存器的基地址为 0x4800_0000,也就是模式寄存器的地址,其他寄存器的地址顺序加 4 字节。端口 B 的基地址为端口 A 的基地址加 0x0000_0400,其他端口基地址顺推。端口 A、端口 B、端口 C～端口 E、端口 H 的模式寄存器复位值,分别为 0xABFF_FFFF、0xFFFF_FEBF、0xFFFF_FFFF、0x0000_000F。端口 A 输出速度寄存器复位时为 0x0C00_0000,输入数据寄存器和输出数据寄存器为只读寄存器,复位时为 0x0000_xxxx;其他端口寄存器复位时均为 0x0000_0000。

表 4-5　端口 A 寄存器

类型	绝 对 地 址	寄 存 器 名	R/W	功 能 简 述
配置寄存器	0x4800_0000	模式寄存器(GPIOx_MODER)	R/W	配置引脚功能模式
	0x4800_0004	输出类型寄存器(GPIOx_OTYPER)	R/W	配置引脚输出类型
	0x4800_0008	输出速度寄存器(GPIOx_OSPEEDR)	R/W	设置引脚输出速度
	0x4800_000C	上拉/下拉寄存器(GPIOx_PUPDR)	R/W	设置上拉/下拉
数据寄存器	0x4800_0010	输入数据寄存器(GPIOx_IDR)	R	读取输入引脚电平
	0x4800_0014	输出数据寄存器(GPIOx_ODR)	R/W	读取输出引脚电平
其他寄存器	0x4800_0018	置位/复位寄存器(GPIOx_BSRR)	W	置位/复位输出引脚
	0x4800_001C	锁定寄存器(GPIOx_LCKR)	R/W	锁定引脚配置
	0x4800_0020	复用功能选择寄存器(低)(GPIOx_AFRL)	R/W	0～7 号引脚功能复用
	0x4800_0024	复用功能选择寄存器(高)(GPIOx_AFRH)	R/W	8～15 号引脚功能复用
	0x4800_0028	复位寄存器(GPIOx_BRR)	W	复位输出引脚电平

以下分别介绍这几个重要的寄存器。

3. 配置寄存器

1) GPIO 端口模式寄存器(GPIOx_MODER)(x＝A～E、H)

GPIO 端口模式寄存器用于配置 GPIO 端口相应引脚的工作模式,可以配置为输入模式、输出模式、复用功能模式、模拟模式。

数据位	D31～D30	D29～D28	…	D3～D2	D1～D0
读	MODE15[1:0]	MODE14[1:0]	…	MODE1[1:0]	MODE0[1:0]
写					

D31～D0(MODEy[1:0],y∈[0,15]):x端口y引脚配置位。这些位通过软件写入,用于配置I/O模式。00:通用输入模式;01:通用输出模式;10:复用功能模式(可复用为ADC、SPI模块等功能引脚);11:模拟模式(芯片复位后,引脚默认模式)。例如,MODE14[1:0]=01,x端口的14号引脚被配置为通用输出模式(类似的情况,下面将不再赘述)。

2) GPIO端口输出类型寄存器(GPIOx_OTYPER)(x=A～E、H)

GPIO端口输出类型寄存器用于配置GPIO端口相应引脚的输出模式,可以配置为推挽输出或开漏输出。

数据位	D31～D16	D15	D14	D13	D12	…	D2	D1	D0
读	0	OT15	OT14	OT13	OT12	…	OT2	OT1	OT0
写	—								

D31～D16:保留,必须保持复位值。

D15～D0(OTy[1:0],y∈[0,15]):x端口y引脚配置位。这些位通过软件写入,用于配置I/O输出类型。OTy=0:推挽输出(复位状态);OTy=1:开漏输出。GPIOx_OTYPER寄存器复位值为0。推挽输出既可以输出低电平,也可以输出高电平,可以直接驱动功耗不大的数字器件。开漏输出只能输出低电平,如果要输出高电平必须通过上拉电阻才能实现。MCU适合做电流型的驱动,是因为其吸收电流的能力相对较强。

3) GPIO端口输出速度寄存器(GPIOx_OSPEEDR)(x=A～E、H)

GPIO端口输出速度寄存器用于配置GPIO端口相应引脚的输出速度,可以配置为低速、中速、高速、超高速。设置GPIO端口输出速度用于匹配驱动电路的响应速度。

数据位	D31～D30	D29～D28	…	D3～D2	D1～D0
读	OSPEED15[1:0]	OSPEED14[1:0]	…	OSPEED1[1:0]	OSPEED0[1:0]
写					

D31～D0(OSPEEDy[1:0],y∈[0,15]):x端口y引脚配置位。这些位通过软件写入,用于配置引脚输出速度。00:低速;01:中速;10:高速;11:超高速。

3.3V供电情况下,低速为5MHz;中速为25MHz;高速为50MHz;超高速为120MHz。

高速配置:输出频率高、噪声大、功耗高、电磁干扰强;低速配置:输出频率低、噪声小、功耗低、电磁干扰弱、提高系统EMI(电磁干扰)性能。

4) GPIO端口上拉/下拉寄存器(GPIOx_PUPDR)(x=A～E、H)

GPIO端口上拉/下拉寄存器用于配置GPIO端口相应引脚的上拉或下拉电阻。

GPIOx_PUPDR寄存器与GPIOx_OSPEEDR寄存器结构类似,有16个PUPDy[1:0]位(y∈[0,15]),即16个引脚配置位。这些位通过软件写入,用于配置I/O引脚上拉或下拉。00:y引脚无上拉或下拉;01:y引脚上拉;10:y引脚下拉;11:保留。

4. 数据寄存器

1) GPIO 端口输入数据寄存器(GPIOx_IDR)(x＝A～E、H)

GPIO 端口输入数据寄存器用于获取 GPIO 端口相应引脚的输入电平。1：代表高电平；0：代表低电平。

GPIOx_IDR 寄存器与 GPIOx_OTYPER 寄存器结构类似,D31～D16 位保留,必须保持复位值,即 0。D15～D0(IDy,y∈[0,15]),端口输入数据位。这些位为只读位,它们包含相应 I/O 引脚的电平信息。

2) GPIO 端口输出数据寄存器(GPIOx_ODR)(x＝A～E、H)

GPIO 端口输出数据寄存器用于设置 GPIO 端口相应引脚的输出电平。1：代表高电平；0：代表低电平。

GPIOx_ODR 寄存器与 GPIOx_OTYPER 寄存器结构类似,D31～D16 位保留,必须保持复位值,即 0。D15～D0(ODy,y∈[0,15])：端口输出数据位。这些位可通过软件读取和写入,该位决定着被配置为输出引脚电平的高低。若 OD5＝0,则 5 号引脚为低电平；若 OD5＝1,5 号引脚为高电平。

5. 其他寄存器

1) GPIO 端口位置 1/复位寄存器(GPIOx_BSRR)(x＝A～E、H)

GPIO 端口位置 1/复位寄存器用于置 1 或清 0,GPIO 端口相应引脚的输出状态。

数　据　位	D31～D16	D15～D0
读	—	
写	BR[15:0]	BS[15:0]

D31～D16(BRy,y∈[0,15])：端口 x 复位位 y。0：不会对相应的 ODx 位执行任何操作,x 号引脚电平不受影响;1：复位相应的 ODx 位,即将 ODx 位写 0,x 号引脚被设置为低电平。如果同时对 BSx 和 BRx 置位,则 BSx 的优先级更高。

D15～D0(BSy,y∈[0,15])：端口 x 置位位 y。0：不会对相应的 ODx 位执行任何操作,x 号引脚电平不受影响;1：将相应的 ODx 位置 1,x 号引脚被设置为高电平。

2) GPIO 端口复位寄存器(GPIOx_BRR)(x＝A～E、H)

GPIO 端口复位寄存器用于复位 GPIO 端口相应引脚的输出状态为低电平。

GPIOx_BRR 寄存器与 GPIOx_OTYPER 寄存器结构类似,D31～D16 位保留,必须保持复位值,即 0。D15～D0(BR[15:0])：端口 x 复位位 y(y＝0～15),这些位为只写。读取这些位可返回值 0x0000。0：不会对相应的 ODx 位执行任何操作,x 号引脚电平不会变化;1：复位相应的 ODx 位,x 号引脚被设置为低电平。

3) GPIO 端口配置锁定寄存器(GPIOx_LCKR)(x＝A～E、H)

GPIO 端口配置锁定寄存器用于锁定 GPIO 端口位的配置。

数据位	D31～D17	D16	D15	…	D3	D2	D1	D0
读/写	0	LCKK	LCK15	…	LCK3	LCK2	LCK1	LCK0

当正确的写序列应用到第 16 位(LCKK)时,此寄存器将用于锁定端口位的配置。位

[15:0]的值用于锁定 GPIO 的配置。在写序列期间,不能更改 LCKR[15:0]的值。将 LOCK 序列应用到某个端口位后,在执行下一次 MCU 复位或外部设备复位之前,将无法对该端口位的值进行修改,具体使用方式参见芯片数据手册。

4) GPIO 复用功能低位寄存器(GPIOx_AFRL)(x=A~E、H)

GPIO 复用功能低位寄存器用于配置 GPIO 端口第 0~7 相应引脚的复用功能。

数据位	D31~D28	D27~D24	…	D7~D4	D3~D0
读	AFSEL7[3:0]	AFSEL6[3:0]	…	AFSEL1[3:0]	AFSEL0[3:0]
写					

D31~D0(AFSELy[3:0],y∈[0,7]):端口 x 引脚 y 的复用功能选择,这些位通过软件写入,用于配置复用功能 I/O,复位值为 0。

例如,若 GPIOC_AFSEL0[3:0]=0100(AF4),则端口 C0 号引脚被配置为 I2C3_SCL 功能引脚。

AFSELy 选择:该 4 位二进制值为 0000~1111,分别对应 AF0~AF15 功能。

5) GPIO 复用功能高位寄存器(GPIOx_AFRH)(x=A~E、H)

GPIO 复用功能高位寄存器用于配置 GPIO 端口第 8~15 相应引脚的复用功能。

GPIOx_AFRH 寄存器的结构与 GPIOx_AFRL 寄存器的结构类似。D31~D0 (AFSELy[3:0],y∈[8,15]):端口 x 引脚 y 的复用功能选择,这些位通过软件写入,用于配置复用功能 I/O。

【思考】　结合示例程序,理解某一寄存器初始化字的各二进制位的含义。

4.4.2　GPIO 基本编程步骤并点亮一盏小灯

本节给出用直接对端口进行编程的方法点亮小灯。

1. GPIO 基本编程步骤

要使芯片某一引脚为 GPIO 功能,并定义为输入输出,随后进行应用,基本编程步骤如下。

(1) 通过外部设备时钟使能寄存器(RCC_AHB2ENR)设定对应 GPIO 端口外部设备时钟使能,本例设定 GPIO 的端口 B 外部设备时钟使能。

(2) 通过 GPIO 模块的端口模式寄存器(GPIOx_MODER)设定其为 GPIO 功能,可设定为输入模式、通用输出模式、复用功能模式、模拟模式。本例设定为通用输出模式。

(3) 若是输出引脚,可通过数据输出寄存器(GPIOx_ODR)设置 GPIO 端口相应引脚的输出状态;也可通过置 1/复位寄存器(GPIOx_BSRR)设置 GPIO 端口相应引脚的输出状态;还可通过复位寄存器(GPIOx_BRR)设置相应引脚的输出状态为低电平。本例通过 GPIOx_BRR 设置 PTB9 引脚输出状态为低电平。

(4) 若是输入引脚,则通过数据输入寄存器(GPIOx_IDR)获得引脚的状态。若指定位为 0,则表示当前该引脚上为低电平;若指定位为 1,则表示当前该引脚上为高电平。

2. 用 GPIO 直接点亮一盏小灯

在开发套件的底板上,有红、绿、蓝三色灯(合为一体的),分别使用 MCU 的 PTB7、

PTB8、PTB9 引脚。现使用 PTB9 引脚点亮蓝灯,步骤如下。

　　1) 声明变量并赋值

```
//声明变量
volatile uint32_t * RCC_AHB2;        //GPIO 的端口 B 时钟使能寄存器地址
volatile uint32_t * gpio_ptr;        //GPIO 的端口 B 基地址
volatile uint32_t * gpio_mode;       //引脚模式寄存器地址 = 端口基地址
volatile uint32_t * gpio_bsrr;       //置位/复位寄存器地址
volatile uint32_t * gpio_brr;        //GPIO 位复位寄存器
//变量赋值
RCC_AHB2 = (uint32_t * )0x4002104C;  //GPIO 的端口 B 时钟使能寄存器地址
gpio_ptr = (uint32_t * )0x48000400;  //GPIO 的端口 B 基地址
gpio_mode = gpio_ptr;                //引脚模式寄存器地址 = 端口基地址
gpio_bsrr = gpio_ptr + 6;            //置位/复位寄存器地址
gpio_brr = gpio_ptr + 10;            //GPIO 位复位寄存器
```

　　2) 随后对 GPIO 初始化

```
//使能相应 GPIO 端口 B 的时钟
* RCC_AHB2 | = (1 << 1);             //GPIO 的端口 B 时钟使能
//(1.5.3.2)定义端口 B 9 号引脚为输出引脚(令 D19、D18 = 01)方法如下:
* gpio_mode & = ～(3 << 18);         //0b11111111111110011111111111111111;
* gpio_mode | = (1 << 18);           //0b00000000000001000000000000000000;
```

　　3) 设置灯为亮

```
* gpio_brr| = (1 << 9);                          //设置灯"亮"
```

　　特别说明:在嵌入式软件设计中,是输入还是输出,是站在 MCU 角度定义的,要控制红灯的亮暗,就是输出。若要获取外部状态到 MCU 中,则对 MCU 来说,就是输入。

　　这种编程方法的样例,在本书电子资源的..\ 04-soft \ CH04-GPIO \ GPIO-Output-DirectAddress 工程中可以看到。

　　这样编程只是为了理解 GPIO 的基本编程方法,实际并不使用。不会这样从"零"直接应用程序,而是作为制作构件的第一步,把流程打通,作为封装构件的前导步骤。而制作 GPIO 构件,就是要把对 GPIO 底层硬件操作用构件把它们封装起来,给出函数名与接口参数,供实际编程时使用。本书第 5 章将阐述底层驱动构件封装方法与基本规范。

4.4.3　GPIO 构件的设计

1. 设计 GPIO 驱动构件的必要性

　　软件构件(Software Component)技术的出现,为实现软件构件的工业化生产提供了理论与技术基石。将软件构件技术应用到嵌入式软件开发中,可以大大提高嵌入式开发的开发效率与稳定性。软件构件的封装性、可移植性与可复用性是软件构件技术的基本特性,采用构件技术设计软件,可以使软件具有更好的开放性、通用性和适应性。特别是对于底层硬件的驱动编程,只有封装成底层驱动构件,才能减少重复劳动,使广大 MCU 应用开发者专注于应用软件稳定性与功能设计。因此,必须把底层硬件驱动设计好、封装好。

以 STM32L431 的 GPIO 端口为例,它有 50 个引脚可以作为 GPIO,分布在 5 个端口,不可能使用直接地址去操作相关寄存器,无法实现软件移植与复用。应该把对 GPIO 引脚的操作封装成构件,通过函数调用与传递参数的方式实现对引脚的干预与状态获取,这样的软件才便于维护与移植,因此设计 GPIO 驱动构件十分必要。同时,底层驱动构件的封装也为在操作系统下对底层硬件的操作提供了基础。

2. 底层驱动构件封装基本要求

底层驱动构件封装规范见本书 5.3 节,本节给出概要,以便在认识第 1 个构件前以及在开始设计构件时,少走弯路,做出来的构件符合基本规范,便于移植、复用和交流。

1) 底层驱动构件的组成、存放位置与内容

每个构件由头文件(.h)与源文件(.c)两个独立文件组成,放在以构件名命名的文件夹中。驱动构件的头文件(.h)以构件名命名,是构件的使用指南,仅包含对外接口函数的声明。例如,GPIO 构件命名为 gpio(使用小写,目的是与内部函数名前缀统一)。基本要求是调用者只看头文件即可使用构件。对外接口函数及内部函数的实现在构件源程序文件(.c)中。同时应注意,头文件中声明对外接口函数的顺序与源程序文件实现对外接口函数的顺序应保持一致。源程序文件中内部函数的声明,放在对外接口函数代码的前面,内部函数的实现放在全部对外接口函数代码的后面,以便提高可阅读性与可维护性。一个具体的工程中,在本书给出的标准框架下,所有面向 MCU 芯片的底层驱动构件放在工程文件夹下的..\03_MCU\MCU_drivers 文件夹中。本书所有规范样例工程下的文件组织均是如此。

2) 设计构件的最基本要求

这里摘要给出设计构件的最基本要求。一是使用与移植方便。要对构件的共性与个性进行分析,抽取出构件的属性和对外接口函数。希望做到:使用同一芯片的应用系统,构件不更改,可直接使用;同系列芯片的同功能底层驱动移植时,仅改动头文件即可;不同系列芯片的同功能底层驱动移植时,头文件与源程序文件的改动尽可能少。二是要有统一、规范的编码风格与注释,主要涉及文件、函数、变量、宏及结构体类型的命名规范;空格与空行、缩进、断行等的排版规范;文件头、函数头、行及边等的注释规范,具体要求见本书 5.3.2节。三是关于宏的使用限制。宏使用具有两面性,有提高可维护性一面,也有降低阅读性一面,因此不要随意使用宏。四是关于全局变量问题。封装构件时,应该禁止使用全局变量。

3. GPIO 驱动构件封装要点分析

同样以 GPIO 驱动构件为例,进行封装要点分析,即分析应该设计哪几个函数及入口参数。GPIO 引脚可以被定义为输入和输出两种情况:若是输入,则程序需要获得引脚的状态(逻辑 1 或 0);若是输出,则程序可以设置引脚状态(逻辑 1 或 0)。MCU 的 PORT 模块分为许多端口,每个端口有若干引脚。GPIO 驱动构件可以实现对所有 GPIO 引脚统一编程。GPIO 驱动构件由 gpio.h、gpio.c 两个文件组成,如要使用 GPIO 驱动构件,只需要将这两个文件加入所建工程中,由此方便了对 GPIO 的编程操作。

1) 模块初始化(gpio_init)

由于芯片引脚具有复用特性,应把引脚设置成 GPIO 功能;同时定义为输入或输出;若定义为输出,还要给出初始状态。所以,GPIO 模块初始化函数 gpio_init 的参数为哪个引

脚、是输入还是输出、若是输出其状态是什么,函数不必有返回值。其中,引脚可用一个 16 位数据描述,高 8 位表示端口号,低 8 位表示端口内的引脚号。这样 GPIO 模块初始化函数原型可以设计为:

```
void gpio_init(uint16_t port_pin, uint8_t dir, uint8_t state);
```

其中,uint8_t 是无符号 8 位整型的别名;uint16_t 是无符号 16 位整型的别名。本书后面不再特别说明。

2) 设置引脚状态(gpio_set)

对于输出,需通过函数设置引脚是高电平(逻辑 1)还是低电平(逻辑 0)。入口参数应该是哪个引脚,输出其状态是什么,函数不必有返回值。设置引脚状态的函数原型可以设计为:

```
void gpio_set(uint16_t port_pin, uint8_t state);
```

3) 获得引脚状态(gpio_get)

对于输入,需通过函数获得引脚的状态是高电平(逻辑 1)还是低电平(逻辑 0),入口参数应该是哪个引脚,函数需要返回值的引脚状态。设置引脚状态的函数原型可以设计为:

```
uint8_t gpio_get(uint16_t port_pin);
```

4) 引脚状态反转(void gpio_reverse)

类似的分析,可以设计引脚状态反转函数的原型为:

```
void gpio_reverse(uint16_t port_pin);
```

5) 引脚上下拉使能函数(void gpio_pull)

若引脚被设置为输入,可以设定内部上拉或下拉,STM32L431 内部上拉或下拉电阻大小为 20~50kΩ。引脚上拉或下拉使能函数的原型为:

```
void gpio_pull(uint16_t port_pin, uint8_t pullselect);
```

这些函数基本满足了对 GPIO 端口操作的基本需求,还有使能中断与禁止中断[①]、引脚驱动能力等函数。比较深的内容,读者可暂时略过,使用或深入学习时参考 GPIO 构件即可。要实现 GPIO 驱动构件的这几个函数,给出清晰的接口、良好的封装、简洁的说明与注释、规范的编程风格等,需要一些准备工作,下面给出构件封装基本规范与前期准备。

根据构件生产的基本要求设计的第一个构件是 GPIO 驱动构件,由头文件 gpio.h 与源程序文件 gpio.c 两个文件组成,其中头文件是使用说明。MCU 的基础构件放在工程的 ..03_MCU \MCU_drivers 文件夹下。

---

① 关于使能(Enable)中断与禁止(Disable)中断,文献中有多种中文翻译,如使能、开启;除能、关闭等,本书统一使用使能中断与禁止中断术语。

在 4.2.1 节中介绍 GPIO 驱动构件时已对头文件做了较为详细的说明,此处不再赘述。

4. GPIO 驱动构件源程序文件(gpio. c)

GPIO 驱动构件的源程序文件中实现的对外接口函数,主要是对相关寄存器进行配置,从而完成构件的基本功能。构件内部使用的函数也在构件源程序文件中被定义,下面给出部分函数的源代码。

```
// ====================================================================
//文件名称: gpio.c
//功能概要: GPIO 底层驱动构件源文件
//版权所有: SD - EAI&IoT Lab
//版本更新: 20181201 - 20200221
//芯片类型: STM32
// ====================================================================

# include "gpio. h"

//GPIO 口基地址放入常数数据组 GPIO_ARR[0]~GPIO_ARR[5]中
GPIO_TypeDef * GPIO_ARR[] =
        {(GPIO_TypeDef *)GPIOA_BASE,(GPIO_TypeDef *)GPIOB_BASE,
         (GPIO_TypeDef *)GPIOC_BASE,(GPIO_TypeDef *)GPIOD_BASE,
         (GPIO_TypeDef *)GPIOE_BASE,(GPIO_TypeDef *)GPIOH_BASE};

// ==== 定义扩展中断 IRQ 号对应表 ====
IRQn_Type table_irq_exti[7] = {EXTI0_IRQn, EXTI1_IRQn, EXTI2_IRQn,
         EXTI3_IRQn, EXTI4_IRQn, EXTI9_5_IRQn, EXTI15_10_IRQn};

//内部函数声明
void gpio_get_port_pin(uint16_t port_pin,uint8_t * port,uint8_t * pin);

// ====================================================================
//函数名称: gpio_init
//函数返回: 无
//参数说明: port_pin: (端口号)|(引脚号)(如: (PTB_NUM)|(9) 表示为 B 口 9 号脚)
//          dir: 引脚方向(0 = 输入,1 = 输出,可用引脚方向宏定义)
//          state: 端口引脚初始状态(0 = 低电平,1 = 高电平)
//功能概要: 初始化指定端口引脚作为 GPIO 端口的引脚功能,并定义为输入或输出。若是输出,
//          则还需指定初始状态是低电平或高电平
// ====================================================================
void gpio_init(uint16_t port_pin, uint8_t dir, uint8_t state)
{
    GPIO_TypeDef * gpio_ptr;      //声明 gpio_ptr 为 GPIO 结构体类型指针
    uint8_t port,pin;             //声明端口 port、引脚 pin 变量
    uint32_t temp;                //临时存放寄存器里的值
    //根据带入参数 port_pin,解析出端口与引脚分别赋给 port 和 pin
    gpio_get_port_pin(port_pin,&port,&pin);
    //根据入口参数 port,给局部变量 gpio_ptr 赋值(GPIO 基地址)
    if(7 == port)                 //GPIOH
        gpio_ptr = GPIO_ARR[port - 2];
```

```
        else
            gpio_ptr = GPIO_ARR[port];

        //使能相应 GPIO 端口的时钟
        RCC -> AHB2ENR |= (RCC_AHB2ENR_GPIOAEN <<(port * 1u));

        //清 GPIO 模式寄存器对应引脚位
        temp = gpio_ptr -> MODER;
        temp &= ~(GPIO_MODER_MODE0 << (pin * 2u));
        //根据入口参数 dir,定义引脚为输出或输入
        if(dir == 1)    //定义引脚为输出
        {
            temp |= (GPIO_OUTPUT << (pin * 2u));
            gpio_ptr -> MODER = temp;
            gpio_set(port_pin,state);       //调用 gpio_set 函数,设定引脚初始状态
        }
        else            //定义引脚为输入
        {
            temp |= (GPIO_INPUT << (pin * 2u));
            gpio_ptr -> MODER = temp;
        }
    }
}
(限于篇幅,省略其他函数实现,见电子资源)
```

下面对源码中的结构体类型、有关地址、编码的书写问题做简要说明。

1) 结构体类型

在工程文件夹的芯片头文件(..\03_MCU\startup\stm32l431xx. h)中,有端口寄存器结构体,把端口模块的编程寄存器用结构体类型(GPIO_TypeDef)封装起来。

```
typedef struct
{
    __IO uint32_t MODER;        //!< GPIO port mode register,            Address offset: 0x00
    __IO uint32_t OTYPER;       //!< GPIO port output type register,     Address offset: 0x04
    __IO uint32_t OSPEEDR;      //!< GPIO port output speed register,    Address offset: 0x08
    __IO uint32_t PUPDR;        //!< GPIO port pull-up/pull-down register, Address offset: 0x0C
    __IO uint32_t IDR;          //!< GPIO port input data register,      Address offset: 0x10
    __IO uint32_t ODR;          //!< GPIO port output data register,     Address offset: 0x14
    __IO uint32_t BSRR;         //!< GPIO port bit set/reset  register,  Address offset: 0x18
    __IO uint32_t LCKR;         //!< GPIO port configuration lock register, Address offset: 0x1C
    __IO uint32_t AFR[2];       //!< GPIO alternate function registers,  Address offset: 0x20-0x24
    __IO uint32_t BRR;          //!< GPIO Bit Reset register,            Address offset: 0x28
} GPIO_TypeDef;
```

除了上述结构体,还包括其他多个结构体,分别为 ADC_TypeDef 结构体、CAN_TxMailBox_TypeDef 结构体、CAN_FIFOMailBox_TypeDef 结构体等,与上面类似,这里就不列出了,可以在 stm32l431xx. h 中查看。

2) 端口模块及 GPIO 模块各端口基地址

STM32L431 的 GPIO 模块各端口基地址也在芯片头文件(stm32l431xx. h)中以宏常数方式给出,本程序直接作为指针常量。

3）编程与注释风格

读者需要仔细分析本构件的编程与注释风格,从开始就规范起来,这样就会逐步养成良好的编程习惯。特别注意:不要编写令人难以看懂的程序,不要把简单问题复杂化,不要使用不必要的宏。

视频讲解

4.5　第一个汇编语言工程:控制小灯闪烁

汇编语言编程给人的第一种感觉就是难,相对于 C 语言编程,汇编语言在编程的直观性、编程效率、可读性等方面都有所欠缺,但掌握基本的汇编语言编程方法是嵌入式学习的基本功,可以增加嵌入式编程者的"内力"。

在本书教学资料中提供的开发环境中,汇编程序是通过工程的方式组织起来的。汇编工程通常包含芯片相关的程序框架文件、软件构件文件、工程设置文件、主程序文件及抽象构件文件等。下面将结合第一个 STM32L431 汇编工程实例,讲解上述的文件概念,并简要分析汇编工程的组成、汇编程序文件的编写规范、软硬件模块的合理划分等。读者可通过分析与实践第一个汇编实例程序,达到由此入门的目的。

4.5.1　汇编工程文件的组织

汇编工程的样例在..\CH04-GPIO\GPIO-asm 文件夹中。本汇编工程类似 C 工程,仍然按构件方式进行组织。图 4-5 给出了小灯闪烁汇编工程的树形结构,主要包括 MCU 相关头文件夹、底层驱动构件文件夹、Debug 工程输出文件夹、程序文件夹等。读者可按照理解 C 工程的方式,理解这个结构。

GPIO-asm-20201110	工程名
.cproject	
.mxproject	工程保留文件
.project	
.settings	工程改动时,及时记录
01_Doc	与内核相关的文件
02_CPU	MCU相关文件夹
03_MCU	MCU基本信息头文件
mcu.h	链接文件夹,存放链接文件
Linker_file	MCU底层构件文件夹,存放芯片级硬件驱动
MCU_drivers	MCU启动文件夹
startup	芯片底层驱动构件文件夹
04_GEC	用户板构件文件夹
05_UserBoard	软件构件文件夹
06_SoftComponent	无操作系统工程主程序文件夹
07_NosPrg	总头文件
include.inc	中断处理程序
isr.s	主程序文件
main.s	
Debug	工程输出文件夹(编译链接自动生成)

图 4-5　小灯闪烁汇编工程的树形结构

　　汇编工程仅包含一个汇编主程序文件,该文件名固定为 main.s。汇编程序的主体是程序的主干,要尽可能简洁、清晰、明了,程序中的其余功能尽量由子程序去完成,主程序主要完成对子程序的循环调用。主程序文件 main.s 包含以下内容。

　　(1) **工程描述**。工程名、程序描述、版本、日期等。

　　(2) **包含总头文件**。声明全局变量和包含主程序文件中需要的头文件、宏定义等。

　　(3) **主程序**。主程序一般包括初始化与主循环两大部分。初始化包括堆栈初始化、系统初始化、I/O 端口初始化、中断初始化等。主循环是程序的工作循环,根据实际需要安排程序段,但一般不宜过长,建议不要超过 100 行,具体功能可通过调用子程序来实现,或由中断程序实现。

　　(4) **内部直接调用子程序**。若有不单独存盘的子程序,建议放在此处。这样,在主程序总循环的最后一个语句就可以看到这些子程序。每个子程序建议不要超过 100 行。若有更多的子程序请单独存盘,单独测试。

4.5.2　汇编语言小灯测试工程主程序

1. 小灯测试工程主程序

小灯测试工程使用汇编语言来点亮蓝灯,main.s 的代码如下:

```
// =========================================================
//文件名称: main.s
//功能概要: 汇编编程调用 GPIO 构件控制小灯闪烁(利用 printf 输出提示信息)
//版权所有: SD-ARM(sumcu.suda.edu.cn)
//版本更新: 20180810-20191018
// =========================================================
.include "include.inc"          //头文件中主要定义了程序中需要使用到的一些常量
//(0)数据段与代码段的定义
//(0.1)定义数据存储 data 段开始,实际数据存储在 RAM 中
.section .data
//(0.1.1)定义需要输出的字符串,标号即为字符串首地址,\0 为字符串结束标志
hello_information:               //字符串标号
    .ascii "-------------------------------------------- \n"
    .ascii "金葫芦提示:                                  \n"
    .ascii "LIGHT: ON-- 第一次用纯汇编点亮的蓝色发光二极管,太棒了!  \n"
    .ascii "      这只是万里长征第一步,但是,万事开头难,   \n"
    .ascii "      有了第一步,坚持下去,定有收获!           \n"
    .ascii "-------------------------------------------- \n\0"
data_format:
    .ascii "%d\n\0"                //printf 使用的数据格式控制符
light_show1:
    .ascii "LIGHT_BLUE: ON-- \n\0"    //灯亮状态提示
light_show2:
    .ascii "LIGHT_BLUE: OFF-- \n\0"   //灯暗状态提示
light_show3:
    .ascii "闪烁次数 mLightCount = \0"  //闪烁次数提示
//(0.1.2)定义变量
```

```
.align 4                        //.word 格式 4 字节对齐
mMainLoopCount:                 //定义主循环次数变量
    .word 0
mFlag:                          //定义灯的状态标志,1 为亮,0 为暗
    .byte 'A'
.align 4
mLightCount:
    .word 0


//(0.2)定义代码存储 text 段开始,实际代码存储在 Flash 中
.section   .text
.syntax unified                 //指示下方指令为 ARM 和 thumb 通用格式
.thumb                          //Thumb 指令集
.type main function             //声明 main 为函数类型
.global main                    //将 main 定义成全局函数,便于芯片初始化之后被调用
.align 2                        //指令和数据采用 2 字节对齐,兼容 Thumb 指令集


//-------------------------------------------------------------------
//main.c 使用的内部函数声明处


//-------------------------------------------------------------------
//主函数,一般情况下可以认为程序从此开始运行(实际上有启动过程)
main:
//(1) ====== 启动部分(开头)主循环前的初始化工作 ====================
//(1.1)声明 main 函数使用的局部变量

//(1.2)【不变】关总中断
    cpsid i
//(1.3)给主函数使用的局部变量赋初值

//(1.4)给全局变量赋初值

//(1.5)用户外设模块初始化
//初始化蓝灯, R0、R1、R2 是 gpio_init 的入口参数
    LDR R0, = LIGHT_BLUE        //R0 指明端口和引脚(用 = ,因常量>= 256,需用 LDR)
    MOV R1, #GPIO_OUTPUT        //R1 指明引脚方向为输出
    MOV R2, #LIGHT_OFF          //R2 指明引脚的初始状态为亮
    bl   gpio_init              //调用 gpio 初始化函数
//初始化串口 UART_User1
    MOV R0, # UART_User         //串口号
    LDR R1, = UART_BAUD         //波特率
    bl uart_init                //调用 uart 初始化函数
//(1.6)使能模块中断
    MOV R0, #UART_User          //串口号
    bl   uart_enable_re_int     //调用 uart 中断使能函数

//(1.7)【不变】开总中断
    cpsie  i
//显示 hello_information 定义的字符串
```

```
        LDR R0, = hello information    //待显示字符串首地址
        bl  printf                     //调用 printf 显示字符串

        //bl .                         //在此打桩(.表示当前地址),理解发光二极管为何亮起来了?

//(1) ===== 启动部分(结尾) ======================================

//(2) ===== 主循环部分(开头) ====================================
main_loop:                             //主循环标签(开头)
//(2.1)主循环次数变量 mMainLoopCount + 1
        LDR R2, = mMainLoopCount       //R2←mMainLoopCount 的地址
        LDR R1, [R2]
        ADD R1, #1
        STR R1, [R2]
//(2.2)未达到主循环次数设定值,继续循环
        LDR R2, = MainLoopNUM
        CMP R1, R2
        blO  main_loop                 //未达到,继续循环
//(2.3)达到主循环次数设定值,执行下列语句,进行灯的亮暗处理
//(2.3.1)清除循环次数变量
        LDR R2, = mMainLoopCount       //R2←mMainLoopCount 的地址
        MOV R1, #0
        STR R1, [R2]
//(2.3.2)如灯状态标志 mFlag 为'L',灯的闪烁次数 + 1并显示,改变灯状态及标志
        //判断灯的状态标志
        LDR R2, = mFlag
        LDR R6, [R2]
        CMP R6, # 'L'
        bne main_light_off             //mFlag 不等于'L'转
        //mFlag 等于'L'情况
        LDR R3, = mLightCount          //灯的闪烁次数 mLightCount + 1
        LDR R1, [R3]
        ADD R1, #1
        STR R1, [R3]
        LDR R0, = light_show3          //显示"灯的闪烁次数 mLightCount = "
        bl  printf
        LDR R0, = data_format          //显示灯的闪烁次数值
        LDR R2, = mLightCount
        LDR R1, [R2]
        bl  printf
        LDR R2, = mFlag                //灯的状态标志改为'A'
        MOV R7, # 'A'
        STR R7, [R2]
        LDR R0, = LIGHT_BLUE           //亮灯
        LDR R1, = LIGHT_ON
        bl  gpio_set
        LDR R0, = light_show1          //显示灯亮提示
        bl  printf
        //mFlag 等于'L'情况处理完毕,转 main_exit
        b main_exit
```

```
//(2.3.3)如灯状态标志 mFlag 为'A',改变灯状态及标志
main_light_off:
        LDR R2, = mFlag              //灯的状态标志改为'L'
        MOV R7, # 'L'
        STR R7,[R2]
        LDR R0, = LIGHT_BLUE         //暗灯
        LDR R1, = LIGHT_OFF
        bl   gpio_set
        LDR R0, = light_show2        //显示灯暗提示
        bl   printf
main_exit:
    b main_loop                      //继续循环
//(2) ===== 主循环部分(结尾) ===========================================
.end                                 //整个程序结束标志(结尾)
```

2. 汇编工程运行过程

当芯片内电复位或热复位后,系统程序的运行过程可分为两部分:main 函数之前的运行和 main 函数之后的运行。

mian 函数之前的运行过程,读者可以参考 4.3.2 节加以体会和理解,下面对 main 函数之后的运行过程进行简要分析。

(1) 进入 main 函数后先对所用到的模块进行初始化,如小灯端口引脚的初始化,小灯引脚复用设置为 GPIO 功能,设置引脚方向为输出,设置输出为高电平,这样蓝色小灯就可以被点亮。

(2) 当某个中断发生后,MCU 将转到中断向量表文件 isr.s 所指定的中断入口地址处开始运行中断服务程序(Interrupt Service Routine,ISR),因为该小灯程序没有中断向量表文件,所以此处不再描述汇编中断程序。

4.6　实验一　熟悉实验开发环境及 GPIO 编程

结构合理、条理清晰的程序结构,有助于提高程序的可移植性与可复用性,有利于程序的维护。学习嵌入式软件编程,从一开始就养成规范编程的习惯,将为未来发展打下踏实的基础。这是第一个实验,目的是以通用输入输出为例,达到熟悉实验开发环境、理解规范编程结构、掌握基本调试方法等目的。

1. 实验目的

本实验通过编程控制 LED 小灯,体会 GPIO 的输出作用,可扩展控制蜂鸣器、继电器等;通过编程获取引脚状态,体会 GPIO 的输入作用,可用于获取开关的状态。主要目的如下所示。

(1) 了解集成开发环境的安装与基本使用方法。

(2) 掌握 GPIO 构件的基本应用方法,理解第一个 C 程序框架结构,了解汇编语言与 C 语言之间如何相互调用。

(3) 掌握硬件系统的软件测试方法,初步理解 printf 输出调试的基本方法。

2. 实验准备

（1）硬件部分。PC 或笔记本电脑一台、AHL-STM32L431 开发套件一套。

（2）软件部分。从苏州大学嵌入式学习社区网站，按照本书 1.1.2 节内容，下载合适的电子资源。

（3）软件环境。按照本书 1.1.2 节内容，进行有关软件工具的安装。

3. 参考样例

（1）..\04-Soft\GPIO\GPIO-Output-DirectAddress。该程序使用直接地址编程方式，点亮一个发光二极管。从中可了解到，模块的哪个寄存器的哪一位变化使得发光二极管被点亮，由此理解硬件是如何干预软件的。但这个程序不作为标准应用编程模板，因为要真正进行规范的嵌入式软件编程，必须封装底层的驱动构件，在此基础上进行嵌入式软件开发。

（2）..\04-Soft\GPIO\GPIO-Output-Component。该程序通过调用 GPIO 驱动构件方式，使得一个发光二极管闪烁。使用构件方式编程干预硬件是今后编程的基本方式。而使用直接地址编程方式干预硬件，仅用于底层驱动构件制作过程中的第一阶段（打通硬件），为构件封装做准备。

4. 实验过程或要求

1）验证性实验

（1）下载开发环境。

（2）建立自己的工作文件夹。**按照"分门别类，各有归处"的原则**，建立自己的工作文件夹，并考虑随后内容安排，建立其下级子文件夹。

（3）复制模板工程并重命名。所有工程可通过复制模板工程建立。例如，将\04-Soft\GPIO\GPIO-Output-DirectAddress 工程移到用户自己的工作文件夹，可以改为用户自己确定的工程名，建议尾端增加"－191201"字样，表示日期，避免混乱。

（4）导入工程。打开集成开发环境 AHL-GEC-IDE，然后单击"文件"→"导入工程"→导入复制到自己文件夹并重新命名的工程。导入工程后，左侧为工程树形目录，右侧为文件内容编辑区，初始显示 main.c 文件的内容，如图 4-6 所示。

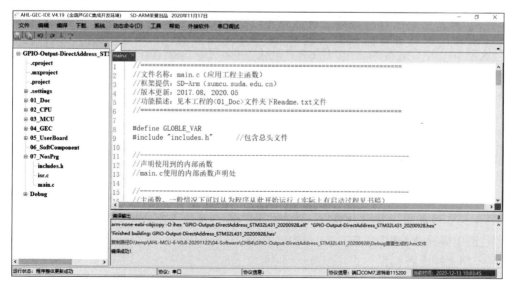

图 4-6　AHL-GEC-IDE 界面

(5) 编译工程。在打开工程并显示文件内容的前提下,可编译工程。单击"编译"→"编译工程"按钮,就开始编译。

(6) 下载并运行。**步骤1,硬件连接**。用 Type-C 线连接 GEC 底板上的 Type-C 接口与计算机的 USB 接口。**步骤2,软件连接**。单击"下载"→"串口更新"按钮,将进入更新窗体界面。单击"连接 GEC"查找到目标 GEC,则提示"串口号+BIOS 版本号"。**步骤3,下载机器码**。单击"选择文件"按钮,导入被编译工程目录下 Debug 中的 .hex 文件。例如,GPIO-Output-DirectAddress_STM32L431.hex 文件,然后单击"一键自动更新"按钮,等待程序自动更新完成。

(7) 观察运行结果与程序的对应。第1个程序运行结果(PC 界面显示情况)如图 4-7 所示。

图 4-7　第一个程序运行结果(PC 界面显示情况)

(8) 继续验证其他样例。对于 .. \04-Soft\GPIO 文件夹下提供的每个样例,均进行体验、理解执行过程(从 main 函数为启动理解即可)。特别是,可以使用"for(;;) { }"打个"桩",这里"桩"特指运行到这里"看结果","桩"前面可以添加 printf 语句,充分利用本开发环境的下载后立即运行及 printf 函数同步显示的功能,进行基本语句功能测试。测试正确之后,删除 printf 语句及"桩",继续后续编程。相对于更复杂的调试方法,这个方法十分简便。初学时,读者每编写几条语句,就可利用这种方法进行测试。不要编写过多语句再测试,以免查找错误原因花太多时间。

2) 设计性实验

自行编程实现开发板上的红、蓝、绿及组合颜色交替闪烁。LED 三色灯电路原理图如图 3-4 所示,对应 3 个控制端接 MCU 的 3 个 GPIO 引脚。可以通过程序测试使用的开发套件中的发光二极管是否与图中接法一致。

3) 进阶实验★(选读内容)

(1) 用直接地址编程方式,实现设计性实验。

(2) 用汇编语言编程方式,实现设计性实验。

5．实验报告要求

（1）基本掌握 Word 文档的排版方法。

（2）用适当的文字、图表描述实验过程。

（3）用 200～300 字写出实验体会。

（4）在实验报告中完成实践性问答题。

6．实践性问答题

（1）X &=～(1<<3)的目的是什么？X|=(1<<3)的目的是什么？给出详细演算过程，并举例说明其用途。

（2）volatile 的作用是什么？举例说明其使用地方。

（3）给出一个全局变量的地址。

（4）集成的红、绿、蓝三色灯最多可以实现几种不同颜色 LED 灯的显示，通过实验给出组合列表。

（5）给出获得一个开关量状态的基本编程步骤。

本章小结

本章作为全书的重点和难点之一，给出了 MCU 的 C 语言工程编程框架，对第 1 个 C 语言入门工程进行了较为详尽的阐述。读者需透彻理解工程的组织原则、组织方式及运行过程，对后续的学习将有很大的铺垫作用。

1．关于 GPIO 的基本概念

GPIO 是输入输出的最基本形式。MCU 的引脚若作为 GPIO 输入引脚，即开关量输入，其含义就是 MCU 内部程序可以获取该引脚的状态，是高电平 1，还是低电平 0；若作为 GPIO 输出引脚，即开关量输出，其含义就是 MCU 内部程序可以控制该引脚的状态，是高电平 1，还是低电平 0。希望读者可以掌握开关量输入输出电路的基本连接方法。

2．关于基于构件的程序框架

本章通过点亮一盏小灯的过程来开启嵌入式学习之旅，基于从简单到复杂的学习思路，4.2 节给出了一个基于构件点亮小灯的工程样例，并以此为基础讲述程序框架组织以及各文件的功能。嵌入式系统工程包含许多文件，有程序文件、头文件、与编译调试相关的文件、工程说明文件、开发环境生成文件等，合理组织这些文件规范工程组织可以提高项目的开发效率和可维护性，工程组织应体现嵌入式软件工程的基本原则与基本思想。本书提供的工程框架主要包括 01_Doc、02_CPU、03_MCU、04_GEC、05_UserBoard、06_SoftComponent、07_AppPrg 共 7 个文件夹，每个文件夹下存放不同功能的文件，通过文件夹的名称可直接体现出其内容，用户今后在使用时无须新建工程，复制后改名即为新工程。主程序文件 main.c 是应用程序的启动后总入口，main 函数即在该文件中实现。应用程序的执行，一共两条独立的线路，一条是 main 函数中的永久循环线；另一条是中断线，在 isr.c 文件中编程，这部分内容将在本书第 6 章中阐述。若有操作系统，则在这里启动操作系统的调度器。

3．关于构件的设计过程

为了一开始就进行规范编程，4.4 节给出了 GPIO 驱动构件封装方法与驱动构件封装规范简要说明。在实际工程应用中,为了提高程序的可移植性,不能在所有的程序中都直接操作对应的寄存器,需要将对底层的操作封装成构件,对外提供接口函数,上层只需在调用时传进对应的参数即可完成相应功能。具体封装时用.c文件保存构件的实现代码,用.h文件保存需对外提供的完整函数信息及必要的说明。4.4节中给出了GPIO构件的设计方法,在GPIO构件中设计了引脚初始化(gpio_init)、设定引脚状态(gpio_set)、获取引脚状态(gpio_get)等基本函数,使用这些接口函数可基本完成对GPIO引脚的操作。

4. 关于汇编工程样例

本章4.5节给出了一个规范的汇编工程样例,供汇编入门使用,读者可以实际调试理解该样例工程,达到初步理解汇编语言编程的目的。对于嵌入式初学者来说,理解一个汇编语言程序是十分必要的。

习题

1. 举例给出使用对直接映像地址赋值的方法,实现对一盏小灯编程控制的程序语句。

2. 在第1个样例程序的工程组织图中,哪些文件是由用户编写的?哪些是由开发环境编译链接产生的?

3. 简述第1个样例程序的运行过程。

4. 给出.lds文件的功能要点。

5. 说明全局变量在哪个文件中声明,在哪个文件中给全局变量中赋初值,并举例说明一个全局变量的存放地址。

6. 自行完成一个汇编工程,其功能和难易程度可自定。

7. 从寄存器角度对GPIO编程,GPIO的输出有推挽输出与开漏输出两个类型,说明其应用场合。基础的GPIO构件中,默认是什么输出类型。

8. 从寄存器角度对GPIO编程,GPIO的输出有输出速度问题,为什么封装基础构件时,不把输出速度作为形式参数?

第5章

嵌入式硬件构件与底层驱动构件基本规范

本章导读：本章主要分析嵌入式系统构件化设计的重要性和必要性，给出嵌入式硬件构件的概念、嵌入式硬件构件的分类、基于嵌入式硬件构件的电路原理图设计简明规则；给出嵌入式底层驱动构件的概念与层次模型；给出底层驱动构件的封装规范，包括构件设计的基本思想与基本原则、编码风格基本规范、头文件及源程序设计规范；给出硬件构件及底层软件构件的重用与移植方法。本章的目的是期望通过一定的规范，提高嵌入式软硬件设计的可重用性和可移植性。

视频讲解

5.1 嵌入式硬件构件

机械、建筑等传统产业的运作模式是先生产符合标准的构件(零部件)，再将标准构件按照规则组装成实际产品。其中，构件(Component)是核心和基础，复用是必需的手段。传统产业的成功充分证明了这种模式的可行性和正确性。软件产业的发展借鉴了这种模式，为标准软件构件的生产和复用确立了举足轻重的地位。

随着微控制器及应用处理器内部 Flash 存储器可靠性的提高及擦写方式的变化，内部 RAM 及 Flash 存储器容量的增大，以及外部模块内置化程度的提高，嵌入式系统的设计复杂性、设计规模及开发手段已经发生了根本变化。在嵌入式系统发展的最初阶段，嵌入式系统硬件和软件设计通常是由一个工程师来承担，软件在整个工作中的比例很小。随着时间的推移，硬件设计变得越来越复杂，软件的数量也急剧增长，嵌入式开发人员也由一人发展为由若干人组成的开发团队。为此，希望提高软硬件设计的可复用性与可移植性，构件的设计与应用是可复用性与可移植性的基础与保障。

5.1.1 嵌入式硬件构件概念及其分类

要提高硬件设计的可重用性与可移植性，就必须有工程师共同遵守的硬件设计规范。设计人员若凭借个人工作经验和习惯的积累进行系统硬件电路的设计，在开发完一个嵌入式应用系统后进行下一个应用开发时，硬件电路原理图往往需要从零开始，并重新绘制；或者在一个类似的原理图上修改,但容易出错。因此,需把构件的思想引入硬件原理图设计中。

1. 嵌入式硬件构件概念

什么是嵌入式硬件构件? 它与人们常说的硬件模块有什么不同?

众所周知,嵌入式硬件是任何嵌入式产品不可分割的重要组成部分,是整个嵌入式系统的构建基础,嵌入式应用程序和操作系统都运行在特定的硬件体系上。一个以 MCU 为核心的嵌入式系统通常包括电源、写入器接口电路、硬件支撑电路、UART、USB、Flash、AD、DA、LCD、键盘、传感器输入电路、通信电路、信号放大电路、驱动电路等硬件模块。其中,有些模块集成在 MCU 内部,有些模块位于 MCU 外部。

与硬件模块的概念不同,**嵌入式硬件构件是指将一个或多个硬件功能模块、支撑电路及其功能描述封装成一个可重用的硬件实体,并提供一系列规范的输入输出接口**。由定义可知,传统概念中的硬件模块是硬件构件的组成部分,一个硬件构件可能包含一个或多个硬件功能模块。

2. 嵌入式硬件构件分类

根据接口之间的生产消费关系,**接口可分为供给接口和需求接口两类**。根据所拥有接口类型的不同,硬件构件分为**核心构件、中间构件和终端构件** 3 种类型。**核心构件**只有供给接口,没有需求接口。也就是说,它只为其他硬件构件提供服务,而不接受服务。在以单 MCU 为核心的嵌入式系统中,MCU 的最小系统就是典型的核心构件。**中间构件**既有需求接口又有供给接口,即它不仅能够接受其他构件提供的服务,而且也能够为其他构件提供服务。而**终端构件**只有需求接口,它只接受其他构件提供的服务。这 3 种类型构件的区别如表 5-1 所示。

表 5-1　核心构件、中间构件和终端构件的区别

类　型	供 给 接 口	需 求 接 口	举　　　例
核心构件	有	无	芯片的硬件最小系统
中间构件	有	有	电源控制构件、232 电平转换构件
终端构件	无	有	LCD构件、LED构件、键盘构件

利用硬件构件进行嵌入式系统硬件设计之前,应该进行硬件构件的合理划分。按照一定规则,设计与系统目标功能无关的构件个体,然后进行"组装",完成具体系统的硬件设计。所以,这些构件个体也可以被组装到其他嵌入式系统中。在硬件构件被应用到具体系统时,在绘制电路原理图阶段,设计人员需要做的仅是为需求接口添加接口**网标**①。

5.1.2　基于嵌入式硬件构件的电路原理图设计简明规则

在绘制原理图时,一个硬件构件使用一个虚线框,把硬件构件的电路及文字描述括在其中,将外接口引到虚线框之外,填上接口网标。

---

① 电路原理图中网标是指一种连线标识名称,凡是网标相同的地方,表示是连接在一起的。与此对应的还有文字标识,它仅是一种注释说明,不具备电路连接功能。

1．硬件构件设计的通用规则

在设计硬件构件的电路原理图时，需遵循以下基本原则。

（1）元器件命名格式。对于核心构件，其元器件可直接按编号命名，同种类型的元器件命名时冠以相同的字母前缀。例如，电阻名称为 R1、R2 等，电容名称为 C1、C2 等，电感名称为 L1、L2 等，指示灯名称为 E1、E2 等，二极管名称为 D1、D2 等，三极管名称为 Q1、Q2 等，开关名称为 K1、K2 等。对于中间构件和终端构件，其元器件命名格式采用"构件名-标志字符?"。例如，LCD 构件中所有的电阻名称统一为"LCD-R?"，电容名称统一为"LCD-C?"。当构件原理图应用到具体系统中时，可借助原理图编辑软件为其自动编号。

（2）为硬件构件添加详细的文字描述，包括中文名称、英文名称、功能描述、接口描述、注意事项等，以增强原理图的可读性。其中，中英文名称应简洁明了。

（3）将前两步产生的内容封装在一个虚线框内，组成硬件构件的内部实体。

（4）为该硬件构件添加与其他构件交互的输入输出接口标识。接口标识有两种：接口注释和接口网标。它们的区别是：接口注释标于虚线框以内是为构件接口所做的解释性文字，目的是帮助设计人员在使用该构件时，理解该接口的含义和功能；而接口网标位于虚线框之外，且具有电路连接特性。为使原理图阅读者便于区分，接口注释采用斜体字。

在进行核心构件、中间构件和终端构件的设计时，除了要遵循上述的通用规则外，还要兼顾各自的接口特性、地位和作用。

2．核心构件设计规则

设计核心构件时，需考虑的问题是：核心构件能为其他构件提供哪些信号？ 核心构件其实就是某型号 MCU 的硬件最小系统。**核心构件设计的目标是：凡是使用该 MCU 进行硬件系统设计时，核心构件可以直接"组装"到系统中，无须任何改动。** 为了实现这一目标，在设计核心构件的实体时必须考虑细致、周全，包括稳定性、扩展性等，且封装要完整。核心构件的接口都是为其他构件提供服务的，因此接口标识均为接口网标。在进行接口设计时，需将所有可能使用到的引脚都标注上接口网标（无须考虑核心构件将会用到怎样的系统中去）。若同一引脚具有不同功能，则接口网标依据第一功能选项命名。遵循上述规则设计核心构件的好处是：当使用核心构件和其他构件一起组装系统时，只要考虑其他构件将要连接到核心构件的哪个接口（无须考虑核心构件将要连接到其他构件的哪个接口），这也符合设计人员的思维习惯。

3．中间构件设计规则

设计中间构件时，需考虑的问题是：中间构件需要接收哪些信号，以及提供哪些信号？ 中间构件是核心构件与终端构件之间通信的桥梁。在进行中间构件的实体封装时，实体的涉及范围应从构件功能和编程接口两方面考虑。一个中间构件应具有明确的且相对独立的功能，它既要有接收其他构件提供服务的接口，即需求接口，又要有为其他构件提供服务的接口，即供给接口。描述需求接口采用接口注释，处于虚线框内，描述供给接口采用接口网标，处于虚线框外。

中间构件的接口数目没有核心构件那样丰富。为了直观起见，设计中间构件时，将构件的需求接口放置在构件实体的左侧，供给接口放置在构件实体的右侧。接口网标的命名规则是：构件名称-引脚信号/功能名称。而接口注释名称前的构件名称可有可无，它的命名隐含了相应的引脚功能。

如图 5-1 和图 5-2 所示,电源控制构件和可变频率产生构件是常用的中间构件。图 5-1 中的 Power-IN 和图 5-2 中的 SDI、SCK 和 SEN 均为接口注释,Power-OUT 和 LTC6903-OUT 均为接口网标。

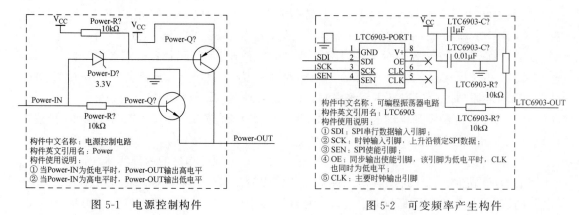

图 5-1　电源控制构件　　　　　　　　图 5-2　可变频率产生构件

4. 终端构件设计规则

设计终端构件时,需考虑的问题是:**终端构件需要什么信号才能工作**?终端构件是嵌入式系统中最常见的构件,它没有供给接口,仅有与上一级构件交付的需求接口。LCD(YM1602C)构件、LED 构件、指示灯构件及键盘构件等都是典型的终端构件,如图 5-3 和图 5-4 所示。

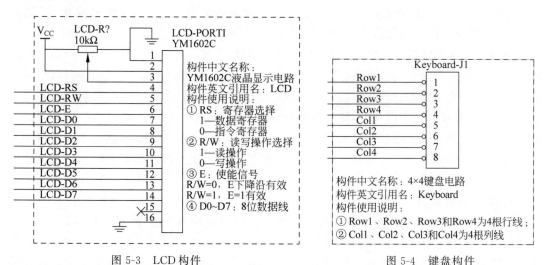

图 5-3　LCD 构件　　　　　　　　　　图 5-4　键盘构件

5. 使用硬件构件组装系统的方法

对于核心构件,在应用到具体的系统中时,不必做任何改动。具有相同 MCU 的应用系统,其核心构件也完全相同。对于中间构件和终端构件,在应用到具体的系统中时,仅需为需求接口添加接口网标;在不同的系统中,虽然接口网标名称不同,但构件实体内部却完全相同。

使用硬件构件化思想设计嵌入式硬件系统的过程与步骤如下。

（1）根据系统的功能划分出若干个硬件构件。

（2）将所有硬件构件原理图"组装"在一起。

（3）为中间构件和终端构件添加接口网标。

5.2　嵌入式底层驱动构件的概念与层次模型

嵌入式系统是软件与硬件的综合体,硬件设计和软件设计是相辅相成的。嵌入式系统中的驱动程序是直接工作在各种硬件设备上的软件,是硬件和高层软件之间的桥梁。正是通过驱动程序,各种硬件设备才能正常运行,达到既定的工作效果。

5.2.1　嵌入式底层驱动构件的概念

要提高软件设计可复用性与可移植性,就必须充分理解和应用软件构件技术。"提高代码质量和生产力的唯一最佳方法就是**复用**好的代码",软件构件技术是软件复用实现的重要方法,也是软件复用技术研究的重点。

构件(Component)是可重用的实体,它包含了合乎规范的接口和功能实现,能够被独立部署和被第三方组装[①]。

软件构件(Software Component)是指在软件系统中具有相对独立的功能、可以明确辨识构件实体。

嵌入式软件构件(Embedded Software Component)是实现一定嵌入式系统功能的一组封装的、规范的、可重用的、具有嵌入特性的软件构件单元,是组织嵌入式系统功能的基本单位。嵌入式软件分为高层软件构件和底层软件构件(底层驱动构件)。高层软件构件与硬件无关,如实现嵌入式软件算法的算法构件、队列构件等;而底层驱动构件与硬件密不可分,是硬件驱动程序的构件化封装。下面给出嵌入式底层驱动构件的简明定义。

嵌入式底层驱动构件简称底层驱动构件或硬件驱动构件,是直接面向硬件操作的程序代码及函数接口的使用说明。规范的底层驱动构件由头文件(.h)及源程序文件(.c)构成[②],头文件(.h)应该是底层驱动构件简明且完备的使用说明。也就是说,在不需查看源程序文件的情况下,就能够完全使用该构件进行上一层程序的开发。因此,设计底层驱动构件必须有基本规范,5.3 节将阐述底层驱动构件的封装规范。

5.2.2　嵌入式硬件构件与软件构件结合的层次模型

前面内容提到,在硬件构件中,核心构件为 MCU 的最小系统。通常,MCU 内部包含GPIO(即通用 I/O)接口和一些内置功能模块,可将通用 I/O 接口的驱动程序封装为 GPIO

---

① NATO Communications and Information Systems Agency. NATO Standard for Development of Reusable Software Components[S]，1991.

② 底层驱动构件若不使用 C 语言编程,相应组织形式有变化,但实质不变。

驱动构件,将各内置功能模块的驱动程序封装为功能构件。芯片内含模块的功能构件有串行通信构件、Flash 构件、定时器构件等。

在硬件构件层中,相对于核心构件而言,中间构件和终端构件是核心构件的外部设备。由这些外部设备的驱动程序封装而成的软件构件称为底层外部设备构件。注意:并不是所有的中间构件和终端构件都可以作为编程对象。例如,键盘、LED、LCD 等硬件构件与编程有关,而电平转换硬件构件就与编程无关,因而不存在相应的底层驱动程序,也就没有相应的软件构件。嵌入式硬件构件与软件构件的层次模型如图 5-5 所示。

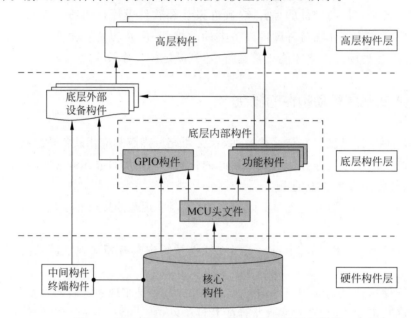

图 5-5　嵌入式硬件构件与软件构件结合的层次模型

由图 5-5 中可以看出,底层外部设备构件可以调用底层内部构件,如 LCD 构件可以调用 GPIO 驱动构件、PCF8563 构件(时钟构件)可以调用 I2C 构件等。而高层构件可以调用底层外部设备构件和底层内部构件中的功能构件,而不能直接调用 GPIO 驱动构件。另外,考虑到几乎所有的底层内部构件都涉及 MCU 各种寄存器的使用,因此将 MCU 的所有寄存器定义组织在一起,形成 MCU 头文件,以便其他构件的头文件中包含该头文件。

5.2.3　嵌入式软件构件分类

为了更加清晰地理解构件层次,可以按与硬件的密切程度及调用关系,把嵌入式构件分为基础构件、应用构件和软件构件 3 类。

1. 基础构件

基础构件是面向芯片级的硬件驱动构件,是符合软件工程封装规范的芯片硬件驱动程序。**其特点是面向芯片,以知识要素为核心,以模块独立性为准则进行封装。**

其中,面向芯片表明在设计基础构件时,不考虑具体应用项目。以知识要素为核心,尽可能把基础构件的接口函数与参数设计成芯片无关性,既便于理解与移植,也便于保证调用基础构件上层软件的可复用性。这里以 GPIO 构件为例简要说明封装 GPIO 底层驱动构件的知识要素：①GPIO 引脚可以被定义为输入和输出两种情况；②若是输入，则程序需要获得引脚的状态（逻辑 1 或 0）；若是输出，则程序可以设置引脚状态（逻辑 1 或 0）；③若被定义为输入引脚，还有引脚上拉、下拉问题，以及中断使能/除能问题；④若是中断使能，还有边沿触发方式、电平触发方式、上升沿/下降沿触发方式等问题。基于这些知识要素设计GPIO 底层驱动构件的函数及参数。参数的数据类型要使用基本类型，而不使用构造类型，便于接口函数芯片间的可移植性。模块独立性是指设计芯片的某一模块底层驱动构件时，不要涉及其他平行模块。

2. 应用构件

应用构件是调用芯片基础构件而制作完成的，符合软件工程封装规范的、面向实际应用硬件模块的驱动构件。**其特点是面向实际应用硬件模块，以知识要素为核心，以模块独立性为准则进行封装。**

3. 软件构件

嵌入式系统中的软件构件是不直接与硬件相关的，但符合软件工程封装规范，是实现一个完整功能的函数。**其特点是面向实际算法，以知识要素为核心，以功能独立性为准则进行封装**，如链表操作、队列操作、排序算法、加密算法等。

5.3　底层驱动构件的封装规范

驱动程序的开发在嵌入式系统的开发中具有举足轻重的地位。驱动程序的好坏直接关系整个嵌入式系统的稳定性和可靠性。然而，开发出完备、稳定的底层驱动构件并非易事，所以为了提高底层驱动构件的可移植性和可复用性，特制定底层驱动构件的封装规范。

5.3.1　构件设计的基本思想与基本原则

1. 构件设计的基本思想

底层构件是与硬件直接交互的软件，它被组织成具有一定独立性的功能模块，由头文件（.h）和源程序文件（.c）两部分组成。构件的头文件名和源程序文件名一致，且为构件名。

构件的头文件中，主要包含必要的引用文件、描述构件功能特性的宏定义语句及声明对外接口函数。良好的构件头文件应该成为构件使用说明，不需要使用者查看源程序。

构件的源程序文件中包含构件的头文件、内部函数的声明、对外接口函数的实现。

将构件分为头文件与源程序文件两个独立的部分，其意义在于：头文件中包含对构件使用信息的完整描述，为用户使用构件提供充分必要的说明，构件提供服务的实现细节被封装在源程序文件中；调用者通过构件对外接口获取服务，而不必关心服务函数的具体实现细节。这就是构件设计的基本内容。

在设计底层构件时，最关键的工作是对构件的共性和个性进行分析，设计出合理的、必要的对外接口函数及其形参。**尽量做到：当一个底层构件应用到不同系统中时，仅需修改构件的头文件，对于构件的源程序文件则不必修改或改动很小。**

2. 构件设计的基本原则

在嵌入式软件领域中,由于软件与硬件紧密联系的特性,使得与硬件紧密相连的底层驱动构件的生产成为嵌入式软件开发的重要内容之一。良好的底层驱动构件具备如下特性。

(1) **封装性**。在内部封装的实现细节中,采用独立的内部结构以减少对外部环境的依赖。调用者只通过构件接口获得相应功能,内部实现的调整将不会影响构件调用者的使用。

(2) **描述性**。构件必须提供规范的函数名称、清晰的接口信息、参数含义与范围、必要的注意事项等描述,为调用者提供统一、规范的使用信息。

(3) **可移植性**。底层构件的可移植性是指同样功能的构件,如何做到不改动或少改动,而方便地移植到同系列及不同系列芯片内,以减少重复劳动。

(4) **可复用性**。在满足一定使用要求时,构件不经过任何修改就可以直接使用,特别是使用同一芯片开发不同的项目,底层驱动构件应该做到复用。可复用性使得高层调用者对构件的使用不因底层实现的变化而有所改变,提高了嵌入式软件的开发效率、可靠性与可维护性。不同芯片的底层驱动构件的可复用性需在可移植性基础上进行。

为了使构件设计满足**封装性**、**描述性**、**可移植性**、**可复用性**的基本要求,嵌入式底层驱动构件的开发,应遵循**层次化**、**易用性**、**鲁棒性及对内存的可靠使用**原则。

1) 层次化原则

层次化设计要求清晰地组织构件之间的关联关系。底层驱动构件与底层硬件交互,在应用系统中位于最底层。遵循层次化原则设计底层驱动构件需要做到以下两点。

(1) 针对应用场景和服务对象,分层组织构件。在设计底层驱动构件的过程中,有一些是与处理器相关的、描述了芯片寄存器映射的内容,这些是所有底层驱动构件都需要使用的,将这些内容组织成底层驱动构件的公共内容,作为底层驱动构件的基础。在底层驱动构件的基础上,还可以使用高级的扩展构件调用底层驱动构件功能,从而实现更加复杂的服务。

(2) 在构件的层次模型中,**上层构件可以调用下层构件提供的服务,同一层次的构件不存在相互依赖关系,不能相互调用**。例如,Flash 模块与 UART 模块是平级模块,不能在编写 Flash 构件时,调用 UART 驱动构件。即使通过 UART 驱动构件函数的调用在 PC 屏幕上显示 Flash 构件测试信息,也不能在 Flash 构件内含有调用 UART 驱动构件函数的语句,应该编写上一层次的程序调用。平级构件是相互不可见的,只有深入理解并遵守,才能更好地设计出规范的底层驱动构件。在操作系统下,平级构件不可见特性尤为重要。

2) 易用性原则

易用性能够让调用者快速理解构件提供服务的功能并进行使用。遵循易用性原则设计底层驱动构件需要做到:**函数名简洁且达意;接口参数清晰,范围明确;使用说明语言精练规范,避免二义性**。此外,在函数的实现方面,避免编写代码量过多。函数的代码量过多不仅难以理解与维护,而且容易出错。若一个函数的功能比较复杂,可将其"化整为零",通过编写多个规模较小且功能单一的子函数,再进行组合,以实现最终的功能。

3) 鲁棒性原则

鲁棒性为调用者提供安全的服务,避免在程序运行过程中出现异常状况。遵循鲁棒性原则设计底层驱动构件需要做到:**在明确函数输入输出的取值范围、提供清晰接口描述的同时,在函数实现的内部要有对输入参数的检测,对超出合法范围的输入参数进行必要的处**

理；使用分支判断时，要确保对分支条件判断的完整性，对默认分支进行处理。例如，对 if 结构中的 else 分支和 switch 结构中的 default 分支安排合理的处理程序。同时，不能忽视编译警告错误。

4) 内存可靠使用原则

对内存的可靠使用是保证系统安全、稳定运行的一个重要的考虑因素。遵循内存可靠使用原则设计底层驱动构件需要做到以下 5 点。

（1）优先使用静态分配内存。相比于人工参与的动态分配内存，静态分配内存由编译器维护，因此更为可靠。

（2）谨慎使用变量。当可以直接读写硬件寄存器时，不使用变量替代。避免使用变量暂存简单计算产生的中间结果。使用变量暂存数据将会影响数据的时效性。

（3）检测空指针。定义指针变量时必须初始化，防止产生空指针。

（4）检测缓冲区溢出，并为内存中的缓冲区预留不小于 20% 的冗余。使用缓冲区时，对填充数据长度进行检测，不允许向缓冲区中填充超出容量的数据。

（5）对内存的使用情况进行评估。

5.3.2 编码风格基本规范

良好的编码风格能够提高程序代码的可读性和可维护性，而使用统一的编码风格在团队合作编写一系列程序代码时，无疑能够提高集体的工作效率。本节给出编码风格的基本规范，主要涉及文件、函数、变量、宏及结构体类型的命名规范，空格与空行、缩进、断行等的排版规范，以及文件头、函数头、行及边等的注释规范。

1. 文件、函数、变量、宏及结构体类型的命名规范

命名的基本原则如下。

（1）命名清晰明了，有明确含义，使用完整单词或约定俗成的缩写。通常，较短的单词可通过去掉元音字母形成缩写；较长的单词可取单词的头几个字母形成缩写，即"见名知意"。命名中若使用特殊约定或缩写，要有注释说明。

（2）命名风格要自始至终保持一致。

（3）为了代码复用，命名中应避免使用与具体项目相关的前缀。

（4）为了便于管理，对程序实体的命名要体现出所属构件的名称。

（5）使用英语命名。

（6）除宏命名外，名称字符串全部小写，以下画线（_）作为单词的分隔符。首尾字母不用下画线。

针对嵌入式底层驱动构件的设计需要，对文件、函数、变量、宏及数据结构类型的命令特别做以下说明。

1) 文件的命名

底层驱动构件在具体设计时分为两个文件，其中头文件命名为<构件名>.h，源文件命名为<构件名>.c，且<构件名>表示具体的硬件模块的名称。例如，GPIO 驱动构件对应的两个文件为 gpio.h 和 gpio.c。

2) 函数的命名

底层驱动构件的函数从属于驱动构件,驱动函数的命名除要体现函数的功能外,还需要使用命名前缀和后缀标识其所属的构件及不同的实现方式。

函数名前缀:底层驱动构件中定义的所有函数均使用<构件名>_前缀表示其所属的驱动构件模块。例如,GPIO 驱动构件提供的服务接口函数命名为 gpio_init(初始化)、gpio_set(设定引脚状态)、gpio_get(获取引脚状态)等。

函数名后缀:对同一服务不同方式的实现,需使用后缀加以区分。这样做的好处是,当使用底层构件组装软件系统时,避免构件之间出现同名现象。同时,名称要有"顾名思义"的效果。

3) 函数形参变量与函数内局部变量的命名

对嵌入式底层驱动构件进行编码的过程中,需要考虑对底层驱动函数形参变量及驱动函数内部局部变量的命名。

函数形参变量:函数形参变量名是使用函数时理解形参的最直观印象,表示传递参数的功能说明。特别是,若传入底层驱动函数接口的参数是指针类型,则在命名时应使用_ptr后缀加以标识。

局部变量:局部变量的命名与函数形参变量类似。但函数形参变量名一般不取单个字符(如 i、j、k)进行命名,而 i、j、k 作为局部循环变量是允许的。这是因为变量,尤其是局部变量,如果用单个字符表示,很容易写错(如 i 写成 j),在编译时很难检查出来,就有可能因为这个错误花费大量的查错时间。

4) 宏常量及宏函数的命名

宏常量及宏函数的命名全部使用大写字符,使用下画线(_)作为分隔符。例如,在构件公共要素中定义开关中断的宏为:

```
#define ENABLE_INTERRUPTS   asm(" CPSIE  i")     //"开"总中断
#define DISABLE_INTERRUPTS  asm(" CPSID  i")     //"关"总中断
```

5) 结构体类型的命名、类型定义与变量声明

(1) 结构体类型名称使用小写字母命名(<defined_struct_name>),定义结构体类型变量时,全部使用大写字母命名(<DEFINED_STRUCT_NAME>)。

(2) 对结构体内部字段全部使用大写字母命名(<ELEM_NAME>)。

(3) 定义类型时,同时声明一个结构体变量和结构体指针变量。

模板为:

```
typedef  struct  <defined_struct_name>
{
    <elem_type_1>   <ELEM_NAME_1>;      //对字段 1 含义的说明
    <elem_type_2>   <ELEM_NAME_2>;      //对字段 2 含义的说明
    ...
} <DEFINED_STRUCT_NAME>,  * <DEFINED_STRUCT_NAME_PTR>;
```

例如,当要定义一个描述 UART 设备初始化参数结构体类型时,可有如下定义:

```
typedef   struct  uart_init
{
    uint_8        DEV_ID:                    // 串口设备号
    uint_32       BAUD_RATE:                 //串口通信波特率
} UART_INIT_STRUCT,   * UART_INIT_PTR;
```

这样，uart_init 就是一种结构体类型；而 UART_INIT_STRUCT 是一个 uart_init 类型变量；UART_INIT_PTR 是 uart_init 类型指针变量。

2. 排版

对程序进行排版是指，通过插入空格与空行，使用缩进、断行等手段，调整代码的书面版式，**使代码整体美观、清晰，从而提高代码的可读性**。

1）空行与空格

关于空行：相对独立的程序块之间需加空行。关于空格：在两个以上的关键字、变量、常量进行对等操作时，它们之间的操作符之前、之后或者前后要加空格，必要时可加两个空格；进行非对等操作时，如果是关系密切的立即操作符（如->)，其后不应加空格。采用这种松散方式编写代码的目的是使代码更加清晰。例如，只在逗号、分号后面加空格；在比较操作符、赋值操作符"＝""＋＝"、算术操作符"＋""％"、逻辑操作符"＆＆"、位域操作符"＜＜""＾"等双目操作符的前后加空格；在"!""～""＋＋""－－""＆"（地址运算符）等单目操作符前后不加空格；在"->"".."前后不加空格；在 if、for、while、switch 等与后面括号间加空格，使关键字更为突出、明显。

2）缩进

使用空格缩进，建议不使用 Tab 键，这样代码复制打印不会造成错乱。代码的每一级均往右缩进 4 个空格的位置。函数或过程的开始、结构的定义、循环、判断等语句中的代码都要采用缩进风格，case 语句下的情况处理语句也要遵从语句缩进要求。

3）断行

建议较长的语句（＞78 字符）要分成多行书写，长表达式要在低优先级操作符处划分新行，操作符放在新行之首，划分出的新行要进行适当的缩进，使排版整齐，语句可读；对于循环、判断等语句中，若有较长的表达式或语句，则要进行适应的划分，长表达式要在低优先级操作符处划分新行，操作符放在新行之首；若函数或过程中的参数较长，则要进行适当的划分；建议不要把多个短语句写在一行中，即一行只写一条语句。特殊情况如，"if （x＞3) x＝3;"可以写在一行；对于 if、for、do、while、case、switch、default 等语句后的程序块分界符（如 C/C++语言的花括号"{"和"}"）应各自独占一行，并且位于同一列，且与以上保留字左对齐。

3. 注释

在程序代码中使用注释，有助于对程序的阅读理解，说明程序在"做什么"，解释代码的目的、功能和采用的方法。编写注释时要注意：一般情况源程序有效注释量在 30％左右，注释语言必须准确、易懂、简洁，编写和修改代码的同时，处理好相应的注释，**C 语言中建议采用"//"注释，不建议使用段注释"/ ＊ ⋯ ＊ /"**。保留段注释用于调试，便于注释不用的代码。

为规范嵌入式底层驱动构件的注释，下面对文件头注释、函数头注释、行注释与边注释做必要的说明。

1) 文件头注释

底层驱动构件的接口头文件和实现源文件的开始位置,使用文件头注释。例如:

```
// ================================================================
//文件名称: gpio.h
//功能概要: GPIO底层驱动构件头文件
//版权所有: SD-EAI&IoT Lab.
//版本更新: 2020-11-01  V1.0
// ================================================================
```

2) 函数头注释

在驱动函数的接口声明和函数实现之前,使用函数头注释详细说明驱动函数提供的服务。在构件的头文件中必须添加完整的函数头注释,为构件使用者提供充分的使用信息。构件的源文件对用户是透明的,因此,在必要时可适当简化函数头注释的内容。例如:

```
// ================================================================
//函数名称: gpio_init
//函数返回: 无
//参数说明: port_pin: (端口号)|(引脚号)(例如,PT2|(2)表示为2口5脚)
//          dir: 引脚方向(0=输入,1=输出,可用引脚方向宏定义)
//          state: 端口引脚初始状态(0=低电平,1=高电平)
//功能概要: 初始化指定端口引脚作为GPIO引脚功能,并定义为输入或输出。若是输出,
//          还需指定初始状态是低电平或高电平
// ================================================================
```

3) 整行注释与边注释

整行注释文字,主要是对至下一个整行注释之前的代码进行功能概括与说明。边注释位于一行程序的尾端,对本语句或至下一边注释之间的语句进行功能概括与说明。此外,分支语句(条件分支、循环语句等)需在结束的"}"右方做边注释,表明该程序块结束的标记为"end_…",尤其在多重嵌套时需要有该结束标记。对于有特别含义的变量、常量,如果其命名不是充分自注释的,在声明时都必须加以注释,说明其含义。变量、常量、宏的注释应放在其上方相邻位置(行注释)或右方(边注释)。

5.3.3　头文件的设计规范

头文件描述了构件的接口,用户通过头文件获取构件服务。在本节中,对底层驱动构件头文件内容的编写加以规范,从程序编码结构、包含文件的处理、宏定义及设计服务接口等方面进行说明。

1. 编码框架

编写每个构件的头文件时,应使用"#ifndef…#define…#endif"的编码结构,防止对头文件的重复包含。例如,若定义GPIO驱动构件,在其头文件gpio.h中,应包含如下内容。

```
#ifndef   _GPIO_H
#define   _GPIO_H
……    // 文件内容
#endif
```

2. 包含文件

包含文件命令为#include,包含文件的语句统一安排在构件的头文件中,而在相应构件的源文件中仅包含本构件的头文件。将包含文件的语句统一置于构件的头文件中,使文件间的引用关系能够更加清晰地呈现。

3. 使用宏定义

宏定义命令为#define,使用宏定义可以替换代码内容,替换内容可以是常数、字符串,甚至还可以是带参数的函数。利用宏定义的替换特性,当需要变更程序的宏常量或宏函数时,只需一次性修改宏定义的内容,程序中每个出现宏常量或宏函数的地方均会自动更新。

对于宏常数,通常可使用宏定义表示构件中的常量,为常量值提供有意义的别名。例如,在灯的亮暗状态与对应 GPIO 引脚高低电平的对应关系需根据外接电路而定。此时,将表示灯状态的电平信号值用宏常量的方式定义,编程时使用其宏定义。当使用的外部电路发生变化时,仅需将宏常量定义做适当变更,而不必改动程序代码。

```
#define LIGHT_ON    0    //灯亮
#define LIGHT_OFF   1    //灯暗
```

对于宏函数,可以使用宏函数实现构件对外部请求服务的接口映射。在设计构件时,有时会需要应用环境为构件的基本活动提供服务。此时,采用宏函数表示构件对外部请求服务的接口,在构件中不关心请求服务的实现方式,这就为构件在不同应用环境下的移植提供了较强的灵活性。

4. 声明对外接口函数,包含对外接口函数的使用说明

底层驱动构件通过外接口函数为调用者提供简明而完备的服务,对外接口函数的声明及使用说明(即函数的头注释)包含于头文件中。

5. 特别说明

为某款芯片编写硬件驱动构件时,不同的构件存在公共使用的内容,可将这些内容放入头文件 cpu.h 中,供制作构件时使用,举例如下。

(1) 开关总中断的宏定义语句。高级语言没有对应语句,可以使用内嵌汇编的方式定义开关中断的语句:

```
#define ENABLE_INTERRUPTS  asm(" CPSIE  i")    //"开"总中断
#define DISABLE_INTERRUPTS asm(" CPSID  i")    //"关"总中断
```

(2) 一位操作的宏函数。将编程时经常用到对寄存器的某一位进行操作,即对寄存器的置位、清位及获得寄存器某一位状态的操作,定义为宏函数。设置寄存器某一位为1,称为置位;设置寄存器某一位为0,称为清位。这些操作在底层驱动编程时经常用到。置位与清位的基本原则是:当对寄存器的某一位进行置位或清位操作时,不能干扰该寄存器的其他位；否则可能出现意想不到的错误。

综合利用"<<"">>""|""&""～"等位运算符，可以实现置位与清位，且不影响其他位的功能。下面以 8 位寄存器为例进行说明，其方法适用于各种位数的寄存器。设 R 为 8 位寄存器，下面描述将 R 的某一位置位与清位，而不干预其他位的编程方法。

置位。要将 R 的第 3 位置 1，其他位不变，方法为：R |= (1<<3)。其中，1<<3 的结果是"0b00001000"，R |= (1<<3)也就是 R＝R|0b00001000。任何数和 0 做"或"操作，结果为任何数；任何数和 1 做"或"操作，结果为 1。这样操作可达到对 R 的第 3 位置 1，但不影响其他位的目的。

清位。要将 R 的第 2 位清 0，其他位不变，方法为：R &= ～(1<<2)。其中，～(1<<2)的结果是 0b11111011，R &= ～(1<<2)也就是 R＝R&0b11111011。任何数和 1 做"与"操作，结果为任何数；任何数和 0 做"与"操作，结果为 0。这样操作可达到对 R 的第 2 位清 0，但不影响其他位的目的。

获得某一位的状态。(R>>4) & 1 是获得 R 第 4 位的状态；R>>4 是将 R 右移 4 位，将 R 的第 4 位移至第 0 位，即最后 1 位，再和 1 做"与"操作，也就是和 0b00000001 做"与"操作，保留 R 最后 1 位的值，以此得到第 4 位的状态值。

为了方便使用，把这种方法改为带参数的"宏函数"，并且简明定义，放在头文件 cpu.h 中。使用该"宏"的文件，可以包含头文件 cpu.h。

```
#define BSET(bit,Register)  ((Register)|= (1<<(bit)))    //置寄存器的一位
#define BCLR(bit,Register)  ((Register) &= ～(1<<(bit)))  //清寄存器的一位
#define BGET(bit,Register)  (((Register) >> (bit)) & 1)  //获得寄存器一位的状态
```

这样，可以使用 BSET、BCLR、BGET 这些容易理解与记忆的标识，进行寄存器的置位、清位及获得寄存器某一位状态的操作。

(3) 重定义基本数据类型。嵌入式程序设计与一般的程序设计有所不同，在嵌入式程序中使用的大多数是底层硬件的存储单元或寄存器，所以在编写程序代码时，使用的基本数据类型多以 8 位、16 位、32 位数据长度为单位。不同的编译器为基本整型数据类型分配的位数存在不同，但在编写嵌入式程序时要明确使用变量的字长，因此，需根据具体编译器重新定义嵌入式基本数据类型。重新定义后，不仅书写方便，也有利于软件的移植。例如：

```
typedef volatile uint8_t     vuint8_t;  //不优化无符号8位数,字节
typedef volatile uint16_t    vuint16_t; //不优化无符号16位数,字
typedef volatile uint32_t    vuint32_t; //不优化无符号32位数,长字
typedef volatile int8_t      vint_8;    //不优化有符号8位数
typedef volatile int16_t     vint_16;   //不优化有符号16位数
typedef volatile int16_t     vint_32;   //不优化有符号32位数
```

通常，有一些数据类型不能进行优化处理。在此，对不优化数据类型的定义做特别说明。不优化数据类型的修饰关键字是 volatile，它用于通知编译器，对其后定义的变量不能随意进行优化，因此，编译器会安排该变量使用系统存储区的具体地址单元，编译后的程序每次需要存储或读取该变量时，都会直接访问该变量的地址。若没有 volatile 关键字，则编译器可能会暂时使用 CPU 寄存器来存储，以优化存储和读取。这样，CPU 寄存器和变量地

址的内容很可能会出现不一致现象。对 MCU 映像寄存器的操作就不能优化,否则,对 I/O
接口的写入可能被"优化"写入 CPU 内部寄存器中,这样就会出现混乱。常用的 volatile 变
量使用场合有设备的硬件寄存器、中断服务例程中访问到的非自动变量、操作系统环境下多
线程应用中被几个任务共享的变量。

5.3.4　源程序文件的设计规范

编写底层驱动构件实现源文件的基本要求,是实现构件通过服务接口对外提供全部服
务的功能。为确保构件工作的独立性,实现构件高内聚、低耦合的设计要求,将构件的实现
内容封装在源文件内部。对于底层驱动构件的调用者而言,通过服务接口获取服务,不需要
了解驱动构件提供服务的具体运行细节。因此,功能实现和封装是编写底层驱动构件实现
源文件的主要考虑内容。

1. 源程序文件中的 ♯include

底层驱动构件的源文件(.c)中,只允许一处使用 ♯include 包含自身头文件。需要包含
的内容需在自身构件的头文件中包含,以便有统一、清晰的程序结构。

2. 合理设计与实现对外接口函数与内部函数

驱动构件源程序文件中的函数包含对外接口函数与内部函数。对外接口函数供上层应
用程序调用,其头注释需完整表述函数名、函数功能、入口参数、函数返回值、使用说明、函数
适用范围等信息,以增强程序的可读性。在构件中封装比较复杂功能的函数时,代码量不宜
过长。此时,应当将其中功能相对独立的部分封装成子函数。这些子函数仅在构件内部使
用,不提供对外服务,因此被称为内部函数。为将内部函数的访问范围限制在构件的源文件
内部,在创建内部函数时,应使用 static 关键字作为修饰符。内部函数的声明放在所有对外
接口函数程序的上部,代码实现放在对外接口函数程序的后部。

一般地,实现底层驱动构件的功能,需要同芯片片内模块的特殊功能寄存器交互,通过
对相应寄存器的配置实现对设备的驱动。某些配置过程对配置的先后顺序和时序有特殊要
求,在编写驱动程序时要特别注意。

对外接口函数实现完成后,复制其头注释于头文件中,作为构件的使用说明。参考样例
见电子资源中的 GPIO 构件及 Light 构件(各样例工程下均有)。

3. 不使用全局变量

全局变量的作用范围可以扩大到整个应用程序,其中存放的内容在应用程序的任何一
处都可以随意被修改,一般可用于在不同程序单元间传递数据。但是,若在底层驱动构件中
使用全局变量,其他程序即使不通过构件提供的接口也可以访问到构件内部,这无疑对构件的
正常工作带来隐患。从软件工程理论中对封装特性的要求上看,也不利于构件设计高内聚、低
耦合的要求。因此,在编写驱动构件程序时,严格禁止使用全局变量。用户与构件交互只能通
过服务接口进行,即所有的数据传递都要通过函数的形参来接收,而不是使用全局变量。

5.4　硬件构件及其驱动构件的复用与移植方法

复用是指在一个系统中,同一构件可被重复使用多次;移植是指将一个系统中使用到
的构件应用到另外一个系统中。

5.4.1　硬件构件的复用与移植

对于以单 MCU 为核心的嵌入式应用系统而言,当用硬件构件组装硬件系统时,核心构件(即最小系统)有且只有一个,而中间构件和终端构件可有多个,并且相同类型的构件可出现多次。下面以终端构件 LCD 为例,介绍硬件构件的移植方法。其中,A0～A10 和 B0～B10 是芯片相关引脚,但不涉及具体芯片。

在应用系统 A 中,若 LCD 的数据线(LCD-D0～LCD-D7)与芯片的通用 I/O 接口的 A3～A10 相连,A0～A2 作为 LCD 的控制信号传送口。其中,LCD 寄存器选择信号 LCD-RS 与 A0 引脚连接,读写信号 LCD-RW 与 A1 引脚连接,使能信号 LCD-E 与 A2 引脚连接,则 LCD 硬件构件实例如图 5-6(a)所示。虚线框左边的文字(如 A0、A1 等)为接口网标,虚线框右边的文字(如 LCD-RS、LCD-RW 等)为接口注释。

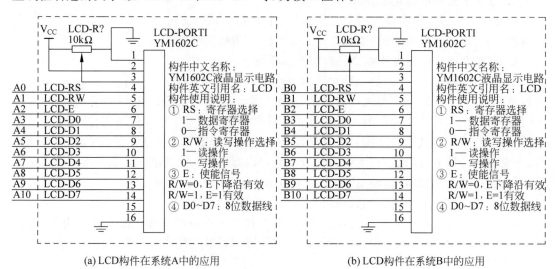

(a) LCD构件在系统A中的应用　　　　　　(b) LCD构件在系统B中的应用

图 5-6　LCD 构件在实际系统中的应用

在应用系统 B 中,若 LCD 的数据线(LCD-D0～LCD-D7)与芯片的通用 I/O 接口的 B3～B10 相连,B0～B2 引脚分别作为寄存器选择信号 LCD-RS、读写信号 LCD-RW、使能信号 LCD-E,则 LCD 硬件构件实例如图 5-6(b)所示。

5.4.2　驱动构件的移植

当一个已设计好的底层构件移植到另外一个嵌入式系统中时,其头文件和程序文件是否需要改动,要视具体情况而定。例如,系统的核心构件发生改变(即 MCU 型号改变)时,底层内部构件头文件和某些对外接口函数也要随之改变,如模块初始化函数。

对于外接硬件构件,如果不改动程序文件,而只改动头文件,则头文件就必须被充分设计。以 LCD 构件为例,与图 5-6(a)相对应的底层构件头文件 lcd.h 可使用如下编写。

```
// ================================================================
//文件名称：lcd.h
//功能概要：lcd构件头文件
// 版权所有：SD - EAI&IoT Lab
// ================================================================

# ifndef LCD_H
# define LCD_H

# include "gpio.h"

# define LCDRS        A0              //LCD 寄存器选择信号
# define LCDRW        A1              //LCD 读写信号
# define LCDE         A2              //LCD 读写信号
//LCD 数据引脚
# define LCD_D7       A3
# define LCD_D6       A4
# define LCD_D5       A5
# define LCD_D4       A6
# define LCD_D3       A7
# define LCD_D2       A8
# define LCD_D1       A9
# define LCD_D0       A10
// ================================================================
//函数名称：LCDInit
//函数返回：无
//参数说明：无
//功能概要：LCD 初始化
// ================================================================
void LCDInit();


// ================================================================
//函数名称：LCDShow
//函数返回：无
//参数说明：data[32]: 需要显示的数组
//功能概要：LCD 显示数组的内容
// ================================================================
void LCDShow(uint_8 data[32]);

# endif
```

　　当 LCD 硬件构件按照图 5-6(b)中进行移植时，显示数据传送接口和控制信号传送接口发生了改变，只需修改头文件，而不需修改 lcd. c 文件。

　　本书给出构件化设计方法的目的是，在进行软硬件移植时，设计人员所做的改动应尽量小，而不是不做任何改动。希望改动尽可能在头文件中进行，而不希望改动程序文件。

本章小结

　　本章属于方法论内容，与具体芯片无关。主要阐述嵌入式硬件构件及底层驱动构件的基本规范。

1. 关于嵌入式硬件构件概念

嵌入式硬件构件是指将一个或多个硬件功能模块、支撑电路及其功能描述封装成一个可复用的硬件实体,并提供一系列规范的输入输出接口。嵌入式硬件构件根据接口之间的生产消费关系,接口可分为供给接口和需求接口两类。根据所拥有接口类型的不同,硬件构件分为核心构件、中间构件和终端构件3种类型。核心构件只有供给接口,没有需求接口,它只为其他硬件构件提供服务,而不接受服务。中间构件既有需求接口又有供给接口,它不仅能够接受其他构件提供的服务,还能够为其他构件提供服务。终端构件只有需求接口,它只接受其他构件提供的服务。设计核心构件时,需考虑的问题是:"核心构件能为其他构件提供哪些信号?"设计中间构件时,需考虑的问题是:"中间构件需要接受哪些信号,以及提供哪些信号?"设计终端构件时,需考虑的问题是:"终端构件需要什么信号才能工作?"

2. 关于嵌入式底层驱动构件设计原则与规范

嵌入式底层驱动构件是直接面向硬件操作的程序代码及使用说明。规范的底层驱动构件由头文件(.h)及源程序文件(.c)文件构成。头文件(.h)是底层驱动构件简明且完备的使用说明,即在不查看源程序文件情况下,就能够完全使用该构件进行上一层程序的开发,这也是设计底层驱动构件最值得遵循的原则。

在设计实现驱动构件的源程序文件时,需要合理设计外接口函数与内部函数。外接口函数供上层应用程序调用,其头注释需完整表述函数名、函数功能、入口参数、函数返回值、使用说明、函数适用范围等信息,以增强程序的可读性。在具体代码实现时,严格禁止使用全局变量。

3. 关于构件的移植与复用

在嵌入式硬件原理图设计中,要充分利用嵌入式硬件进行复用设计;在嵌入式软件编程时,涉及与硬件直接联系时,应尽可能复用底层驱动构件。若无可复用的底层驱动构件,应该按照基本规范设计驱动构件,然后再进行应用程序开发。

习题

1. 简述嵌入式硬件构件概念及嵌入式硬件构件分类。
2. 简述核心构件、中间构件和终端构件的含义及设计规则。
3. 简述嵌入式底层驱动构件的基本内涵。
4. 在设计嵌入式底层驱动构件时,其对外接口函数设计的基本原则有哪些?
5. 举例说明在什么情况下使用宏定义。
6. 举例说明底层构件的移植方法。
7. 利用C语言,自行设计一个底层驱动构件,并进行调试。
8. 利用一种汇编语言,设计一个底层驱动构件,并进行调试,同时与C语言设计的底层驱动构件进行简明比较。

## 第 6 章

串行通信模块及第一个中断程序结构

　　本章导读：本章阐述 STM32L431 的串行通信构件化编程。主要内容有异步串行通信模块和中断模块两个模块。异步串行通信模块介绍异步串行通信的通用基础知识，使读者更好地理解串行通信的基本概念及编程模型；并阐述基于构件的串行通信编程方法，这是一般应用级编程的基本模式；还给出 UART 构件的制作过程。中断模块介绍 ARM Cortex-M4 中断机制及 STM32L431 中断编程步骤，阐述了嵌入式系统的中断处理基本方法。最后介绍串口通信及中断实验，读者通过实验熟悉 MCU 的异步串行通信 UART 的工作原理，掌握 UART 的通信编程方法、串口组帧编程方法以及 PC 的 C♯ 串口通信编程方法。

视频讲解

6.1　异步串行通信的通用基础知识

　　串行通信接口，简称串口、UART 或 SCI。在 USB 未普及之前，串口是 PC 必备的通信接口之一。作为设备间简便的通信方式，在相当长的时间内，串口还不会消失，在市场上也可很容易地购买到各种电平到 USB 的串口适配器，以便与没有串口但具有多个 USB 接口的笔记本电脑或 PC 连接。MCU 中的串口通信：在硬件上，一般只需要三根线，分别为发送线（TXD）、接收线（RXD）和地线（GND）；通信方式上，属于单字节通信，是嵌入式开发中重要的打桩调试手段。实现串口功能的模块在一部分 MCU 中被称为通用异步收发器（Universal Asynchronous Receiver-Transmitters，UART），在另一部分 MCU 中被称为串行通信接口（Serial Communication Interface，SCI）。

　　本节简要概述 UART 的基本概念与硬件连接方法，为学习 MCU 的 UART 编程做准备。

6.1.1　串行通信的基本概念

　　位（bit）是单个二进制数字的简称，是可以拥有两种状态的最小二进制值，分别用 0 和 1 表示。在计算机中，通常一个信息单位用 8 位二进制表示，称为 1 字节（byte）。串行通信的特点是：数据以字节为单位,按位的顺序(如最高位优先)从一条传输线上发送出去。这里至少涉及 4 个问题。第一,每字节之间是如何区分的? 第二,发送 1 位的持续时间是多少? 第三,怎样知道传输是正确的? 第四,可以传输多远? 这些问题所需要的知识点涉及串行通信的基本概念。串行通信分为异步串行通信与同步串行通信两种方式,本节主要介绍异步串行通信的一些常用概念。正确理解这些概念,对串行通信编程是有益的。学习本书内容,读者需要主要掌握异步串行通信的格式与波特率,至于奇偶校验与串行通信的传输方式术语了解即可。

1. 异步串行通信的格式

在 MCU 的英文芯片手册上,通常说的异步串行通信的格式是标准不归零传号/空号数据格式(Standard Non-Return-Zero Mark/Space Data Format),该格式采用不归零码(Non-Return to Zero,NRZ)格式。不归零的最初含义是:采用双极性表示二进制值,如用负电平表示一种二进制值;正电平表示另一种二进制值,在表示一个二进制值码元时,电压均无须回到零,故称不归零码。Mark/Space 即传号/空号分别表示两种状态的物理名称,逻辑名称记为 1/0。对学习嵌入式应用的读者而言,只要理解这种格式只有 1 和 0 两种逻辑值即可。UART 串口通信的数据包以帧为单位,常用的帧结构为 1 位起始位＋8 位数据位＋1 位奇偶校验位(可选)＋1 位停止位。图 6-1 给出了 8 位数据、无校验情况的传送格式。

| 开始位 | 第0位 | 第1位 | 第2位 | 第3位 | 第4位 | 第5位 | 第6位 | 第7位 | 停止位 |

图 6-1 串行通信数据格式

这种格式的空闲状态为 1,发送器通过发送一个 0 表示 1 字节传输的开始,随后是数据位(在 MCU 中一般是 8 位或 9 位,可以包含校验位)。最后,发送器发送第 1 位或第 2 位的停止位,表示 1 字节传送结束。若继续发送下一字节,则重新发送开始位(这就是异步的含义),开始新的字节传送。若不发送新的字节,则维持 1 的状态,使发送数据线处于空闲。从开始位到停止位结束的时间间隔称为 1 字节帧(Byte Frame)。所以,也称这种格式为字节帧格式。每发送 1 字节,都要发送开始位与停止位,这是影响异步串行通信传送速度的因素之一。

【思考】   UART 中每字节之间是如何区分开的?

2. 串行通信的波特率

位长(Bit Length),也称为位的持续时间(Bit Duration),其倒数就是单位时间内传送的位数。串口通信的速度用波特率来表示,它定义为每秒传输的二进制位数,在这里 1 波特＝1bit/s,单位 bps(b/s)。bps 是英文 bit per second 的缩写,习惯上这个缩写不用大写,而用小写。通常情况下,波特率的单位可以省略。只有通信双方的波特率相同时才可以进行正常通信。

通常使用的波特率有 9600、19 200、38 400、57 600 及 115 200 等。如果采用 10 位表示 1 字节,包含开始位、数据位以及停止位,很容易计算出在各波特率下,发送 1KB 所需的时间。显然,这个速度相对于目前许多通信方式而言是慢的,那么,异步串行通信的速度能否提高呢? 答案是不能。因为随着波特率的提高,位长变小,以至于很容易受到电磁源的干扰,通信就变得不可靠。当然,还有通信距离问题,通信距离小,可以适当提高波特率,但这样提高的幅度非常有限，达不到大幅度提高的目的。

3. 奇偶校验

在异步串行通信中，如何知道 1 字节的传输是否正确？最常见的方法是增加一个位（奇偶校验位），供错误检测使用。字符奇偶校验检查（Character Parity Checking，CPC）称为垂直冗余检查（Vertical Redundancy Checking，VRC），它是为每个字符增加一个额外位，使字符中"1"的个数为奇数或偶数。因此，奇偶校验位分为**奇校验**和**偶校验**两种，是一种简单的数据误码校验方法。在异步串行通信中奇校验是指每帧数据中，包括数据位和奇偶校验位的全部 9 个位中 1 的个数必须为奇数；偶校验是指每帧数据中，包括数据位和奇偶校验位的全部 9 个位中 1 的个数必须为偶数。

这里列举奇偶校验检查的一个实例。若数据位为 8 位，校验位为 1 位，传输的数据是 01010010。由于 01010010 中有 3 个位为 1，若使用奇校验检查，则校验位为 0；如果使用偶校验检查，则校验位为 1。

在传输过程中，若有 1 位（或奇数个数据位）发生错误，使用奇偶校验检查，则可以发现发生传输错误。若有 2 位（或偶数个数据位）发生错误，使用奇偶校验检查，则不能发现已经发生了传输错误。但是，奇偶校验检查方法简单，使用方便，发生 1 位错误的概率远大于 2 位的概率。所以，"奇偶校验"这种方法还是最为常用的校验方法。几乎所有 MCU 的串行异步通信接口都提供这种功能。但是，实际编程使用较少，原因是单字节校验意义不大。

4. 串行通信传输方式术语

在串行通信中，经常用到全双工、半双工、单工等术语，它们是串行通信的不同传输方式。下面简要介绍这些术语的基本含义。

（1）全双工（Full-duplex）：数据传送是双向的，且可以同时接收与发送数据。这种传输方式中，除了地线之外，需要两根数据线，站在任何一端的角度看，一根为发送线，另一根为接收线。一般情况下，MCU 的异步串行通信接口均是全双工的。

（2）半双工（Half-duplex）：数据传送也是双向的，但是在这种传输方式中，除地线之外，一般只有一根数据线。任何时刻，半双工传输方式只能由一方发送数据，另一方接收数据，不能同时收发。

（3）单工（Simplex）：数据传送是单向的，一端为发送端，另一端为接收端。这种传输方式中，除了地线之外，只有一根数据线。有线广播的传输方式就是单工的。

6.1.2　RS232 和 RS485 总线标准

现在回答**可以传输多远**这个问题。MCU 引脚输入输出一般使用晶体管-晶体管逻辑（Transistor Transistor Logic，TTL）电平。而 TTL 电平的 1 和 0 的特征电压分别为 2.4V 和 0.4V（使用 3V 供电的 MCU 中，该特征值有所变动），即大于 2.4V 则识别为 1，小于 0.4V 则识别为 0。其适用于板内数据传输。若用 TTL 电平将数据传输到 5m 之外，那么可靠性就很值得研究了。为使信号传输得更远，美国电子工业协会（Electronic Industry Association，EIA）制定了串行物理接口标准 RS232，后来又演化出 RS485。

1. RS232

RS232 采用负逻辑，−15～−3V 为逻辑 1，+3～+15V 为逻辑 0。RS232 最大的传输

距离是30m,通信速率一般低于20kb/s。当然,在实际应用中,也有人用降低通信速率的方法,通过RS232电平将数据传送到300m之外,这是很少见的,且稳定性很不好。

RS232总线标准最初是为远程数据通信制定的,但目前主要用于几米到几十米范围内

图6-2 9芯串行接口排列

的近距离通信。有专门的书籍介绍这个标准,但对于一般的读者,不需要掌握RS232标准的全部内容,只要了解本节介绍的基本知识就可以使用RS232。早期的标准串行通信接口是25芯,后来改为9芯,目前部分PC带有9芯RS232串口,其引脚排列如图6-2所示,相应引脚含义如表6-1所示。

表6-1 计算机中常用的9芯串行接口引脚含义表

引脚号	功　　能	引脚号	功　　能
1	接收线信号检测	6	数据通信设备准备就绪(DSR)
2	接收数据线(RXD)	7	请求发送(RTS)
3	发送数据线(TXD)	8	允许发送(CTS)
4	数据终端准备就绪(DTR)	9	振铃指示
5	信号地(SG,与GND一致)		

MCU的串口通信引脚是TTL电平,可通过TTL-RS232转换芯片转为RS232电平。通常情况,使用精简的RS232通信线路,即仅使用RXD(接收线)、TXD(发送线)和GND(地线)3根线,不使用诸如DTR、DSR、RTS、CTS等硬件握手信号,直接通过数据线的开始位确定1字节通信的开始。

2. RS485

此外,为了组网方便,还有一种标准,称为RS485,它采用差分信号负逻辑,$-2\sim-6V$表示1,$+2\sim+6V$表示0。在硬件连接上,采用两线制接线方式,该接线方式工业应用较多。所谓差分,就是两线电平相减,得出一个电平信号,可以较好地抑制电磁干扰。RS485标准是为了弥补RS232通信距离短、速率低等缺点而产生的,通信距离在1000m左右。由于使用差分信号传输,两线的RS485通信只能工作于半双工方式,若要全双工方式通信,必须使用四线。在MCU的外围电路中,串口通信要使用RS485方式传输,需要使用TTL-RS485转换芯片。需要说明的是,前面介绍的TTL-RS232转换芯片,以及这里介绍的TTL-RS485转换芯片,还有后面即将介绍的TTL-USB转换芯片,都是硬件电平信号之间的转换,与MCU编程无关,MCU的串口编程是一致的。

【思考】　为什么差分传输可以较好地抑制电磁干扰?

6.1.3　TTL-USB串口

由于USB接口已经在笔记本电脑及PC标准配置中普及,但是笔记本电脑及PC作为MCU程序开发的工具机,需要与MCU进行串行通信。于是出现了TTL-USB串口芯片,这里介绍南京沁恒微电子股份有限公司生产的双路串口转USB芯片CH342。

1. CH342简介

CH342是南京沁恒微电子有限公司推出的TTL-USB串口转接芯片,能够实现两个异

步串口与 USB 信号的转换。CH342 芯片有 3 个电源端,内置了产生 3.3V 电压的电源调节器,工作电压为 1.8～5V;含有内置时钟电路,支持的通信波特率为 50b/s～3Mb/s,工作温度为—40～+85℃。

2. CH342 与 STM32L431 的连接电路

CH342 芯片在引脚结构上包括数据传输引脚、MODEM 联络信号引脚、辅助引脚。如图 6-3 所示,CH342 中的数据传输引脚包括 TXD 引脚和 RXD 引脚;两个电源引脚包括 VIO 引脚和 VBUS 引脚;UD＋和 UD—引脚分别连接 USB 总线上。

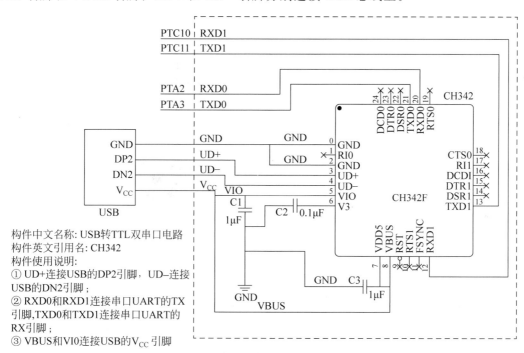

图 6-3　USB 转双串口构件

图 6-3 是 USB 转双串口的电路原理图,可以将 CH342 看作一个终端构件。图 6-3 中 USB 的 V_{CC} 引脚连接 CH342 的 VBUS 和 VIO 引脚为其提供 5V 电源,使其能够正常运行;USB 的总线 DP2 和 DN2 引脚则连接 CH342 的 UD＋和 UD—引脚;这里要注意的是 CH342 的 RXD0 和 RXD1 引脚要分别连接芯片串口的发送引脚 TX,TXD0 和 TXD1 引脚要连接芯片串口的接收引脚 RX。这里连接的是 MCU 上的 UART1(RX 为 PTA3,TX 为 PTA2)和 UART3(RX 为 PTC11,TX 为 PTC10)。

3. CH342 串口的使用

电子资源..\Tool 文件夹下的 CH343CDC.EXE 文件为 CH342 的驱动,该文件可以被安装使用。Windows 10 操作系统下可以免安装驱动。当 AHL-STM32L431 通过 Type-C 连接计算机后,可以在"设备管理器"下的"通用串行总线控制器"中看到有该设备接入的两个串口提示,即可使用。

6.1.4　串行通信编程模型

从基本原理角度看,串行通信接口 UART 的主要功能是:接收时,把外部的单线输入的数据变成 1 字节的并行数据送入 MCU 内部;发送时,把需要发送的 1 字节的并行数据转换为单线输出。图 6-4 给出了一般 MCU 的 UART 模块的功能描述。

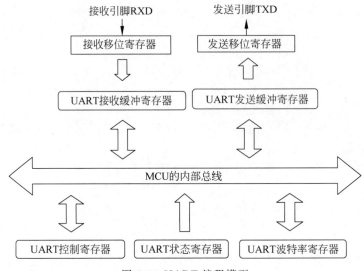

图 6-4　UART 编程模型

为了设置波特率,UART 应具有波特率寄存器。为了能够设置通信格式、是否校验、是否允许中断等,UART 应具有控制寄存器。而要知道串口是否有数据可收、数据是否发送出去等,则需要有 UART 状态寄存器。当然,若一个寄存器不够用,控制寄存器与状态寄存器可能有多个。而 UART 数据寄存器存放要发送的数据,也存放接收的数据,两者并不冲突,因为发送与接收的实际工作是通过发送移位寄存器和接收移位寄存器完成的。编程时,程序员并不直接与发送移位寄存器和接收移位寄存器打交道,只与数据寄存器打交道,所以 MCU 中并没有设置发送移位寄存器和接收移位寄存器的映像地址。发送时,程序员通过判定状态寄存器的相应位,了解是否可以发送一个新的数据。若可以发送,则将待发送的数据放入 UART 发送缓冲寄存器中,剩下的工作由 MCU 自动完成。MCU 将数据从 UART 接收缓冲寄存器送到发送移位寄存器,硬件驱动将发送移位寄存器的数据一位一位地按照规定的波特率移到发送引脚 TXD,供对方接收。接收时,数据一位一位地从接收引脚 RXD 进入接收移位寄存器,当收到一个完整字节时,MCU 会自动将数据送入 UART 数据寄存器,并将状态寄存器的相应位改变,供程序员判定并取出数据。

6.2　基于构件的串行通信编程方法

最基本的 UART 编程涉及初始化、发送和接收 3 种基本操作。本节介绍 UART 构件的 API 接口函数、UART 构件的测试方法以及类似于 PC 程序调试用的 printf 函数设置与使用方法。

6.2.1 STM32L431 芯片 UART 对外引脚

STM32L431 共有 3 组 UART 引脚,分别标记为 UART1、UART2 和 UART3。每组 UART 的发送数据引脚记为 UARTx_TX,接收数据引脚记为 UARTx_RX。其中,x 表示串口模块编号,取值为 1~3。为了应用系统的硬件布线方便,串口可能不固定在特定引脚上,如表 6-2 所示。表 6-2 中还给出了本书随附的 AHL-STM32L431 嵌入式开发套件所使用的串口引脚。

表 6-2 UART 引脚分布

串 口	MCU 引脚号	MCU 引脚名	串口号	AHL-STM32L431 默认使用
UART1	58	PTB6	UART1_TX	
	59	PTB7	UART1_RX	
	42	PTA9	UART1_TX	编程默认使用(保留连接无线通信芯片使用)
	43	PTA10	UART1_RX	
UART2	16	PTA2	UART2_TX	编程默认使用(UART_User)
	17	PTA3	UART2_RX	
UART3	29	PTB10	UART3_TX	
	30	PTB11	UART3_RX	
	51	PTC10	UART3_TX	编程默认使用(UART_Debug,BIOS 保留使用)
	52	PTC11	UART3_RX	

这里,以 UART1 为例说明为什么一个串口有两组或两组以上引脚的问题。从表 6-2 中可看出 UART1 有两组引脚,分别是 58、59 和 42、43,可以从芯片的引脚布局图(图 3-1)看出,这两组属于封装的不同位置,实际使用时,用哪一组,取决于哪边引出方便,以减少布线长度,提高稳定性。这属于芯片设计细节的考量。编程时,通过相应端口的模式寄存器设置决定使用哪组引脚。

6.2.2 UART 构件 API

1. UART 常用接口函数简明列表

UART 构件主要 API 接口函数有初始化、发送 1 字节、发送 N 字节、发送字符串、接收 1 字节等,如表 6-3 所示。

表 6-3 UART 常用接口函数

序号	函 数 名	简明功能	描 述
1	uart_init	初始化	传入串口号及波特率,初始化串口
2	uart_send1	发送 1 字节数据	向指定串口发送 1 字节数据
3	uart_sendN	发送 N 字节数据	向指定串口发送 N 字节数据
4	uart_send_string	发送字符串	向指定串口发送字符串
5	uart_re1	接收 1 字节数据	从指定串口接收 1 字节数据
…	…	…	…

2. UART 构件的头文件 uart.h

UART 构件的头文件 uart.h 在..\03_MCU\MCU_drivers 文件夹中,这里给出部分 API 接口函数的使用说明及函数声明。

```
//========================================================================
//函数名称: uart_init
//功能概要: 初始化 uart 模块
//参数说明: uartNo: 串口号,如 UART_0、UART_1、UART_2
//          baud_rate: 波特率,可取 9600、19200、115200...
//函数返回: 无
//========================================================================
void uart_init(uint8_t uartNo, uint32_t baud_rate);


//========================================================================
//函数名称: uart_send1
//参数说明: uartNo: 串口号,如 UART_0、UART_1、UART_2
//          ch: 要发送的字节
//函数返回: 函数执行状态,1 表示发送成功; 0 表示发送失败
//功能概要: 串行发送 1 字节
//========================================================================
uint_8 uart_send1(uint8_t uartNo,  uint8_t ch);


//========================================================================

//========================================================================
//函数名称: uart_sendN
//参数说明: uartNo: 串口号,UART_1、UART_2、UART_3
//          buff: 发送缓冲区
//          len: 发送长度
//函数返回: 函数执行状态: 1 = 发送成功; 0 = 发送失败
//功能概要: 串行 接收 n 字节
//========================================================================
uint8_t uart_sendN(uint8_t uartNo,uint16_t len,uint8_t * buff)


//========================================================================
//函数名称: uart_send_string
//参数说明: uartNo: UART 模块号: UART_1、UART_2、UART_3
//          buff: 要发送的字符串的首地址
//函数返回: 函数执行状态: 1 = 发送成功; 0 = 发送失败
//功能概要: 从指定 UART 端口发送一个以 '\0' 结束的字符串
//========================================================================
uint8_t uart_send_string(uint8_t uartNo, uint8_t * buff)


//========================================================================
//函数名称: uart_re1
//参数说明: uartNo: 串口号,如 UART_0、UART_1、UART_2
//          * fp: 接收成功标志的指针: * fp = 1 表示接收成功; * fp = 0 表示接收失败
//函数返回: 返回接收的字节
//功能概要: 串行接收 1 字节
```

```
//==============================================================
uint_8 uart_re1(uint_8 uartNo,uint_8 * fp);

…
```

6.2.3　UART 构件 API 的发送测试方法

编写 MCU 程序。通过一个串口把数字 48～100 发送到 PC。在 PC 中,通过 AHL-GEC-IDE 的"工具"→"串口工具"获得接收信息,由此体会数据从 MCU 发送出去。

1. MCU 方程序的编制

（1）确定 MCU 串口号、所接 MCU 的引脚。这是硬件制版决定的,UART 构件的头文件 uart.h 中给出了该构件所使用的引脚信息,并给出 3 个可用串口号 UART_1、UART_2、UART_3。在 user.h 中宏定义本工程使用的串口名为 UART_User,以便增强编程的可移植性。

（2）在 main.c 中,首先确定串口 UART_User 的波特率,并对其进行初始化,代码如下:

```
uart_init(UART_User,115200);      //初始化串口模块
```

（3）在 main.c 的主循环中,发送数字 48～100,代码如下:

```
for(mi = 48;mi < = 100;mi++)
{
    uart_send1(UART_User,mi);
}
```

2. 编译下载测试

MCU 方的样例工程在..\CH06\UART-STM32L431-Sent 文件夹中,读者可以编译下载测试自己体会,并自行练习。

【练习】　编制程序发送数字 0～255,若用 8 位无符号数作为循环变量,注意可能遇到的问题。

6.2.4　printf 函数的设置方法与使用

除了使用 UART 驱动构件中封装的 API 函数之外,还可以使用格式化输出函数 printf 灵活地从串口输出调试信息,配合 PC 或笔记本电脑上的串口调试工具,可方便地进行嵌入式程序的调试。

printf 函数的实现在工程目录..\ 05_UserBoard\printf.c 文件中,同文件夹下的 printf.h 头文件包含了 printf 函数的声明,user.h 头文件中包含 printf.h 头文件。若要使用 printf 函数,则可在工程的总头文件..\ 06_AppPrg \includes.h 中将 user.h 包含进来,以便其他文件使用。

在使用 printf 函数之前,需要先进行相应的设置,将其与希望使用的串口模块关联起来,设置步骤如下。

(1) 在 printf 函数的头文件 printf.h 中宏定义需要与 printf 函数相关联的调试串口号,例如:

```
#define UART_printf   UART_3      //printf 函数使用的串口号
```

(2) 在使用 printf 函数前,调用 UART 驱动构件中的初始化函数对使用的调试串口进行初始化,配置其波特率。例如:

```
uart_init(UART_printf, 115200);        //初始化调试串口
```

这样就将相应的串口模块与 printf 函数关联起来了。由于 BIOS 已经对其初始化,因此 User 中可以不再重新初始化。关于 printf 函数的使用方法,参见 printf.h 文件的尾部。

【练习】 使用 printf 函数输出一个浮点数,保留 6 位小数。

6.3　UART 构件的制作过程

在本书第 4 章中介绍过 GPIO 构件的制作过程,这里总结制作一个底层驱动构件的基本过程。第一,要掌握其通用知识;第二,了解是否有对外引脚;第三,了解有哪些寄存器;第四,若能简单实现其基本流程,最好能打通流程;第五,制作构件;第六,测试构件。

6.3.1　UART 寄存器概述

UART 寄存器的基本描述在 STM32 芯片参考手册的第 38 章,本书随附电子资源中**补充阅读材料的第 6 章中给出了基本总结**,供希望学习 UART 构件制作细节的读者参考。这些寄存器(均为 32 位)的功能概要如表 6-4 所示。

表 6-4　UART 寄存器功能概述

寄 存 器	功 能 概 述
控制寄存器	有 3 个控制寄存器,用于设定串行通信的格式;设定是否允许接收中断;设定允许发送与接收等
波特率寄存器	设定波特率
中断和状态寄存器	串口工作时的各种状态标志
收/发数据寄存器	8～0 位有效,第 8 位为奇偶校验位,7～0 为数据位

关于 UART 寄存器附加说明如下。

(1) 寄存器地址。UART1 的基地址可查阅 STM32 芯片参考手册,通过关键字 memory map 访问地址映射表,查表可知各串口首地址分别是 USART1:0x4001_3800; USART2:0x4000_4400; USART3:0x4000_4800; UART4:0x4000_4C00; UART5: 0x4000_5000。首地址也是各串口的基地址,相关寄存器加上各自偏移量即可得其绝对

地址。

（2）串口类型问题。USART（Universal Synchronous Receiver Transmitter）含有同步通信功能，区别于只有异步通信功能的 UART（Universal Asynchronous Receiver Transmitter）。此外，STM32L431 还有一个低功耗的串口（Low-power Universal Asynchronous Receiver Transmitter，LPUART），本书只涉及普通的 UART 方式的编程。

6.3.2　利用直接地址操作的串口发送打通程序

制作 UART 构件时要考虑各种通用要素。例如，串口的选择、工作方式的选择、寄存器的选择、初始化编程等，要直接编写一个完整且可稳定运行的构件是很难的，开发人员一般会考虑先试着发送一个字符至 PC 端，完整实现串口正常工作的全过程，包括寄存器赋值、引脚复用的选择、相关标志位的置位或复位等，然后利用 PC 端能稳定运行的接收器接收数据。如果能成功接收数据，则说明发送过程是可行的。

本节用直接对端口进行编程的方法使用 UART 发送单字节。UART 直接地址的测试工程位于 ..\04-Soft\CH06\UART-STM32L431-ADDR 文件夹。根据 6.2.2 节内容，使用 AHL-STM32L431 开发套件上的 UART_User 串口发送数据，UART_User 串口对应的 MCU 引脚为 PTA3 和 PTA2（参阅表 3-7）。

1. 定义地址变量

volatile 是变量修饰符，volatile 关键字可以用来提醒编译器它后面所定义的变量随时有可能改变，因此编译后的程序每次需要存储或读取这个变量时，都会直接从变量地址中读取数据。如果没有 volatile 关键字，则编译器可能优化读取和存储，可能暂时使用寄存器中的值，如果这个变量由别的程序更新，则将出现不一致的现象。

```
volatile uint32_t * RCC_AHB2;        //GPIO 的 A 口时钟使能寄存器地址
volatile uint32_t * RCC_APB1;        //UART2 口时钟使能寄存器地址
volatile uint32_t * gpio_ptr;        //GPIO 的 A 口基地址
volatile uint32_t * uart_ptr;        //UART2 口的基地址
volatile uint32_t * gpio_mode;       //引脚模式寄存器地址 = 口基地址
volatile uint32_t * gpio_afrl;       //GPIO 复用功能低位寄存器
volatile uint32_t * uart_brr;        //UART 波特率寄存器地址
volatile uint32_t * uart_isr;        //UART 中断和状态寄存器基地址
volatile uint32_t * uart_cr1;        //UART 控制寄存器 1 基地址
volatile uint32_t * uart_cr2;        //UART 控制寄存器 2 地址
volatile uint32_t * uart_cr3;        //UART 控制寄存器 3 基地址
volatile uint32_t * uart_tdr;        //UART 发送数据寄存器
```

2. 给地址变量赋值

根据 STM32 芯片参考手册中查得的地址给相关寄存器赋值，具体说明如下。例如，RCC_APB1ENR1 是时钟使能寄存器，其地址范围为 40021000～400213FF，该寄存器的偏移量为 58H，所以其绝对地址为 0x40021058UL。其中，0x 表示十六进制数据；UL 表示无符号长整型，如果不写 UL 后缀，系统默认为 int，即有符号整数。

```
//变量赋值,各寄存器值均可通过芯片参考手册得到
RCC_APB1 = 0x40021058UL;        //UART 时钟使能寄存器地址
RCC_AHB2 = 0x4002104CUL;        //GPIO 的 A 口时钟使能寄存器地址
gpio_ptr = 0x48000000UL;        //GPIOA 端口的基地址
uart_ptr = 0x40004400UL;        //UART2 端口的基地址
gpio_mode = 0x48000000UL;       //引脚模式寄存器地址 = 口基地址
gpio_afrl = 0x48000020UL;       //GPIO 复用功能低位寄存器
uart_cr1 = 0x40004400UL;        //UART2 控制寄存器 1 地址
uart_brr = 0x4000440CUL;        //UART2 波特率寄存器地址
uart_isr = 0x4000441CUL;        //UART2 中断和状态寄存器地址
uart_tdr = 0x40004428UL;        //UART2 发送数据寄存器
uart_cr2 = 0x40004404UL;        //UART2 控制寄存器 2 地址
uart_cr3 = 0x40004408UL;        //UART2 控制寄存器 3 地址
```

3. UART 初始化步骤

本例通过 USART2 向 PC 发送字符,所以需要对 PTA3 和 PTA2 进行复用定义,并设置相应波特率参数。

(1) **设置引脚复用功能为串口**。通过 GPIO 模块的端口模式寄存器(GPIOA_MODER)设定引脚为复用功能模式;通过 GPIO 复用功能低位寄存器(GOPIA_AFRL)设定为 UARTx_TX 和 UARTx_RX。

```
//使能 GPIOA 和 UART2 的时钟
* RCC_APB1 | = (0x1UL << 17U);    //UART2 时钟使能①
* RCC_AHB2 | = (0x1UL << 0U);     //GPIOA 时钟使能

//将 GPIO 端口设置为复用功能
//首先将 D7、D6、D5、D4 清零
* gpio_mode & = ～((0x3UL << 4U)|(0x3UL << 6U));
//然后将 D7、D6、D5、D4 设为 1010,设置 PTA2、PTA3 为复用功能和串行功能
* gpio_mode | = ((0x2UL << 4U)|(0x2UL << 6U));

//选择引脚的端口复用功能
//首先将 D15～D8 清零
* gpio_afrl & = ～((0xFUL << 8U)|(0xFUL << 12U));
//然后将 D15～D8 设置为 01110111,分别将 PTA3、PTA2 引脚设置为 USART2_RX、USART2_TX②
* gpio_afrl = (((0x1UL << 8U)|(0x2UL << 8U)|(0x4UL << 8U))|((0x1UL << 12U)
       |(0x2UL << 12U)|(0x4UL << 12U)));

//暂时禁用 UART 功能,控制寄存器 1 的第 0 位对应的是 UE—USART 使能位
//此位清零后,USART 预分频器和输出将立即停止,并丢弃所有当前操作
* uart_cr1 & = ～(0x1UL);

//暂时关闭串口发送与接收功能,控制寄存器 1 的发送器使能位(D3)、接收器使能位(D2)
* uart_cr1 & = ～((0x1UL << 3U)|(0x1UL << 2U));
```

① 此处可通过关键字 RCC_APB1 查找 STM32 芯片参考手册可知,该寄存器第 17 位对应的是 UART2 时钟使能位。

② 此处通过查找本书第 3 章 GPIO 复用功能低位寄存器(GPIOx_AFRL)可知,0111 表示设置引脚复用功能号为 AF7,下一步在 STM32 芯片参考手册中通过关键字 AF7 查找可得 PTA3、PTA2 此编码的对应功能。

（2）**设置波特率**。通过 UART 波特率寄存器（UART_BRR）设定使用什么速度收发字节，本节设定为 115 200。计算时根据 USART_CR1 寄存器中第 15 位对应的过采样模式设置，波特率计算公式有所不同，记系统内核时钟频率为 f_{sysclk}。

标志位为 1 时：

$$波特率 = \frac{f_{\text{sysclk}}}{115\,200} \times 2$$

标志位为 0 时：

$$波特率 = \frac{f_{\text{sysclk}}}{115\,200}$$

其中，$f_{\text{sysclk}} = 48\text{MHz}$，随后将计算得到的数值写入波特率寄存器。

```
//配置波特率
if( * uart_cr1&(0x1UL << 15) == (0x1UL << 15))
    usartdiv = (uint_16)((SystemCoreClock/115200) * 2);
else
    usartdiv = (uint_16)((SystemCoreClock/115200));
* uart_brr = usartdiv;
```

（3）**开启 UART 功能**。通过 UART 控制寄存器（UART_CR1，UART_CR2 和 UART_CR3）开启 UART 功能，启动串口发送与接收功能。

```
//初始化控制寄存器和中断状态寄存器、清零标志位
//关中断
* uart_isr = 0x0UL;
//将控制寄存器 2 的 2 个使能位清零. D14—LIN 模式使能位、D11—时钟使能位①
* uart_cr2 &= ~((0x1UL << 14U)|(0x1UL << 11U));
//将控制寄存器 3 的 3 个使能位清零. D5 (SCEN) —smartcard 模式使能位、D3 (HDSEL) —半双工选择
//位、D1 (IREN) —IrDA 模式使能位
* uart_cr3 &= ~((0x1UL << 5U) | (0x1UL << 3U) |(0x1UL << 1U));

//启动串口发送与接收功能
* uart_cr1 |= ((0x1UL << 3U)|(0x1UL << 2U));

//开启 UART 功能
* uart_cr1 |= (0x1UL << 0U);
```

4. 发送数据

本例循环发送 ASCII 值为 48～100 的字符至 PC 显示。

```
for(;;)
    {
        for(mTest = 48;mTest <= 100;mTest++)
        {
            //发送缓冲区为空则发送数据
            for(volatile uint32_t j = 0;j <= 30000;j++)
            {
```

---

① 通过关键字 USART_CR2 在 STM32 芯片参考手册中查找，可得其各位的定义。

```
                    if( * uart_isr & (0x1UL << 7UL))
                    {
                         * uart_tdr = mTest;
                        break;
                    }
                }
            }
        }
        for(volatile uint32_t i = 0;i <= 2830000;i++);
        mCount++;
        printf("发送次数 = % d\r\n",mCount);
        printf(""工具"→"串口工具",打开接收 User 串口数据观察\r\n");
    }
```

6.3.3　UART 构件设计

1. UART 驱动构件封装要点分析

UART 具有初始化、发送和接收 3 种基本操作。下面分析串口初始化函数的参数有哪些。首先是串口号,因为一个 MCU 有若干串口,开发人员必须确定使用哪个串口;其次是波特率,因为必须确定串口使用什么速度接收和发送数据。关于奇偶校验,由于实际使用主要是多字节组成的一个帧,自行定义通信协议,单字节校验意义不大;此外,串口在嵌入式系统中的重要作用是实现类似 C 语言中 printf 函数的功能,也不宜使用单字节校验,因此不使用奇偶校验。这样,串口初始化函数就有两个参数:串口号与波特率。

从知识要素角度进一步分析 UART 驱动构件的基本函数,与寄存器直接打交道的有初始化、发送单字节与接收单字节的函数,以及使能及禁止接收中断、获取接收中断状态的函数。发送中断不具有实际应用价值,可以忽略。

设计 UART 构件的目的是可以实现对所有包含 UART 功能的引脚统一编程。UART 构件是由 uart.h 和 uart.c 两个文件组成。将这两个文件添加到工程的 ..\03_MCU\MCU_drivers 文件夹下,由此方便对 UART 的编程操作。

(1) 模块初始化(uart_init)。芯片引脚有复用功能,应该将 GPIO 引脚设置为复用功能 UARTx_TX 和 UARTx_RX。同时,通过传入波特率确定收发速度。函数不必有返回值,故 UART 模块的初始化函数原型可以设计为:

```
void uart_init(uint8_t uartNo, uint32_t baud_rate);
```

(2) 发送 1 字节(uart_send1)。开发套件发送 1 字节,需要确定是由哪一个串口发出,发出的数据是什么,并由返回值告诉用户发送是否成功。因此,应该有返回值,返回值为 0 表示发送失败,为 1 表示发送成功。这样,发送 1 字节的函数原型可以设计为:

```
uint8_t uart_send1(uint8_t uartNo, uint8_t ch);
```

(3) 发送 N 字节、字符串。类似的分析,可以设计发送 N 字节和字符串函数的原型为:

```
uint8_t uart_sendN(uint8_t uartNo, uint16_t len, uint8_t * buff)
uint8_t uart_send_string(uint8_t uartNo, uint8_t * buff)
```

（4）其他函数。继续设计接收 1 字节、接收 N 字节、使能串口中断、禁止串口中断等函数原型，基本完成头文件的设计。

2. UART 端口寄存器结构体类型

通常在构件设计中把一个模块的寄存器用一个结构体类型封装起来，方便编程时使用。这些结构体存放在工程文件夹的芯片头文件(..\03_MCU\startup\STM32L43131xx.h)中，串行模块结构体类型为 UART_TypeDef。

```
typedef struct
{
    __IO uint32_t CR1;          /* !< USART Control register 1,               Address offset: 0x00 */
    __IO uint32_t CR2;          /* !< USART Control register 2,               Address offset: 0x04 */
    __IO uint32_t CR3;          /* !< USART Control register 3,               Address offset: 0x08 */
    __IO uint32_t BRR;          /* !< USART Baud rate register,               Address offset: 0x0C */
    __IO uint16_t GTPR;         /* !< USART Guard time and prescaler register, Address offset: 0x10 */
    uint16_t   RESERVED2;       /* !< Reserved, 0x12                              */
    __IO uint32_t RTOR;         /* !< USART Receiver Time Out register, Address offset: 0x14 */
    __IO uint16_t RQR;          /* !< USART Request register,                 Address offset: 0x18 */
    uint16_t   RESERVED3;       /* !< Reserved, 0x1A                              */
    __IO uint32_t ISR;          /* !< USART Interrupt and status register, Address offset: 0x1C */
    __IO uint32_t ICR;          /* !< USART Interrupt flag Clear register,   Address offset: 0x20 */
    __IO uint16_t RDR;          /* !< USART Receive Data register,           Address offset: 0x24 */
    uint16_t   RESERVED4;       /* !< Reserved, 0x26                              */
    __IO uint16_t TDR;          /* !< USART Transmit Data register,          Address offset: 0x28 */
    uint16_t   RESERVED5;       /* !< Reserved, 0x2A                              */
} UART_TypeDef;
```

STM32L431 的 UART 模块各口基地址也在芯片头文件(STM32L43131xx.h)中以宏常数方式给出，直接作为指针常量。

3. UART 驱动构件源程序的制作

UART 驱动构件的源程序文件中实现的对外接口函数，主要是对相关寄存器进行配置，从而完成构件的基本功能，构件内部使用的函数也在构件源程序文件中定义，构件中函数的制作过程应在已经打通的基本功能基础上(参考 6.3.2 节)。先常量后变量，一步一步调试推进，下面给出 uart_init 函数源代码。

```
// =========================================================================
//文件名称：uart.c
//功能概要：uart 底层驱动构件源文件
//版权所有：SD-EAI&IoT Lab.(sumcu.suda.edu.cn)
//更新记录：2020-11-06
// =========================================================================
#include "uart.h"
```

```
USART_TypeDef * USART_ARR[] = {(USART_TypeDef *)USART1_BASE, (USART_TypeDef *)USART2_BASE,
(USART_TypeDef *)USART3_BASE};
// ==== 定义串口 IRQ 号对应表 ====
IRQn_Type table_irq_uart[3] = {USART1_IRQn, USART2_IRQn, USART3_IRQn};
//内部函数声明
uint_8 uart_is_uartNo(uint_8 uartNo);
// =====================================================================
//函数名称: uart_init
//功能概要: 初始化 uart 模块
//参数说明: uartNo(串口号): UART_1、UART_2、UART_3
//          baud(波特率): 4800、9600、19200、115200...
//函数返回: 无
// =====================================================================
void uart_init(uint_8 uartNo, uint_32 baud_rate)
{
    uint_16 usartdiv; //BRR 寄存器应赋的值
    //判断传入串口号参数是否有误,有误直接退出
    if(!uart_is_uartNo(uartNo))return;
    //开启 UART 模块和 GPIO 模块的外围时钟,并使能引脚的 UART 功能
    RCC->APB1ENR1 |= RCC_APB1ENR1_USART2EN;
    RCC->AHB2ENR |= RCC_AHB2ENR_GPIOAEN;
    //使能 PTA2,PTA3 为 USART(Tx,Rx)功能
    GPIOA->MODER &= ~(GPIO_MODER_MODE2|GPIO_MODER_MODE3);
    GPIOA->MODER |= (GPIO_MODER_MODE2_1|GPIO_MODER_MODE3_1);
    GPIOA->AFR[0] &= ~(GPIO_AFRL_AFSEL2|GPIO_AFRL_AFSEL3);
    GPIOA->AFR[0] |= ((GPIO_AFRL_AFSEL2_0 | GPIO_AFRL_AFSEL2_1
            GPIO_AFRL_AFSEL2_2)|(GPIO_AFRL_AFSEL3_0 |
            GPIO_AFRL_AFSEL3_1 | GPIO_AFRL_AFSEL3_2));
    //暂时禁用 UART 功能
    USART_ARR[uartNo-1]->CR1 &= ~USART_CR1_UE;
    //暂时关闭串口发送与接收功能
    USART_ARR[uartNo-1]->CR1 &= ~(USART_CR1_TE_Msk|USART_CR1_RE_Msk);
    //配置串口波特率
    if((USART_ARR[uartNo-1]->CR1 & USART_CR1_OVER8_Msk)
                    == USART_CR1_OVER8_Msk)
        usartdiv = (uint_16)((SystemCoreClock/baud_rate) * 2);
    else
        usartdiv = (uint_16)(SystemCoreClock/baud_rate);
    USART_ARR[uartNo-1]->BRR = usartdiv;
    //初始化控制寄存器和中断状态寄存器、清零标志位
    USART_ARR[uartNo-1]->ISR = 0;
    USART_ARR[uartNo-1]->CR2 &= ~(USART_CR2_LINEN | USART_CR2_CLKEN);
    USART_ARR[uartNo-1]->CR3 &= ~(USART_CR3_SCEN | USART_CR3_HDSEL |
                        USART_CR3_IREN);
    //启动串口发送与接收功能
    USART_ARR[uartNo-1]->CR1 |= (USART_CR1_TE|USART_CR1_RE);
    //开启 UART 功能
    USART_ARR[uartNo-1]->CR1 |= USART_CR1_UE;
}
```

(限于篇幅,这里省略其他函数实现,感兴趣的读者可参见电子资源)

视频讲解

6.4　中断机制及中断编程步骤

从本书第 4 章及本章前面的程序可以看出,MCU 启动后跳转到 main 函数执行,进入一个无限循环,计算机程序就这样一直运行下去。但是,计算机如何处理紧急的任务呢? 这就是中断所要处理的问题。

6.4.1　关于中断的通用基础知识

1. 中断的基本概念

1) 中断与异常的基本含义

异常(exception)是 CPU 强行从正常的程序运行切换到由某些内部或外部条件所要求的处理任务上去,这些任务的紧急程度优先于 CPU 正在运行的任务。引起异常的外部条件通常来自外围设备、硬件断点请求、访问错误和复位等;引起异常的内部条件通常为指令不对、界错误、违反特权级和跟踪等。一些文献把硬件复位和硬件中断都归类为异常,把硬件复位看作一种具有最高优先级的异常,而把来自 CPU 外围设备的强行任务切换请求称为**中断**(interrupt),软件上表现为将程序计数器(PC)指针强制转到中断服务程序入口地址运行。

CPU 在指令流水线的译码或者运行阶段识别异常。若检测到一个异常,则强行中止后面尚未达到该阶段的指令。对于在指令译码阶段检测到的异常,以及与运行阶段有关的指令异常来说,由于引起的异常与该指令本身无关,指令并没有得到正确运行,因此为该类异常保存的程序计数器(PC)值指向引起该异常的指令,以便异常返回后重新运行。对于中断和跟踪异常(异常与指令本身有关),CPU 在运行完当前指令后才识别和检测这类异常,故为该类异常保存的程序计数器(PC)值是指向要运行的下一条指令。

CPU 对复位、中断、异常具有同样的处理过程,本书将在后面内容中谈及这个处理过程时统称为中断。

2) 中断源、中断向量表、中断向量号与 IRQ 中断号

可以引起 CPU 中断的外部器件被称为**中断源**。一个 CPU 通常可以识别多个中断源,每个中断源产生中断后,分别要运行相应的中断服务程序 ISR,这些 ISR 的起始地址(中断向量地址)放在一段连续的存储区域内,这个存储区被称为**中断向量表**。实际上,中断向量表是一个指针数组,内容是中断服务程序 ISR 的首地址。

中断向量表一般位于芯片工程的启动文件中。下面给出 STM32L431 的启动文件 startup_stm32l431rctxp.s 的中断向量表的头部。

```
g_pfnVectors:
    .word       _estack
    .word       Reset_Handler
    .word       NMI_Handler
    .word       HardFault_Handler
    ...
```

其中,除第一项外的每项都代表各个中断服务程序 ISR 的首地址;第一项代表栈顶地址,一般是程序可用 RAM 空间的最大值。此外,对于未实例化的中断服务程序,由于在程序中不存在具体的函数实现,也就不存在相应的函数地址。因此,一般在启动文件内,采用弱定义的方式将默认未实例化的中断服务程序 ISR 的起始地址指向一个默认中断服务程序 ISR 的首地址,这样就保证所有的中断响应都有一个去处。

```
    .weak      NMI_Handler
    .thumb_set NMI_Handler,Default_Handler
.weak      HardFault_Handler
    .thumb_set HardFault_Handler,Default_Handler
…
```

其中,这个默认处理程序一般是一个无限循环语句或是一个直接返回语句,STM32L431 采用的方式是无限循环。

给 CPU 能够识别的每个中断源编号,就叫**中断向量号**。通常情况下,在程序编写时,中断向量表按中断向量号从小到大的顺序填写中断服务程序 ISR 的首地址,且不能遗漏。即使某个中断不需要使用,也要在中断向量表对应的项中填入默认中断服务程序 ISR 的首地址。因为中断向量表是连续存储区,与连续的中断向量号相对应。中断向量号一般从 1 开始,它与 IRQ 中断号一一对应。IRQ 中断号将内核中断与非内核中断稍加区分。对于非内核中断,IRQ 中断号从 0 开始递增;而对于内核中断,IRQ 中断号从 −1 开始递减。IRQ 中断号的定义一般位于芯片头文件内,下面给出 STM32L431 的芯片头文件 stm32l431xx.h 中的 IRQ 中断号的部分定义。

```
typedef enum
{
//Cortex-M4 Processor Exceptions Numbers
    NonMaskableInt_IRQn     = -14,      //!< 2 Cortex-M4 Non Maskable Interrupt
    HardFault_IRQn          = -13,      //!< 3 Cortex-M4 Hard Fault Interrupt
    MemoryManagement_IRQn   = -12,      //!< 4 Cortex-M4 Memory Management Interrupt
    BusFault_IRQn           = -11,      //!< 5 Cortex-M4 Bus Fault Interrupt
    UsageFault_IRQn         = -10,      //!< 6 Cortex-M4 Usage Fault Interrupt
    …
} IRQn_Type;
```

在本书 3.1.3 节的表 3-3 中给出了 STM32L431 更为详细的中断源、中断向量号、IRQ 中断号和引用名等信息,这里不再列出。

3) 中断服务程序

中断提供了一种机制来打断当前正在运行的程序,并且保存当前 CPU 状态(CPU 内部寄存器),转而去运行一个中断服务程序,然后恢复 CPU 到运行中断之前的状态,同时使得中断前的程序得以继续运行。当中断时,会打断当前正在运行的程序,转去运行一个中断服务程序,通常被称为**中断服务程序**(Interrupt Service Routine,ISR)。

4) 中断优先级、可屏蔽中断和不可屏蔽中断

在进行 CPU 设计时,一般会定义中断源的优先级。若 CPU 在程序运行过程中,有两

个以上中断同时发生,则优先级最高的中断得到最先响应。

根据中断是否可以通过程序设置的方式被屏蔽,可将中断划分为可屏蔽中断和不可屏蔽中断两种。**可屏蔽中断**是指可以通过程序设置的方式来决定不响应该中断,即该中断被屏蔽;**不可屏蔽中断**是指不能通过程序方式关闭的中断。

2. 中断处理的基本过程

中断处理的基本过程分为中断请求、中断检测、中断响应与中断处理等过程。

1) 中断请求

当某一中断源需要 CPU 为其服务时,它会向 CPU 发出中断请求信号(一种电信号)。中断控制器获取中断源硬件设备的中断向量号①,并通过识别的中断向量号将对应硬件中断源模块的中断状态寄存器中的"中断请求位"置位,以便 CPU 知道是哪种中断请求。

2) 中断采样(检测)

CPU 在每条指令结束时,会检查中断请求或者系统是否满足异常条件。为此,多数 CPU 专门在指令周期中使用了中断周期。在中断周期中,CPU 将会检测系统中是否有中断请求信号。若此时有中断请求信号,则 CPU 将会暂停当前运行的任务,转而去对中断事件进行响应;若系统中没有中断请求信号,则继续运行当前任务。

3) 中断响应与中断处理

中断响应的过程是由系统自动完成的,对于用户来说是透明操作。在中断的响应过程中,首先 CPU 会查找中断源所对应的模块中断是否被允许,若被允许,则响应该中断请求。中断响应的过程要求 CPU 将当前环境的上下文(context)保存于堆栈中。通过中断向量号找到中断向量表中对应的中断服务程序(ISR),转而去运行该中断服务程序(ISR)。在中断处理术语中,上下文指 CPU 内部寄存器,其含义是在中断发生后,由于 CPU 在中断服务程序中也会使用 CPU 内部寄存器,因此需要在调用 ISR 之前,将 CPU 内部寄存器保存到指定的 RAM 地址(栈)中,在中断结束后再将该 RAM 地址中的数据恢复到 CPU 内部寄存器中,从而使中断前后程序的"运行现场"没有任何变化。

6.4.2 ARM Cortex-M4 非内核模块中断编程结构

ARM Cortex-M4 把中断分为**内核中断**与**非内核中断**,本书第 3 章中的表 3-3 给出了 STM32L431 的中断源,中断向量号是把内核中断与非内核模块中断统一编号(0~98),而非内核中断请求号(Interrupt Request,IRQ),编号为 0~82,对应中断向量号的 16~98。

1. M4 中断结构及中断过程

M4 中断系统的结构框图,如图 6-5 所示。它由 M4 内核、嵌套中断向量控制器(Nested Vectored Interrupt Controller,NVIC)及模块中断源组成。其中,中断过程分为两步:第 1 步,模块中断源向嵌套中断向量控制器发出中断请求信号;第 2 步,NVIC 对发来的中断信号进行管理,判断该模块的中断是否被使能,若使能,则通过私有外设总线(Private Peripheral Bus,PPB)发送给 M4 内核,由内核进行中断处理。如果同时有多个中断信号到来,则 NVIC 根据设定好的中断优先级进行判断,优先级高的中断首先响应,优先级低的中断暂时被挂起,压入堆栈保存;如果优先级完全相同的多个中断源同时请求,则先响应 IRQ

---

① 设备与中断向量号可以不是一一对应的,如果一个设备可以产生多种不同中断,则允许有多个中断向量号。

号较小的,其他的被挂起。例如,当 IRQ4[①] 的优先级与 IRQ5 的优先级相等时,IRQ4 会比 IRQ5 先得到响应。

图 6-5　M4 中断结构框图

2. NVIC 内部寄存器简介

NVIC 模块的基地址(NVIC_BASE)为 0xE000_E100,内部用于中断控制的寄存器,如表 6-5 所示。在样例工程的 core_cm4.h 文件中定义了一个名为 NVIC_Type 的结构体组织这些寄存器。其中,软件触发中断寄存器及中断激活位寄存器比较少用,下面对其他寄存器进行说明。

表 6-5　NVIC 内各寄存器简表

描　述	地址偏移	使用名称	描　述
中断使能寄存器	0x000	ISER[0]~[7]	可读/写,写 1 设置使能
中断除能寄存器	0x080	ICER[0]~[7]	可读/写,写 1 清除使能
中断设置挂起寄存器	0x100	ISPR[0]~[7]	可读/写,写 1 设置挂起
中断清除挂起寄存器	0x180	ICPR[0]~[7]	可读/写,写 1 清除挂起
中断激活位寄存器	0x200	IABR[0]~[7]	只读,为 1 表示对中断被激活
中断优先级寄存器	0x300	IP[0]~[239]	可读/写,中断优先级寄存器(8 位宽)
软件触发中断寄存器	0xE00	STIR	可读/写,用于软件触发编程

1) 中断使能寄存器

中断使能寄存器(Interrupt Set Enable Register,ISER)有 8 个,使用数组元素 ISER[0]~[7]表示,为 32 位宽,每个位对应一个中断源,若写 1,则表示设置对应中断源使能,即允许其中断;若写 0,则无效。例如,设置 UART2 的接收中断使能,首先在 STM32L4 中断向量表(表 3-3)中查找 UART2 接收中断的 IRQ 号为 38,对应中断使能寄存器为 ISER[1]的第 7 位,由于对中断使能寄存器的某一位写 0,则设置 ISER[1]的第 7 位=1,用进制表示可以写成 ISER[1]=00000000_00000000_00000000_01000000。这个表达方式写成共性函数见工程的 ../02_CPU/core_cm4.h 文件的 __NVIC_EnableIRQ 函数。

```
__STATIC_INLINE void __NVIC_EnableIRQ(IRQn_Type IRQn)
{
  if ((int32_t)(IRQn) >= 0)
  {
   NVIC -> ISER[(((uint32_t)IRQn) >> 5UL)] = (uint32_t)(1UL << (((uint32_t)IRQn) &
0x1FUL));
  }
}
```

① 　IRQ 中断号为 n,简记为 IQRn。

这个函数对于具体的 UART2 接收中断来说,由于 IRQn=38,该函数实参(((uint32_t)IRQn)>>5UL)=1,等号右边(uint32_t)(1UL<<(IRQn&0x1FUL)),就是二进制 00000000_00000000_00000000_01000000。

2) 中断除能寄存器

中断除能寄存器(Interrupt Clear Enable Register,ICER)有 8 个,使用数组元素 ICER[0]~[7]表示,为 32 位宽,每个位对应一个中断源,若写 1,则表示清除对应中断源的使能(该位变为 0),即禁止其中断;若写 0,则无效。在实际工程的../02_CPU/core_cm4.h 文件中,__NVIC_DisableIRQ 函数可以使用。

3) 中断设置挂起/清除挂起寄存器

当中断发生时,如果 CPU 正在处理同级或高优先级中断,或者该中断被屏蔽,则中断不能立即得到响应,此时中断可被暂时挂起。中断的挂起状态通过中断设置挂起寄存器(Interrupt Set Pending Register,ISPR)与中断清除挂起寄存器(Interrupt Clear Pending Register,ICPR)来读取,还可以通过写这些寄存器进行挂起中断。其中,挂起表示排队等待,清除挂起表示取消此次中断请求。

4) 中断优先级寄存器

每个中断都有对应的优先级寄存器,其数量取决于芯片中实际存在的外部中断数,STM32L431 使用数组元素 IP[0]~[239]表示,其最大宽度为 8 位,但只使用高 4 位(参见芯片头文件 stm32l431xx.h 中的宏定义__NVIC_PRIO_BITS),可表示 0~15 个优先级,数字小表示优先级高。要获得一个芯片实际使用多少位表达优先级,可以用下述方法进行测试:将 0xFF 写入任意中断优先级寄存器,随后将其读回后查看多少位为 1,若设备实际实现了 8 个优先级(3 位),则读回值为 0xE0。若不对某一中断的优先级进行配置,则默认为 0(最高优先级),在使用实时操作系统时,建议设置外部中断优先级。

【练习】　在样例工程中,找出表 3-3 中串口(USART)2 的中断使能寄存器的名称和地址。

3. 非内核中断初始化设置步骤

根据本节给出的 ARM Cortex-M4 非内核模块中断编程结构,想让一个非内核中断源能够得到内核响应(或禁止),基本步骤如下。

(1) 设置模块中断使能位使能模块中断,使模块能够发送中断请求信号。例如,UART 模式下,在 USART_ISR 中,将中断使能位置 1。

(2) 查找芯片中断源表(如表 3-3)找到对应的 IRQ 号,设置嵌套中断向量控制器的中断使能寄存器(NVIC_ISER),使该中断源对应位置 1,允许该中断请求。反之,若要禁止该中断,则设置嵌套中断向量控制器的中断禁止寄存器(NVIC_ICER),使该中断源对应位置 1 即可。

(3) 若要设置其优先级,可对优先级寄存器编程。

本书提供的电子资源的例程,已经在各外部设备模块底层驱动构件中封装了模块中断使能与禁止的函数,可直接使用。这里阐述目的是使读者理解其中的编程原理。读者只要选择一个含有中断的构件,理解其使能中断函数与禁止中断函数即可。

6.4.3　STM32L431 中断编程步骤——以串口接收中断为例

本书 3.1 节给出了 STM32L431 的中断源及中断向量表。下面以 UART_2 接收中断为例,阐述 STM32L431 中断编程步骤。样例工程为..\04-Soft\CH06\ UART-STM32L431-ISR。

1. 准备阶段

在开发板硬件设计阶段确定使用的串口,用它来收发数据,如 AHL-STM32L431 中的 UART_User,也就是 UART_2。

在..\03_MCU\startup\ startup_STM32L431tx.s 文件的中断向量表中,找到串口 2 接收中断服务例程的函数名是 USART2_IRQHandler。同时,在..\05_UserBoard\User.h 文件中,对其进行如下宏定义,增强程序的可移植性。

```
#define UART_User      UART_2                  //UART_2 可用模块宏定义,用户串口
#define UART_User_Handler    USART2_IRQHandler    //用户串口中断函数宏定义
```

2. main.c 文件中的编程——串口初始化、使能模块中断、开总中断

(1) 在"初始化外设模块"位置调用 UART 构件中的初始化函数。

```
uart_init(UART_User 115200);   //初始化串口模块,波特率使用 115 200
```

(2) 在"初始化外设模块"位置调用 UART 构件中的使能模块中断函数。

```
uart_enable_re_int(UART_User);   //使能 UART_USER 模块接收中断功能
```

(3) 在"开总中断"位置调用 cpu.h 文件中的开总中断宏函数。

```
ENABLE_INTERRUPTS;   //开总中断
```

至此,串口接收中断初始化完成。

3. isr.c 文件中的编程——中断服务程序

接下来,可以在..\07_AppPrg\isr.c 文件中进行中断服务程序的编程。

```
// =================================================================
//程序名称: USART2_IRQHandler
//触发条件: UART_User 串口收到 1 字节触发
//备    注: 进入本程序后,可使用 uart_get_re_int 函数可再进行中断标志判断
//          (1 = 有 UART 接收中断,0 = 没有 UART 接收中断)
// =================================================================
void USART2_IRQHandler(void)
{
    uint8_t ch;
    uint8_t flag;
```

```
DISABLE_INTERRUPTS;                    //关总中断
//接收 1 字节的数据
ch = uart_re1(UART_User,&flag);        //调用接收 1 字节的函数,清接收中断位
if(flag)                               //有数据
{
    uart_send1(UART_User,ch);          //回发接收到的字节
}
ENABLE_INTERRUPTS;                     //开总中断

}
```

　　然后,可进行串口 2 接收中断功能的编程。这里的函数会取代原来的默认函数,从而避免了用户直接对中断向量表进行修改,而 startup_STM32L431tx. s 文件中采用"弱定义"的方式为用户提供编程接口,既方便用户使用,同时也提高了系统编程的安全性。

　　中断服务程序的设计与普通构件函数的设计一样,只是这些程序只有在中断产生时才被运行。为了规范编程,本书统一将各个中断服务程序,放在工程框架中的的..\07_AppPrg\isr. c文件中。**如编写一个 UART_User 串口接收中断服务程序,当串口有 1 字节的数据到来时,产生接收中断,将会执行 USART2_IRQHandler 函数**。在这个程序中,首先进入临界区[①],关总中断,接收一个到来的字符,若接收成功,则把这个字符发送回去,再退出临界区。

　　4. 运行结果

　　将机器码文件下载到目标开发套件中,在 AHL-GEC-IDE 的"工具"→"串口工具"菜单下,弹出串口测试工程界面,选择好串口,设置波特率为 115 200,单击"打开串口"按钮,选择发送方式为"字符串",在文本框内输入字符内容 A,单击"发送数据"按钮,则上位机将该字符串发送给 MCU。MCU 接收数据后回发给上位机,如图 6-6 所示。

图 6-6　通过中断实现串口的收发数据

---

　　① 有些情况下,一些程序段是需要连续执行而不能被打断的。此时,程序对 CPU 资源的使用是独占的,称为"临界状态",不能被打断的过程称为对"临界区"的访问。为防止在执行关键操作时被外部事件打断,一般通过关中断的方式使程序访问临界区,屏蔽外部事件的影响。执行完关键操作后退出临界区,打开中断,恢复对中断的响应能力。

【练习】 实现上位机发送"A",MCU 回发"C",上位机发送"B",MCU 回发"D",……。

6.5 实验二 串口通信及中断实验

串口通信简单方便使用,是最早普及的一种通信方式,也是嵌入式系统学习中简单常用的一种通信技术,可直接与 PC 通信。其他嵌入式通信方式大多需要通过串口通信与 PC 连接,实现基本调试与现象观察。

1. 实验目的

本次实验内容较多,涉及 UART 通信基本编程、中断编程、组帧解帧,以及 PC 方的 C♯ 串口通信编程方法。掌握了这些知识,为后续的深入学习打好工具性基础知识。

(1) 以串行接收中断为例,掌握中断的基本编程步骤。

(2) 通过接收多字节组成一帧,掌握串口通信组帧的编程方法。

(3) 掌握 PC 的 C♯ 串口通信编程方法。

2. 实验准备

(1) 软硬件工具:与实验一相同。

(2) 运行并理解 ..\04-Software\CH06 文件夹中的几个程序。

3. 参考样例

(1) MCU 方样例程序在 ..\04-Software\CH06\UART\UART-STM32L431-ISR 文件夹中。以下 MCU 方样例程序均指这个程序。该程序使用 UART 构件,实现串口接收中断编程。MCU 收到 1 字节后,进入串口接收中断处理程序,在该程序中,读出该字节,同时直接发送出去。可以利用 PC 串口通信程序对该程序进行测试。

(2) PC 方样例程序在"..\06-Other\C♯ 2019 串口测试程序"文件夹中。这是 PC 方串口通信 C♯ 源程序。无论是否学习过 C♯ 语言,都可以通过实例顺利理解其执行流程,基本掌握其编程方法,把它作为辅助工作,为学习 MCU 服务。..\06-Other 文件夹中还给出了 C♯ 快速应用指南的下载方式。

4. 实验过程或要求

1) 验证性实验

验证 MCU 方样例程序,其主要功能是实现开发板上的小灯闪烁,通过 MCU 串口发送字符串,回发接收数据。

(1) 复制样例工程并重命名。复制 MCU 方样例程序工程到自己的工作文件夹,改为自己确定的工程名,建议尾端增加。

(2) 导入工程、编译、下载到 GEC 中。

(3) 观察实验现象。在开发环境下,使用"工具"→"串口工具"命令,可进行串口调试;也可利用"..\06-Other\C♯ 2019 串口测试程序"或其他通用串口调试工具进行测试。在此基础上,理解 main.c 程序和中断服务例程 isr.c。PC 的 C♯ 界面设计了发送文本框、接收字符型文本框、十进制型文本框、十六进制型文本框,理解接收、发送等程序功能。

(4) 修改程序。MCU 收到 1 字节后,将其减 3,再发送回去,理解其观察到的现象。

2）设计性实验

（1）参考 MCU 方样例程序，利用该程序框架实现：通过串口调试工具或"..\06 Other\ C♯2019 串口测试程序"，PC 发送字符 1 或者 0 来控制开发板上三色灯中的一个 LED 灯，MCU 接收到字符 1 时打开 LED 灯，接收到字符 0 时关闭 LED 灯。

（2）参考 MCU 方样例程序，利用该程序框架实现：通过串口调试工具或"..\06-Other\ C♯2019 串口测试程序"，PC 发送字符串 Open 或者 Close 控制开发板上三色灯中的一个 LED 灯，MCU 接收到字符串 Open 时打开 LED 灯，接收到字符串 Close 时关闭 LED 灯。

3）进阶实验★（选读内容）

（1）参考 MCU 方样例程序，利用该程序框架实现：修改编写 MCU 方和 C♯方程序，利用组帧方法完成串口任意长度数据的接收和发送。实现 C♯程序发送字符串 Open 或者 Close 控制开发板上三色灯中的一个 LED 灯，MCU 接收到字符串 Open 时打开 LED 灯，接收到字符串 Close 时关闭 LED 灯。

提示：组帧的双方可约定"帧头＋数据长度＋有效数据＋帧尾"为数值帧的格式，帧头和帧尾请自行设定。

（2）利用上述实验中的组帧方法完成 C♯方和 MCU 方的程序功能，C♯方程序实现鼠标单击相应按钮，控制开发板上的三色灯完成"红、绿、蓝、青、紫、黄、白、暗"显示的控制。

5. 实验报告要求

（1）描述进行串口通信及中断编程实验中遇到的 3 个及 3 个以上问题，给出出现的原因、解决方法及体会。

（2）用适当文字，描述接收中断方式下，MCU 方串口通信程序的执行流程，PC 方的 C♯串口通信程序的执行流程。

（3）在实验报告中完成实践性问答题。

6. 实践性问答题

（1）分别给出波特率 9600b/s 和 115 200b/s 下发送 1 字节需要的时间。

（2）有哪些简单的方法可以测试 MCU 串口的 TX 引脚发出了信号？

（3）串口通信中用电平转换芯片（RS-485 或 RS-232）进行电平转换，程序是否需要修改？说明原因。

（4）组帧中如何增加校验字段，查找资料，说一说有哪些常用校验方法？

（5）MCU 方的串口接收中断编程，在 PC 方的 C♯编程中是如何描述的？

本章小结

本章是全书的重点之一，串行通信在嵌入式开发中具有特殊地位，通过串行通信接口与 PC 相连，可以借助 PC 屏幕进行嵌入式开发的调试。本章另一重要内容是阐述中断编程的基本方法。至此，本书第 1～6 章已经囊括了学习一个新 MCU 入门环节的完整要素，后续章节将在此规则与框架下学习各知识模块。

1. 关于串口通信的通用基础知识

在硬件上，MCU 的串口通信模块 UART 一般只需要三根线，分别称为发送线（TXD）、接收线(RXD)和地线(GND);在通信表现形式上,属于单字节通信,是嵌入式开发中重要的打桩调试手段。串行通信数据格式可简要表述为:发送器通过发送一个 0 表示 1 字节传输的开始;随后一般是 1 字节的 8 位数据;最后,发送器停止位 1,表示 1 字节传送结束。若继续发送下一字节,则需重新发送开始位,开始一个新的字节传送。若不发送新的字节,则维持 1 的状态,使发送数据线处于空闲。从开始位到停止位结束的时间间隔称为 1 字节帧。串行通信的速度用波特率表示,其含义是每秒内传送的位数,单位是位/秒,记为 b/s。

2. 关于 UART 构件的常用对外接口函数

首先应该学会使用 UART 构件进行串口通信的编程,正确理解与使用初始化(uart_init)、发送单字节(uart_send1)、发送 N 字节(uart_sendN)、发送字符串(uart_send_string)、接收单字节(uart_re1)、使能串口接收中断(uart_enable_re_int)等函数。对于 UART 构件的制作,有一定难度,可以根据自己的学习情况确定掌握深度,基本要求是在了解寄存器基础上,理解利用直接地址操作的串口发送打通程序,后续进行构件制作。这里可以看出,使用构件与制作构件的难度差异,这是软件编程社会分工的重要分界点,利用 GEC 概念,把这两个过程分割开来,做构件与用构件属于不同工作范畴。

3. 关于中断编程问题

任何一个计算机程序,原则上可以理解为两条运行线,一条为无限循环线,另一条为中断线。要对一个中断进行编程,要求掌握以下 4 个环节:①中断源、中断 IRQ 号、中断向量号;②产生中断的条件;③中断初始化;④中断处理程序的存放位置及编写中断处理程序。读者可通过串口通信接收中断体会这个过程。

习题

1. 利用 PC 的 USB 口与 MCU 之间进行串行通信,为什么要进行电平转换? AHL-STM32L431 开发板中是如何进行这种电平转换的?

2. 设波特率为 9600,使用 NRZ 格式的 8 个数据位、没有校验位、1 个停止位,传输 6KB 的文件最少需要多少时间?

3. 简要给出 ARM Cortex-M4 中断编程的基本知识要素,以串口通信的接收中断编程为例加以说明。

4. 查阅 UART 构件中对引脚复用的处理方法,说明这种方法的优缺点。

5. 按照 6.3.2 节的方法,利用直接地址的方法给出开发板上 UART_Debug 串口的发送程序。

6. 简要阐述制作 UART 构件的基本过程。

7. 简要阐述为什么实际串行通信编程中必须对通信内容进行组帧和校验,给出组帧和校验的基本方法描述与实践。

第**7**章

定时器相关模块

本章导读：定时器是 MCU 中必不可少的部件，周期性的定时中断为需要反复执行的功能提供了基础，定时器也为脉宽调制、输入捕捉与输出比较提供了技术基础。本章首先较详细地给出 ARM Cortex-M 内核定时器 SysTick 的编程方法，简要给出自身带有日历功能的 RTC 模块以及 Timer 模块的基本定时功能；随后给出 Timer 模块的脉宽调制、输入捕捉与输出比较功能的编程方法。

7.1 定时器通用基础知识

视频讲解

在嵌入式应用系统中，有时要求能对外部脉冲信号或开关信号进行计数，可通过计数器来完成；有些设备要求每间隔一定时间开启并在一段时间后关闭，有些指示灯要求不断地闪烁，可利用定时信号来完成。另外，计算机运行的日历时钟、产生不同频率的声源等也需要定时信号。计数与定时问题的解决方法是一致的，只不过是同一个问题的两种表现形式。实现计数与定时的基本方法有 3 种：完全硬件方式、完全软件方式、可编程计数器/定时器。完全硬件方式基于逻辑电路实现，现已很少使用；完全软件方式用于极短延时；稍微长一点的延时均使用可编程定时器。

完全软件方式是利用计算机执行指令的时间实现定时，但这种方式占用 CPU，不适用多任务环境，一般仅适用时间极短的延时且重复次数较少的情况。需要说明的是，在 C 语言编程时，这种声明和延时语句的循环变量需要加上 volatile，即编译时对该变量不优化，否则可能导致在不同编译场景下延时指令周期不一致。

```
//延时若干指令周期
for(volatile uint32_t i = 0; i < 80000; i++) __ASM("NOP");
```

可编程定时器是根据需要的定时时间，用指令对定时器进行初始常数设定，并用指令启动定时器开始计数。当计数到指定值时，便自动产生一个定时输出，通常为中断信号告知 CPU，在定时中断处理程序中，对时间进行基本运算。在这种方式中，定时器开始工作以后，CPU 不必去管它，可以运行其他程序，计时工作并不占用 CPU 的工作时间。在实时操作系统中,利用定时器产生中断信号,建立多任务程序运行环境,可大大提高 CPU 的利用率。本章后续阐述的均是这种类型定时器。

7.2 STM32L431 中的定时器

在计算机中,一般有多个定时器用于不同功能,有点像酒店墙上挂出许多时钟,显示不同时区的时间。计算机中定时器最基本的功能就是计时,不同定时器的计数频率不同,阈值范围不同。

7.2.1 ARM Cortex-M 内核定时器 SysTick

ARM Cortex-M 内核中包含一个简单的定时器 SysTick,又称为"嘀嗒"定时器。这个定时器由于是包含在内核中,凡是使用该内核生产的 MCU 均含有 SysTick,因此使用这个定时器的程序方便在 MCU 间移植。若使用实时操作系统,一般可用该定时器作为操作系统的时间嘀嗒,可简化实时操作系统在以 ARM Cortex-M 为内核的 MCU 间移植工作。

由于 SysTick 定时器功能简单,内部寄存器也较少,其构件制作也相对简单,因此,**读者彻底掌握其构件制作过程,有利于对构件的理解**。

1. SysTick 定时器的寄存器

1) SysTick 定时器的寄存器地址

SysTick 定时器中有 4 个 32 位寄存器,基地址为 0xE000_E010,其偏移地址及简明功能如表 7-1 所示。

表 7-1　SysTick 定时器的寄存器偏移地址及简明功能

偏移地址	寄存器名	简　称	简 明 功 能
0x0	控制及状态寄存器	CTRL	配置功能及状态标志
0x4	重载寄存器	LORD	低 24 位有效,计数器到 0,用该寄存器的值重载
0x8	计数器	VAL	低 24 位有效,计数器的当前值,减 1 计数
0xC	校准寄存器	CALIB	针对不同 MCU,校准恒定中断频率

2) 控制及状态寄存器

控制及状态寄存器的 31~17 位、15~3 位为保留位,其余 4 个位有实际含义,如表 7-2所示,这 4 位分别是溢出标志位、时钟源选择位、中断使能控制位和该定时器使能位,复位时,若未设置参考时钟,则为 0x0000_0004,即其第 2 位为 1,默认使用内核时钟。

表 7-2　控制及状态寄存器

位	英 文 含 义	中 文 含 义	R/W	功 能 说 明
16	COUNTFLAG	溢出标志位	R	计数器减 1 计数到 0,则该位为 1,读取该位清 0
2	CLKSOURCE	时钟源选择位	R/W	0: 外部时钟;1: 内核时钟(默认)
1	TICKINT	中断使能控制位	R/W	0: 禁止中断;1: 允许中断
0	ENABLE	SysTick 使能位	R/W	0: 关闭;1: 使能

3）重载寄存器及计数器

SysTick 模块的计数器（STCVR）保存当前计数值，这个寄存器由芯片硬件自行维护，用户无须干预，系统可通过读取该寄存器的值得到更精细的时间表示。

SysTick 定时器的重载寄存器（LORD）的低 24 位 D23～D0 有效，其值是计数器的初值及重载值。SysTick 定时器的计数器（VAL）保存当前计数值，这个寄存器是由芯片硬件自行维护，用户无须干预，用户程序可通过读取该寄存器的值得到更精细的时间表示。

4）ARM Cortex-M 内核优先级设置寄存器

SysTick 定时器的初始化程序时，还需用到 ARM Cortex-M 内核的系统处理程序优先级寄存器（System Handler Priority Register，SHPR），用于设定 SysTick 定时器中断的优先级。SHPR 位于系统控制块（System Control Block，SCB）中。在 ARM Cortex-M 中，只有 SysTick、SVC（系统服务调用）和 PendSV（可挂起系统调用）等内部异常可以设置其中断优先级，其他内核异常的优先级是固定的。编程时，使用 SCB→SHP[n] 进行编写，SVC 的优先级在 SHP[7]寄存器中设置，PendSV 的优先级在 SHP[10]寄存器中设置，SysTick 的优先级在 SHP[11]寄存器中设置，具体位置如表 7-3 所示。对于 STM32L431 芯片，SHP[n] 寄存器的有效位数是高 4 位，优先级可以设置为 0～15 级，一般设置 SysTick 的优先级为 15。关于 SVC 及 PendSV 主要用于实时操作系统中，本书不再阐述。

表 7-3 优先级设置寄存器

地　　　址	名　　称	类　　型	复　位　值	描　　　述
0xE000_ED23	SHP[11]	R/W	0(8 位)	SysTick 的优先级
0xE000_ED22	SHP[10]	R/W	0(8 位)	PendSV 的优先级
0xE000_ED1F	SHP[7]	R/W	0(8 位)	SVC 的优先级

以 SHP[11]的设置为例进行说明：首先查找地址，可在../02_CPU/core_cm4.h 文件中找到 SCB 的基地址为 0xE000_ED00，SHP[12]的偏移量为 0x018，由此可计算出 SHP[11]、SHP[10]、SHP[7]的地址分别为 0xE000_ED23、0xE000_ED22、0xE000_ED1F；然后设置优先级，可以在 systick.c 中调用函数 NVIC_SetPriority 来调整优先级，方法为 NVIC_SetPriority(SysTick_IRQn，(1UL＜＜__NVIC_PRIO_BITS)－1UL)，通过查表（表 3-3）得到函数中的第 1 参数为 0xFFFF_FFFF（补码表示，原码为－1），计算可得到第 2 参数为 0xF（即优先级为 15），并在 core_cm4.h 中找到其对应的函数，通过 if 语句计算出 SHP[n]中的 n 为 11，SHP[11]＝0xF0，其中__NVIC_PRIO_BITS 已被宏定义为 4。

2. SysTick 构件制作过程

SysTick 构件是一个最简单的构件，只包含一个初始化函数。要设计 SysTick 初始化函数 systick_init，分为以下 4 个步骤。

1）梳理初始化流程

SysTick 定时器被捆绑在嵌套向量中断控制器（NVIC）中，内含一个 24 位向下计数器，采用减 1 计数的方式工作，当减 1 计数到 0 时，可产生 SysTick 异常（中断），中断号为 15。初始化时，选择时钟源（决定了计数频率）、设置重载寄存器（决定了溢出周期）、设置优先级、允许中断，使能该模块。由此，该定时器开始工作，计数器的初值为重载寄存器中的值，计数器开始减 1 计数，计数到 0 时，控制及状态寄存器的溢出标志位 COUNTFLAG 被自动置

1,产生中断请求,同时,计数器自动重载初值继续开始新一轮减 1 计数。

2）确定初始化参数及其范围

下面分析 SysTick 初始化函数都需要哪些参数。首先是确定时钟源,它决定了计数频率,本书使用的 STM32L431 芯片外部晶振未引出,编程时将 SysTick 的时钟源设置为内核时钟,不做传入参数；其次,由于当计数器(VAL)减到 0 时会产生 SysTick 中断,因此应确定 SysTick 中断时间间隔,单位一般为毫秒(ms)。这样,SysTick 初始化函数只有一个参数：中断时间间隔。设时钟频率为 f,计数器有效位数为 n,则中断时间间隔的范围 $\tau=1\sim(2^n/f)\times1000$(ms)。STM32L431 的内核时钟频率为 $f=48\text{MHz}$,计数器有效位数 $n=24$,故中断时间间隔的范围 $\tau=1\sim349$(ms)。

3）中断优先级设置函数

在 ../02_CPU/core_cm4.h 文件中提供用于设置中断优先级的函数 NVIC_SetPriority,该函数具有两个参数,分别是 IRQ 号和设定的优先级。

```
#define NVIC_SetPriority    __NVIC_SetPriority
// ===================================================================
//函数名称: __NVIC_SetPriority
//函数返回: 无
//参数说明: IRQn: IRQ 号, priority: 设定的优先级
//功能概要: 设置中断优先级
// ===================================================================
__STATIC_INLINE void __NVIC_SetPriority(IRQn_Type IRQn, uint32_t priority)
{
    if ((int32_t)(IRQn) >= 0)
    {
        NVIC-> IP[((uint32_t)IRQn)] = (uint8_t)((priority << (8U -
                                      __NVIC_PRIO_BITS))&(uint32_t)0xFFUL);
    }
    else
    {
        SCB-> SHP[(((uint32_t)IRQn) & 0xFUL) - 4UL] = (uint8_t)((priority << (8U -
                                      __NVIC_PRIO_BITS)) & (uint32_t)0xFFUL);
    }
}
```

4）编写 systick_init 函数

在确定初始化流程、参数和参数范围后,编写 systick_init 函数就变得简单了。首先进行参数检查；其次禁止 SysTick 和清除计数器；然后设置时钟源、重载寄存器、SysTick 优先级；最后允许中断并使能该模块。具体流程见源代码。

```
// ===================================================================
//函数名称: systick_init
//函数返回: 无
//参数说明: int_ms: 中断的时间间隔,单位 ms,推荐选用 5,10,…
//功能概要: 初始化 SysTick 定时器,设置中断的时间间隔
//说    明: 内核时钟频率 MCU_SYSTEM_CLK_KHZ 宏定义在 mcu.h 中, 为 48 000Hz
//         systick 以 ms 为单位,349(2^24 /48000,向下取整),合理范围 1～349
```

```
// ================================================================
void systick_init(uint8_t int_ms)
{
    //(1)参数检查
    if((int_ms < 1)||(int_ms > 349))   int_ms = 10;
    //(2)设置前先禁止 SysTick 和清除计数器
    SysTick -> CTRL = 0;          //禁止 SysTick
    SysTick -> VAL = 0;           //清除计数器
    //(3)设置时钟源和重载寄存器
    SysTick -> LOAD = MCU_SYSTEM_CLK_KHZ * int_ms;
    SysTick -> CTRL| = SysTick_CTRL_CLKSOURCE_Msk;        //选择内核时钟
    //(4)设定 SysTick 优先级为 15
    NVIC_SetPriority(SysTick_IRQn, (1UL << __NVIC_PRIO_BITS) - 1UL);
    //(5)允许中断,使能该模块
    SysTick -> CTRL | = (SysTick_CTRL_ENABLE_Msk|SysTick_CTRL_TICKINT_Msk);
}
```

在编写底层驱动时,需要对寄存器的某几位进行置 1 或清零操作,而不能影响其他位。在内核头文件和芯片头文件中,提供类似如…_Pos 和…_Msk 的宏定义。其中,Msk 是 Mask 的缩写,中文含义是掩码,用于和寄存器进行按位运算得出新的操作数。例如:

```
SysTick -> CTRL| = SysTick_CTRL_CLKSOURCE_Msk;        //选择内核时钟
```

SysTick_CTRL_CLKSOURCE_Msk 的值为 1U<<2UL(U、UL 分别表示无符号类型和无符号长整型),和 SysTick→CTRL 按位或后,将 SysTick→CTRL 中的第 2 位置 1,而其他位不受影响。

3. SysTick 构件测试工程

测试工程位于电子资源中的..\04-Software\CH07\Systick-STM32L431 文件夹,其主要功能为 SysTick 使用内核时钟,每 10ms 中断一次,在中断里进行计数判断,每 100 个 SysTick 中断蓝灯状态改变,同时调试串口输出 MCU 记录的相对时间,如 00:00:01。

通过运行 PC 的"时间测试程序 C♯2019"程序,可显示 MCU 通过串口送来的 MCU 中 SysTick 定时器产生的相对时间,如 00:00:20,同时显示 PC 的当前时间,如 10:12:26。此外,还提供了 SysTick 的时间校准方式,可根据测试程序界面右下角检测的 PC 时间间隔与 MCU 的 30s 的比较,来适当改变重载寄存器的值,以此校准 SysTick 定时器产生的时间。SysTick 定时器中断处理程序如下:

```
// ================================================================
//函数名称:SysTick_Handler(SysTick 定时器中断处理程序)
//参数说明:无
//函数返回:无
//功能概要:(1)每 10ms 中断触发本程序一次;
//         (2)达到 1s 时,调用秒 +1 程序,计算时、分、秒
//特别提示:(1)使用全局变量字节型数组 gTime[3],分别存储时、分、秒
//         (2)注意其中静态变量的使用
```

```
// ==========================================================================
void SysTick_Handler()
{
    static uint8_t SysTickCount = 0;          //静态变量 SysTickCount
    SysTickCount++;                           //Tick 单元 + 1
    wdog_feed();                              //看门狗"喂狗"
    if(SysTickCount >= 100)
    {
        SysTickCount = 0;
        SecAdd1(gTime); //gtime 是时、分、秒全局变量数组
    }
}
```

下面对该程序做如下两点说明:①理解为什么要把 SysTickCount 声明为静态变量,静态变量为什么一定要在声明时赋初值;②程序中当时间达到 1s 时,调用秒单元+1 子程序,进行时、分、秒的计算,可以在此基础上进行年、月、日、星期的计算。注意闰年和闰月等问题。

```
// ==========================================================================
//函数名称: SecAdd1
//函数返回: 无
//参数说明: * p: 为指向一个"时、分、秒"数组 p[3]
//功能概要: 秒单元 + 1,并处理"时、分"单元(00: 00: 00 - 23: 59: 59)
// ==========================================================================
void SecAdd1(uint8_t * p)
{
    *(p + 2) += 1;          //秒 +1
    if( *(p + 2)>= 60)      //秒溢出
    {
        *(p + 2) = 0;       //清秒
        *(p + 1) += 1;      //分 +1
        if( *(p + 1)>= 60)  //分溢出
        {
            *(p + 1) = 0;   //清分
            *p += 1;        //时 +1
            if( *p>= 24)    //时溢出
            {
                *p = 0;     //清时
            }
        }
    }
}
```

【思考】　程序中给出比较判断的语句,使用 if(*(p+2)>=60),而不使用 if(*(p+2)==60),这是为什么?这样的编程提高了程序的鲁棒性,仔细体会其中的道理。

7.2.2　实时时钟模块

STM32L431 芯片的实时时钟(Real-Time Clock,RTC)模块是一个独立的 BCD

(Binary-Coded Decimal)①定时器/计数器,提供可编程功能的日历、闹钟和周期性自动唤醒3 个功能。日历包含两个 32 位的时间寄存器,可直接输出时、分、秒、星期和年、月、日;闹钟功能以日历时间为基准,当到达闹钟寄存器中设置的时间时,发生闹钟中断;周期性自动唤醒功能可周期性地产生唤醒中断,中断标志由 16 位可编程自动重载递减计数器生成。

RTC 模块是一个特殊用途的模块,这里给出利用封装好的构件操作该定时模块的方法,构件制作相关内容参见电子资源中的补充阅读材料。

1. RTC 构件的 API 接口函数简明列表

RTC 构件主要 API 接口函数包括初始化、设置 RTC 时钟的日期和时间、获取 RTC 时钟的日期和时间、设置唤醒时间等,如表 7-4 所示。

表 7-4 RTC 常用接口函数

序号	函 数 名	简 明 功 能
1	RTC_Init	初始化
2	RTC_Set_Date、RTC_Set_Time	设置 RTC 时钟的日期、时间
3	RTC_Get_Date、RTC_Get_Time	获取 RTC 时钟的日期、时间
4	RTC_Set_PeriodWakeUp	设置唤醒时间
5	RTC_PeriodWKUP_Get_Int、RTC_PeriodWKUP_Clear	获取、清除唤醒中断标志
...	...	...

2. RTC 构件的头文件

RTC 构件的头文件 rtc.h 在电子资源..\03_MCU\MCU_drivers 文件夹中,这里给出部分 API 接口函数的使用说明及函数声明。

```
// ================================================================
//文件名称：rtc.h
//功能概要：STM32L431RC RTC 底层驱动程序头文件
//版权所有：SD-EAI&IoT Lab.(sumcu.suda.edu.cn)
// ================================================================
#ifndef _RTC_H
#define _RTC_H
#include "mcu.h"
//闹钟选择
#define A 0        //闹钟 A
#define B 1        //闹钟 B


// ================================================================
//函数名称：RTC_Init
//函数参数：无
//函数返回：0：初始化成功；1：进入初始化失败
//功能概要：选择 LSI 时钟,频率为 32kHz,将 7 位异步预分频器为 128,
//          15 位同步预分频器为 256,并初始化时钟
```

① 用 4 位二进制数来表示 1 位十进制数中的 0~9 这 10 个数码,是一种二进制的数字编码形式。

```
// ==============================================================
uint8_t RTC_Init(void);


// ==============================================================
//函数名称: RTC_Set_Date
//函数参数: year: 年份;month: 月份;date: 天数;week: 星期几
//函数返回: 1: 设置日期成功; 0: 设置日期失败
//功能概要: 设置 RTC 时钟的日期
// ==============================================================
uint8_t RTC_Set_Date(uint8_t year,uint8_t month,uint8_t date,uint8_t week);


// ==============================================================
//函数名称: RTC_Set_Time
//函数参数: hour: 小时;min: 分钟;sec: 秒钟
//函数返回: 1: 设置时间成功; 0: 设置时间失败
//功能概要: 设置 RTC 时钟的时间
// ==============================================================
uint8_t RTC_Set_Time(uint8_t hour,uint8_t min,uint8_t sec);


// ==============================================================
//函数名称: RTC_Get_Date
//函数参数: year: 年份;month: 月份;date: 天数;week: 星期几
//函数返回: 无
//功能概要: 获取 RTC 时钟的日期
// ==============================================================
void RTC_Get_Date(uint8_t * year,uint8_t * month,uint8_t * date,uint8_t * week);


// ==============================================================
//函数名称: RTC_Get_Time
//函数参数: hour: 小时;min: 分钟;sec: 秒钟
//函数返回: 无
//功能概要: 获取 RTC 时钟的时间
// ==============================================================
void RTC_Get_Time(uint8_t * hour,uint8_t * min,uint8_t * sec);


// ==============================================================
//函数名称: RTC_Set_PeriodWakeUp
//函数参数: rtc_s: 自动唤醒的周期,单位为秒
//函数返回: 无
//功能概要: 设置自动唤醒的周期
// ==============================================================
void RTC_Set_PeriodWakeUp(uint8_t rtc_s);


// ==============================================================
//函数名称: RTC_PeriodWKUP_Get_Int
//函数返回: 1: 有唤醒中断,0: 没有唤醒中断
//参数说明: 无
//功能概要: 获取唤醒中断标志
// ==============================================================
uint8_t RTC_PeriodWKUP_Get_Int();
```

```
// ===============================================================
//函数名称：RTC_PeriodWKUP_Clear
//函数返回：无
//参数说明：无
//功能概要：清除唤醒中断标志
// ===============================================================
void RTC_PeriodWKUP_Clear();

…

#endif
```

3. RTC 构件的测试实例

RTC 构件的测试工程位于电子资源中的 ..\04-Soft\CH07\RTC-STM32L431 文件夹。其主要功能是初始设置 RTC 基准时间为 00/00/00 00:00:00 星期 0，每秒唤醒定时器，在唤醒中断处理程序 RTC_WKUP_IRQHandler 中使用 printf 函数输出日期和时间。同时提供 PC 测试程序"RTC-测试程序 C♯2019"，显示当前的 PC 时间，可通过 User 串口重新改变 RTC 基准时间。

```
// ===============================================================
//程序名称：RTC_WKUP_IRQHandler
//函数参数：无
//中断类型：RTC唤醒中断处理函数
// ===============================================================
void RTC_WKUP_IRQHandler(void)
{
    uint8_t hour,min,sec;
    uint8_tyear,month,date,week;
    char * p;
    if(RTC_PeriodWKUP_Get_Int())                //唤醒定时器的标志
    {
        RTC_PeriodWKUP_Clear ();                //清除唤醒中断标志
        RTC_Get_Date(&year,&month,&date,&week);     //获取 RTC 记录的日期
        RTC_Get_Time(&hour,&min,&sec);              //获取 RTC 记录的时间
        p = NumToStr("%02d/%02d/%02d %02d:%02d:%02d
                    星期%d\n",year,month,date,hour,min,sec,week);
        uart_send_string(UART_User,p);
        printf("%02d/%02d/%02d %02d:%02d:%02d
                    星期%d\n",year,month,date,hour,min,sec,week);
    }
}


// ===============================================================
//程序名称：UART_User_Handler
//触发条件：UART_User 串口收到 1 字节触发
//备    注：进入本程序后,可使用 uart_get_re_int 函数可再进行中断标志判断
//          (1: 有 UART 接收中断,0: 没有 UART 接收中断)
```

```
// ================================================================
void UART_User_Handler(void)
{
    //(1)变量声明
    uint8_t flag,ch;
    DISABLE_INTERRUPTS;                          //关总中断
    //(2)未触发串口接收中断,退出
    if(!uart_get_re_int(UART_User)) goto UART_User_Handler_EXIT;
    ch = uart_re1(UART_User,&flag);              //调用接收 1 字节的函数
    if(!flag) goto UART_User_Handler_EXIT;       //实际未收到数据,退出
    if(CreateFrame(ch,gcRTCBuf))
    {
        g_RTC_Flag = 1;
    }
UART_User_Handler_EXIT:
    ENABLE_INTERRUPTS;                           //开总中断
}
```

7.2.3　Timer 模块的基本定时功能

　　Timer 模块内含 6 个独立定时器,分别称为 TIM1、TIM2、TIM6、TIM7、TIM15、TIM16,各定时器之间相互独立,不共享任何资源。除 TIM2 为 32 位定时器外,其他均为 16 位定时器。这些定时器的时钟源可以通过编程使用外部晶振,也可以使用内部时钟源。TIM6、TIM7 只用于基本计时,TIM1、TIM2、TIM15、TIM16 还具有 PWM、输入捕捉、输出比较功能,当用于这些功能时,不能用于基本计时,本节仅讨论 Timer 模块的基本计时功能,7.3 节和 7.4 节讨论 Timer 模块的 PWM、输入捕捉、输出比较功能。

　　下面给出利用封装好的构件操作 Timer 模块的方法,构件制作相关内容参见电子资源中的补充阅读材料。

1. 基本计时构件头文件

　　Timer 构件的头文件 timer.h 在电子资源..\03_MCU\MCU_drivers 文件夹中。下面给出其 API 接口函数的使用说明及函数声明。

```
// ================================================================
//文件名称: timer.h
//功能概要: Timer 基本定时构件头文件
//制作单位: SD - EAI&IoT Lab(sumcu.suda.edu.cn)
//版    本: 2019 - 12 - 20, V1.0, 2021 - 01 - 26, V3.0
//适用芯片: STM32L431
// ================================================================
#ifndef TIMER_H
#define TIMER_H

#include "string.h"
#include "mcu.h"
```

```
#define TIMER1    1
#define TIMER2    2
#define TIMER15   15
#define TIMER16   16
#define TIMER6    6
#define TIMER7    7
// ================================================================
//函数名称: timer_init
//函数返回: 无
//参数说明: timer_No: 时钟模块号(使用宏定义 TIMER1、TIMER2…)
//          time_ms: 定时器中断的时间间隔,单位为 ms;
//          合理范围: TIM1、TIM15、TIM16、TIM6、TIM7: 1～2^16 ms,
//                    TIM2: 1～2^32 ms
//功能概要: 定时器初始化,设定中断时间间隔
// ================================================================
void timer_init(uint8_t timer_No,uint32_t time_ms);


// ================================================================
//函数名称: timer_enable_int
//函数返回: 无
//参数说明: timer_No: 时钟模块号(使用宏定义 TIMER1、TIMER2…)
//功能概要: 定时器使能
// ================================================================
void timer_enable_int(uint8_t timer_No);


// ================================================================
//函数名称: timer_disable_int
//函数返回: 无
//参数说明: timer_No: 时钟模块号(使用宏定义 TIMER1、TIMER2…)
//功能概要: 定时器除能
// ================================================================
void timer_disable_int(uint8_t timer_No);


// ================================================================
//函数名称: timer_get_int
//参数说明: timer_No: 时钟模块号(使用宏定义 TIMER1、TIMER2…)
//功能概要: 定时器中断标志
//函数返回: 中断标志 1: 对应定时器中断产生; 0: 对应定时器中断未产生
// ================================================================
uint8_t timer_get_int(uint8_t timer_No);


// ================================================================
//函数名称: timer_clear_int
//函数返回: 无
//参数说明: timer_No: 时钟模块号(使用宏定义 TIMER1、TIMER2…)
//功能概要: 清除定时器中断标志
```

```
// ================================================================
void timer_clear_int(uint8_t timer_No);

#endif
```

2. Timer 模块基本计时构件的测试实例

测试工程位于电子资源..\04-Software\CH07\Timer-STM32L431 文件夹中,其主要功能为 Timer 定时器每 20ms 中断一次,在中断里进行计数判断,每 50 个中断蓝灯状态改变,同时调试串口输出 MCU 记录的相对时间,如 00:00:01。

通过运行 PC 的"时间测试程序 C#2019"程序,可显示 MCU 通过串口送来的 MCU 中定时器产生的相对时间,如 00:00:20,同时显示 PC 的当前时间,如 10:12:26。此外,还提供了时间校准方式,可根据测试程序界面右下角检测的 PC 时间间隔与 MCU 的 30s 的比较,来适当改变自动重载寄存器的值,以此校准定时器产生的时间。

7.3　脉宽调制

7.3.1　脉宽调制通用基础知识

1. 脉宽调制的基本概念与技术指标

脉宽调制(Pulse Width Modulator,PWM)是电机控制的重要方式之一。PWM 信号是周期和脉冲宽度可以编程调整的高低电平重复交替的周期性信号,通常也叫脉宽调制波或 PWM 波,其实例如图 7-1 所示。通过 MCU 输出 PWM 信号的方法与使用纯电力电子电路实现的方法相比,有实现方便及调节灵活等优点,所以目前经常使用的 PWM 信号主要通过 MCU 编程方法实现。这个方法需要有一个产生 PWM 波的时钟源,设这个时钟源的**时钟周期**为 T_{CLK}。PWM 信号的主要技术指标有周期、占空比、极性、脉冲宽度、分辨率、对齐方式等,下面分别介绍。

1) PWM 周期

在微控制器或微处理器编程产生 PWM 波的环境下,**PWM 信号的周期用其持续的时钟周期个数来度量**。例如,图 7-1 中 PWM 信号的周期是 8 个时钟周期,即 $T_{PWM}=8T_{CLK}$,由此看出 PWM 信号的可控制精度取决于其时钟源的颗粒度。

2) PWM 占空比

PWM 占空比被定义为 PWM 信号处于有效电平的时钟周期数与整个 PWM 周期内的时钟周期数之比,用百分比表示。图 7-1(a)中,PWM 的高电平(高电平为有效电平)为 $2T_{CLK}$,所以占空比=2/8=25%,类似计算,图 7-1(b)占空比为 50%(方波)、图 7-1(c)占空比为 75%。

3) PWM 极性

PWM 极性决定了 PWM 波的有效电平。正极性表示 PWM 有效电平为高(如图 7-1),那么在边沿对齐的情况下,PWM 引脚的平时电平(也称空闲电平)就应该为低,开始产生

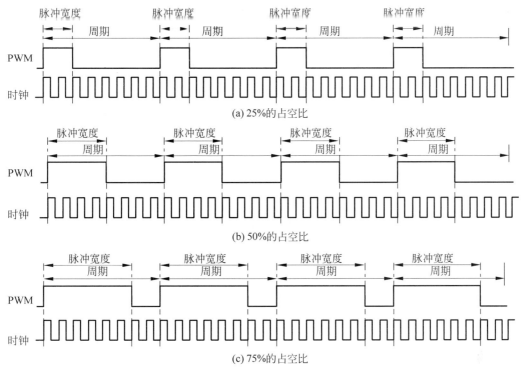

图 7-1 PWM 的占空比的计算方法

PWM 的信号为高电平,到达比较值时,跳变为低电平,到达 PWM 周期时又变为高电平,周而复始。负极性则相反,PWM 引脚平时电平(空闲电平)为高,有效电平为低。但需注意:占空比通常仍定义为高电平时间与 PWM 周期之比。

4)脉冲宽度

脉冲宽度是指一个 PWM 周期内,PWM 波处于高电平的时间(用持续的时钟周期数表示)。脉冲宽度可以用占空比与周期计算出来,可不作为一个独立的技术指标,记 PWM 占空比为 b,周期为 T_{PWM},脉冲宽度为 W,则 $W = b \times T_{PWM}$,单位为时钟周期数。若时钟周期用 s 为单位,W 乘以时钟周期,则可换算为以 s 为单位。

5)PWM 分辨率

PWM 分辨率 ΔT 是指脉冲宽度的最小时间增量。例如,若 PWM 是利用频率为 48MHz 的时钟源产生的,即时钟源周期 $=(1/48)\mu s = 0.208\mu s = 20.8ns$,那么脉冲宽度的每一增量为 $\Delta T = 20.8ns$,就是 PWM 的分辨率。它就是脉冲宽度的最小时间增量了,脉冲宽度的增加与减少只能是 ΔT 的整数倍。一般情况下,脉冲宽度 τ 正是用高电平持续的时钟周期数(整数)来表示的。

6)PWM 的对齐方式

可以用 PWM 引脚输出发生跳变的时刻来描述 PWM 的边沿对齐与中心对齐两种对齐方式。从 MCU 编程方式产生 PWM 的方法来理解这个概念。设产生 PWM 波时钟源的时钟周期为 T_{CLK},PWM 周期 T_{PWM} 为 M 个时钟周期,即 PWM 的周期 $T_{PWM} = M \times T_{CLK}$,设有效电平(即脉冲宽度)为 N,脉冲宽度脉宽 $W = N \times T_{CLK}$,同时假设 $N > 0, N < M$,计

数器记为 TAR,通道(n)值寄存器记为 $CCR_n = N$,用于比较。设 PWM 引脚输出平时电平为低电平,开始时,TAR 从 0 开始计数,在 TAR=0 的时钟信号上升沿,PWM 输出引脚由低变高,随着时钟信号增 1,TAR 增 1,当 TAR=N 时(即 TAR=CCR_n),在此刻的时钟信号上升沿,PWM 输出引脚由高变低,持续 $M-N$ 个时钟周期,TAR=0,PWM 输出引脚由低变高,周而复始。这就是边沿对齐(Edge-Aligned)的 PWM 波,缩写为 EPWM,是一种常用的 PWM 波。图 7-2 给出了周期为 8,占空比为 25% 的 EPWM 波示意图。概括地说,在平时电平为低电平的 PWM 的情况下,开始计数时,PWM 引脚同步变高,这就是边沿对齐。

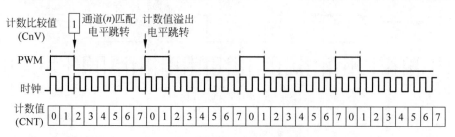

图 7-2　边沿对齐方式 PWM 输出

中心对齐(Center-Aligned)的 PWM 波,缩写为 CPWM,是一种比较特殊的产生脉宽调制波的方法,常用在逆变器、电机控制等场合。图 7-3 给出了 25% 占空比时 CPWM 产生的示意图。在计数器向上计数情况下,当计数值(TAR)小于计数比较值(CCR_n)时,PWM 通道输出低电平,当计数值(TAR)大于计数比较值(CCR_n)时,PWM 通道发生电平跳转,输出高电平。在计数器向下计数时,当计数值(TAR)大于计数比较值(CCR_n)时,PWM 通道输出高电平;当计数值(TAR)小于计数比较值(CCR_n)时,PWM 通道发生电平跳转输出低电平。按此运行机理周而复始运行,便实现 CPWM 波的正常输出。概括地说,设 PWM 波的低电平时间 $t_L = K \times T_{CLK}$,在平时电平为低电平的 PWM 的情况下,中心对齐的 PWM 波比边沿对齐的 PWM 波形向右平移了($K/2$)个时钟周期。

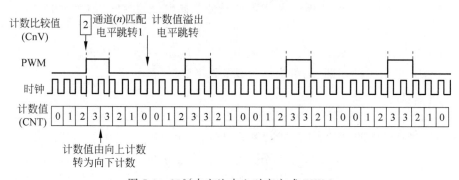

图 7-3　25% 占空比中心对齐方式 PWM

本书网上电子资源中的补充阅读材料给出了边沿对齐和中心对齐方式应用场景简介。

2. PWM 的应用场合

PWM 最常见的应用是电机控制,还有下面一些其他用途,这里举例说明。①利用 PWM 为其他设备产生类似时钟的信号。例如,PWM 可用来控制以一定频率闪烁的灯。②利用 PWM 控制输入某个设备的平均电流或电压。例如,一个直流电机在输入电压时会转动,而转速与平均输入电压的大小成正比。假设每分钟转速(r/min)＝输入电压的 100 倍,如果转速要达到 125r/min,则需要 1.25V 的平均输入电压;如果转速要达到 250r/min,则需要 2.50V 的平均输入电压。在不同占空比的图 7-1 中,如果逻辑 1 是 5V,逻辑 0 是 0V,则图 7-1(a)的平均电压是 1.25V,图 7-1(b)的平均电压是 2.5V,图 7-1(c)的平均电压是 3.75V。可见,利用 PWM 可以设置适当的占空比来得到所需的平均电压,如果所设置的周期足够小,则电机就可以平稳运转(即不会明显感觉到电机在加速或减速)。③利用 PWM 控制命令字编码。例如,通过发送不同宽度的脉冲,代表不同含义。假如用此来控制无线遥控车,脉冲宽度 1ms 代表左转命令,脉冲宽度 4ms 代表右转命令,脉冲宽度 8ms 代表前进命令。接收端可以使用定时器测量脉冲宽度,在脉冲开始时启动定时器,脉冲结束时停止定时器,由此确定所经过的时间,从而判断接收到的命令。

7.3.2　基于构件的 PWM 编程方法

1. STM32L431 的 PWM 引脚

7.2.3 节中提到,Timer 模块中的 TIM1、TIM2、TIM15、TIM16 提供 PWM 功能,各定时器提供的通道数及对应引脚如表 7-5 所示。

表 7-5　Timer 模块 PWM 通道引脚表

Timer 模块	通　道　数	通　道　号	MCU 引脚名	GEC 引脚号
TIM1	4	1	PTA8	37
		2	PTA9	73
		3	PTA10	72
		4	PTA11	71
TIM2	4	1	PTA0	45
			PTA5	21
			PTA15	22
		2	PTA1	44
			PTB3	23
		3	PTA2	10
			PTB10	39
		4	PTA3	8
			PTB11	38
TIM15	2	1	PTA2	10
			PTB14	28
		2	PTA3	8
			PTB15	29
TIM16	1	1	PTA6	16
			PTB8	55

TIM1、TIM2 提供边沿对齐和中心对齐模式,而 TIM15、TIM16 仅提供边沿对齐模式。

2. PWM 构件的头文件

PWM 构件的头文件 pwm.h 在电子资源的..\03_MCU\MCU_drivers 文件夹中,下面给出其 API 接口函数的使用说明及函数声明。

```
// ===================================================================
//文件名称：pwm.h
//功能概要：PWM 底层驱动构件头文件
//制作单位：SD－EAI&IoT Lab(sumcu.suda.edu.cn)
//版      本：2019－11－16  V2.0
//适用芯片：STM32L431
// ===================================================================
#ifndef _PWM_H_
#define _PWM_H_
#include "mcu.h"


//PWM 对齐方式宏定义：边沿对齐、中心对齐
#define PWM_EDGE    0
#define PWM_CENTER 1


//PWM 极性选择宏定义：正极性、负极性
#define PWM_PLUS     1
#define PWM_MINUS   0


//PWM 通道号
#define  PWM_PIN0   (PTA_NUM|5)     //CH1
#define  PWM_PIN1   (PTB_NUM|3)     //CH2
#define  PWM_PIN2   (PTB_NUM|10)    //CH3
#define  PWM_PIN3   (PTB_NUM|11)    //CH4
…


// ===================================================================
//函数名称：pwm_init
//功能概要：PWM 初始化函数
//参数说明：pwmNo: pwm 通道号(使用宏定义 PWM_PIN0、PWM_PIN1…)
//         clockFre: 时钟频率,单位: kHz,取值: 375、750、1500、3000、6000、
//              12 000、24 000、48 000
//         period: 周期,单位为个数,即计数器跳动次数,范围为 1～65 536
//         duty: 占空比: 0.0～100.0 对应 0%～100%
//         align: 对齐方式,在头文件宏定义给出,如 PWM_EDGE 为边沿对齐
//         pol: 极性,在头文件宏定义给出,如 PWM_PLUS 为正极性
//函数返回：无
// ===================================================================
void pwm_init(uint16_t pwmNo,uint32_t clockFre,uint16_t period,double duty,
            uint8_t align,uint8_t pol);


// ===================================================================
//函数名称：pwm_update
//功能概要：tpmx 模块 Chy 通道的 PWM 更新
//参数说明：pwmNo: pwm 通道号(使用宏定义 PWM_PIN0、PWM_PIN1…)
//         duty: 占空比: 0.0～100.0 对应 0%～100%
//函数返回：无
```

```
// ===============================================================
void pwm_update(uint16_t pwmNo,double duty);

#endif
```

3. 基于构件的 PWM 编程举例

PWM 驱动构件的测试工程位于电子资源的..\04-Soft\CH07\PWM-STM32L431 文件夹中,PWM 的定时器默认为 TIM2,编程输出 PWM 波,PC 的对应程序为 PWM-测试程序 C♯2019,可通过串口观察 PWM 波形。MCU 方编程步骤如下。

(1) 变量定义。在 07_AppPrg\main.c 中 main 函数的"声明 main 函数使用的局部变量"部分,定义变量 mFlag 和 Flag。

```
uint8_t   mFlag;        //电平状态
uint8_t   Flag;         //电平标志
```

(2) 给变量赋初值。

```
mFlag = 0;
Flag = 1;
```

(3) 初始化 PWM。在 main 函数的"初始化外设模块"处,初始化 PWM,设置通道号为 PWM_USER(PTA_NUM|5),时钟频率为 1500Hz,周期为 1000,占空比设为 50%,对齐方式为中心对齐,极性选择为负极性。

```
pwm_init(PWM_USER,1500,1000,50.0,PWM_CENTER,PWM_MINUS);   //PWM 输出初始化
```

(4) 输出高低电平并控制小灯翻转。

```
mFlag = gpio_get(PWM_USER);
if((mFlag == 1)&&(Flag == 1))
{
    printf("高电平: 1\n");
    Flag = 0;
    gpio_reverse(LIGHT_BLUE);
}
else if((mFlag == 0)&&(Flag == 0))
{
    printf("低电平: 0\n");
    Flag = 1;
    gpio_reverse(LIGHT_BLUE);
}
```

7.3.3 脉宽调制构件的制作过程

1. PWM 模块寄存器概述

利用 Timer 模块实现 PWM 功能涉及的寄存器有捕获/比较使能寄存器(TIMx_

CCER)、控制寄存器(TIMx_CR)、捕获/比较寄存器(TIMx_CCR)、捕获/比较模式寄存器(TIMx_CCMR)、自动重载寄存器(TIMx_ARR)、预分频器(TIMx_PSC)、事件生成寄存器(TIMx_EGR)、计数器(TIMx_CNT)、状态寄存器(TIMx_SR)、DMA/中断使能寄存器(TIMx_DIER)。以 TIM1 为例,其寄存器功能简述如表 7-6 所示。

表 7-6　TIM1 寄存器功能简述

绝对地址	寄 存 器 名	R/W	功 能 简 述
4001_2C00	控制寄存器 1(TIM1_CR1)	R/W	控制和确定 Timer 相关功能特性
4001_2C04	控制寄存器 2(TIM1_CR2)		
4001_2C0C	DMA/中断使能寄存器(TIM1_DIER)	R/W	控制中断和 DMA 请求
4001_2C10	状态寄存器(TIM1_SR)	R/W	标志相关状态
4001_2C18	捕获/比较模式寄存器 1(TIM1_CCMR1)	R/W	输入捕捉/输出比较模式功能选择
4001_2C1C	捕获/比较模式寄存器 2(TIM1_CCMR2)		
4001_2C54	捕获/比较模式寄存器 3(TIM1_CCMR3)	R/W	输出比较模式功能选择
4001_2C20	捕获/比较使能寄存器 4(TIM1_CCER)	R/W	控制极性和相关使能
4001_2C24	计数器(TIM1_CNT)	R/W	计数
4001_2C28	预分频器(TIM1_PSC)	R/W	确定计数器时钟频率
4001_2C2C	自动重载寄存器(TIM1_ARR)	R/W	要装载到实际自动重载寄存器的值
4001_2C34	捕获比较寄存器 1(TIM1_CCR1)	R/W	用于 PWM/输出比较/输入捕捉
4001_2C38	捕获比较寄存器 2(TIM1_CCR2)		
4001_2C3C	捕获比较寄存器 3(TIM1_CCR3)		
4001_2C40	捕获比较寄存器 4(TIM1_CCR4)		

有关寄存器的详细内容参见芯片参考手册或电子资源中的补充阅读材料。

2. PWM 构件接口函数原型分析

下面分析 PWM 初始化函数都需要哪些参数。首先应该是 PWM 通道号,其次是计数器的溢出值即 PWM 周期,因为必须先确定定时器的基本定时周期才可以对占空比、对齐方式等参数进行设定。至于计数器的计数频率,则由时钟频率决定。PWM 初始化函数包括 3 个参数:PWM 通道号、PWM 周期与时钟频率。

从知识要素角度,进一步分析脉宽调制驱动构件的基本函数,要想实现 PWM 输出,还需要对其进行初始化配置,即还需添加占空比、对齐方式和极性 3 个参数。

PWM 初始化函数的参数说明,如表 7-7 所示。

表 7-7　PWM 基本功能函数参数说明

参 数	含 义	备 注
pwmNo	PWM 通道号	使用宏定义 PWM_PIN0、PWM_PIN1…
clockFre	时钟频率	单位: kHz,取值: 375、750、1500、3000、6000、12 000、24 000、48 000
period	周期	单位为个数,即计数器跳动次数,范围为 1~65 536
duty	占空比	0.0~100.0 对应 0.0%~100.0%
align	对齐方式	在头文件宏定义给出,如 PWM_EDGE 为边沿对齐
pol	极性	在头文件宏定义给出,如 PWM_PLUS 为正极性

3. PWM 构件的部分源码

```c
// ================================================================
//文件名称：pwm.c
//功能概要：PWM 底层驱动构件源文件
//制作单位：SD - EAI&IoT Lab(sumcu. suda. edu. cn)
//版    本：2020 - 11 - 06  V2.0
//适用芯片：STM32L431
// ================================================================
# include "pwm.h"
//定时器模块 2 地址映射
TIM_TypeDef * PWM_ARR[ ] = {TIM2};
// *********************** 内部函数 ***********************
//static void tim_mux_val(uint16_t pwmNo,uint8_t * TPM_i,uint8_t * chl);
void tim_mux_val(uint16_t pwmNo,uint8_t * TIM_i,uint8_t * chl);
void tim_timer_init1(uint16_t TIM_i,uint32_t f,uint16_t MOD_Value);


// *********************** 对外接口函数 ***********************
// ================================================================
//函数名称：pwm_init
//功能概要：PWM 初始化函数
//参数说明：pwmNo: PWM 通道号(使用宏定义 PWM_PIN0、PWM_PIN1…)
//          clockFre: 时钟频率,单位: kHz,取值: 375、750、1500、3000、6000、
//          12 000、24 000、48 000
//          period: 周期,单位为个数,即计数器跳动次数,范围为 1～65 536
//          duty: 占空比: 0.0～100.0 对应 0 % ～100 %
//          align: 对齐方式,在头文件宏定义给出,如 PWM_EDGE 为边沿对齐
//          pol: 极性,在头文件宏定义给出,如 PWM_PLUS 为正极性
//函数返回: 无
// ================================================================
void pwm_init(uint16_t pwmNo,uint32_t clockFre,uint16_t period,double duty,
    uint8_t align,uint8_t pol)
    {
        uint8_t TIM_i,chl;       //由 timx_Chy 解析出的 TIM 模块号、通道号临时变量
        uint32_t temp;
        //防止越界
        if(duty > 100.0) duty = 100.0;
        //(1)获得解析的 TIM 模块号和通道号并对相应的引脚进行引脚复用
        tim_mux_val(pwmNo,&TIM_i,&chl);
        //(2)PWM 对齐方式及极性的设定
        if(align == PWM_CENTER)                    //中心对齐
        {
            tim_timer_init1(TIM_i,clockFre,period/2);
            PWM_ARR[TIM_i] -> CR1 | = TIM_CR1_CMS;  //设置中心对齐
            if(pol == PWM_PLUS)                //正极性
            {
                temp = (uint32_t)(duty * period/200);
                if(temp > = 65536)  temp = 65535;
                switch(chl)
                {
                    case 1:                //通道 1
                    {
```

```
                                PWM_ARR[TIM_i]->CCMR1 &= ~TIM_CCMR1_OC1M_Msk;
                                //选择 PWM 模式 1
                                PWM_ARR[TIM_i]->CCMR1 |= 6 << TIM_CCMR1_OC1M_Pos;
                                //设置为正极性
                                PWM_ARR[TIM_i]->CCER &= ~TIM_CCER_CC1P_Msk;
                                PWM_ARR[TIM_i]->CCR1 = temp;   //设置占空比
                                PWM_ARR[TIM_i]->CCMR1 &= ~TIM_CCMR1_OC1PE_Msk;
                                //使能 ch1 预装载寄存器
                                PWM_ARR[TIM_i]->CCMR1 |= TIM_CCMR1_OC1PE_Msk;
                                //使能 PWM 输出
                                PWM_ARR[TIM_i]->CCER |= TIM_CCER_CC1E_Msk;
                                break;
                         }
                         ...
                   }
             }
             else          //负极性
             {
                ...
             }
         }
         else                //边沿对齐
         ...
         //(3)初始化计数器
         PWM_ARR[TIM_i]->EGR |= TIM_EGR_UG_Msk;
         PWM_ARR[TIM_i]->CR1 |= TIM_CR1_CEN_Msk | TIM_CR1_ARPE_Msk;
     }
// ============================================================================
//函数名称: pwm_update
//功能概要: timx 模块 Chy 通道的 PWM 更新
//参数说明: pwmNo: PWM 通道号(使用宏定义 PWM_PIN0、PWM_PIN1…)
//          duty: 占空比: 0.0~100.0 对应 0%~100%
//函数返回: 无
// ============================================================================
void pwm_update(uint16_t pwmNo,double duty)
{
    uint8_t TIM_i,chl;   //由 timx_Chy 解析出的 TIM 模块号、通道号临时变量
    uint32_t period;
    //防止越界
    if(duty>100.0)   duty = 100.0;
    //(1)获得解析的 TPM 模块号和通道号
    tim_mux_val(pwmNo,&TIM_i,&chl);
    period = PWM_ARR[TIM_i]->ARR;
    //(2)更新 PWM 通道寄存器值
    switch(chl)
    {
        case 1: PWM_ARR[TIM_i]->CCR1 = (uint32_t)(period * duty/100);break;
        ...
    }
}
```

```
//------ 以下为内部函数 ------
// ================================================================
//函数名称: tpm_mux_val
//功能概要: 将传进参数 pwmNo 进行解析,得出具体模块号与通道号
//参数说明: pwmNo: PWM 通道号(使用宏定义 PWM_PIN0、PWM_PIN1…)
//函数返回: 无
// ================================================================
void tim_mux_val(uint16_t pwmNo, uint8_t * TIM_i, uint8_t * chl)
{
    //(1)解析模块号和通道号
    switch(pwmNo)
    {
        case ((0 << 8) | 5):
            * TIM_i = 0;
            * chl = 1;
            RCC -> AHB2ENR |= RCC_AHB2ENR_GPIOAEN_Msk;
            GPIOA -> MODER &= ~GPIO_MODER_MODE5_Msk;
            GPIOA -> MODER |= 2 << GPIO_MODER_MODE5_Pos;
            GPIOA -> OTYPER &= ~GPIO_OTYPER_OT5_Msk;
            GPIOA -> OSPEEDR &= ~GPIO_OSPEEDR_OSPEED5_Msk;
            GPIOA -> PUPDR &= ~GPIO_PUPDR_PUPD5_Msk;
            GPIOA -> AFR[0] &= ~GPIO_AFRL_AFSEL5_Msk;
            GPIOA -> AFR[0] |= 1 << GPIO_AFRL_AFSEL5_Pos;
            break;
        …
    }
}
// ================================================================
//函数名称: tim_timer_init1
//功能概要: tim 模块初始化,设置计数器频率 f 及计数器溢出时间 MOD_Value
//参数说明: pwmNo: PWM 模块号(使用宏定义 PWM_PIN0、PWM_PIN1…)
//          f: 时钟频率,单位: kHz,取值: 375、750、1500、3000、6000、12 000、
//                              24 000、48 000
//          MOD_Value: 单位个数: 范围取决于计数器频率与计数器位数(16 位)
//函数返回: 无
// ================================================================
void tim_timer_init1(uint16_t TIM_i, uint32_t f, uint16_t MOD_Value)
{
    //局部变量声明
    uint32_t clk_f;
    if(TIM_i == 0)
    {
        //(1)使能定时器时钟
        RCC -> APB1ENR1 |= RCC_APB1ENR1_TIM2EN;
        //(2)设置时钟频率
        clk_f = MCU_SYSTEM_CLK / (f * 1000);
        TIM2 -> PSC = clk_f - 1;
        //(3)计数器清零
        TIM2 -> CNT = 0;
        //(4)设置溢出值
```

```
if(MOD_Value == 0)
{
    TIM2 -> ARR = 0;
}
else
{
    TIM2 -> ARR = (uint32_t)(MOD_Value - 1);
}
}
}
```

视频讲解

7.4　输入捕捉与输出比较

7.4.1　输入捕捉与输出比较通用基础知识

1. 输入捕捉的基本含义与应用场合

输入捕捉是用来监测外部开关量输入信号变化的时刻。当外部信号在指定的 MCU 输入捕捉引脚上发生一个沿跳变(上升沿或下降沿)时,定时器捕捉到沿跳变后,把计数器当前值锁存到通道寄存器,同时产生输入捕捉中断,利用中断处理程序可以得到沿跳变的时刻。这个时刻是定时器工作基础上的更精细时刻。

输入捕捉的应用场合主要有测量脉冲信号的周期与波形。例如,自己编程产生的 PWM 波,可以直接连接输入捕捉引脚,通过输入捕捉的方法测量回来,确定是否达到要求。输入捕捉的应用场合还有电机的速度测量。本书电子资源中的补充阅读材料利用输入捕捉测量电机速度方法简介。

2. 输出比较的基本含义与应用场合

输出比较的功能是用程序的方法在规定的较精确时刻输出需要的电平,实现对外部电路的控制。MCU 输出比较模块的基本工作原理是:当定时器的某一通道用作输出比较功能时,通道寄存器的值和计数寄存器的值每隔 4 个总线周期比较一次。当两个值相等时,输出比较模块将定时器捕捉/比较寄存器的中断标志位置为 1,并且在该通道的引脚上输出预先规定的电平。如果允许输出比较中断,则还会产生一个中断。

输出比较的应用场合主要有产生一定间隔的脉冲,典型的应用实例就是实现软件的串行通信。用输入捕捉作为数据输入,而用输出比较作为数据输出。根据通信的波特率向通道寄存器写入延时的值,该待传的数据位可确定有效输出电平的高低。在输出比较中断处理程序中,重新更改通道寄存器的值,并根据下一位数据改写有效输出电平的控制位。

7.4.2　基于构件的输入捕捉和输出比较编程方法

1. STM32L431 的输入捕捉和输出比较引脚

Timer 模块中的 TIM1、TIM2、TIM15、TIM16 同样提供输入捕捉和输出比较功能,各定时器提供的通道数及对应引脚与 PWM 相同,如表 7-5 所示。

2. 输入捕捉驱动构件的头文件

输入捕捉构件的头文件 incapture. h 在电子资源的..\03_MCU\MCU_drivers 文件夹中。下面给出其 API 接口函数的使用说明及函数声明。

```
// ================================================================
//文件名称: incapture. h
//功能概要: 输入捕捉底层驱动构件的源文件
//制作单位: SD－EAI&IoT Lab( sumcu. suda. edu. cn)
//版    本: 2020－11－06  V2.0
//适用芯片: STM32L431
// ================================================================
# ifndef _INCAPTURE_H_
# define _INCAPTURE_H_
# include "mcu. h"

//输入捕捉模式
# define CAP_UP        0            //上升沿
# define CAP_DOWN      1            //下降沿
# define CAP_DOUBLE    2            //双边沿

//输入捕捉通道号
# define   INCAP_PIN0   (PTA_NUM|2)    //CH1
# define   INCAP_PIN1   (PTA_NUM|3)    //CH2
…


// ================================================================
//函数名称: incap_init
//功能概要: incap 模块初始化
//参数说明: capNo: 输入捕捉通道号(使用宏定义 INCAP_PIN0、INCAP_PIN1…)
//          clockFre: 时钟频率,单位: kHz,取值: 375、750、1500、3000、6000、12 000、
//                    24 000、48 000
//          period: 周期,单位为个数,即计数器跳动次数,范围为 1～65 536
//          capmode: 输入捕捉模式(上升沿、下降沿、双边沿),有宏定义常数使用
//函数返回: 无
// ================================================================
void incapture_init(uint16_t capNo,uint32_t clockFre,uint16_t period,uint8_t capmode);


// ================================================================
//函数名称: incapture_value
//功能概要: 获取该通道的计数器当前值
//参数说明: capNo: 输入捕捉通道号(使用宏定义 INCAP_PIN0、INCAP_PIN1…)
//函数返回: 通道的计数器当前值
// ================================================================
uint16_t get_incapture_value(uint16_t capNo);


// ================================================================
//函数名称: cap_enable_int
//功能概要: 使能输入捕捉中断
```

```
//参数说明：capNo：输入捕捉通道号(使用宏定义 INCAP_PIN0、INCAP_PIN1…)
//函数返回：无
// =============================================================
void cap_enable_int(uint16_t capNo);


// =============================================================
//函数名称：cap_disable_int
//功能概要：禁止输入捕捉中断
//参数说明：capNo：输入捕捉通道号(使用宏定义 INCAP_PIN0、INCAP_PIN1…)
//函数返回：无
// =============================================================
void cap_disable_int(uint16_t capNo);

…


#endif
```

3. 输出比较驱动构件的头文件

输出比较驱动构件的头文件 outcmp.h 在电子资源的..\03_MCU\MCU_drivers 文件夹中，下面给出其 API 接口函数的使用说明及函数声明。

```
// =============================================================
//文件名称：outcmp.h
//功能概要：输出比较底层驱动构件的头文件
//制作单位：SD - EAI&IoT Lab(sumcu.suda.edu.cn)
//版    本：2019 - 11 - 21  V2.0
//适用芯片：STM32L431
// =============================================================
#ifndef OUTCMP_H
#define OUTCMP_H
#include "mcu.h"


//输出比较模式选择宏定义
#define CMP_REV    0              //翻转电平
#define CMP_LOW    1              //强制低电平
#define CMP_HIGH   2              //强制高电平


//输出比较通道号
#define  OUTCMP_PIN0  (PTA_NUM|5) //CH1
#define  OUTCMP_PIN1  (PTB_NUM|3) //CH2
#define  OUTCMP_PIN2  (PTB_NUM|10)//CH3
#define  OUTCMP_PIN3  (PTB_NUM|11)//CH4
…


// =============================================================
//函数名称：outcmp_init
//功能概要：outcmp 模块初始化
//参数说明：outcmpNo：通道号(使用宏定义 OUTCMP_PIN0、OUTCMP_PIN1…)
```

```
//          freq: 单位: kHz,取值: 375、750、1500、3000、6000、12 000、
//                      24 000、48 000
//          cmpPeriod: 单位: ms,范围取决于计数器频率与计数器位数(16 位)
//          comduty: 输出比较电平翻转位置占总周期的比例,且范围为 0.0%~100.0%
//          cmpmode: 输出比较模式(翻转电平、强制低电平、强制高电平),
//                   有宏定义常数使用
//函数返回:无
// ===============================================================
void outcmp_init(uint16_t outcmpNo,uint32_t freq,uint32_t cmpPeriod,float cmpduty, \
         uint8_t cmpmode);


// ===============================================================
//函数名称: outcmp_enable_int
//功能概要: 使能输出比较使用的 Timer 模块中断
//参数说明: outcmpNo: 通道号(使用宏定义 OUTCMP_PIN0、OUTCMP_PIN1…)
//函数返回:无
// ===============================================================
void outcmp_enable_int(uint16_t outcmpNo);


// ===============================================================
//函数名称: outcmp_disable_int
//功能概要: 禁用输出比较使用的 Timer 模块中断
//参数说明: outcmpNo: 通道号(使用宏定义 OUTCMP_PIN0、OUTCMP_PIN1…)
//函数返回:无
// ===============================================================
void outcmp_disable_int(uint16_t outcmpNo);


// ===============================================================
//函数名称: outcmp_get_int
//功能概要: 获取输出比较使用的 Timer 模块中断标志
//参数说明: outcmpNo: 通道号(使用宏定义 OUTCMP_PIN0、OUTCMP_PIN1…)
//函数返回:中断标志 1: 有中断产生; 0: 无中断产生
// ===============================================================
uint_8 outcmp_get_int(uint16_t outcmpNo);

…

#endif
```

4. 基于构件的输入捕捉、输出比较编程举例

输入捕捉、输出比较驱动构件的测试工程位于电子资源的..\04-Soft\CH07\Incapture-Outcmp-STM32L431 文件夹中。假设用于输入捕捉的定时器默认为 TIM15,用于输出比较的定时器默认为 TIM2,捕捉输出比较的通道值,并通过串口输出。MCU 方编程步骤如下。

(1) 初始化输入捕捉和输出比较。在 main 函数的"初始化外设模块"处,初始化输入捕捉,设置通道号为 INCAP_USER(PTA_NUM|2),时钟频率为 375kHz,周期为 1000,上升

沿捕捉,初始化输出比较,设置通道号为 OUTCMP_USER(PTB_NUM|10),时钟频率为 3000kHz,周期为 200,占空比为 50%,模式为翻转电平模式。

```
outcmp_init(OUTCMP_USER,3000,200,50.0,0);            //输出比较初始化
incapture_init(INCAP_USER,375,1000,CAP_DOUBLE);      //上升沿捕捉初始化
```

(2) 使能输入捕捉中断。在 main 函数的"使能模块中断"处,使能输入捕捉中断。

```
cap_enable_int(INCAP_USER);      //使能输入捕捉中断
```

(3) 在 isr.c 的中断服务例程 INCAP_USER_Handler 中输出捕获的通道值。

```
void INCAP_USER_Handler(void)
{
    uint16_t val;
    DISABLE_INTERRUPTS;            //关总中断
    //---------------------------------------------------------------
    //(在此处增加功能)
    if(cap_get_flag(INCAP_USER))
    {
    val = get_incapture_value(INCAP_USER);
    printf("输入捕捉值 %d\r\n",val);
    cap_clear_flag(INCAP_USER);//清中断
    }
    //---------------------------------------------------------------
    ENABLE_INTERRUPTS;            //关总中断
}
```

7.4.3　输入捕捉和输出比较构件的制作过程

1. 输入捕捉与输出比较构件函数的原型分析

与脉宽调制的初始化函数类似,输入捕捉和输出比较的初始化函数也有对应的通道号、周期与时钟频率。同时,要实现输入捕捉和输出比较功能,还需要对其进行不同的功能初始化配置。其中,输入捕捉初始化函数添加了输入捕捉模式选择一个参数,输出比较初始化函数则加入了占空比和输出比较模式选择两个参数。

2. 输入捕捉构件的部分源码

```
// ==============================================================
//文件名称: incapture.c
//功能概要: incapture 底层驱动构件源文件
//制作单位: SD-EAI&IoT Lab(sumcu.suda.edu.cn)
//版    本: 2019-05-09  V2.0
//适用芯片: STM32
// ==============================================================
# include "incapture.h"
```

```c
//GPIO口基地址放入常数数组 GPIO_ARR[0]～GPIO_ARR[5]中
extern GPIO_TypeDef * GPIO_ARR[];
static void timer_init2(uint16_t TIM_i,uint32_t f,uint16_t MOD_Value);
static void tim_mux_val(uint16_t capNo,uint8_t * TIM_i,uint8_t * chl);
// =======================================================================
//函数名称: incap_init
//功能概要: incap 模块初始化
//参数说明: capNo: 输入捕捉通道号(使用宏定义 INCAP_PIN0、INCAP_PIN1 …)
//         clockFre: 时钟频率,单位: kHz,取值: 375、750、1500、3000、6000、
//         12 000、24 000、48 000
//         period: 周期,单位为个数,即计数器跳动次数,范围为 1～65 536
//         capmode: 输入捕捉模式(上升沿、下降沿、双边沿),有宏定义常数使用
//函数返回: 无
// =======================================================================
void incapture_init(uint16_t capNo,uint32_t clockFre,uint16_t period,uint8_t capmode)
{
    GPIO_TypeDef * gpio_ptr;        //声明 gpio_ptr 为 GPIO 结构体类型指针
    uint8_t port,pin;              //声明端口 port、引脚 pin 变量
    uint8_t TIM_i,chl;            //由 tpmx_Chy 解析出的 tim 模块号、通道号临时变量
    uint32_t temp;                //临时存放寄存器里的值
    //gpio引脚解析
    port = (capNo >> 8);          //解析出的端口
    pin = capNo;                  //解析出的引脚号
    //由对应模块号(PTx_num|y)得出时钟模块号和通道号
    tim_mux_val(capNo,&TIM_i,&chl);
    timer_init2(TIM_i,clockFre,period);        //时钟模块初始化
    //GPIO 寄存器引脚复用
    gpio_ptr = GPIO_ARR[port];
    //使能 GPIO 时钟
    RCC -> AHB2ENR |= RCC_AHB2ENR_GPIOAEN_Msk << (port * 1u);
    //进行模式选择,引脚选择备用功能
    temp = gpio_ptr -> MODER;
    temp &= ~(GPIO_MODER_MODE0 << (pin * 2u));
    temp |= 2 <<(pin * 2u);
    gpio_ptr -> MODER = temp;
    gpio_ptr -> OTYPER &= ~(GPIO_OTYPER_OT0_Msk <<(pin * 1u));    //推挽输出
    gpio_ptr -> OSPEEDR &= ~(GPIO_OSPEEDR_OSPEED0 <<(pin * 2u)); //设置速度
    gpio_ptr -> PUPDR &= ~(GPIO_PUPDR_PUPD0 <<(pin * 2u));      //下拉
    //引脚复用选择对应通道功能
    gpio_ptr -> AFR[0] &= ~(GPIO_AFRL_AFSEL0_Msk << (pin * 4u));
    gpio_ptr -> AFR[0] |= 14 <<(pin * 4u);
    if(TIM_i == 15)
    {
        if(chl == 1)
        {
            TIM15 -> CCMR1 &= ~TIM_CCMR1_IC1F;              //无滤波器
            //无预分频器,捕获输入上每检测到一个边沿便执行捕获
            TIM15 -> CCMR1 &= ~TIM_CCMR1_IC1PSC;
            //CC1 通道配置为输入,IC1 映射到 TI1 上
            TIM15 -> CCMR1 |= TIM_CCMR1_CC1S_0;
```

```
                //输入捕捉参数设定 CC1P 与 CC1NP 配合使用
                if(capmode == CAP_UP)        //上升沿捕捉
                {
                    TIM15 -> CCER& = ~TIM_CCER_CC1P;
                    TIM15 -> CCER& = ~TIM_CCER_CC1NP;
                }
                …
                //使能捕获
                TIM15 -> CCER| = TIM_CCER_CC1E;
            }
            …
        }
    }
    …
```

3. 输出比较构件的部分源码

```
// ================================================================
//文件名称: outcmp.c
//功能概要: 输出比较底层驱动构件源文件
//制作单位: SD - EAI&IoT Lab(sumcu. suda. edu. cn)
//版    本: 2019 - 11 - 21   V2.0
//适用芯片: STM32L4
// ================================================================
# include "outcmp. h"

//定时器模块 2 地址映射
TIM_TypeDef  * OUTCMP_ARR[ ] = {TIM2};
IRQn_Type OUTCMP_IRQ[ ] = {TIM2_IRQn};

void outcmp_mux_val(uint16_t timx_Chy,uint8_t * TIM_i,uint8_t * chl);
// ================================================================
//函数名称: outcmp_init
//功能概要: outcmp 模块初始化
//参数说明: outcmpNo: 通道号(使用宏定义 OUTCMP_PIN0、OUTCMP_PIN1…)
//          freq: 单位: kHz,取值: 375、750、1500、3000、6000、12 000、
//                              24 000、48 000
//          cmpPeriod: 单位: ms,范围取决于计数器频率与计数器位数(16 位)
//          comduty: 输出比较电平翻转位置占总周期的比例,其范围为 0.0% ~100.0%
//          cmpmode: 输出比较模式(翻转电平、强制低电平、强制高电平),
//                    有宏定义常数使用
//函数返回: 无
// ================================================================
void outcmp_init(uint16_t outcmpNo,uint32_t freq,uint32_t cmpPeriod,float cmpduty,\
            uint8_t cmpmode)
{
    uint8_t TIM_i,chl;  //由 timx_Chy 解析出的 TIM 模块号、通道号临时变量
    uint32_t mod;
```

```
uint32_t clk_t;
//防止越界
if(cmpduty > 100.0)   cmpduty = 100.0;
//(1)获得解析的 TIM 模块号和通道号
outcmp_mux_val(outcmpNo,&TIM_i,&chl);
//(2)初始化 TIM 模块功能
switch(TIM_i)
{
    case 0:
    {
        //1)使能定时器时钟
        RCC -> APB1ENR1 |= RCC_APB1ENR1_TIM2EN;
        clk_f = MCU_SYSTEM_CLK /(freq * 1000);
        //2)设置时钟频率
        TIM2 -> PSC = clk_f - 1;
        TIM2 -> ARR = (uint32_t)(MCU_SYSTEM_CLK_KHZ/(clk_f) * cmpPeriod - 1);
        //3)设置 ARR 寄存器
        TIM2 -> CNT = 0;   //计数器清零
        OUTCMP_ARR[TIM_i] -> EGR |= TIM_EGR_UG_Msk;   //初始化定时器
        break;
    }
    ...
}
//(3)根据 pin,指定该引脚功能为 TIM 的通道功能
switch(outcmpNo)
{
    case ((0 << 8)|5):
        RCC -> AHB2ENR |= RCC_AHB2ENR_GPIOAEN_Msk;
        GPIOA -> MODER &= ~GPIO_MODER_MODE5_Msk;
        GPIOA -> MODER |= 2 << GPIO_MODER_MODE5_Pos;
        GPIOA -> OTYPER &= ~GPIO_OTYPER_OT5_Msk;
        GPIOA -> OSPEEDR &= ~GPIO_OSPEEDR_OSPEED5_Msk;
        GPIOA -> PUPDR &= ~GPIO_PUPDR_PUPD5_Msk;
        GPIOA -> AFR[0] &= ~GPIO_AFRL_AFSEL5_Msk;
        GPIOA -> AFR[0] |= 1 << GPIO_AFRL_AFSEL5_Pos;
        break;
    ...
}
//(4)输出比较模式的设定
OUTCMP_ARR[TIM_i] -> CCMR2 &= ~TIM_CCMR2_CC3S;   //设置通道 3 为输出
OUTCMP_ARR[TIM_i] -> CCMR2 &= ~TIM_CCMR2_OC3PE;   //输出预载除能
OUTCMP_ARR[TIM_i] -> CCER &= ~TIM_CCER_CC3P;       //设置有效电平为高
if(cmpmode == CMP_REV)                    //翻转模式
    OUTCMP_ARR[TIM_i] -> CCMR2 |= 0x3UL << TIM_CCMR2_OC3M_Pos;
else if(cmpmode == CMP_LOW)     //强制低电平模式
    OUTCMP_ARR[TIM_i] -> CCMR2 |= 0x2UL << TIM_CCMR2_OC3M_Pos;
else if(cmpmode == CMP_HIGH)     //强制高电平模式
{
    OUTCMP_ARR[TIM_i] -> CCMR2 |= 0x1UL << TIM_CCMR2_OC3M_Pos;
}
```

```
        //(5)输出比较占空比的设定
        mod = OUTCMP_ARR[TIM_i] -> ARR + 1;                    //读 ARR 寄存器的值
        OUTCMP_ARR[TIM_i] -> CCR3 = (uint32_t)(mod * (cmpduty/100.0));
        OUTCMP_ARR[TIM_i] -> CR1 | = TIM_CR1_CEN_Msk;          //使能计数器
        OUTCMP_ARR[TIM_i] -> CCER | = TIM_CCER_CC3E;           //通道3输出比较使能
    }

    ...
```

视频讲解

7.5　实验三　定时器及 PWM 实验

1. 实验目的

(1) 熟悉定时中断计时的工作及编程方法。

(2) 掌握 PWM 编程方法。

2. 实验准备

(1) 软硬件工具：与实验一相同。

(2) 运行并理解电子资源..\04-Software\CH07 文件夹中的几个程序。

3. 参考样例

(1) 定时器程序。MCU 方程序为..\04-Software\CH07\Timer-STM32L431, PC 方程序为"..\04-Software\CH07\时间测试程序-C♯2019"。

(2) PWM。MCU 方程序为..\04-Software\CH07\PWM-STM32L431, PC 方程序为"..\04-Software\CH07\PWM-测试程序 C♯2019"。

4. 实验过程或要求

1) 验证性实验

参照实验二的验证性实验方法,验证本章电子资源中的样例程序,体会基本编程原理与过程。

2) 设计性实验

(1) 复制样例程序(Timer-STM32L431),利用该程序框架实现:PC 方通过串口调试工具或参考"时间测试程序-C♯2019"自行编程发送当前 PC 系统时间,如 10:55:12,来设置 MCU 开发板上的初始计时时间。请在实验报告中给出 MCU 端程序 main.c 和 isr.c 流程图及程序语句。

(2) 将 MCU 开发板上具备 PWM 功能的某个引脚连接一个 LED 小灯(一端接 PWM 对应引脚,一端接 GND),PC 设法通过串口发送数值 0~100,改变 LED 小灯的亮度。请在实验报告中给出 MCU 端程序 main.c 和 isr.c 流程图及程序语句。

3) 进阶实验★(选读内容)

利用 PWM 引脚发出波形,输入捕捉引脚进行采样,串口通信在 PC 上绘制出 PWM 波形。

5. 实验报告要求

(1) 用适当的文字和图表描述实验过程。

（2）用 200～300 字写出实验体会。

（3）在实验报告中完成实践性问答题。

6．实践性问答题

（1）如何改变 PWM 的分辨率？实验中 PWM 的分辨率是多少？

（2）给出编写的 MCU 工程中的 PWM 结构体，在工程中找出其基地址的宏定义位置。

（3）Timer 中断最小定时时间是多少？比它更小会出现什么问题？Timer 中断最大定时时间是多少？比它更大用什么方法实现？

本章小结

本章给出了 ARM Cortex-M4 内核定时器 SysTick 构件的设计方法及测试用例，带有日历功能的 RTC 模块的编程方法，Timer 模块的基本定时功能；Timer 模块的脉宽调制、输入捕捉与输出比较功能的编程方法。

1．关于基本定时功能

从编程角度看，基本定时功能的编程步骤主要有：第 1 步，给出定时中断的时间间隔，一般以毫秒（ms）为单位，在主程序外设初始化阶段给出；第 2 步，确认对应的中断处理程序名，与中断向量号相对应，为了增强可移植性，一般需在 user.h 头文件中对其重新宏定义；第 3 步，使用 user.h 头文件中重新宏定义的中断处理程序名在 isr.h 头文件中进行中断处理程序功能的编程实现。

从构件设计角度看，基本定时功能的要点有时钟源、计数周期、溢出时间、溢出中断。ARM Cortex-M4 处理器内核中的 SysTick 定时器是一个 24 位计数器，RTC 模块是具有日历功能的 16 位计数器，Timer 模块内还有几个仅作为基本计时的 16 位计数器。

2．关于 PWM、输入捕捉与输出比较功能

目前，大部分 MCU 内部均有 PWM、输入捕捉与输出比较功能，因其需要定时器配合工作，所以这些电路包含在定时器中。PWM 信号是一个高低电平重复交替的输出信号，其分辨率由时钟源周期决定，编程可以改变其周期、占空比、极性、对齐方式等技术指标，主要用于电机控制。输入捕捉用来监测外部开关量输入信号变化的时刻，这个时刻是在定时器工作基础上的更精细时刻，主要用于测量脉冲信号的周期与波形。输出比较用程序的方法在规定的较精确时刻输出需要的电平，实现对外部电路的控制，主要用于产生一定间隔的脉冲。

习题

1．使用完全软件方式进行时间极短的延时，为什么要在使用的变量前加上 volatile 前缀？

2．简述可编程定时器的主要思想。

3．在秒＋1 函数（SecAdd1）的基础上，自行编写年、月、日、星期的函数，并给出有效的快速测试方法。

4. 若利用 SysTick 定时器设计电子时钟,出现走快了或走慢了情况,如何调整?

5. 从编程角度,给出基本定时功能的编程步骤。

6. 给出 PWM 的基本含义及主要技术指标的简明描述。

7. 根据本书给出的任一工程样例,在 core_cm4.h 头文件中找出 SysTick 定时器的寄存器地址。

8. 编程:在 PC 上以图形的方式显示 MCU 的时间与 PC 的时间。其中,MCU 的时间由 PC 时间校准。

9. 编程:由 MCU 一个引脚输出 PWM 波,利用导线将此引脚连接到同一 MCU 捕捉引脚,通过编程在 PC 上显示 PWM 波形,给出可能实现的技术指标。

## 第 8 章

Flash 在线编程、ADC 与 DAC

本章导读：本章阐述 Flash 在线编程、模/数转换(ADC)、数/模转换(DAC)编程方法。Flash 在线编程用于程序运行过程中存储失电后不丢失的数据，ADC 将输入 MCU 引脚的模拟量转换为 MCU 内部可运算处理的数字量，DAC 将 MCU 的数字量转换为引脚输出的模拟量。本章首先给出 Flash 在线编程的通用基础知识，Flash 构件及使用方法，简要阐述 Flash 构件的制作过程；随后给出 ADC 的通用基础知识，ADC 构件接口函数说明及使用方法举例，简要阐述 ADC 驱动构件的制作方法；最后对 DAC 相关内容作出类似的阐述。

8.1 Flash 在线编程

视频讲解

8.1.1 Flash 在线编程的通用基础知识

Flash 存储器具有固有不易失性、电可擦除、可在线编程、存储密度高、功耗低和成本较低等特点。随着 Flash 技术的逐步成熟，Flash 存储器已经成为 MCU 的重要组成部分。Flash 存储器的固有不易失性这一特点与磁存储器相似，不需要后备电源来保持数据。Flash 存储器可在线编程取代电可擦除可编程只读存储器(Electrically Erasable Programmable Read-Only Memory，EEPROM)，用于保存运行过程中失电后不丢失的数据。

Flash 存储器的擦写有两种模式。一种是**写入器编程模式**，即通过编程器将程序写入 Flash 存储器中的模式，这种模式一般用于初始程序的写入；另一种是**在线编程模式**，即通过运行 Flash 内部程序对 Flash 其他区域进行擦除与写入的模式，这种模式用于程序运行过程中，进行部分程序的更新或保存数据。

Flash 存储器的在线编程技术有个发展过程，由于运行 Flash 内部程序对另一部分 Flash 区域进行擦写会导致不稳定，早期 Flash 存储器的在线编程方法比较复杂，需要把实际履行擦写功能的代码复制到 RAM 中运行[①]，后来随着技术的发展，逐步解决了这个问题。

---

① 王宜怀，王林. MC68HC908GP32 MCU 的 Flash 存储器在线编程技术[J]. 微电子学与计算机，2002，(19)(7)：15-19.

对 Flash 存储器的读写不同于对一般的 RAM 读写,需要专门的编程过程。Flash 编程的基本操作有两种:擦除(Erase)和写入(Program)。**擦除操作的含义是将存储单元的内容由二进制的 0 变成 1,而写入操作的含义是将存储单元的某些位由二进制的 1 变成 0。** Flash 在线编程的写入操作是以字为单位进行的。在执行写入操作之前,要确保写入区在上一次擦除后没有被写入过,即写入区是空白的(各存储单元的内容均为 0xFF)。因此,在写入之前一般都要先执行擦除操作。Flash 在线编程的擦除操作包括整体擦除和以 m 个字为单位的擦除。这 m 个字在不同厂商或不同系列的 MCU 中,其称呼不同,有的称为"块",有的称为"页",有的称为"扇区",等等。**它表示在线擦除的最小度量单位。**

8.1.2　基于构件的 Flash 在线编程方法

利用构件进行 Flash 在线编程,首先要了解所使用芯片的 Flash 存储器地址范围、扇区大小、扇区数。本书样例芯片 STM32L431 的 Flash 地址范围是 0x0800_0000~0x0803_FFFF,扇区大小为 2KB,共 128 扇区。在线编程时,擦除以扇区为单位进行,写入以字(4 字节)为单位,写入首地址需 4 字节对齐。

1. Flash 构件 API

1) Flash 构件的常用函数

Flash 构件的主要 API 有 Flash 的初始化、擦除、写入等,如表 8-1 所示。

表 8-1　Flash 构件接口函数简明列表

序号	函　数　名	简　明　功　能	描　　　　　述
1	flash_init	初始化	清相关标志位
2	flash_erase	擦除	以扇区号为形式参数的擦除函数
3	flash_write	写入(逻辑)	以扇区号、扇区内偏移地址为目标开始地址
4	flash_write_physical	写入(物理)	以物理地址为目标开始地址(要求 4 字节对齐)
5	flash_read_logic	读出(逻辑)	以扇区号,扇区内偏移地址为开始地址
6	flash_read_physical	读出(物理)	以物理地址为目标地址
7	flash_isempty	判别区域是否为空	目标区的字节全为 0xFF,则为空
…	…	…	…

2) Flash 构件的头文件

Flash 构件的头文件 flash.h 在电子资源的 ..\03_MCU\MCU_drivers 文件夹中,下面给出部分 API 接口函数的使用说明及函数声明。

```
//==========================================================================
//文件名称:flash.h
//功能概要:Flash 底层驱动构件头文件
//版权所有:SD-EAI&IoT(sumcu.suda.edu.cn)
//版本更新:2018-12-01~2020-11-06
//芯片类型:STM32L431
//==========================================================================
#ifndef FLASH_H   //防止重复定义(FLASH_H  开头)
```

```
#define FLASH_H

#include "mcu.h"
#include "string.h"


// =====================================================================
//函数名称：flash_init
//函数返回：无
//参数说明：无
//功能概要：初始化 Flash 模块
// =====================================================================
void flash_init();


// =====================================================================
//函数名称：flash_erase
//函数返回：函数执行执行状态：0 = 正常；1 = 异常
//参数说明：sect：目标扇区号(范围取决于实际芯片)
//功能概要：擦除 Flash 存储器的 sect 扇区
// =====================================================================
uint8_t flash_erase(uint16_t sect);


// =====================================================================
//函数名称：flash_write
//函数返回：函数执行状态：0 = 正常；1 = 异常
//参数说明：sect：扇区号(范围取决于实际芯片)
//         offset：写入扇区内部偏移地址(0～2044,要求为 0,8,16…)
//         N：写入字节数(4～2048,要求为 4,8,12…)
//         buf：源数据缓冲区首地址
//功能概要：将 buf 开始的 N 字节写入 Flash 存储器的 sect 扇区的 offset 处
// =====================================================================
uint8_t flash_write(uint16_t sect,uint16_t offset,uint16_t N,uint8_t * buf);


// =====================================================================
//函数名称：flash_write_physical
//函数返回：函数执行状态：0 = 正常；非 0 = 异常
//参数说明：addr：目标地址,要求为 8 的倍数且大于 Flash 首地址
//         N：写入字节数目(4～2048,要求为 4,8,12…)
//         buf：源数据缓冲区首地址
//功能概要：Flash 写入操作
// =====================================================================
uint8_t flash_write_physical(uint32_t addr,uint16_t N,uint8_t buf[]);
// =====================================================================
//函数名称：flash_read_logic
//函数返回：无
//参数说明：dest：读出数据存放处(传地址,目的是带出所读数据,RAM 区)
//         sect：扇区号(范围取决于实际芯片,如 STM32L433：0～127,每扇区 2KB)
//         offset：扇区内部偏移地址(0～2024,要求为 0,4,8,12…)
//         N：读字节数目(4～2048,要求为 4,8,12…)
//功能概要：读取 Flash 存储器的 sect 扇区的 offset 处开始的 N 字节,放到 RAM 区 dest 处
```

```
// ================================================================
void flash_read_logic(uint8_t * dest,uint16_t sect,uint16_t offset,uint16_t N);


// ================================================================
//函数名称:flash_read_physical
//函数返回:无
//参数说明:dest:读出数据存放处(传地址,目的是带出所读数据,RAM 区)
//          addr:目标地址,要求为 4 的倍数(如 0x0000_0004)
//          N:读字节数目(0~1020,要求为 4,8,12…)
//功能概要:读取 Flash 指定地址的内容
// ================================================================
void flash_read_physical(uint8_t * dest,uint32_t addr,uint16_t N);


…


#endif //防止重复定义(FLASH_H  结尾)
```

2. 基于构件的 Flash 在线编程举例

以向 50 扇区 0 字节开始的地址写入 30 字节"Welcome to Soochow University!"为例,给出 Flash 在线编程。

(1) 初始化 Flash 模块。

```
flash_init();
```

(2) 擦除一个扇区。因为执行写入操作之前,要确保写入区在上一次擦除之后没有被写入过,即写入区是空白的(各存储单元的内容均为 0xFF)。因此,在写入之前要根据情况确定是否先执行擦除操作,这里擦除第 50 扇区。

```
flash_erase(50);
```

(3) 进行写入操作。在 50 扇区第 0 字节开始写入"Welcome to Soochow University!"

```
//在 50 扇区第 0 偏移地址开始写 32 字节数据
flash_write(50,0,32,(uint8_t * ) "Welcome to Soochow University!");
```

(4) 读出观察。按照逻辑地址读取时,定义足够长度的数组变量 params,并传入数组的首地址作为目的地址参数,传入扇区号、偏移地址作为源地址,传入读取的字节长度。例如,从 50 扇区第 0 字节开始的地址读取 32 字节长度字符串。

```
flash_read_logic(params,50,0,32); //从 50 扇区读取 32 字节到 params 中
printf("逻辑读方式读取 50 扇区的 32 字节的内容:   % s\n", params);
```

这个样例工程在电子资源的..\CH08\Flash-STM32L431 文件夹中。

8.1.3　Flash 构件的制作过程

本节讨论 Flash 构件的制作过程。首先从芯片手册中获得用于 Flash 模块在线编程的寄存器,了解 Flash 模块的功能描述;随后需要分析 Flash 构件设计的技术要点,设计出封装接口函数原型,即根据 Flash 在线编程的应用需求及知识要素,分析 Flash 构件应该包含哪些函数及哪些参数;最后给出 Flash 构件源程序的实现过程。

1. Flash 模块寄存器概述

Flash 进行常规读写操作前首先需要读写相关功能寄存器,用来设置 Flash 的工作模式,然后对指定扇区读写,所以 Flash 有两种地址:一是 Flash 寄存器地址,二是 Flash 存储区域地址。其中,存储区域地址可参见表 3-2,通过对 Flash 寄存器的编程实现 Flash 存储区域的在线擦除与写入,下面介绍如何查找 Flash 寄存器的地址、Flash 寄存器功能简介,并阐述编程时使用的 Flash 寄存器结构体。

1) Flash 寄存器的基地址

寄存器地址由 Flash 寄存器的基地址和偏移量两部分组成,各寄存器的偏移量可通过在芯片参考手册中搜索相关寄存器名找到,Flash 寄存器基地址可在参考手册中通过关键字 FLASH registers 找到,在芯片手册的第 2 章表 2 中,Flash 寄存器地址处于 0x4002_2000~0x4002_23FF 区域,0x4002_2000 为基地址。可以看到它处于高性能总线(Advanced High performance Bus,AHB)区,AHB 主要用于高性能模块(如 CPU、DMA 和 DSP 等)之间的连接。在工程示例中,通过关键字 FLASH_R_BASE 找到其宏定义为 AHB1PERIPH_BASE + 0x2000UL,继续查找关键字 AHB1PERIPH_BASE 的宏定义为 PERIPH_BASE +0x0002_0000UL,再继续查找关键字 PERIPH_BASE 的宏定义为 0x4000_0000UL,经计算得到 Flash 寄存器的基地址为 0x4002_2000。

2) Flash 寄存器功能简介

STM32L431 的 Flash 模块共有 12 个功能寄存器,如表 8-2 所示,详细介绍可查阅芯片参考手册或电子资源的补充阅读材料。

表 8-2　Flash 寄存器功能概述

偏移量	寄存器名	R/W	功能简述
0x00	Flash 访问控制寄存器(ACR)	R/W	设置对 Flash 的访问控制
0x04	Flash 掉电密钥寄存器(PDKEYR)	W	设定运行时掉电锁定的 Flash 解锁方法
0x08	Flash 密钥寄存器(KEYR)	W	解锁 Flash 控制寄存器
0x0C	Flash 选项密钥寄存器(OPTKEYR)	W	解锁 Flash 字节访问控制寄存器
0x10	Flash 状态寄存器(SR)	R/W	各种操作的标志位
0x14	Flash 控制寄存器(CR)	R/W	Flash 各种操作的控制位
0x18	Flash ECC 寄存器(ECCR)	R	使用 ECC[①] 检测与纠正数据
0x20	Flash 选项寄存器(OPTR)	R/W	设置 Flash 的工作模式

---

① ECC(Error Checking and Correction)是一种用于 Nand Flash 的差错检测和修正算法,分硬件 ECC 算法和软件 ECC 算法两种。

续表

偏移量	寄 存 器 名	R/W	功 能 简 述
0x24	Flash PCROP 起始地址寄存器(PCROP1SR)	R/W	专有代码读出保护(Proprietary Code Read-Out Protection,PCROP),设置仅允许被执行的代码首末地址,以防非法读出
0x28	Flash PCROP 结束地址寄存器(PCROP1ER)	R/W	
0x2C	Flash WRP 区域 A 地址寄存器(WRP1AR)	R/W	设置 Flash 中用户扇区写保护功能,可防止因程序计数器(PC)跑飞而发生意外的写操作。这两个寄存器分别设置区域 A 和区域 B 的区域信息
0x30	Flash WRP 区域 B 地址寄存器(WRP1BR)	R/W	

3) 寄存器结构体定义

实际编程时使用 Flash 寄存器结构体 FLASH_TypeDef,可在芯片头文件中通过查找 FLASH_TypeDef 找到其含义。

```
typedef struct
{
    __IO uint32_t ACR;          / * !< FLASH access control register, Address offset: 0x00 * /
    __IO uint32_t PDKEYR;       / * !< FLASH power down key register,   Address offset: 0x04 * /
    __IO uint32_t KEYR;         / * !< FLASH key register,   Address offset: 0x08 * /
    __IO uint32_t OPTKEYR;      / * !< FLASH option key register, Address offset: 0x0C * /
    __IO uint32_t SR;           / * !< FLASH status register, Address offset: 0x10 * /
    __IO uint32_t CR;           / * !< FLASH control register, Address offset: 0x14 * /
    __IO uint32_t ECCR;         / * !< FLASH ECC register, Address offset: 0x18 * /
    __IO uint32_t RESERVED1;    / * !< Reserved1, Address Address offset: 0x1C * /
    __IO uint32_t OPTR;         / * !< FLASH option register, Address offset: offset: 0x20 * /
    __IO uint32_t PCROP1SR;     / * !< PCROP start address register,Address offset: 0x24 * /
    __IO uint32_t PCROP1ER;     / * !< PCROP end address register, Address offset: 0x28 * /
    __IO uint32_t WRP1AR;       / * !< WRP area A address register, Address offset: 0x2C * /
    __IO uint32_t WRP1BR;       / * !< WRP area B address register, Address offset: 0x30 * /
} FLASH_TypeDef;
```

【思考】 为什么结构体 FLASH_TypeDef 中出现一个 RESERVED1 成员?

2. Flash 构件接口函数原型分析

Flash 具有初始化、擦除、写入(按逻辑地址或按物理地址)、读取(按逻辑地址或按物理地址)、已经判断扇区是否为空等基本操作。按照构件设计的思想,可将它们封装成 7 个独立功能函数。

(1) 初始化函数 void flash_init。在操作 Flash 模块前,需要对模块进行初始化,主要是清相关标志位和启用字操作。

(2) 擦除函数 uint8_t flash_erase(uint16_t sect)。由于在写入之前 Flash 字节或者长字节必须处于擦除状态(不允许累积写入,否则可能会得到意想不到的值)。因此,在写入操作前,一般先进行 Flash 的擦除操作。擦除操作有整体擦除和扇区擦除两种操作模式,整体擦除用于写入器写入初始程序场景,Flash 在线编程只能使用扇区擦除模式。flash_erase

函数待擦除的扇区号作为入口参数,擦除是否成功作为返回值。

（3）写入函数（按逻辑地址）uint8_t flash_write(uint16_t sect,uint16_t offset,uint16_t N,uint8_t * buf)。写入函数与擦除函数类似,主要区别在于:擦除操作向目标地址中写0xFF,而写入操作需要写入指定数据。因此,写入操作的入口参数包括目标扇区号、写入扇区内部偏移地址、写入字节数以及源数据首地址,写入后返回写入状态（正常/异常）。

（4）写入函数（按物理地址）uint8_t flash_write_physical(uint32_t addr,uint16_t N,uint8_t buf[])。写入函数的参数包括目标的物理地址,写入的字节数目以及源数据缓冲区首地址。写入后返回写入状态（正常/异常）。

（5）读取函数（按逻辑地址）void flash_read_logic(uint8_t * dest,uin16_t sect,uint16_t offset,uint16_t N)。按照逻辑地址读取的操作需要将 Flash 中指定扇区、指定偏移量的指定长度数据读取,存放到另一个地址中,方便上层函数调用。因此,函数需要包括一个目的地址变量作为入口参数。此外,还包括扇区号、偏移字节数、读取长度。

（6）读取函数（按物理地址）void flash_read_physical(uint8_t * dest,uint32_t addr,uint16_t N)。按照物理地址直接读数据函数的入口参数,需要一个目的地址、一个源地址,以及读取的字节数。这个函数也可用于读取 RAM 中的数据。

（7）判空函数 uint_8 flash_isempty(uint_16 sect,uint_16 N)。判空函数的入口参数为待判断扇区号以及待判断的字节数,若结果返回 1,则判断区域为空;若结果返回 0,则目标区域非空。

（8）此外,还要防止非法读出、写保护等函数。

3. Flash 驱动构件的部分函数源码

下面给出 Flash 驱动构件的源程序文件（flash.c）的部分函数源码,在源码实现过程中有一些需要注意的地方。例如,初始化时需要清除之前可能发生的错误操作,否则会导致标志位的变化;写入函数中,需要对写入的数据字节数进行判断,否则会出现跨扇区问题。

```
//包含头文件
# include "flash.h"
# include "string.h"
// ================ 外部接口函数 ================
// ===================================================
//函数名称: flash_init
//函数返回: 无
//参数说明: 无
//功能概要: 初始化 Flash 模块
// ===================================================
void flash_init(void)
{
    //清除之前的编程导致的所有错误标志位
    FLASH -> SR &= 0xFFFFFFFUL;
    //解锁 Flash 控制寄存器(CR)
    if((FLASH -> CR & FLASH_CR_LOCK) != 0U)
```

```
            {
                FLASH -> KEYR = (uint32_t)FLASH_KEY1;
                FLASH -> KEYR = (uint32_t)FLASH_KEY2;
            }
            //等待之前最后一个 Flash 操作完成
            while((FLASH -> SR & FLASH_SR_BSY) != 0U);
            //清数据缓冲区
            FLASH -> ACR & = ～FLASH_ACR_DCEN_Msk;
            //清闪存即时编程位
            FLASH -> CR & = ～FLASH_CR_PG_Msk;
        }
        // ==========================================================
        //函数名称: flash_erase
        //函数返回: 函数执行执行状态: 0 = 正常; 1 = 异常
        //参数说明: sect: 目标扇区号(范围因实际芯片而异,如本书芯片: 0～127,每扇区 2KB)
        //功能概要: 擦除 Flash 存储器的 sect 扇区
        // ==========================================================
        uint8_t flash_erase(uint16_t sect)
        {
            //等待之前最后一个 Flash 操作完成
            while((FLASH -> SR & FLASH_SR_BSY) != 0U);
            //清除之前的编程导致的所有错误标志位
            FLASH -> SR & = 0xFFFFFFUL;
            //清闪存即时编程位
            FLASH -> CR & = ～FLASH_CR_PG;
            //使能扇区擦除
            FLASH -> CR | = FLASH_CR_PER;
            //设置擦除的扇区
            FLASH -> CR & = ～FLASH_CR_PNB;
            FLASH -> CR | = (uint32_t)(sect << 3u);
            //开始扇区擦除
            FLASH -> CR | = FLASH_CR_STRT;
            //等待擦除操作完成
            while((FLASH -> SR & FLASH_SR_BSY) != 0U);
            //禁止扇区擦除
            FLASH -> CR & = ～FLASH_CR_PER;
            return 0;   //成功返回
        }
        …
```

　　在封装过程中,有很多需要注意的地方。首先,需要重置对应的标志位,消除之前可能发生的错误操作导致标志位的变化。然后,对写入的数据字节数进行判断。如果写的数据字节数导致跨扇区,则递归调用自己进行写入。如果不跨扇区,则将该扇区的数据先备份再修改最后写入。进行数据备份的主要原因是为了安全。因为数据在写入之前都要进行扇区擦除,如果不进行备份,之前的数据就会消失,这是极其不安全的。

视频讲解

8.2　ADC

8.2.1　ADC 的通用基础知识

1. 模拟量、数字量及模/数转换的基本含义

模拟量（Analogue Quantity）是指变量在一定范围连续变化的物理量,从数学角度看,连续变化可以理解为可取任意值。例如,温度这个物理量,可以是 28.1℃,也可以是 28.15℃,还可以是 28.152℃,等等。也就是说,原则上可以有无限多位小数点,这就是模拟量连续的含义。当然,实际达到多少位小数点则取决于问题需要与测量设备的性能。

数字量（Digital Quantity）是分立量,不可连续变化,只能取一些分立值。现实生活中,有许多数字量的例子,如 1 部手机、2 部手机,等等。在计算机中,所有信息均使用二进制表示。例如,用 1 位只能表达 0、1 两个值,8 位可以表达 0,1,…,255,共 256 个值,不能表示其他值,这就是数字量。

模数转换器（Analog-to-Digital Converter,ADC）是将连续量的模拟信号转换为离散数字量的电子器件,这个连续量的模拟信号可能是由温度、压力等实际物理量经过传感器和相应的变换电路转化而来的。

2. 与模数转换编程直接相关的技术指标

与模数转换编程直接相关的技术指标主要有转换精度、是单端输入还是差分输入、转换速度、滤波问题、物理量回归等,下面对其进行简要概述。

1）转换精度

转换精度（Conversion Accuracy）是指数字量变化一个最小量时对应模拟信号的变化量,也称为**分辨率**（Resolution）,**通常用模数转换器（ADC）的二进制位数来表征**,一般有 8 位、10 位、12 位、16 位、24 位等,转换后的数字量简称 A/D 值。通常位数越大,精度越高。设 ADC 的位数为 N,因为 N 位二进制数可表示的范围是 $0 \sim (2^N - 1)$,所以最小能检测到的模拟量变化值就是 $1/2^N$。例如,某一 ADC 的位数是 12 位,若参考电压为 5V（即满量程电压）,则可检测到的模拟量变化最小值为 $5/2^{12} = 0.00122\text{V} = 1.22\text{mV}$,即 ADC 的理论精度（分辨率）。这也是 12 位二进制数的最低有效位（Least Significant Bit,LSB[①]）所能代表的值,即在这个例子中,$1\text{LSB} = 5 \times (1/4096) = 1.22\text{mV}$。实际上由于量化误差（参见 9.1.2 节）的存在,实际精度达不到 1.22mV。

【练习】　设参考电压为 5V,ADC 的位数是 16 位,计算这个 ADC 的理论精度。

2）单端输入与差分输入

一般情况下,实际物理量经过传感器转换为微弱的电信号,再由放大电路转换成 MCU 引脚可以接收的电压信号。若从 MCU 的一个引脚接入,使用公共地（GND）作为参考电平,就称为**单端输入**（Single-Ended Input）。单端输入方式的优点是简单,只需 MCU 的一

[①]　与二进制最低有效位相对应的是最高有效位（Most Significant Bit,MSB）,12 位二进制数的最高有效位（MSB）代表 2048,而最低有效位代表 1/4096。不同位数的二进制中,MSB 和 LSB 代表的值不同。

个引脚；缺点是容易受到电磁干扰，由于 GND 电位始终是 0V，因此 A/D 值也会随着电磁干扰而变化[①]。

若从 MCU 的两个引脚接入模拟信号，A/D 采样值是两个引脚的电平差值，就称为**差分输入**(Differential Input)。差分输入方式的优点是降低了电磁干扰，缺点是多用了 MCU 的一个引脚。因为两根差分线会布在一起，受到的干扰程度接近，这里引入 A/D 转换引脚的共模干扰[②]。由于 ADC 内部电路使用两个引脚相减后进行 A/D 转换，从而降低了干扰。实际采集电路使用单端输入还是差分输入，取决于成本、对干扰的允许程度等方面的考虑。

通常在模数转换编程时，把每路模拟量称为一个通道(Channel)，使用通道号(Channel Number)表达对应的模拟量。这样，在单端输入情况下，通道号与一个引脚对应；在差分输入情况下，与两个引脚对应。

3) 软件滤波问题

即使输入的模拟量保持不变，常常发现利用软件得到的 A/D 值也不一致，其原因可能是电磁干扰问题，也可能是模数转换器(ADC)本身转换误差的问题。但是，许多情况下，可以通过软件滤波(Filter)方法解决上述问题。

例如，可以采用中值滤波和均值滤波来提高采样稳定性。所谓中值滤波，就是将 M 次(奇数)连续采样值的 A/D 值按大小进行排序，取中间值作为实际 A/D 值。而均值滤波，是把 N 次采样结果值相加，除以采样次数 N，得到的平均值就是滤波后的结果。还可以采用几种滤波方法的联合使用，进行综合滤波。若要得到更符合实际的 A/D 值，则可以通过建立其他误差模型分析方式来实现。

【练习】　请自行查阅有关资料，有哪些常用的滤波方法？分别适用于什么场景？

4) 物理量回归问题

在实际应用中，得到稳定的 A/D 值后，还需要把 A/D 值与实际物理量对应起来，这一步称为物理量回归(Regression)。A/D 转换的目的是把模拟信号转换为数字信号，供计算机进行处理，但必须知道 A/D 转换后的数值所代表的实际物理量的值，这样才有实际意义。例如，利用 MCU 采集室内温度，A/D 转换后的数值是 126，实际它代表多少温度呢？如果当前室内温度是 25.1℃，则 A/D 值 126 就代表实际温度 25.1℃，把 126 这个值"回归"到 25.1℃的过程就是 A/D 转换物理量回归过程。

物理量回归与仪器仪表标定(Calibration)一词的基本内涵是一致的，但不涉及 A/D 转换概念，只是与标准仪表进行对应，以便使得待标定的仪表准确。而计算机中的物理量回归一词是指计算机获得的 A/D 采样值，如何与实际物理量值对应起来，也需借助标准仪表，从这个意义上理解，它们的基本内涵一致。

A/D 转换物理量回归问题，可以转化为数学上的一元回归分析(Regression Analysis)问题，也就是一个自变量、一个因变量，寻找它们之间的逻辑关系。设 A/D 值为 x，实际物理量为 y，物理量回归需要寻找它们之间的函数关系：$y=f(x)$。若是线性关系，则 $y=ax+b$。通过两个样本点即可找到参数 a 和 b。许多情况下，它们之间的关系是非线性的。例

---

①　电磁干扰总是存在的，空中存在着各种频率的电磁波，根据电磁效应，处于电磁场中的电路总会受到干扰。因此，设计 A/D 采样电路以及 A/D 采样软件均要考虑如何减少电磁干扰问题。

②　共模干扰往往是指同时加载在各个输入信号接口端的共有的信号干扰。采用屏蔽双绞线并有效接地、采用线性稳压电源或高品质的开关电源、使用差分式电路等方式可以有效地抑制共模干扰。

如,人工神经网络可以较好地应用于这种非线性回归分析中[①]。

3. 与模数转换编程关联度较弱的技术指标

前面给出的转换精度、单端输入与差分输入、软件滤波、物理量回归这 4 个基本概念与软件编程关系密切,还有几个模数转换编程关联度较弱的技术指标,如量化误差、转换速度、A/D 参考电压等。

1)量化误差

在把模拟量转换为数字量的过程中,要对模拟量进行采样和量化,使之转换成一定字长的数字量,量化误差(Quantization Error)就是指模拟量在量化过程中产生的误差。例如,一个 12 位的 ADC,输入的模拟量为恒定的电压信号 1.68V,经过 ADC 转换,所得的数字量理论值应该是 2028,但编程获得的实际值却是 2026~2031 的随机值,它们与 2028 之间的差值就是量化误差。量化误差的大小是 ADC 的性能指标之一。

理论上,量化误差为(±1/2)LSB。以 12 位的 ADC 为例,设输入电压范围是 0~3V,即把 3V 分解成 4096 份,每份是 1 个最低有效位 LSB 代表的值,即为 (1/4096)×3V = 0.000 732 42V,也就是为 ADC 的理论精度。数字 0、1、2…分别对应 0V、0.000 732 42V、0.000 488 28V…,若输入电压在 0.000 732 42~0.000 488 28 的值,按照靠近 1 或 2 的原则转换成 1 或 2,这样的误差,就是量化误差,可达(±1/2)LSB,即 0.000 732 42V/2 = 0.000 366 21。(±1/2)LSB 的量化误差属于理论原理性误差,不可消除。所以,一般来说,若用 ADC 位数表示转换精度,其实际精度要比理论精度至少减一位。再考虑到制造工艺误差,一般再减一位。这样标准 16 位 ADC 的实际精度就变为 14 位,该精度作为实际应用选型参考。

2)转换速度

转换速度通常用完成一次 A/D 转换所要花费的时间来表征。在软件层面,A/D 转换的转换速度与转换精度、采样时间(Sampling Time)有关。其中,可以通过降低转换精度来缩短转换时间。转换速度与 ADC 的硬件类型及制造工艺等因素密切相关,其特征值为纳秒级。ADC 的硬件类型主要有逐次逼近型、积分型、Σ-Δ 调制型等。

在 STM32L431 芯片中,完成一次完整的 A/D 转换的时间是配置的采样时间与逐次逼近时间(具体取决于采样精度)的总和。例如,如果 ADC 的时钟频率为 F_{ADC_CLK},时钟周期为 T_{ADC_CLK}。采样精度为 12 位时,逐次逼近时间固定为 12.5 个 ADC 时钟周期。其中,采样时间可以由 SMPx[2:0]寄存器控制,每个通道可以单独配置。计算转换时间 T_{CONV} 为

$$T_{CONV} = (采样时间 + 12.5)T_{ADC\_CLK}$$

可以通过软件配置采样时间与采样精度来影响 ADC 的转换速度。在实际编程中,若通过定时器进行触发启动 ADC,则还需要加上与定时器相关的所需时间。

3)A/D 参考电压

A/D 转换需要一个参考电压。例如,要把一个电压分成 1024 份,每份的基准必须是稳定的,这个电压来自基准电压,就是 A/D 参考电压。粗略的情况下,A/D 参考电压使用给芯片功能供电的电源电压。更为精确的要求下,A/D 参考电压使用单独电源,要求功率小(在毫瓦(mW)级即可),但波动小(如 0.1%),一般电源电压达不到这个精度,否则成本太高。

---

① 王宜怀,王林. 基于人工神经网络的非线性回归[J].计算机工程与应用,2004,40(2):79-82.

4. 最简单的 A/D 转换采样电路举例

下面给出一个最简单的 A/D 转换采样电路,以表征 A/D 转换应用中硬件电路的基本原理示意,以光敏/温度传感器为例。

光敏电阻器是利用半导体的光电效应制成的一种电阻值随入射光的强弱而改变的电阻器,入射光强,电阻减小;入射光弱,电阻增大。光敏电阻器一般用于光的测量、光的控制和光电转换(将光的变化转换为电的变化)。通常,光敏电阻器都制成薄片结构,以便吸收更多的光能。当它受到光的照射时,半导体片(光敏层)内就激发出电子-空穴对,参与导电,使电路中电流增强。一般光敏电阻器结构图 8-1(a)所示。

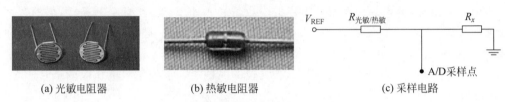

(a) 光敏电阻器   (b) 热敏电阻器   (c) 采样电路

图 8-1   光敏/热敏电阻及其采样电路

与光敏电阻类似的,温度传感器是利用一些金属、半导体等材料与温度有关的特性制成的,这些特性包括热膨胀、电阻、电容、磁性、热电势、热噪声、弹性及光学特征,根据制造材料将其分为热敏电阻传感器、半导体热电偶传感器、PN 结温度传感器和集成温度传感器等类型。热敏电阻传感器是一种比较简单的温度传感器,其最基本电气特性是随着温度的变化自身阻值也变化,图 8-1(b)是热敏电阻器。

在实际应用中,将光敏电阻器或热敏电阻器接入图 8-1(c)的采样电路中,光敏电阻器或热敏电阻器和一个特定阻值的电阻串联,由于光敏电阻器或热敏电阻器会随着外界环境的变化而变化,因此 A/D 采样点的电压也会随之变化,A/D 采样点的电压为

$$V_{A/D} = \frac{R_x}{R_{光敏} + R_x} V_{REF}$$

式中,R_x 是一特定阻值,根据实际光敏电阻器或热敏电阻器的不同而加以选定。

以热敏电阻器为例,假设热敏电阻器阻值增大,采样点的电压就会减小,A/D 值也相应减小;反之,热敏电阻器阻值减小,采样点的电压就会增大,A/D 值也相应增大。所以,采用这种方法,MCU 就会获知外界温度的变化。如果想知道外界的具体温度值,就需要进行物理量回归操作,也就是通过 A/D 采样值,根据采样电路及热敏电阻器的温度变化曲线,推算当前温度值。

灰度传感器也是由光敏元器件构成的,所谓灰度也可认为是亮度。简单地说,就是色彩的深浅程度。灰度传感器的主要工作原理是它使用两只二极管,一只为发白光的高亮度发光二极管,另一只为光敏探头。通过发光二极管发出的超强白光照射在物体上,通过物体反射回来落在光敏二极管上,由于受照射在光敏二极管上面的光线强弱的影响,其阻值在反射光线很弱(也就是物体为深色)时为几百千欧(kΩ),一般光照度下为几千欧(kΩ),在反射光线很强(也就是物体颜色很浅,几乎全反射)时为几十欧(Ω)。这样就能检测到物体颜色的灰度。

本书电子资源中的补充阅读材料给出一种较为复杂的电阻型传感器采样电路设计。

8.2.2　基于构件的 ADC 编程方法

8.2.1 节概括了 ADC 的主要特性和一些技术指标,下面从构件要点分析、构件使用方法、构件的测试等方面来了解 ADC 驱动构件。

1. STM32L431 芯片的 ADC 引脚

STM32L431 芯片中的 ADC 模块可配置 12 位、10 位、8 位或 6 位的采样精度,在本节的程序中,一律使用 12 位精度采样。在 12 位精度下,转换速度在 $0.2\mu s$ 左右,比这个采样精度小的转换速度快。对转换速度不敏感的应用系统,以采样精度为优先考量。

在 64 引脚封装的 STM32L431 芯片中,ADC 只有一个模块,即 ADC1。该模块有 19 个单端通道,其中有 3 个特殊通道:通道 0、通道 17 和通道 18,分别对应芯片参考电压引脚 V_{REF}、内部温度传感器和 RTC 备用电池电源引脚 V_{BAT}。其他通道供用户自行接入模拟量,这种情况下,MCU 引脚复用标识为 $ADC1\_IN_x(x=1,2,\cdots,16)$,所对应的通道号及引脚名如表 8-3 所示。通道 1~16 不仅可以作为单端输入,也可以编程为差分输入。作为差分输入时,后一通道的引脚与前一通道的引脚配对成一组差分引脚,编程时初始化对一个通道号的引脚为差分引脚,后一通道号的引脚自动与之配对。一般情况下,建议将通道 1 和 2,3 和 4,$\cdots$,15 和 16 进行对应组合成差分输入通道,编程时通道号使用 1,3,$\cdots$,15。通道 16 不能与后面通道组合成差分通道。

表 8-3　STM32L431 芯片 ADC1 模块通道引脚表

通道号	宏　定　义	MCU 引脚名	GEC 引脚号	单端	差分
0	ADC_CHANNEL_VREFINT	参考电压引脚 VREF		√	
1	ADC_CHANNEL_1	PTC0	47	√	√
2	ADC_CHANNEL_2	PTC1	46	√	
3	ADC_CHANNEL_3	PTC2	48	√	√
4	ADC_CHANNEL_4	PTC3	49	√	
5	ADC_CHANNEL_5	PTA0	45	√	√
6	ADC_CHANNEL_6	PTA1	44	√	
7	ADC_CHANNEL_7	PTA2	10	√	√
8	ADC_CHANNEL_8	PTA3	8	√	
9	ADC_CHANNEL_9	PTA4	40	√	√
10	ADC_CHANNEL_10	PTA5	21	√	
11	ADC_CHANNEL_11	PTA6	16	√	√
12	ADC_CHANNEL_12	PTA7	15	√	
13	ADC_CHANNEL_13	PTC4	7	√	√
14	ADC_CHANNEL_14	PTC5	6	√	
15	ADC_CHANNEL_15	PTB0	12	√	√
16	ADC_CHANNEL_16	PTB1	11	√	
17	ADC_CHANNEL_TEMPSENSOR	内部温度传感器		√	
18	ADC_CHANNEL_VBAT	RTC 备用电池电源 VBAT		√	

2. ADC 构件的头文件

```
// ============================================================
//文件名称: adc.h
//框架提供: SD - EAI&IoT(sumcu. suda. edu. cn)
//版本更新: 20190920 - 20200420
//功能描述: STM32L431 芯片 A/D 转换头文件
//         采样精度 12 位
// ============================================================
#ifndef _ADC_H        //防止重复定义(开头)
#define _ADC_H
#include "string. h"
#include "mcu. h"     //包含公共要素头文件


//通道号宏定义
#define ADC_CHANNEL_VREFINT    0     //内部参考电压监测,需要使能 VREFINT 功能
#define ADC_CHANNEL_1          1     //通道 1
#define ADC_CHANNEL_2          2     //通道 2
...
#define ADC_CHANNEL_16 16            //通道 16
#define ADC_CHANNEL_TEMPSENSOR 17    //内部温度检测,需要使能 TEMPSENSOR
#define ADC_CHANNEL_VBAT 18          //电源监测 x 需要使能 VBAT
//引脚选择单端输入或差分输入
#define AD_DIFF       1              //差分输入
#define AD_SINGLE     0              //单端输入
//温度采集参数 AD_CAL2 与 AD_CAL1
#define AD_CAL2 ( * (uint16_t * ) 0x1FFF75CA)
#define AD_CAL1 ( * (uint16_t * ) 0x1FFF75A8)
// ============================================================
//函数名称: adc_init
//功能概要: 初始化一个 A/D 通道号与采集模式
//参数说明: Channel: 通道号. 可选范围: ADC_CHANNEL_VREFINT(0)、
//               ADC_CHANNEL_x(1 = < x < = 16)、ADC_CHANNEL_TEMPSENSOR(17)、
//               ADC_CHANNEL_VBAT(18)
//         diff: 输入模式选择. 差分输入 = 1(AD_DIFF 1),单端输入 = 0(AD_SINGLE);
//         通道 0,16,17,18 强制为单端输入,通道 1~15 可选择单端输入或差分输入
// ============================================================
void adc_init(uint16_t Channel, uint8_t Diff);


// ============================================================
//函数名称: adc_read
//功能概要: 将模拟量转换成数字量,并返回
//参数说明: Channel: 通道号. 可选范围: ADC_CHANNEL_VREFINT(0)、
//               ADC_CHANNEL_x(1 = < x < = 16)、ADC_CHANNEL_TEMPSENSOR(17)、
//               ADC_CHANNEL_VBAT(18)
// ============================================================
uint16_t adc_read(uint8_t Channel);


#endif
```

3. 基于构件的 ADC 编程举例

ADC 驱动构件使用过程中,主要用到两个函数,这两个函数在 adc.h 文件里,分别是 ADC 初始化函数(adc_init)和读取通道数据函数(adc_read)。ADC 构件的测试工程位于电子资源的..\04-Software\CH08\ADC-STM32L431 文件夹中。现以测试 ADC 单端输入与差分输入模式为例,介绍 ADC 构件的使用方法,步骤如下。

(1) ADC 初始化。使用 adc_init 函数,ADC_CHANNEL_1 和 ADC_CHANNEL_15 分别表示通道 1 和通道 15,ADC_CHANNEL_TEMPSENSOR 表示 MCU 内部温度采集通道号 17,AD_SINGLE 表示单端输入,AD_DIFF 表示差分输入。

```
adc_init(ADC_CHANNEL_1,AD_DIFF);
adc_init(ADC_CHANNEL_15,AD_DIFF);
adc_init(ADC_CHANNEL_TEMPSENSOR,AD_SINGLE);
```

(2) 读取 A/D 转换值。使用 adc_read 函数读取通道 1、通道 15 和通道 ADC_CHANNEL_TEMPSENSOR 的值,并将采集到的 A/D 转换值分别赋给 num_AD1、num_AD2 和 num_AD3。

```
num_AD1 = adc_read(ADC_CHANNEL_1);
num_AD2 = adc_read(ADC_CHANNEL_15);
num_AD3 = adc_read(ADC_CHANNEL_TEMPSENSOR);
```

(3) printf 函数输出信息。将读取到通道 1、通道 15、通道 ADC_CHANNEL_TEMPSENSOR 的 A/D 值使用 printf 函数打印出来。

```
printf("通道 1(GEC47、46)的 A/D 值: % d\r\n",num_AD1);
printf("通道 15(GEC12、11)的 A/D 值: % d\r\n",num_AD2);
printf("内部温度传感器的 A/D 值: % d\r\n\n",num_AD3);
```

(4) 测试观察。可通过触摸芯片表面,A/D 值增大的现象来测试单端模式。若要测试差分模式,则需要将开发板上的引脚 47 接地、引脚 46 接 3.3V,观察通道 1 的情况,再将引脚 46 接地、引脚 47 接 3.3V,再观察通道 1 的情况即可。

4. 基于 BP 神经网络方法的 A/D 物理量回归

一般情况下,测量的物理量需要经过传感器、比较器、放大器、A/D 转换器等,才能得出实际物理量与 A/D 采集值之间的关系,大部分为非线性关系。人工神经网络具有较好的非线性回归能力。本书电子资源补充阅读材料中给出了基于三层 BP 神经网络的 A/D 物理量回归实例,也提供了一种 A/D 值与实际物理量的非线性回归方式。

8.2.3　ADC 构件的制作过程

1. ADC 模块寄存器概述

1) 相关名称解释

STM32L431 芯片的 ADC 有多个寄存器,要理解对这些寄存器的操作,首先需要了解一些比较重要的概念。下面对 ADC 相关重要的名词进行解释,再介绍常用 ADC 寄存器。

转换完成标志:指示一个 A/D 转换是否完成,仅当 A/D 转换完成后才能从寄存器中读取数据。

通道:ADC 模块有专门的 A/D 转换通道,分别对应芯片的不同引脚,读取相应引脚的数据相当于读取了通道的数据。

硬件触发:靠外部硬件的脉冲触发。

软件触发:靠软件编程的方式触发启动,一旦程序编写好,触发启动是自动的、有规律的,除非修改程序,否则无法根据自己的意愿随意触发。

2) ADC 寄存器概述

ADC 的寄存器分两类:一类是 ADC 寄存器;另一类是 ADC 通用寄存器。ADC 寄存器主要是对 A/D 转换过程中各个具体的功能进行控制和配置,包括 ADC 控制寄存器、ADC 配置寄存器、ADC 采样时间寄存器、ADC 中断和状态寄存器、ADC 常规序列寄存器等。

ADC 寄存器的基地址可采用与前述 Flash 同样的两种方法查找,可得知寄存器地址范围为 0x5004_0000～0x5004_03FF,其中 ADC 寄存器的基地址为 0x5004_0000。ADC 寄存器的功能简述如表 8-4 所示,其中,ADC 控制寄存器、ADC 配置寄存器、ADC 看门狗阈值寄存器 1、ADC 看门狗阈值寄存器 2 和 ADC 看门狗阈值寄存器 3 的复位值分别是 0x2000_0000、0x8000_0000、0x0FFF_0000、0x00FF_0000 和 0x00FF_0000;其他寄存器的复位值均为 0x0000_0000。需要说明的是,有些寄存器需要几个共同完成某功能的配置。例如,ADC 配置寄存器包括两个:ADC_CFGR 和 ADC_CFGR2;ADC 采样时间寄存器包括两个:ADC_SMPR1 和 ADC_SMPR2;ADC 看门狗阈值寄存器包括 3 个:ADC_TR1、ADC_TR2 和 ADC_TR3;ADC 常规序列寄存器包括 4 个:ADC_SQR1、ADC_SQR2、ADC_SQR3 和 ADC_SQR4;ADC 模拟看门狗配置寄存器包括两个:ADC_AWD2CR 和 ADC_AWD3CR。

注意:ADC 差分模式选择寄存器 ADC_DIFSEL 中 D16～D18 和 D0 为只读,D1～D15 可读可写。

表 8-4　ADC 寄存器功能概述

偏移量	寄 存 器 名		R/W	功 能 简 述
0x00	ADC 中断和状态寄存器(ADC_ISR)		R/W	标志 ADC 转换状态
0x04	ADC 中断使能寄存器(ADC_IER)		R/W	使能 ADC 各种中断
0x08	ADC 控制寄存器(ADC_CR)		R/W	控制 ADC 转换
0x0C	ADC 配置寄存器	ADC_CFGR	R/W	配置 ADC 转换模式
0x10		ADC_CFGR2		
0x14	ADC 采样时间寄存器	ADC_SMPR1	R/W	选择通道的采样时间
0x18		ADC_SMPR2		
0x20	ADC 看门狗阈值寄存器	ADC_TR1	R/W	配置看门狗阈值上下限
0x24		ADC_TR2		
0x28		ADC_TR3		

偏移量	寄 存 器 名		R/W	功 能 简 述
0x30	ADC 常规序列寄存器	ADC_SQR1	R/W	选择常规通道加入转换
0x34		ADC_SQR2		
0x38		ADC_SQR3		
0x3C		ADC_SQR4		
0x40	ADC 常规数据寄存器(ADC_DR)		R	存储通道转换结果
0x4C	ADC 注入序列寄存器(ADC_JSQR)		R/W	选择通道加入转换
0x60	ADC 偏移 y 寄存器(ADC_OFRy)		R/W	编程的通道对应数据偏移 y,每个偏移寄存器的地址偏移量为 0x60+0x04×(y−1),(y=1 to 4)
0x80	ADC 注入通道 y 数据寄存器(ADC_JDRy)		R	存储通道转换结果,每个通道数据寄存器的地址偏移量为 0x80+0x04×(y−1),(y=1 to 4)
0xA0	ADC 模拟看门狗配置寄存器	ADC_AWD2CR	R/W	监测通道是否正常
0xA4		ADC_AWD3CR		
0xB0	ADC 差分模式选择寄存器(ADC_DIFSEL)		R/W	配置通道输入模式
0xB4	ADC 校准系数(ADC_CALFACT)		R/W	不同输入模式校准系数

3) ADC 通用控制寄存器概述

ADC 通用寄存器主要用来查看 ADC 转换过程中各种状态的标志位,以及控制 ADC 的通道和时钟,包括 ADC 通用状态寄存器和 ADC 通用控制寄存器。ADC 通用寄存器的功能简述如表 8-5 所示,其基地址为 0x5004_0300,可通过关键字"ADC1_COMMON"在工程中查得。其中,ADC 通用状态寄存器和 ADC 通用控制寄存器的复位值都是 0x0000_0000。

表 8-5　ADC 通用寄存器

偏移量	寄 存 器 名	R/W	功 能 简 述
0x00	ADC 通用状态寄存器(ADC_CSR)	R	提供 ADC 标志状态位
0x08	ADC 通用控制寄存器(ADC_CCR)	R/W	控制 ADC 通道和时钟

2. ADC 构件接口函数原型分析

ADC 构件接口函数主要有初始化函数及读取一次模/数转换值函数。

(1) 初始化函数 adc_init。该函数中需要使用两个参数:通道号 Channel 和单端与差分输入的模式选择 Diff,在 adc.h 中定义了通道号宏常数以便使用;Diff 模式在 adc.h 中定义了两个对应的宏常数供选择:AD_DIFF(差分模式)和 AD_SINGLE(单端模式)。

```
void  adc_init(uint8_t Channel,uint8_t Diff);
```

(2) 读取一次模/数转换值函数 adc_read。该函数使用参数通道号 Channel,通道号的选择如表 8-3 所示。要注意的是,使用这个函数之前,需调用初始化函数 adc_init 对相应通道进行初始化。

```
uint16_t  adc_read(uint8_t Channel);
```

3. ADC 构件部分函数源码

```c
//==================================================================
//文件名称: adc.c
//框架提供: SD - EAI&IoT Lab.(sumcu.suda.edu.cn)
//版本更新: 2019 - 9 - 20 V1.0; 2021 - 1 - 26 V3.0
//功能描述: 见本工程的< 01_Doc >文件夹下 Readme.txt 文件
//==================================================================
# include "includes.h"
# include < math.h >
//==================================================================
//函数名称: adc_init
//功能概要: 初始化一个 AD 通道号与采集模式
//参数说明: Channel: 通道号.可选范围: ADC_CHANNEL_VREFINT(0)、
//                  ADC_CHANNEL_x(1 = < x < = 16)、ADC_CHANNEL_TEMPSENSOR(17)、
//                  ADC_CHANNEL_VBAT(18)
//          Diff: 输入模式选择.差分输入 = 1(AD_DIFF 1),单端输入 = 0(AD_SINGLE)
//          通道 0,16,17,18 强制为单端输入,通道 1~15 可选择单端或差分输入
//==================================================================
void adc_init(uint16_t Channel,uint8_t Diff)
{
    //(1)开启 ADC 时钟,频率 = 总线时钟/4.48MHz,ADC 时钟不超过 14MHz
    RCC -> AHB2ENR |= RCC_AHB2ENR_ADCEN;
    ADC1_COMMON -> CCR |= ADC_CCR_CKMODE;
    //(2)退出掉电状态并使能稳压器,ADC 默认处于掉电状态以降低功耗
    ADC1 -> CR &= ~ADC_CR_DEEPPWD;
    ADC1 -> CR |= ADC_CR_ADVREGEN;
    //(3)使能 ADC 相关内部采集功能
    if(Channel == 0)
    {
        ADC1_COMMON -> CCR |= ADC_CCR_VREFEN;   //使能参考电压采集功能
    }
    else if(Channel == 17)
    {
        ADC1_COMMON -> CCR |= ADC_CCR_TSEN;      //使能温度采集功能
    }
    else if(Channel == 18)
    {
        ADC1_COMMON -> CCR |= ADC_CCR_VBATEN;    //使能基准电压采集功能
    }
    //(4)初始化 ADC 控制寄存器,清零各个控制位
    ADC1 -> CR &= 0x3fffffc0;
    //(5)单端差分选择
    if(Diff)
    {
        BSET(Channel,ADC1 -> DIFSEL);
    }
    else
    {
```

```
        BCLR(Channel,ADC1 -> DIFSEL);
    }
    //(6)开启 ADC
    ADC1 -> CR | = ADC_CR_ADEN;
    //(7)设置采样时间为 12.5 个时钟周期
    if((int)Channel > = 0 && (int)Channel < = 9)
    {
        BCLR(Channel * 3,ADC1 -> SMPR1);
        BSET(Channel * 3 + 1,ADC1 -> SMPR1);
        BCLR(Channel * 3 + 2,ADC1 -> SMPR1);
    }
    if((int)Channel > = 10 && (int)Channel < = 18)
    {
        BCLR((Channel % 10) * 3,ADC1 -> SMPR2);
        BSET((Channel % 10) * 3 + 1,ADC1 -> SMPR2);
        BCLR((Channel % 10) * 3 + 2,ADC1 -> SMPR2);
    }
    //(8)配置寄存器 CFGR: 精度 12 位、右对齐、单次单通道转换
    ADC1 -> CFGR & = 0xfffffffe7;              //精度设置为 12 位
    ADC1 -> CFGR & = 0xffffffffdf;              //数据对齐方式右对齐
    ADC1 -> CFGR | = ADC_CFGR_DISCEN;          //不连续转换模式
    ADC1 -> CFGR & = ~ADC_CFGR_CONT;           //单次转换模式
    ADC1 -> CFGR & = ~ADC_CFGR_DISCNUM;        //一个通道
    ADC1 -> CFGR & = ~ADC_CFGR_EXTEN;          //禁止硬件触发检测
    //(11)常规通道序列长度为 1
    ADC1 -> SQR1 & = ~ADC_SQR1_L;
}
// ===================================================================
//函数名称: adc_read
//功能概要:将模拟量转换成数字量,并返回
//参数说明: Channel:通道号.可选范围: ADC_CHANNEL_VREFINT(0)、
//                    ADC_CHANNEL_x(1 = < x < = 16)、ADC_CHANNEL_TEMPSENSOR(17)、
//                    ADC_CHANNEL_VBAT(18)
// ===================================================================
uint16_t adc_read(uint8_t Channel)
{
    uint16_t ADCResult;                        //用于存放 AD 值
    int i,t;
    ADCResult = 0;
    //(1)开启 ADC,使能稳压器
    ADC1 -> CR | = ADC_CR_ADEN;
    ADC1 -> CR | = ADC_CR_ADVREGEN;
    //(2)清空第一次转换序列
    ADC1 -> SQR1 & = 0xFFFFF83F;
    //(3)所选通道加入第一次转换序列中
    ADC1 -> SQR1 | = ((uint32_t)Channel << 6);
    //(4)开始转换
    ADC1 -> CR | = ADC_CR_ADSTART;
    //(5)等待转换完成,获取转换结果
    for(i = 0;i < = 50;i++) __asm("nop");
```

```
for(t = 0; t < 0xFBBB; t++)           //查询指定次数
{
    //判断转换是否完成
    if(BGET(2,ADC1 -> ISR) == 1)       //转换完成
    {
        ADCResult = ADC1 -> DR;        //读取数据,清零转换完成标志位
        break;
    }
}
return ADCResult;
}
```

8.3 DAC

8.3.1 DAC 的通用基础知识

一些情况下,不仅需要将模拟量转化为数字量,也有将数字量转化为模拟量的需求,以便通过计算机程序实现对输出设备某种状态的连续变化控制,如数字化方法控制音量的大小等。MCU 内部承担数字量转换为模拟量任务的电路被称为**数模转换器**(Digital-to-Analog Converter,DAC),它将二进制数字量形式的离散信号转换成以参考电压为基准的模拟量,一般以电压形式输出。

设 MCU 内部的任何一个数字量可以表示为 N 位二进制数 $d_{N-1}d_{N-2}\cdots d_1d_0$,其中,$d_{N-1}$ 为最高位有效位(Most Significant Bit,MSB),d_0 为最低有效位(Least Significant Bit,LSB)。DAC 将输入的每位二进制代码按其权值大小转换成相应的模拟量,然后将代表各位的模拟量相加,所得的总模拟量就与数字量成正比,实现了从数字量到模拟量的转换,如图 8-2 所示。

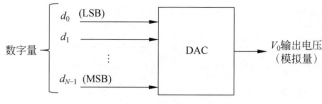

图 8-2　DAC 的转换原理框图

与编程相关的 DAC 主要技术指标是分辨率,一般情况下,分辨率使用 DAC 位数来表示,如 12 位 DAC、16 位 DAC 等,也可以认为 12 位 DAC 的分辨率为 $1/(2^{12}-1)=1/4095$。

8.3.2 基于构件的 DAC 编程方法

本节给出基于构件的 DAC 编程方法举例,关于 DAC 的制作方法参见电子资源补充阅

读材料。

1. STM32L431 芯片的 DAC 引脚

64 引脚封装的 STM32L431 芯片内部含有两个通道的 12 位 DAC,其引脚名分别为 PTA4 和 PTA5,作为 DAC 功能时,分别对应 DAC1_OUT1 和 DAC1_OUT2 两个通道,相应引脚输出数字量转换后的模拟量(电压值),具体的通道号及引脚名如表 8-6 所示。

表 8-6　STM32L431 芯片 DAC1 模块通道引脚表

通　道　号	宏　定　义	MCU 引脚名	GEC 引脚号
1	DAC1_CHANNEL_1	PTA4	40
2	DAC1_CHANNEL_2	PTA5	21

2. DAC 构件的头文件

```
// ===============================================================
//文件名称: dac.h
//框架提供: SD - EAI&IoT Lab. (sumcu.suda.edu.cn)
//版本更新: 2019 - 9 - 20 V1.0; 2021 - 1 - 26 V3.0
//功能描述: 见本工程的< 01_Doc >文件夹下 Readme.txt 文件
// ===============================================================
# ifndef _DAC_H_              //防止重复定义(开头)
# define _DAC_H_
# include "string.h"
# include "mcu.h"             //包含公共要素头文件

//通道号定义
# define DAC_PIN1 1           //DAC1 通道 1,对应 PTA4 引脚(对应 ADC 通道 9)
# define DAC_PIN2 2           //DAC1 通道 2,对应 PTA5 引脚(对应 ADC 通道 10)

// ===============================================================
//函数名称: dac_init
//功能概要: 初始化 DAC 模块设定
//参数说明: port_pin: DAC 引脚.可选择 DAC_PIN1 代表通道 1
//                    选择 DAC_PIN2 代表通道 2
// ===============================================================
void dac_init(uint16_t port_pin);

// ===============================================================
//函数名称: dac_convert
//功能概要: 执行 DAC 转换
//参数说明: port_pin: DAC 引脚.可选择 DAC_PIN1 代表通道 1
//                    选择 DAC_PIN2 代表通道 2
//          data: 需要转换模拟量的数字量: 范围(0～4095)
// ===============================================================
void  dac_convert(uint16_t port_pin,uint16_t data);

# endif
```

3. 基于构件的 DAC 编程举例

将 PTA4 引脚(对应 GEC 引脚 40)作为 DAC 功能,编程使其输出模拟量,将该引脚用一根导线与 PTB0 引脚(对应 GEC 引脚 12)相连,编程使 PTB0 为 ADC 功能(通道 15),ADC 采样 PTB0 引脚,通过 printf 函数输出,若其值跟随 PTA4 变化,则说明 PTA4 输出正常。

(1) 初始化 DAC 模块、ADC 模块。

```
dac_init(DAC_PIN1);
adc_init(ADC_CHANNEL_15, AD_SINGLE);
```

(2) 在主循环中。使用函数 dac_convert 将数字量 mi 转换成模拟量。

```
dac_convert(DAC_PIN1,mi);
```

(3) 采样 PTB0 引脚,并用 printf 函数输出。

```
result = adc_read(ADC_CHANNEL_15);
printf("DAC is % d\n",result);
```

DAC 构件的测试工程位于电子资源的 ..\04-Software\CH08\DAC-STM32L431 文件夹中。

8.4　实验四　ADC 实验

ADC 模块即模/数转换模块,其功能是将电压信号转换为相应的数字信号。实际应用中,这个电压信号可能由温度、湿度、压力等实际物理量经过传感器和相应的转换电路转化而来。经过 A/D 转换后,MCU 就可以处理这些物理量。

1. 实验目的

(1) 掌握 ADC 构件的使用。

(3) 掌握 ADC 的技术指标。

(3) 基本理解构件的制作过程。

2. 实验准备

(1) 软硬件工具:与实验一相同。

(2) 运行并理解电子资源的 ..\04-Software\CH08 文件夹中的几个程序。

3. 参考样例

(1) 参照电子资源的 ..\04-Software\CH08\ADC-STM32L431 工程,该程序实现了 ADC 模拟量输入差分和单端两种方式。单端方式:内部温度传感器,通道号 17,无须引脚对应;差分方式:GEC 引脚 47、46(通道 1、2),GEC 引脚 12、11(通道 15、16)。

(2) 电子资源的 "..\04-Software\CH08\ADC-温度图形化界面" 样例程序在 PC 端用 C♯程序实现了温度的图形化输出。

4. 实验过程或要求

1) 验证性实验

参照类似实验二的验证性实验方法,验证本章电子资源中的样例程序,体会基本编程原理与过程。注意:在 ADC 测试中,可通过触摸芯片表面,使得温度提高(A/D 值增大)的现象来测试单端模式。若要测试差分模式,则用连接线将开发板上的 47 引脚接地、46 引脚接 3.3V,观察通道 1 的情况,再将 46 引脚接地、47 引脚接 3.3V,再观察通道 1 情况即可(注意:连接稳定,避免损坏芯片)。在实验过程中,建议复制样例程序后修改程序,更换差分输入通道,重新编译下载体会其观察到的现象,进一步理解单端和差分两种输入方式的区别。

2) 设计性实验

复制 MCU 样例程序(电子资源的..\04-Software\CH08\ADC-STM32L431 文件夹中),用该程序框架实现:对 GEC 板载热敏电阻进行采集、滤波,使之更加稳定;复制 PC 样例程序"ADC-温度图形化界面",增加语音功能,优化曲线显示等。

3) 进阶实验★(选读内容)

自行购买一种常见类型传感器,制作其驱动构件,进行 A/D 转换编程,完成 MCU 方及 PC 方曲线显示等基本功能。

5. 实验报告要求

(1) 用适当文字、图表描述实验过程。

(2) 用 200～300 字写出实验体会。

(3) 在实验报告中完成实践性问答题。

6. 实践性问答题

(1) A/D 转换有哪些主要技术指标?

(2) A/D 采集的软件滤波有哪些主要方法?

(3) 若 A/D 值与实际物理量并非线性关系,A/D 值回归成实际物理量值有哪些非线性回归方法?

本章小结

本章给出 Flash、ADC 与 DAC 3 个模块的编程方法,并给出 Flash 构件和 ADC 构件制作过程的基本要点。

1. 关于 Flash 存储器在线编程

Flash 存储器可在线编程可以基本取代电可擦除可编程只读存储器,用于保存运行过程中希望失电后不丢失的数据。STM32L431 芯片内部有 256KB 的 Flash 存储器,其起始地址为 0x0800_0000,按照扇区进行组织,每个扇区大小为 2KB,以扇区为基本擦除单位,Flash 构件封装了初始化、擦除、写入等基本接口函数。

2. 关于 ADC 模块

ADC 将模拟量转换为数字量,以便计算机可以通过这个数字量间接对应实际模拟量进行运行与处理。与 A/D 转换编程直接相关的技术指标主要有转换精度、是单端输入还是差分输入等。STM32L431 芯片内部含有一个 12 位 ADC 模块,共有 19 个单端输入通道,16

个可组合的差分输入通道。

3. 关于 DAC 模块

DAC 将数字量转换为模拟量,以便计算机可以通过数字量控制实际的诸如音量大小等模拟量输出。与编程相关的 DAC 主要技术指标是分辨率,一般情况下,分辨率使用 DAC 位数来表示。STM32L431 芯片内部含有一个 12 位 DAC 模块,共有两个输出通道。

习题

1. 简要阐述 Flash 在线编程的基本含义及用途。

2. 给出 Flash 构件的基本函数及接口参数。

3. 编制程序,将自己的一寸照片存入 Flash 中适当区域,并重新上电复位后再读出到 PC 屏幕显示。

4. 若 ADC 的参考电压为 3.3V,要能区分 0.05mV 的电压,则采样位数至少为多少位?

5. 阅读课外文献资料,用列表方式给出常用的软件滤波算法名称、内容概要、主要应用场合。

6. 使用 PWM 波的方式可以完成一些场景下的 DAC 功能吗? 给出必要的描述。

## 第 9 章

SPI、I2C 与 TSC 模块

本章导读：本章主要阐述串行外设接口 SPI、集成电路互联总线 I2C 和触摸感应输入 TSC 模块的基本原理与编程方法。SPI 是一个四线制的具有主从设备概念的双工同步通信系统，I2C 是二线制半双工同步通信系统，它们广泛应用于 MCU 及 MPU 的外部设备中。本章首先给出 SPI 的通用基础知识，SPI 构件及使用方法，SPI 构件的制作过程；随后阐述了 I2C、TSC 相关内容。

9.1 串行外设接口 SPI 模块

9.1.1 串行外设接口 SPI 的通用基础知识

1. SPI 的基本概念

串行外设接口（Serial Peripheral Interface，SPI）是原摩托罗拉公司推出的一种同步串行通信接口，用于微处理器和外围扩展芯片之间的串行连接，已经发展成为一种工业标准。目前，各半导体公司推出了大量带有 SPI 接口的芯片，如 A/D 转换器、D/A 转换器、LCD 显示驱动器等。SPI 一般使用 4 条线：串行时钟线 SCK、主机输入/从机输出数据线 MISO、主机输出/从机输入数据线 MOSI 和从机选择线 NSS（$\overline{SS}$），如图 9-1 所示，图中略去了 NSS 线。

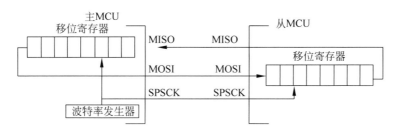

图 9-1 SPI 全双工主-从连接

1）主机与从机的概念

SPI 是一个全双工连接，即收发各用一条线，是典型的主机-从机（Master-Slave）系统。

一个 SPI 系统,由一个主机和一个或多个从机构成,主机启动一个与从机的同步通信,从而完成数据的交换。提供 SPI 串行时钟的 SPI 设备称为 SPI 主机或主设备(Master),其他设备则称为 SPI 从机或从设备(Slave)。在 MCU 扩展外部设备结构中,仍使用主机-从机(Master-Slave)概念。此时,MCU 必须工作于主机方式,外部设备工作于从机方式。

2) 主出从入引脚 MOSI 与主入从出引脚 MISO

主出从入引脚(Master Out Slave In,MOSI)是主机输出、从机输入数据线。当 MCU 被设置为主机方式时,主机送往从机的数据从该引脚输出;当 MCU 被设置为从机方式时,来自主机的数据从该引脚输入。

主入从出引脚(Master In Slave Out,MISO)是主机输入、从机输出数据线。当 MCU 被设置为主机方式时,来自从机的数据从该引脚输入主机;当 MCU 被设置为从机方式时,送往主机的数据从该引脚输出。

3) SPI 串行时钟引脚 SCK

SCK 是 SPI 主器件的串行时钟输出引脚以及 SPI 从器件的串行时钟输入引脚,用于控制主机与从机之间的数据传输。串行时钟信号由主机的内部总线时钟分频获得,主机的 SCK 引脚输出给从机的 SCK 引脚,控制整个数据的传输速度。在主机启动一次传输的过程中,从 SCK 引脚输出自动产生的 8 个时钟周期信号,SCK 信号的一个跳变进行一位数据移位传输。

4) 时钟极性与时钟相位

时钟极性表示时钟信号在空闲时是高电平还是低电平;时钟相位表示时钟信号 SCK 的第 1 个边沿出现在第 1 位数据传输周期的开始位置还是中央位置。

5) 从机选择引脚 NSS

一些芯片带有从机选择引脚 NSS($\overline{SS}$),也称为片选引脚。若一个 MCU 的 SPI 工作于主机方式,则该 MCU 的 NSS 引脚为高电平;若一个 MCU 的 SPI 工作于从机方式,当 NSS 为低电平时表示主机选中了该从机,反之则未选中该从机。对单主单从(One Master and One Slave)系统,可以采用图 9-1 所示的连接方法。对于一个主机 MCU 带多个从机 MCU 的系统,主机 MCU 的 NSS 引脚接高电平,每个从机 MCU 的 NSS 引脚接主机的 I/O 输出线,由主机控制其电平的高低,以便主机选中该从机。

2. SPI 的数据传输原理

在图 9-1 中,移位寄存器为 8 位,所以每个工作过程传送 8 位数据。从主机 CPU 发出启动传输信号开始,将要传送的数据装入 8 位移位寄存器,并同时产生 8 个时钟信号依次从 SCK 引脚送出,在 SCK 信号的控制下,主机中 8 位移位寄存器中的数据依次从 MOSI 引脚送出至从机的 MOSI 引脚,并送入从机的 8 位移位寄存器。在此过程中,从机的数据也可通过 MISO 引脚传送到主机中。所以,该过程称为全双工主-从连接(Full-Duplex Master-Slave Connections),其数据的传输格式是高位(MSB)在前,低位(LSB)在后。

图 9-1 是一个主 MCU 和一个从 MCU 的连接;也可以是一个主 MCU 与多个从 MCU 进行连接形成一个主机多个从机的系统;还可以是多个 MCU 互连构成多主机系统;另外也可以是一个 MCU 挂接多个从属外设。但是,SPI 系统最常见的应用是利用一个 MCU 作为主机,其他作为从机。这样,主机程序启动并控制数据的传送和流向,在主机的控制下,从机从主机读取数据或向主机发送数据。至于传送速度、何时数据移入移出、一次移动完成是否中断和如何定义主机从机等问题,可通过对寄存器编程来解决,下面将阐述这些问题。

3. SPI 的时序

SPI 的数据传输是在时钟信号 SCK(同步信号)的控制下完成的。数据传输过程涉及时钟极性与时钟相位设置问题。以下讲解使用 CPOL 描述时钟极性,使用 CPHA 描述时钟相位。**主机和从机必须使用同样的时钟极性与时钟相位,才能正常通信**。对发送方编程必须明确三点:接收方要求的时钟空闲电平是高电平还是低电平;接收方在时钟的上升沿取数还是下降沿取数;采样数据是在第 1 个时钟边沿还是第 2 个时钟边沿。**总体要求是:确保发送数据在 1 个周期开始的时刻上线,接收方在 1/2 周期的时刻从线上取数,这样是最稳定的通信方式。据此,设置时钟极性与时钟相位**。只有正确配置时钟极性和时钟相位,数据才能被准确接收。因此,必须严格对照从机 SPI 接口的要求来正确配置主从机的时钟极性和时钟相位。

关于时钟极性与时钟相位的选择,有 4 种可能情况,如图 9-2 所示。

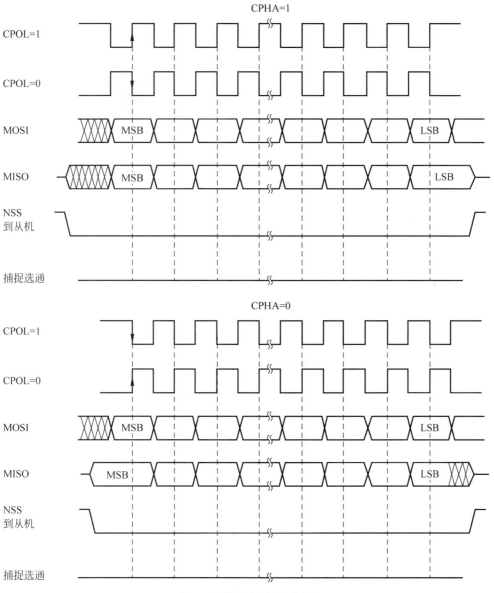

图 9-2 数据/时钟时序图

1) 下降沿取数,空闲电平为低电平,CPHA=1,CPOL=0

若空闲电平为低电平,则接收方在时钟的下降沿取数,从第2个时钟边沿开始采样数据。在时钟信号的一个周期结束后(下降沿),时钟信号又为低电平,下一位数据又开始上线,再重复上述过程,直到1字节的8位信号传输结束。用CPHA=1表示从第2个时钟边沿开始采样数据,CPHA=0表示在第1个时钟边沿开始采样数据;用CPOL=0表示空闲电平为低电平,CPOL=1表示空闲电平为高电平。

2) 上升沿取数,空闲电平为高电平,CPHA=1,CPOL=1

若空闲电平为高电平,则接收方在同步时钟信号的上升沿时采样数据,且从第2个时钟边沿开始采样数据。

3) 上升沿取数,空闲电平为低电平,CPHA=0,CPOL=0

若空闲电平低电平,则接收方在时钟的上升沿取数,在第1个时钟边沿开始采样数据。

4) 下降沿取数,空闲电平为高电平,CPHA=0,CPOL=1

若空闲电平高电平,则接收方在时钟的下降沿取数,在第1个时钟边沿开始采样数据。

9.1.2 基于构件的SPI通信编程方法

1. STM32L431 芯片的 SPI 对外引脚

STM32L431 芯片内部具有3个SPI模块,分别是SPI1、SPI2和SPI3。表9-1给出了SPI模块使用的引脚,编程时可以使用宏定义确定。

表 9-1   SPI 实际使用的引脚名

GEC 引脚号	MCU 引脚名	第 一 功 能	第 二 功 能
48	PTC2	SPI2_MISO	
49	PTC3	SPI2_MOSI	
44	PTA1	SPI1_SCK	
40	PTA4	SPI1_NSS	SPI3_NSS
21	PTA5	SPI1_SCK	
16	PTA6	SPI1_MISO	
15	PTA7	SPI1_MOSI	
12	PTB0	SPI1_NSS	
39	PTB10	SPI2_SCK	
31	PTB12	SPI2_NSS	
30	PTB13	SPI2_SCK	
28	PTB14	SPI2_MISO	
29	PTB15	SPI2_MOSI	
71	PTA11	SPI1_MISO	
70	PTA12	SPI1_MOSI	
22	PTA15	SPI1_NSS	SPI3_NSS
14	PTC10	SPI3_SCK	
13	PTC11	SPI3_MISO	
61	PTC12	SPI3_MOSI	
23	PTB3	SPI1_SCK	SPI3_SCK

GEC 引脚号	MCU 引脚名	第 一 功 能	第 二 功 能
24	PTB4	SPI1_MISO	SPI3_MISO
25	PTB5	SPI1_MOSI	SPI3_MOSI
54	PTB9	SPI2_NSS	

2. SPI 构件头文件

本书给出的 SPI 构件 SPI_1 使用 PTA5、PTA6、PTA7、PTA15 分别作为 SPI 的 SCK、MISO、MOSI、NSS 的引脚，SPI_2 使用 PTB13、PTB14、PTB15、PTB12 分别作为 SPI 的 SCK、MISO、MOSI、NSS 引脚。

```
// ===============================================================
//文件名称: spi.h
//功能概要: SPI 底层构件源文件
//制作单位: SD - EDI&IoT Lab.(sumcu.suda.edu.cn)
//版     本: 2020 - 11 - 06  V2.0
//适用芯片: STM32L431
// ===============================================================
#ifndef _SPI_H               //防止重复定义(开头)
#define _SPI_H

#include "string.h"
#include "mcu.h"

#define SPI_1   0    //PTA5,PTA6,PTA7,PTA15 = SPI 的 SCK,MISO,MOSI,NSS
#define SPI_2   1    //PTB13,PTB14,PTB15,PTB12 = SPI 的 SCK,MISO,MOSI,NSS
#define SPI_3   2    //暂时保留
#define SPI_MASTER   1
#define SPI_SLAVE   0
// ===============================================================
//函数名称: spi_init
//功能说明: SPI 初始化
//函数参数: No: 模块号
//        MSTR: SPI 主从机选择,0 选择为从机,1 选择为主机
//        BaudRate: 波特率,可取 12 000、6000、3000、1500、750、375,单位: b/s
//        CPOL: CPOL = 0: SPI 时钟高有效; CPOL = 1: SPI 时钟低有效
//        CPHA: CPHA = 0 相位为 0; CPHA = 1 相位为 1
//函数返回: 无
// ===============================================================
void spi_init(uint8_t No,uint8_t MSTR,uint16_t BaudRate,uint8_t CPOL,uint8_t CPHA);

// ===============================================================
//函数名称: spi_send1
//功能说明: SPI 发送 1 字节数据
//函数参数: No: 模块号
//          data: 需要发送的 1 字节数据
//函数返回: 0: 发送失败; 1: 发送成功
```

```
// ================================================================
uint8_t spi_send1(uint8_t No,uint8_t data);


// ================================================================
//函数名称: spi_sendN
//功能说明: SPI 发送数据
//函数参数: No: 模块号
//          n: 要发送的字节数,范围为 1~255
//          data[]: 所发数组的首地址
//函数返回: 无
// ================================================================
uint8_t spi_sendN(uint8_t No,uint8_t n,uint8_t data[]);


// ================================================================
//函数名称: spi_receive1
//功能说明: SPI 接收 1 字节的数据
//函数参数: No: 模块号
//函数返回: 接收到的数据
// ================================================================
uint8_t spi_receive1(uint8_t No);


// ================================================================
//函数名称: spi_receiveN
//功能说明: SPI 接收数据. 当 n=1 时,就是接受 1 字节的数据;……
//函数参数: No: 模块号
//          n: 要发送的字节数,范围为 1~255
//          data[]: 接收到的数据存放的首地址
//函数返回: 1: 接收成功,其他情况: 失败
// ================================================================
uint8_t spi_receiveN(uint8_t No,uint8_t n,uint8_t data[]);


// ================================================================
//函数名称: spi_enable_re_int
//功能说明: 打开 SPI 接收中断
//函数参数: No: 模块号
//函数返回: 无
// ================================================================
void spi_enable_re_int(uint8_t No);


// ================================================================
//函数名称: spi_disable_re_int
//功能说明: 关闭 SPI 接收中断
//函数参数: No: 模块号
//函数返回: 无
// ================================================================
void spi_disable_re_int(uint8_t No);


#endif    //防止重复定义
```

3. 基于构件的 SPI 编程方法

下面以 STM32L431 中同一个芯片的 SPI_1 和 SPI_2 之间的通信为例,介绍 SPI 构件的使用方法。由于是单主单从系统,从机选择引脚 NSS 不用连接,只需主从机的 SCK、MISO、MOSI 连接,即将电路板上的 PTA5、PTA6、PTA7 引脚分别与 PTB13、PTB14、PTB15 引脚进行连接。

(1) 在主函数 main 中,初始化 SPI 模块,具体的参数包括 SPI 所用的模块号、主从机模式、波特率、时钟极性和时钟相位。这里将 SPI_1 初始化为主机,SPI_2 初始化为从机。

```
//SPI_1 为主机,波特率为 6000,时钟极性和相位都为 0
spi_init(SPI_1,SPI_MASTER,6000,0,0);
//SPI_2 为从机,波特率为 6000,时钟极性和相位都为 0
spi_init(SPI_2,SPI_SLAVE,6000,0,0);
```

(2) 开启 SPI_2 的接收中断。因为 SPI_2 被初始化为从机,所以需要开 SPI_2 的接收中断,用于接收从主机发送来的数据。

```
spi_enable_re_int(SPI_2);        //使能从机 SPI_2 的接收中断
```

(3) 在主循环中,通过 spi_sendN 函数,把 11 字节数据通过主机发送出去。

```
uint8_t send_data[11] = {'S','P','I','-','T','e','s','t','!','\r','\n'};    //初始化发送数据
spi_sendN(SPI_1,11,send_data);                          //通过主机发送 11 条数据
```

其中,send_data 为要发送的字节数组,初始化为字符'S','P','I','-','T','e','s','t','!','\r','\n'。

(4) 在中断函数服务例程中,通过 SPI_2 接收中断服务程序,接收主机发送来的字节数据,并通过 User 串口转发到 PC。

```
uint8_t ch;
ch = spi_receive1(SPI_2);        //接收主机发送来的 1 字节数据
uart_send1(UART_User,ch);        //通过 User 串口转发数据到 PC
```

为使读者直观地了解 SPI 模块之间传输数据的过程,SPI 构件测试实例将 SPI_1 和 SPI_2 模块之间传输的数据通过用户串口 UART_User 输出显示。测试工程见电子资源".. \04-Soft\CH09\SPI-STM32L431",硬件连接见工程文档。测试工程功能如下:

(1) 使用 User 串口通信,波特率为 115 200,无校验;

(2) 初始化 SPI_1 和 SPI_2,SPI_1 模块作为主机,SPI_2 模块作为从机,同时使能 SPI_2 的接收中断;

(3) 主机 SPI_1 向从机 SPI_2 发送数据,SPI_2 在接收中断中将接收到的数据通过 User 串口发送到 PC;

(4) 在 PC 打开串口工具,观察 User 串口输出 SPI-Test! 字符。

9.1.3 SPI 构件的制作过程

1. SPI 模块寄存器概述

SPI 的每个模块的寄存器数量和功能基本一致,每个模块有 7 个寄存器,以 SPI_1 为例,其基地址为 0x4001_3000,也就是 SPI 控制寄存器 1 的地址,其他寄存器的地址顺序加 4 字节,各寄存器的功能概述如表 9-2 所示。SPI_2 模块的基地址为 0x4000_3800,SPI_3 模块的基地址为 0x4000_3C00。另外,SPI 控制寄存器 2 复位值为 0x0700,SPI 状态寄存器复位值为 0x0002,SPI CRC 多项式寄存器复位值为 0x0007,而 SPI 控制寄存器 1、SPI 数据寄存器、SPI 接收 CRC 寄存器、SPI 发送 CRC 寄存器的复位值均为 0x0000。详细介绍可查阅芯片参考手册或电子资源的补充阅读材料。

表 9-2　SPI_1 模块寄存器功能概述

偏 移 量	寄 存 器 名	R/W	功 能 简 述
0x0	SPI 控制寄存器 1(SPI1_CR1)	R/W	控制和确定 SPI 相关功能特性
0x4	SPI 控制寄存器 2(SPI1_CR2)		
0x8	SPI 状态寄存器(SPI1_SR)	R/W	SPI 相关状态标志
0xC	SPI 数据寄存器(SPI1_DR)	R	接收数据/发送数据
0x10	SPI CRC 多项式寄存器(SPI1_CRCPR)	R/W	CRC 计算
0x14	SPI 接收 CRC 寄存器(SPI1_RXCRCR)	R	接收 CRC 值
0x18	SPI 发送 CRC 寄存器(SPI1_TXCRCR)	R	发送 CRC 值

2. SPI 寄存器结构体类型

通常在构件设计中把一个模块的寄存器用一个结构体类型封装起来,方便编程时使用。这些结构体存放在工程文件夹的芯片头文件..\03_MCU\startup\STM32L431xx.h 中,SPI 模块结构体类型为 SPI_TypeDef。

```
typedef struct
{
    __IO uint32_t CR1;        /*!< SPI Control register 1,        Address offset: 0x00 */
    __IO uint32_t CR2;        /*!< SPI Control register 2,        Address offset: 0x04 */
    __IO uint32_t SR;         /*!< SPI Status register,           Address offset: 0x08 */
    __IO uint32_t DR;         /*!< SPI data register,             Address offset: 0x0C */
    __IO uint32_t CRCPR;      /*!< SPI CRC polynomial register,   Address offset: 0x10 */
    __IO uint32_t RXCRCR;     /*!< SPI Rx CRC register,           Address offset: 0x14 */
    __IO uint32_t TXCRCR;     /*!< SPI Tx CRC register,           Address offset: 0x18 */
} SPI_TypeDef;
```

STM32L431 的 SPI 模块各口基地址也在芯片头文件 STM32L431xx.h 中以宏常数方式给出,直接作为指针常量。

3. SPI 构件接口函数原型分析

在 spi.h 中,给出了用于定义所用 SPI 接口的宏定义,主机号、从机号宏定义。在 spi.c 中,SPI 的初始化,主要是对 SPI 控制寄存器 SPIx_CR1、SPIx_CR2 进行设置,使能 SPI 和对应 GPIO 时钟,定义 SPI 工作模式、时钟的空闲电平及相位,使能 SCK、MISO、MOSI、NSS 引脚复用功能,配置 SPI 波特率。SPI 是一种通信模块,它的基本功能就是接收和发送数据。spi.c 中还定义了发送单字节的函数,接收单字节的函数。在这两个函数的基础上,又封装了发送多字节的函数,接收多字节的函数,除此之外还有使能接收中断、关中断函数等。通过以上分析,可以设计 SPI 构件的如下 7 个基本功能函数。

(1) 初始化函数:void spi_init(uint8_t No,uint8_t MSTR,uint_16 BaudRate,uint8_t CPOL,uint8_t CPHA);

(2) 发送 1 字节数据:uint8_t spi_send1(uint8_t No,uint8_t data);

(3) 发送 N 字节数据:uint8_t spi_sendN(uint8_t No,uint8_t n,uint8_t data[]);

(4) 接收 1 字节数据:uint8_t spi_receive1(uint8_t No);

(5) 接收 N 字节数据:uint8_t spi_receiveN(uint8_t No,uint8_t n,uint8_t data[]);

(6) 使能 SPI 中断:void spi_enable_re_int(uint8_t No);

(7) 关闭 SPI 中断:void spi_disable_re_int(uint8_t No);

在 SPI 构件中,含义相同的参数,它们的命名必须是相同的,这样可增加程序的可读性与易维护性。以上 7 个基本功能函数的参数说明如表 9-3 所示。

表 9-3 SPI 基本功能函数的参数说明

参 数	含 义	备 注
No	模块号	No=0:表示 SPI0;No=1:表示 SPI1
MSTR	SPI 主从机选择	MSTR=0:设为从机;MSTR=1:设为主机
BaudRate	波特率	可取 12 000、6000、3000、1500、750、375,单位:b/s
CPOL	时钟极性	CPOL=0:高有效 SPI 时钟(低无效); CPOL=1:低有效 SPI 时钟(高无效)
CPHA	时钟相位	当 CPOL=0,若上升沿取数,则取 CPHA=0;若下降沿取数,则取 CPHA=1。 当 CPOL=1,若下降沿取数,则取 CPHA=0;若上升沿取数,则取 CPHA=1
n	要发送的字节数	n 的范围为 1~255
data[]	数组的首地址	实际的数据

4. SPI 构件制作的基本编程步骤

实现简单的 SPI 数据传输主要涉及以下 4 个寄存器:两个控制寄存器(SPIx_CR1 和 SPIx_CR2)、一个状态寄存器(SPIx_SR)以及一个数据寄存器(SPIx_DR)。其中,控制寄存器用于 SPI 使能、波特率与传输数据长度控制、主从模式选择、时钟极性与时钟相位配置;状态寄存器用于标志位判断;数据寄存器用来存放已接收或要发送的数据。

SPI 构件制作的基本编程步骤如下。

(1) **将引脚复用为 SPI 功能**。以 SPI_1 为例,分别使能 SPI_1 时钟以及对应的 GPIO 端口 A 端口的时钟,选择 PTA5 为 SCK 功能、PTA6 为 MISO 功能、PTA7 为 MOSI 功能、PTA15 为 NSS 功能。

(2) **设置控制寄存器**。设定传输数据长度,根据传入的参数设置主从机模式、波特率、时钟极性与时钟相位,使能 SPI 功能。

（3）**发送与接收编程**。要向 SPI 缓冲区写入发送的数据,需先判断状态寄存器 TXE 位是否为 1,若为 1 则标志发送缓冲区为空,可写数据;否则要等到发送缓冲区空为止。要从 SPI 缓冲区取出接收的数据,需先判断状态寄存器 RXNE 位是否为 1,若为 1 则标志接收缓冲区非空,可接收数据;否则要等到接收缓冲区非空为止。

5. SPI 构件部分函数源码

spi.c 文件的全部源码可参见电子资源中的样例工程,部分函数源码如下:

```
// ================================================================
//文件名称: spi.c
//功能概要: SPI 底层构件源文件
//制作单位: SD-EDI&IoT Lab.(sumcu.suda.edu.cn)
//版    本: 2020-11-06   V2.0
//适用芯片: STM32L431
// ================================================================
#include "spi.h"
SPI_TypeDef * SPI_ARR[] = {(SPI_TypeDef *)SPI1_BASE, (SPI_TypeDef *)SPI2_BASE,
                  (SPI_TypeDef *)SPI3_BASE};
IRQn_Type table_irq_spi[3] = {SPI1_IRQn, SPI2_IRQn, SPI3_IRQn};
// ================================================================
//函数名称: spi_init
//功能说明: SPI 初始化
//函数参数: No: 模块号,可用参数可参见 gec.h 文件
//        MSTR: SPI 主从机选择,0 选择为从机,1 选择为主机
//        BaudRate: 波特率,可取 12 000、6000、3000、1500、750、375,单位: b/s
//        CPOL: CPOL=0: 高有效 SPI 时钟(低无效); CPOL=1: 低有效 SPI 时钟(高无效)
//        CPHA: CPHA=0 相位为 0; CPHA=1 相位为 1
//函数返回: 无
// ================================================================
void spi_init(uint8_t No, uint8_t MSTR, uint16_t BaudRate, \
     uint8_t CPOL, uint8_t CPHA)
{
    uint32_t temp = 0x00;    //
    uint16_t Freq_div;
    uint8_t BaudRate_Mode;
    if(No < SPI_1 || No > SPI_3)    No = SPI_1;    //如果 SPI 号参数错误则强制选择 SPI1
    //(1)使能 SPI 和对应 GPIO 时钟
    switch(No)
    {
    case SPI_1:
        //使能 SPI1 和 GPIOA 时钟
        RCC->APB2ENR |= RCC_APB2ENR_SPI1EN;
        RCC->AHB2ENR |= RCC_AHB2ENR_GPIOAEN;
        //使能 PTA5,PTA6,PTA7,PTA15 为 SPI(SCK,MISO,MOSI,NSS)功能
        GPIOA->MODER &= ~(GPIO_MODER_MODE5 | GPIO_MODER_MODE6 |
                GPIO_MODER_MODE7 | GPIO_MODER_MODE15);
        GPIOA->MODER |= (GPIO_MODER_MODE5_1 | GPIO_MODER_MODE6_1 |
                GPIO_MODER_MODE7_1 | GPIO_MODER_MODE15_1);
        GPIOA->AFR[0] &= ~(GPIO_AFRL_AFSEL5 | GPIO_AFRL_AFSEL6 |
```

```
                              GPIO_AFRL_AFSEL7));
        GPIOA -> AFR[0] |= ((GPIO_AFRL_AFSEL5_0 | GPIO_AFRL_AFSEL5_2) |
                            (GPIO_AFRL_AFSEL6_0 | GPIO_AFRL_AFSEL6_2) |
                            (GPIO_AFRL_AFSEL7_0 | GPIO_AFRL_AFSEL7_2));
        GPIOA -> AFR[1] &= ~GPIO_AFRH_AFSEL15;
        GPIOA -> AFR[1] |= (GPIO_AFRH_AFSEL15_0 | GPIO_AFRH_AFSEL15_2);
        //配置引脚速率
        GPIOA -> OSPEEDR |= 0xc000fc00;
        break;
case SPI_2:
    ...
case SPI_3:
    ....
default:
break;
}
//(2)配置 CR1 寄存器
//(2.1)暂时禁用 SPI 功能
SPI_ARR[No] -> CR1 &= ~SPI_CR1_SPE;
//(2.2)配置 SPI 主从机模式
if(MSTR == 1)    //主机模式
{
    temp |= SPI_CR1_MSTR;
    //配置 NSS 脚由软件控制,置位为 1
    temp |= SPI_CR1_SSI|SPI_CR1_SSM;
}
else    //从机模式
{
    temp &= ~SPI_CR1_MSTR;
    //配置 NSS 脚由软件控制,置位为 0
    temp |= SPI_CR1_SSM;
    temp &= ~SPI_CR1_SSI;
}
//(2.3)配置 SPI 相位和极性
if(CPOL == 1)
    temp |= SPI_CR1_CPOL;
else
    temp &= ~SPI_CR1_CPOL;
if(CPHA == 1)
    temp |= SPI_CR1_CPHA;
else
    temp &= ~SPI_CR1_CPHA;
//(2.4)配置 SPI 波特率
Freq_div = SystemCoreClock/1000/BaudRate;
BaudRate_Mode = 0;
while(Freq_div/2 >= 2)
{
BaudRate_Mode++;
Freq_div = Freq_div/2;
}
```

```
        temp | = (BaudRate_Mode << 3);
        //(2.5)统一配置 CR1 寄存器
        SPI_ARR[No] - > CR1 | = temp;
        //(3)配置 CR2 寄存器
        temp = 0x00;
        //(3.1)配置数据为 16bit
        temp | = SPI_CR2_DS;
        SPI_ARR[No] - > CR2 | = temp;
        //(4)使能 SPI 功能
        SPI_ARR[No] - > CR1 | = SPI_CR1_SPE;
}


// =================================================================
//函数名称: spi_send1
//功能说明: SPI 发送 1 字节数据
//函数参数: No: 模块号,可用参数可参见 gec.h 文件
//          data: 需要发送的 1 字节数据
//函数返回: 0: 发送失败; 1: 发送成功
// =================================================================
uint8_t spi_send1(uint8_t No,uint8_t data)
{
    if(No < SPI_1||No > SPI_3)    return 0;       //如果 SPI 号参数错误则发送失败
    uint32_t i = 0;
    //若 SPI 未使能,则使能
    if((SPI_ARR[No] - > CR1 & SPI_CR1_SPE) != SPI_CR1_SPE)
    {
        SPI_ARR[No] - > CR1 | = SPI_CR1_SPE;
    }
    //判断发送缓冲区是否为空.若为空,则发送数据
    while((SPI_ARR[No] - > SR & SPI_SR_TXE) != SPI_SR_TXE)
    {
        i++;
        if(i > 0xfffe) return 0;
    }
    SPI_ARR[No] - > DR = data;
    i = 0;

    //接收回发数据,防止发送缓冲区溢出
    while((SPI_ARR[No] - > SR & SPI_SR_RXNE) != SPI_SR_RXNE)
    {
        i++;
        if(i > 0xfffe) return 0;
    }
    //读一次 DR,SR,防止 DR,SR 不被清空
    do{
        volatile uint32_t tmpreg_ovr = 0x00U;
        tmpreg_ovr = SPI_ARR[No] - > DR;
        tmpreg_ovr = SPI_ARR[No] - > SR;
        (void)tmpreg_ovr;
    } while(0U);
```

```
        return 1;
    }

    ...
```

SPI 除了以上给出的功能示例外，还有四线模式，这些硬件具有可选功能，读者可以根据使用需要，自行配置。就 SPI 的通信方面来说，硬件和底层驱动只能提供最基本的功能。然而，要想真正实现两个 SPI 对象之间的流畅通信，还需设计基于 SPI 的高层通信协议。

9.2　集成电路互联总线模块

视频讲解

9.2.1　集成电路互联总线的通用基础知识

集成电路互联（Inter-Integrated Circuit，I2C）总线主要用于同一电路板内各集成电路模块（Inter-Integrated，IC）之间的连接。I2C 采用双向 2 线制串行数据传输方式，支持所有 IC 的制造工艺，简化了 IC 间的通信连接。I2C 是 PHILIPS 公司于 20 世纪 80 年代初提出的，其后 PHILIPS 公司和其他厂商提供了种类丰富的 I2C 兼容芯片。目前，I2C 总线标准已经成为世界性的工业标准。

1. I2C 总线的历史概况与特点

1992 年，PHILIPS 公司首次发布 I2C 总线规范 Version 1.0，1998 年发布 I2C 总线规范 Version 2.0，标准模式传输速率为 100kb/s，快速模式 400kb/s，I2C 总线也由 7 位寻址发展到 10 位寻址。2001 年发布了 I2C 总线规范 Version 2.1，传输速率可达 3.4Mb/s。I2C 总线始终和先进技术保持同步，但仍然保持向下兼容。

I2C 总线在硬件结构上采用数据和时钟两根线来完成数据的传输及外围器件的扩展，数据和时钟都是开漏的，通过一个上拉电阻接到正电源，因此在不需要的时候仍保持高电平。任何具有 I2C 总线接口的外围器件，不论其功能差别有多大，都具有相同的电气接口，都可以挂接在总线上，甚至可在总线工作状态下撤除或挂上，使其连接方式变得十分简单。对各器件的寻址是软寻址方式，因此节点上没有必须的片选线，器件地址给定完全取决于器件类型与单元结构，这也简化了 I2C 系统的硬件连接。另外，I2C 总线能在总线竞争过程中进行总线控制权的仲裁和时钟同步，不会造成数据丢失。因此，由 I2C 总线连接的多机系统可以是一个多主机系统。

I2C 主要有如下 4 个特点。

（1）在硬件上，二线制的 I2C 串行总线使得各 IC 只需要最简单的连接，而且总线接口都集成在 IC 中，不需要另外增加总线接口电路。电路的简化省去了电路板上的大量走线，减少了电路板的面积，提高了可靠性，降低了成本。在 I2C 总线上，各 IC 除了个别中断引线外，相互之间没有其他连线，用户常用的 IC 基本上与系统电路无关，故极易形成用户自己的标准化、模块化设计。

（2）I2C 总线还支持多主控（Multi-mastering），如果两个或更多主机同时初始化数据传输,可以通过冲突检测和仲裁防止数据被破坏。其中,任何能够进行发送和接收的设备都可以成为主机。一个主机能够控制信号的传输和时钟频率,且在任何时间点上只能有一个主机。

(3) 串行的 8 位双向数据传输位速率在标准模式下可达 100kb/s,快速模式下可达 400kb/s,高速模式下可达 3.4Mb/s。

(4) 连接到相同总线的 IC 数量只受到总线最大电容(400pF)的限制。但是,如果在总线中加上 82B715 总线远程驱动器可以把总线电容限制扩展 10 倍,传输距离可增加到 15m。

2. I2C 总线硬件相关术语与典型硬件电路

在理解 I2C 总线过程中涉及以下术语。

(1) **主机(主控器)**:在 I2C 总线中,提供时钟信号,对总线时序进行控制的器件。主机负责总线上各个设备信息的传输控制,检测并协调数据的发送和接收。主机对整个数据传输具有绝对的控制权,其他设备只对主机发送的控制信息作出响应。如果在 I2C 系统中只有一个 MCU,那么通常由 MCU 担任主机。

(2) **从机(被控器)**:在 I2C 系统中,除主机外的其他设备均为从机。主机通过从机地址访问从机,对应的从机作出响应,与主机通信。从机之间无法通信,任何数据传输都必须通过主机进行。

(3) **地址**:每个 I2C 器件都有自己的地址,以供自身在从机模式下使用。在标准的 I2C 中,从机地址被定义为 7 位(扩展 I2C 允许 10 位地址)。地址 0x0000000 一般用于发出总线广播。

(4) **发送器与接收器**:发送数据到总线的器件被称为发送器;从总线接收数据的器件被称为接收器。

(5) SDA 与 SCL:串行数据线(Serial DAta,SDA),串行时钟线(Serial CLock,SCL)。

I2C 的典型硬件电路如图 9-3 所示,这是一个 MCU 作为主机,通过 I2C 总线带 3 个从机的单主机 I2C 总线硬件系统。图 9-3 是最常用、最典型的 I2C 总线连接方式。注意:连接时需要共地。

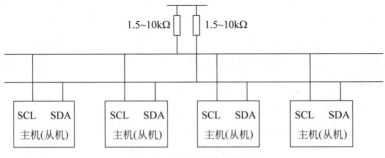

图 9-3　I2C 的典型连接

在物理结构上,I2C 系统由一条串行数据线(SDA)和一条串行时钟线(SCL)组成。SDA 和 SCL 引脚都是漏极开路输出结构,因此在实际使用时,SDA 和 SCL 信号线都必须要加上拉电阻 R_p(Pull-UpResistor)。上拉电阻一般取值 1.5～10kΩ,接 3.3V 电源即可与

3.3V 逻辑器件接口相连接。主机按一定的通信协议向从机寻址并进行信息传输。在数据传输时,由主机初始化一次数据传输,主机使数据在 SDA 线上传输的同时还通过 SCL 线传输时钟。信息传输的对象和方向以及信息传输的开始和终止均由主机决定。

每个器件都有唯一的地址,且可以是单接收的器件(如 LCD 驱动器),或者是可以接收也可以发送的器件(如存储器)。发送器或接收器可在主从机模式下操作。

3. I2C 总线数据通信协议概要

1) I2C 总线上数据的有效性

I2C 总线以串行方式传输数据,从数据字节的最高位开始传送,每个数据位在 SCL 上都有一个时钟脉冲相对应。在一个时钟周期内,当时钟线高电平时,数据线上必须保持稳定的逻辑电平状态,高电平为数据 1,低电平为数据 0。当时钟信号为低电平时,才允许数据线上的电平状态变化,如图 9-4 所示。

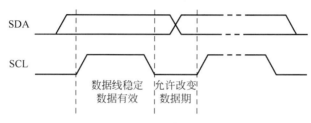

图 9-4　I2C 总线上数据的有效性

2) I2C 总线上的信号类型

I2C 总线在传送数据过程中共有 4 种类型信号,分别是开始信号、停止信号、重新开始信号和应答信号,如图 9-5 所示。

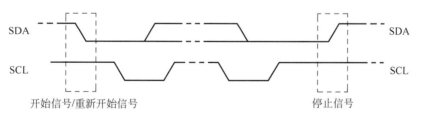

图 9-5　开始、重新开始和停止信号

开始信号(**START**):当 SCL 为高电平时,SDA 由高电平向低电平跳变,产生开始信号。当总线空闲时(例如,没有主动设备在使用总线,即 SDA 和 SCL 都处于高电平),主机通过发送开始信号(START)建立通信。

停止信号(**STOP**):当 SCL 为高电平时,SDA 由低电平向高电平跳变,产生停止信号。主机通过发送停止信号,结束时钟信号和数据通信。SDA 和 SCL 都将被复位为高电平状态。

重新开始信号(**Repeated START**):在 I2C 总线上,主机可以在调用一个没有产生 STOP 信号的命令后,产生一个开始信号。主机通过使用一个重复开始信号来和另一个从机通信或者同一个从机的不同模式通信。由主机发送一个开始信号启动一次通信后,在首次发送停止信号之前,主机通过发送重新开始信号,可以转换与当前从机的通信模式,或是切换到与另一个从机通信。当 SCL 为高电平时,SDA 由高电平向低电平跳变,产生重新开始信号,它的本质就是一个开始信号。

应答信号(A):接收数据的 IC 在接收到 8 位数据后,向发送数据的主机 IC 发出特定的低电平脉冲。每个数据字节后面都要跟一位应答信号,表示已收到数据。应答信号是在发送了 8 个数据位后,第 9 个时钟周期出现,这时发送器必须在这一时钟位上释放数据线,由接收设备拉低 SDA 电平来产生应答信号,或者由接收设备保持 SDA 的高电平来产生非应答信号,如图 9-6 所示。所以,一个完整的字节数据传输需要 9 个时钟脉冲。如果从机作为接收方向主机发送非应答信号,这样主机方就认为此次数据传输失败;如果是主机作为接收方,在从机发送器发送完 1 字节数据后,发送了非应答信号表示数据传输结束,并释放 SDA 线。无论是以上哪种情况都会终止数据传输,这时主机或是产生停止信号释放总线,或是产生重新开始信号,从而开始一次新的通信。

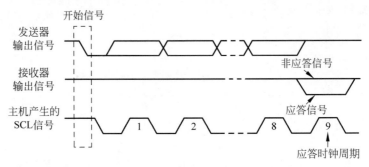

图 9-6　I2C 总线的应答信号

开始信号、重新开始信号和停止信号都由主控制器产生,应答信号由接收器产生,总线上带有 I2C 总线接口的器件很容易检测到这些信号。但是,对于不具备这些硬件接口的 MCU 来说,为了能准确地检测到这些信号,必须保证在 I2C 总线的一个时钟周期内对数据线至少进行两次采样。

3) I2C 总线上数据传输格式

一般情况下,一个标准的 I2C 通信由 4 部分组成:开始信号、从机地址传输、数据传输和结束信号,如图 9-7 所示。传输过程是由主机发送一个开始信号,启动一次 I2C 通信,主机对从机寻址,然后在总线上传输数据。I2C 总线上传送的每一字节均为 8 位,首先发送的数据位为最高位,每传送 1 字节后都必须跟随一个应答位,每次通信的数据字节数是没有限制的;在全部数据传送结束后,由主机发送停止信号结束通信。

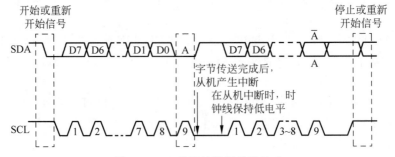

图 9-7　I2C 总线的数据传输格式

叫钟线为低电平时,数据传送将停止进行。这种情况可以用于当接收器接收到 1 字节数据后要进行一些其他工作而无法立即接收下个数据时,迫使总线进入等待状态,直到接收器准备好接收新数据时,接收器再释放时钟线使数据传送得以继续正常进行。例如,当接收器接收完主控制器的 1 字节数据后,产生中断信号并进行中断处理,中断处理完毕才能接收下一字节数据。这时,接收器在中断处理时将控制 SCL 为低电平,直到中断处理完毕才释放 SCL。

4. I2C 总线寻址约定

I2C 总线上的器件一般有两个地址:受控地址和通用广播地址。每个器件有唯一的受控地址用于定点通信,而相同的通用广播地址则用于主控方向时对所有器件进行访问。为了消除 I2C 总线系统中主控器与被控器的地址选择线,最大限度地简化总线连接线,I2C 总线采用了独特的寻址约定,规定了起始信号后的第一字节为寻址字节,用来寻址被控器件,并规定数据传送方向。

在 I2C 总线系统中,寻址字节由被控器的 7 位地址位(D7～D1 位)和 1 位方向位(D0位)组成。方向位为 0 时,表示主控器将数据写入被控器,为 1 时表示主控器从被控器读取数据。主控器发送起始信号后,立即发送寻址字节,这时总线上的所有器件都将寻址字节中的 7 位地址与自己器件的地址进行比较。如果两者相同,则该器件被认为是被主控器寻址,并发送应答信号,被控器根据数据方向位(R/W)确定自身是作为发送器还是接收器。

MCU 类型的外围器件作为被控器时,其 7 位从机地址在 I2C 总线地址寄存器中设定,而非 MCU 类型的外围器件地址完全由器件类型与引脚电平给定。**在 I2C 总线系统中,没有两个从机的地址是相同的。**

通用广播地址用来寻址连接到 I2C 总线上的每个器件,通常在多个 MCU 之间用 I2C进行通信时使用,可用来同时寻址所有连接到 I2C 总线上的设备。如果一个设备在广播地址时不需要数据,它可以不产生应答来忽略。如果一个设备从通用广播地址请求数据,它可以应答并当作一个从接收器。当一个或多个设备响应时,主机并不知道有多少个设备应答。每个可以处理这个数据的从接收器可以响应第二字节。从机不处理这些字节的话,可以响应非应答信号。如果一个或多个从机响应,则主机就无法看到非应答信号。通用广播地址的含义一般在第二字节中指明。

5. 主机向从机读/写 1 字节数据的过程

1) 主机向从机写 1 字节数据的过程

主机要向从机写 1 字节数据时,主机首先产生 START 信号,然后紧跟着发送一个从机地址(7 位),查询相应的从机,紧接着的第 8 位是数据方向位(R/W),0 表示主机发送数据(写),这时主机等待从机的应答信号(ACK),当主机收到应答信号时,发送给从机一个位置参数,告诉从机主机的数据在从机接收数组中存放的位置,然后继续等待从机的响应信号,当主机收到响应信号时,发送 1 字节的数据,继续等待从机的响应信号,当主机收到响应信号时,产生停止信号,结束传送过程。主机向从机写数据的过程如图 9-8 所示。

2) 主机从从机读 1 字节数据的过程

当主机要从从机读 1 字节数据时,主机首先产生 START 信号,然后紧跟着发送一个从机地址,查询相应的从机。注意:此时该地址的第 8 位为 0,表明是向从机写命令。这时,主机等待从机的应答信号(ACK),当主机收到应答信号时,发送给从机一个位置参数,告诉从

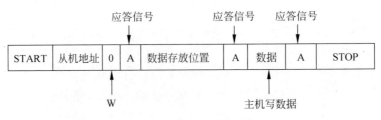

图 9-8　主机向从机写数据

机主机的数据在从机接收数组中存放的位置,继续等待从机的应答信号,当主机收到应答信号后,主机要改变通信模式(主机将由发送模式变为接收模式,从机将由接收模式变为发送模式),所以主机发送重新开始信号,然后紧跟着发送一个从机地址。注意:此时该地址的第 8 位为 1,表明将主机设置成接收模式开始读取数据。这时,主机等待从机的应答信号,当主机收到应答信号时,就可以接收 1 字节的数据。当接收完成后,主机发送非应答信号,表示不再接收数据,主机进而产生停止信号,结束传送过程。主机从从机读数据的过程如图 9-9 所示。

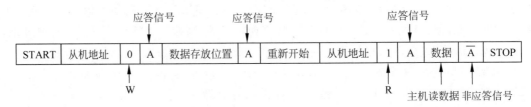

图 9-9　主机从从机读数据

9.2.2　基于构件的 I2C 通信编程方法

1. STM32L431 芯片的 I2C 对外引脚

64 引脚的 STM32L431RC 芯片共有 3 组 14 个引脚可以配置为 I2C 引脚,具体的引脚复用功能如表 9-4 所示。

表 9-4　I2C 模块实际使用的引脚名

GEC 引脚号	MCU 引脚名	第 一 功 能
47	PTC0	I2C3_SCL
46	PTC1	I2C3_SDA
15	PTA7	I2C3_SCL
24	PTB4	I2C3_SDA
39	PTB10	I2C2_SCL
38	PTB11	I2C2_SDA
30	PTB13	I2C2_SCL
28	PTB14	I2C2_SDA
27	PTB6	I2C1_SCL
56	PTB7	I2C1_SDA
55	PTB8	I2C1_SCL

续表

GEC 引脚号	MCU 引脚名	第 一 功 能
54	PTB9	I2C1_SDA
73	PTA9	I2C1_SCL
72	PTA10	I2C1_SDA

2. I2C 构件的头文件

本书给出的 I2C 构件 I2C0 使用 PTA9 和 PTA10 分别作为 I2C 的 SCL 和 SDA 引脚；I2C1 使用 PTB10 和 PTB11 分别作为 I2C 的 SCL 和 SDA 引脚；I2C2 使用 PTC0 和 PTC1 分别作为 I2C 的 SCL 和 SDA 引脚。

```
// ==========================================================================
//文件名称: i2c.h
//功能概要: I2C底层驱动构件头文件
//制作单位: SD-EAI&IoT Lab.(sumcu.suda.edu.cn)
//版    本: 2020-11-05  V2.0
//适用芯片: STM32
// ==========================================================================
#ifndef I2C_H
#define I2C_H

#include "string.h"
#include "mcu.h"

typedef enum
{
    I2C_OK = 0,
    I2C_ERROR,
}I2C_STATUS;
// ==========================================================================
//函数名称: i2c_init
//函数功能: 初始化
//函数参数: I2C_No: I2C 号; mode: 模式; slaveAddress: 从机地址; frequence: 波特率
//函数说明: slaveAddress 地址范围为 0~127; frequence: 10kb/s、100kb/s、400kb/s
// ==========================================================================
void i2c_init(uint8_t I2C_No,uint8_t mode,uint8_t slaveAddress,uint16_t frequence);


// ==========================================================================
//函数名称: i2c_master_send
//函数功能: 主机数据向从机写入数据
//函数参数: I2C_No: I2C 号; slaveAddress: 从机地址; data: 代写入数据首地址
//函数说明: slaveAddress 地址范围为 0~127
uint8_t i2c_master_send(uint8_t I2C_No,uint8_t slaveAddress,uint8_t * data);


// ==========================================================================
//函数名称: i2c_master_receive
//函数功能: 主机数据向从机读取数据
//函数参数: I2C_No: I2C 号; slaveAddress: 从机地址; data: 数据存储区
```

```
//函数说明：slaveAddress 地址范围为 0~127
// ==========================================================================
uint8_t i2c_master_receive(uint8_t I2C_No,uint8_t slaveAddress,uint8_t * data);
// ==========================================================================
//函数名称：i2c_slave_send
//函数功能：从机向主机发送数据
//函数参数：I2C_No: I2C 号; data: 数据存储区
//函数说明：slaveAddress 地址范围为 0~127
// ==========================================================================
uint8_t i2c_slave_send(uint8_t I2C_No,uint8_t * data);


// ==========================================================================
//函数名称：i2c_slave_receive
//函数功能：从机接收主机发送的数据
//函数参数：I2C_No: I2C 号; data: 数据存储区
//函数说明：slaveAddress 地址范围为 0~127
// ==========================================================================
uint8_t i2c_slave_receive(uint8_t I2C_No ,uint8_t * data);


// ==========================================================================
//函数名称：i2c_R_enableInterput
//函数功能：开启接收中断
//函数参数：I2C_No: I2C 号
//函数说明：无
// ==========================================================================
void i2c_R_enableInterput(uint8_t I2C_No);


// ==========================================================================
//函数名称：i2c_R_disableInterput
//函数功能：禁止接收中断
//函数参数：I2C_No: I2C 号
//函数说明：无
// ==========================================================================
void i2c_R_disableInterput(uint8_t I2C_No);


// ==========================================================================
//函数名称：i2c_T_enableInterput
//函数功能：开启发送中断
//函数参数：I2C_No: I2C 号
//函数说明：无
// ==========================================================================
void i2c_T_enableInterput(uint8_t I2C_No);


// ==========================================================================
//函数名称：i2c_T_disableInterput
//函数功能：禁止发送中断
//函数参数：I2C_No: I2C 号
//函数说明：无
```

```
// ----------------------------------------------------------------
void i2c_T_disableInterput(uint8_t I2C_No);

#endif    //I2C_H
```

3. 基于构件的 I2C 编程方法

在本例程中,将 PTC0 和 PTC1 复用为 I2C3 模块,作为主机端;将 PTB10 和 PTB11 复用为 I2C2 模块,作为从机端。连接两端对应的引脚连线,实现本机两个 I2C 模块间的通信。将 I2C3 模块宏定义为 I2CA,I2C2 模块宏定义为 I2CB。分别将板子上的 PTC0(I2C3_SCL)与 PTB10(I2C2_SCL)引脚相连,且通过上拉电阻上拉至 3.3V,PTC1(I2C3_SDA)与 PTB11(I2C2_SDA)引脚相连,且通过上拉电阻上拉至 3.3V,上拉电阻阻值 $1.5\sim10\text{k}\Omega$。

基于构件的 I2C 编程步骤如下。

1) 主机

在主函数 main 中,初始化 I2C 模块。第 1 个参数为 I2C 的模块号,第 2 个参数为主机,第 3 个参数为本模块初始化地址,第 4 个参数为波特率。

```
i2c_init(I2CA,1,0x74,100);        //主机初始化,第4个参数为波特率,单位为 kb/s
```

声明一个数组用于储存向从机发送的数据,并赋值。

```
uint8_t data[12] = " Thisisai2ch ";    //主机存放数据数组
```

在主循环中,小灯每闪烁一次,主机向从机发送 1 字节数据。

```
//依次向从机 data 中写入数据,0x73 为从机地址
i2c_master_send(I2CA, 0x73,&data[i])    //主机发送数据给从机
```

2) 从机

在主函数 main 中,初始化 I2C 模块。第 1 个参数为 I2C 的模块号,第 2 个参数是从机,第 3 个参数为本模块初始化地址,第 4 个为波特率。

```
i2c_init(I2CB,0,0x73,100);        //从机初始化
```

声明一个数组来接收主机发送来的数据。

```
uint8_t data1[12];                //从机存放数据数组
```

在中断中,从机接收主机发送来的数据,并且在 main 函数中打印出来。

```
i2c_slave_receive(I2CB, &data1[i])    //从机接收数据
```

为使读者直观地了解 I2C 模块之间传输数据的过程,I2C 驱动构件测试实例使用串口将 I2CA 和 I2CB 模块之间传输的数据显示在 PC 上。测试工程见电子资源..\CH09\I2C-STM32L431 文件中,硬件连接见工程文档。测试工程功能如下。

（1）使用 User 串口与外界通信，波特率为 115 200，1 位停止位，无校验。

（2）初始化 I2CA 和 I2CB，I2CA 模块作为主机，I2CB 模块作为从机。

（3）将 I2CB 接收到的数据通过 User 串口发送到 PC，且显示字符串 Thisisai2ch。

9.2.3　I2C 构件的制作过程

1. I2C 寄存器概述

STM32L431 的 I2C 构件有 3 个模块，每个模块有 11 个 32 位寄存器，常用的只有 9 个寄存器，如表 9-5 所示，这些寄存器复位均为 0。寄存器的详细介绍可查阅芯片参考手册或电子资源的补充阅读材料。

表 9-5　I2C 模块常用寄存器概述

绝对地址	寄存器名	R/W	功能简述
0x4000_5C00	控制寄存器 1(I2C_CR1)	R/W	设置外部设备使能，RX 和 TX 中断使能等
0x4000_5C04	控制寄存器 2(I2C_CR2)	R/W	设置自动结束模式，配置 NACK 生成
0x4000_5C08	设备自身地址 1 寄存器(I2C_OAR1)	R/W	设置自身的地址 1 模式，和自身地址 1
0x4000_5C0C	设备自身地址 2 寄存器(I2C_OAR2)	R/W	设置自身的地址 2 模式，和自身地址 2
0x4000_5C10	时序寄存器(I2C_TIMINGR)	R/W	设置 SCL 的周期
0x4000_5C18	中断和状态寄存器(I2C_ISR)	R	判断数据是否传输完毕
0x4000_5C1C	中断清零寄存器(I2C_ICR)	W	设置中断
0x4000_5C24	接收数据寄存器(I2C_RXDR)	R	存储接收到的数据
0x4000_5C28	发送数据寄存器(I2C_TXDR)	R/W	存储需要发送的数据

2. I2C 寄存器结构体类型

I2C 模块结构体类型为 I2C_TypeDef，在工程文件夹的芯片头文件 ..\03_MCU\startup\STM32L431xx.h 中。

```
typedef struct
{
    __IO uint32_t CR1;        /*!< I2C Control register 1,            Address offset: 0x00 */
    __IO uint32_t CR2;        /*!< I2C Control register 2,            Address offset: 0x04 */
    __IO uint32_t OAR1;       /*!< I2C Own address 1 register,        Address offset: 0x08 */
    __IO uint32_t OAR2;       /*!< I2C Own address 2 register,        Address offset: 0x0C */
    __IO uint32_t TIMINGR;    /*!< I2C Timing register,               Address offset: 0x10 */
    __IO uint32_t TIMEOUTR;   /*!< I2C Timeout register,              Address offset: 0x14 */
    __IO uint32_t ISR;        /*!< I2C Interrupt and status register, Address offset: 0x18 */
    __IO uint32_t ICR;        /*!< I2C Interrupt clear register,      Address offset: 0x1C */
    __IO uint32_t PECR;       /*!< I2C PEC register,                  Address offset: 0x20 */
    __IO uint32_t RXDR;       /*!< I2C Receive data register,         Address offset: 0x24 */
    __IO uint32_t TXDR;       /*!< I2C Transmit data register,        Address offset: 0x28 */
} I2C_TypeDef;
```

STM32L431 的 I2C 模块各口基地址也在芯片头文件 STM32L431xx.h 中以宏常数方式给出，直接作为指针常量。

3. I2C 构件接口函数原型分析

在 i2c.h 中,给出了用于定义所用 I2C 模块号的宏定义。

在 i2c.c 中,I2C 接口函数包括初始化,主要用于 I2C 模块工作的参数设置,如工作时钟、引脚复用配置、模块使能。其余函数有主机向从机写数据、从机从主机接收数据、从机向主机发送数据、从机接收主机发送的数据以及开中断和关中断函数等,各函数原型如下。

(1) 初始化函数:void i2c_init(uint8_t I2C_No, uint8_t mode, uint8_t slaveAddress, uint16_t frequence);

(2) 主机向从机写入数据:uint8_t i2c_master_send(uint8_t I2C_No, uint8_t slaveAddress, uint8_t * data);

(3) 主机从从机读入数据:uint8_t i2c_master_receive(uint8_t I2C_No, uint8_t slaveAddress, uint8_t * data);

(4) 从机向主机发送数据:uint8_t i2c_slave_send(uint8_t I2C_No, uint8_t * data);

(5) 从机接收主机发送的数据:uint8_t i2c_slave_receive(uint8_t I2C_No, uint8_t * data);

(6) 使能 I2C 接收中断:void i2c_R_enableInterput(uint8_t I2C_No);

(7) 关闭 I2C 接收中断:void i2c_R_disableInterput(uint8_t I2C_No);

(8) 使能 I2C 发送中断:void i2c_T_enableInterput(uint8_t I2C_No);

(9) 关闭 I2C 发送中断:void i2c_T_disableInterput(uint8_t I2C_No);

在 I2C 构件中,含义相同的参数,它们命名必须是相同的,这样可增加程序的可读性与易维护性。以上 9 个基本功能函数的参数说明,如表 9-6 所示。

表 9-6　I2C 基本功能函数参数说明

参　数	含　义	备　注
I2C_No	模块号	No=0:表示 I2C0;No=1:表示 I2C1
mode	I2C 主从机选择	mode=0,设为从机;mode=1,设为主机
slaveAddress	从机地址	slaveAddress 地址范围为 0~127
frequence	波特率	其单位为 kb/s,其取值为 10、100、400
* data	数据存储区	写入和读取的数据
num	写入或读入数据字节数	范围为 1~255

4. I2C 构件制作的基本编程步骤

实现 I2C 间的数据传输主要涉及以下 8 个寄存器,控制寄存器 1(I2C_CR1)、控制寄存器 2(I2C_CR2)、设备自身地址 1 寄存器(I2C_OAR1)、时序寄存器(I2C_TIMINGR)、中断和状态寄存器(I2C_ISR)、中断清零寄存器(I2C_ICR)、接收数据寄存器(I2C_RXDR)、发送数据寄存器(I2C_TXDR)。

I2C 构件制作的基本编程步骤如下。

(1) **将引脚复用为 I2C 功能**。打开 GPIO 和 I2C 模块的时钟源,通过配置 GPIO 的 AFR 寄存器来复用引脚,复用为 I2C 功能。

(2) **设置时序寄存器**。配置时序预分频因子、数据建立时间、数据保持时间、SCL 高电平周期和 SCL 低电平周期。

（3）**设置控制寄存器 1**。寄存器 PE 位置 1 进行 I2C 模块使能，还可以通过配置 CR1 寄存器来进行发送和接收使能、DMA 使能等。

（4）**设置地址寄存器**。进行设备自身地址 1 使能，设定本机作为从机时的默认地址。

（5）**设置控制寄存器 2**。寄存器 AUTOEND 和 NACK 位置 1，配置自动结束模式和NACK 生成。

（6）**主机发送和接收编程**。设置控制寄存器 2，启动发送开始信号，配置从机地址、方向、字节数、自动结束。要向 I2C 发送数据寄存器写发送的数据，需先判断状态寄存器 TXE 位是否为 1，若为 1 则标志发送缓冲区为空，可写数据；否则要等到发送缓冲区空为止。要从 I2C 接收数据寄存器取接收的数据，需先判断状态寄存器 RXNE 位是否为 1，若为 1 则标志接收缓冲区非空，可接收数据；否则要等到接收缓冲区非空为止。

5. I2C 构件部分函数源码

i2c.c 中的全部源码请参见电子资源中的样例工程，部分函数源码如下：

```
// =================================================================
//文件名称：i2c.c
//功能概要：I2C底层驱动构件源文件
//制作单位：SD-EAI&IoT Lab.(sumcu.suda.edu.cn)
//版 本：2020-11-06 V2.0
//适用芯片：STM32
// =================================================================
#include "i2c.h"
const static I2C_TypeDef * I2C_BASE[3] = {I2C1,I2C2,I2C3};
const static IRQn_Type I2C_IRQ[3] = {I2C1_EV_IRQn,I2C2_EV_IRQn,I2C3_EV_IRQn,};
const uint32_t TIME_OUT = 0XFFFFEU;                        //时间溢出
// =================================================================
//函数名称：i2c_init
//函数功能：初始化
//函数参数：I2C_No: I2C号;mode: 模式;slaveAddress: 从机地址;frequence: 频率
//函数说明：slaveAddress地址范围为0~127;frequence: 10kHz、100kHz、400kHz
// =================================================================
void i2c_init(uint8_t I2C_No,uint8_t mode,uint8_t slaveAddress,uint16_t frequence)
{
    uint8_t i = 0;
    uint32_t temp;
    I2C_TypeDef * ptr = (I2C_TypeDef * )I2C_BASE[I2C_No];
    switch(I2C_No)
    {
    case0:          //PTA9 -- SCLPTA10—SDA
        RCC -> APB1ENR1 |= RCC_APB1ENR1_I2C1EN_Msk;          //使能 I2C1 的时钟门
        RCC -> CCIPR |= (1 << RCC_CCIPR_I2C1SEL_Pos);
        RCC -> APB1ENR1 |= RCC_APB1ENR1_I2C1EN_Msk;          //使能 I2C2 的时钟门
        RCC -> AHB2ENR |= RCC_AHB2ENR_GPIOAEN_Msk;          //使能 GPIOB 的时钟门
        //设置 GPIO 模式
        GPIOA -> MODER &= ~(GPIO_MODER_MODE10_Msk|
                        GPIO_MODER_MODE9_Msk);
        GPIOA -> MODER |= (2 << GPIO_MODER_MODE9_Pos)|
```

```
                        (2GPIO_MODER_MODE10_Pos);
        //设置 Open Drain
        GPIOA -> OTYPER & = ~(GPIO_OTYPER_OT10_Msk | GPIO_OTYPER_OT9_Msk);
        GPIOA -> OTYPER| = (1 << GPIO_OTYPER_OT10_Pos)|
                    (1 << GPIO_OTYPER_OT9_Pos);
        //设置为上拉
        GPIOA -> PUPDR& = ~(GPIO_PUPDR_PUPD10_Msk | GPIO_PUPDR_PUPD9_Msk);
        GPIOA -> PUPDR| = (1 << GPIO_PUPDR_PUPD10_Pos)|
                    (1 << GPIO_PUPDR_PUPD9_Pos);
        //设置速度
        GPIOA -> OSPEEDR& = ~(GPIO_OSPEEDR_OSPEED10_Msk|
                            GPIO_OSPEEDR_OSPEED9_Msk);
        GPIOA -> OSPEEDR| = ((3 << GPIO_OSPEEDR_OSPEED10_Pos)|
                            (3 << GPIO_OSPEEDR_OSPEED9_Pos));
        //设置为 I2C 功能
        GPIOA -> AFR[1]& = ~(GPIO_AFRH_AFSEL10_Msk | GPIO_AFRH_AFSEL9_Msk);
        GPIOA -> AFR[1]| = (4 << GPIO_AFRH_AFSEL10_Pos)|
                            (4 << GPIO_AFRH_AFSEL9_Pos);
        break;
    case 1:
        ...
    case 2:
        ...
    }
    //清寄存器,复位 I2C 的寄存器值
    ptr -> CR1 & = ~I2C_CR1_PE_Msk;
    for(i = 0;i < 100;i++); //延时
    //设置主从机模式
    if(mode == 1)
    {
        //配置 I2C 时钟
        switch(frequence)
        {
            case :      //标准模式 10kHz
                temp = (0xb << I2C_TIMINGR_PRESC_Pos) |
                    (0xc7 << I2C_TIMINGR_SCLL_Pos) |
                    (0xc3 << I2C_TIMINGR_SCLH_Pos) |
                    (0x2 << I2C_TIMINGR_SDADEL_Pos) |
                    (0x4 << I2C_TIMINGR_SCLDEL_Pos);
            break;
            case 100:   //标准模式 100kHz
                temp = (0xb << I2C_TIMINGR_PRESC_Pos) |
                    (0x13 << I2C_TIMINGR_SCLL_Pos)|
                    (0xf << I2C_TIMINGR_SCLH_Pos) |
                    (0x2 << I2C_TIMINGR_SDADEL_Pos) |
                    (0x4 << I2C_TIMINGR_SCLDEL_Pos);
            break;
            case 400: //FAST 模式 400kHz
                temp = (0x5 << I2C_TIMINGR_PRESC_Pos) |
                    (0x9 << I2C_TIMINGR_SCLL_Pos) |
```

```
                              (0x3 << I2C_TIMINGR_SCLH_Pos) |
                              (0x4 << I2C_TIMINGR_SDADEL_Pos) |
                              (0x3 << I2C_TIMINGR_SCLDEL_Pos);
            break;
        default: //标准模式 100kHz
            temp = (0xb << I2C_TIMINGR_PRESC_Pos) |
                   (0x13 << I2C_TIMINGR_SCLL_Pos) |
                   (0xf << I2C_TIMINGR_SCLH_Pos) |
                   (0x2 << I2C_TIMINGR_SDADEL_Pos) |
                   (0x4 << I2C_TIMINGR_SCLDEL_Pos);
            break;
        }
        ptr->TIMINGR = temp;
        ptr->CR1 |= I2C_CR1_PE_Msk;
    }
    else
    {
        //使能地址寄存器1,设置从机地址为slaveAddress
        ptr->OAR1 &= ~I2C_OAR1_OA1EN_Msk;
        ptr->OAR1 = (slaveAddress << 1) | I2C_OAR1_OA1EN_Msk;
        ptr->CR2 |= (I2C_CR2_AUTOEND | I2C_CR2_NACK);
        ptr->CR1 |= I2C_CR1_PE_Msk;                  //使能外部设备
    }

    for(i = 0;i < 100;i++);                           //延时
}
// ================================================================
//函数名称: i2c_master_send
//函数功能: 主机数据向从机写入数据
//函数参数: I2C_No: I2C号;slaveAddress: 从机地址;data: 代写入数据首地址
//函数说明: slaveAddress 地址范围为 0~127
// ================================================================
uint8_t i2c_master_send(uint8_t I2C_No,uint8_t slaveAddress,uint8_t * data)
{
    uint32_t temp = 0;
    uint32_t time = 0;
    uint8_t i = 0;
    I2C_TypeDef * ptr = (I2C_TypeDef * )I2C_BASE[I2C_No];
    //(1)发送开始信号,
    temp = (slaveAddress << 1) | (1 << I2C_CR2_NBYTES_Pos);
    temp |= I2C_CR2_AUTOEND_Msk | I2C_CR2_START_Msk;
    ptr->CR2 = temp;                                 //配置发送从机地址、方向、字节数、自动结束
    //(2)接收数据
    while((ptr->ISR & I2C_ISR_TXE_Msk) != I2C_ISR_TXE_Msk)
    {
        time++;
        if(time >= TIME_OUT)
        {
            return I2C_ERROR;
        }
```

```
            ptr - > TXDR =  * data;
    }
    //(3)等待结束信号
    time = 0;
    while((ptr - > ISR & I2C_ISR_STOPF_Msk) != I2C_ISR_STOPF_Msk)
    {
        time++;
        if(time > =  TIME_OUT)
        {
            return I2C_ERROR;
        }
    }
    ptr - > ICR | = I2C_ICR_STOPCF_Msk;          //清停止标志位
    return I2C_OK;                               //发送成功
}


// ================================================================
//函数名称: i2c_master_receive
//函数功能: 主机数据向从机读取数据
//函数参数: I2C_No: I2C 号;slaveAddress: 从机地址;data: 数据存储区
//函数说明: slaveAddress 地址范围为 0～127
// ================================================================
uint8_t i2c_master_receive(uint8_t I2C_No,uint8_t slaveAddress,uint8_t * data)
{
    uint32_t temp = 0;
    uint32_t time = 0;
    uint8_t i = 0;
    I2C_TypeDef * ptr = (I2C_TypeDef * )I2C_BASE[I2C_No];
    //(1)发送开始信号,
    temp = (slaveAddress << 1) | (num << I2C_CR2_NBYTES_Pos);
    temp | = I2C_CR2_RD_WRN_Msk | I2C_CR2_AUTOEND_Msk | I2C_CR2_START_Msk;
    ptr - > CR2 = temp;
    //(2)发送数据
    while((ptr - > ISR & I2C_ISR_RXNE_Msk) != I2C_ISR_RXNE_Msk)
    {
        time++;
        if(time > = TIME_OUT)
        {
            return I2C_ERROR;
        }
    }
    * data = ptr - > RXDR;
//(3)等待结束信号
time = 0;
while((ptr - > ISR & I2C_ISR_STOPF_Msk) != I2C_ISR_STOPF_Msk)
{
    time++;
    if(time > = TIME_OUT)
    {
        return I2C_ERROR;
```

```
        }
    }
    ptr->ICR |= I2C_ICR_STOPCF_Msk;        //清停止标志位
    return I2C_OK;                         //发送成功
}

    ...
```

9.3 触摸感应控制器模块

视频讲解

9.3.1 触摸感应控制器的基本原理

触摸感应控制器(Touch Sensing Controller,TSC)能够使人体触摸金属片连接的引脚得以响应,使用 TSC 作为输入的电气设备,不需要操作人员直接接触电路即可感应到用户的操作。因此,TSC 可用于人体接近感应的人机交互设备中,如触摸键盘、触摸显示屏等,可避免对设备的直接操作,降低设备损坏率,减少维护成本。

TSC 模块根据表面电荷转移采集原理进行触摸识别。表面电荷转移采集是测量电极电容大小的一种成熟、稳定且有效的方式。TSC 原理图如图 9-10 所示。

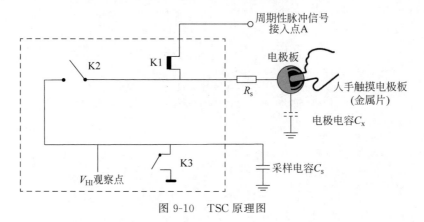

图 9-10　TSC 原理图

1. 图中符号解释

虚线画的电容 C_x 表示人触摸电极(金属片)产生的电容,以下称为电极电容; C_s 表示的是固定大小的电容,以下称为采样电容。

开关 K1 能够通过判断脉冲信号的类型作出反应,检测到脉冲为低电平时,自动断开;检测到脉冲为高电平时,自动闭合。开关 K2 检测到脉冲为低电平时,自动闭合;检测到脉冲为高电平时,自动断开。开关 K3 可以控制 C_x 放电的过程,当开关 K2、K3 同时打开时, C_x 处的电荷便会逐渐释放。可以通过读取 V_{HI} 观察点的数值,反映 C_x 的大小,判断人手触摸电极板的按压程度,数值越小,触摸程度越重。

2. 基本原理

初始状态，电极电容 C_x 及采样电容 C_s 全为空（即正极无电荷），进入一个识别过程，从 A 点进入周期性脉冲信号，设周期为 T，在一个周期内高电平持续时间为 T_H，低电平持续时间为 T_L。脉冲高电平期间为 C_x 充电，在脉冲低期间电荷从 C_x 转移到 C_s。周期性重复上述过程，直到 C_s 上电压达到一个固定阈值 V_{HI}，可以产生一个中断，完成一个识别过程。这个过程对周期进行计数，并放入计数器，反映了整个过程电荷的转移次数。在中断处理程序中可以读取这个次数，其值间接反映了 C_x 的大小，即触摸金属片的程度，次数少表示触摸程度高。

3. 有关技术问题进一步说明

在表面电荷转移采集过程中，为稳定周期性重复识别过程，还需要理解以下 5 点。

（1）T_H 及 T_L 可编程设置为 $500ns \sim 2\mu s$。为了确保更好地测量 C_x，必须设置合适的 T_H 以确保 C_x 始终充满电。

（2）完成一个识别过程后，编程使 C_s 放电，以便为下一个识别过程做准备。

（3）实际设计时，在 T_H 和 T_L 之间会插入一个系统时钟周期的延时等待时间，在此期间，硬件上会使得 C_x、C_s 与电路断开，处于保持状态，以确保最优电荷转移过程。

（4）每个触摸电极上应串联一个电阻 R_s 用来提高静电放电（Electro-Static Discharge，ESD）的抗干扰性。

（5）采样电容 C_s 的值取决于应用所需要的灵敏度，C_s 的值越大，测量灵敏度越高，但需要的测量时间便会越长，具体取值在这两个因素之间平衡。常见的 C_s 大小可以选取为 $0.1\mu F$、$1\mu F$、$2.2\mu F$、$4.7\mu F$ 等，在本节中采用 $2.2\mu F$ 的 C_s 作为测试，读者可根据自身实际情况选择合适的 C_s 进行使用。

上述过程也可以使用电荷转移过程分解表加以描述，电荷转移过程分解表如表 9-7 所示。

表 9-7　电荷转移过程分解表

状态	K1	K2	K3	状态说明
1	断开	断开	闭合	C_s 放电
2	断开	断开	断开	延时等待时间
3	闭合	断开	断开	C_x 充电
4	断开	断开	断开	延时等待时间
5	断开	断开	闭合	将电荷从 C_x 转移到 C_s
6	断开	断开	断开	延时等待时间
7	断开	闭合	闭合	C_x 放电

9.3.2　基于构件的 TSC 编程方法

1. STM32L431 的 TSC 框图

STM32L431 芯片的 TSC 模块具有高灵敏和强鲁棒性的电容触摸感应检测能力。该模块通过初始化某个 I/O 组的引脚作为采样电容（需要外接一个电容），再初始化同一个 I/O

组的另一个引脚作为通道。触摸感应控制器框图如图 9-11 所示。

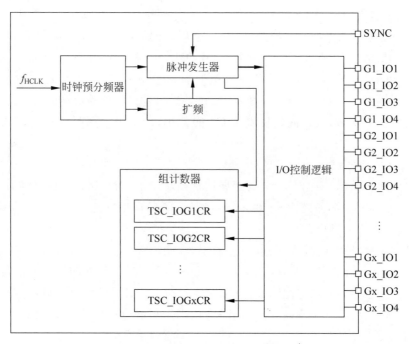

图 9-11　触摸感应控制器框图

通过设置 TSC_CR 中的 TSCE＝1,可以使能触摸感应控制器。再通过 IOSCR、IOCCR 两个寄存器将被选择的端口组中的一个引脚设置为采样电容,另一个设置为通道。

2. STM32L431 芯片的 TSC 对外引脚

64 引脚的 STM32L431RC 芯片的 TSC 模块中共有 4 个 I/O 组,每组里面有 4 个引脚。具体的引脚引脚复用功能如表 9-8 所示。

表 9-8　TSC 模块实际使用的引脚名

GEC 引脚号	MCU 引脚名	第 一 功 能
33	PTB12	TSC_G1_IO1
34	PTB13	TSC_G1_IO2
35	PTB14	TSC_G1_IO3
36	PTB15	TSC_G1_IO4
37	PTC6	TSC_G4_IO1
38	PTC7	TSC_G4_IO2
39	PTC8	TSC_G4_IO3
40	PTC9	TSC_G4_IO4
50	PTA15	TSC_G3_IO1
51	PTC10	TSC_G3_IO2
52	PTC11	TSC_G3_IO3
53	PTC12	TSC_G3_IO4
56	PTB4	TSC_G2_IO1
57	PTB5	TSC_G2_IO2

GEC 引脚号	MCU 引脚名	第 一 功 能
58	PTB6	TSC_G2_IO3
59	PTB7	TSC_G2_IO4

3. TSC 构件的头文件

```
// ================================================================
//文件名称: tsc.h
//功能概要: STM32 TSC 底层驱动程序头文件
//版权所有: SD－EDI&IoT Lab.(sumcu.suda.edu.cn)
//版本更新: 2020－11－06　V2.0
// ================================================================
#ifndef TSC_H                      //防止重复定义(开头)
#define TSC_H
//1 头文件
#include "mcu.h"                   //包含公共要素头文件
#include "string.h"
//2 宏定义
//3 函数声明
// ================================================================
//函数名称: TSC_init
//功能概要: 初始化 TSC 模块
//参数说明: chnlIDs: TSC 模块所使用的通道号
//函数返回: 无
// ================================================================
void tsc_init(uint8_t chnlID);
// ================================================================
//函数名称: tsc_get_value
//功能概要: 获取 TSC 组 1 的计数值
//参数说明: 无
//函数返回: 获取 TSC 组 1 的计数值
// ================================================================
uint_16 tsc_get_value();
// ================================================================
//函数名称: tsc_enable_re_int
//功能概要: 开 TSC 中断,开中断控制器 IRQ 中断
//参数说明: 无
//函数返回: 无
// ================================================================
void tsc_enable_re_int(void);
// ================================================================
//函数名称: tsc_disable_re_int
//参数说明: 无
//函数返回: 无
//功能概要: 关 TSC 中断,关中断控制器 IRQ 中断
// ================================================================
void tsc_disable_re_int(void);
```

```
// ================================================================
//函数名称：tsc_get_int
//功能概要：获取 TSC 中断标志
//参数说明：无
//函数返回：1：有中断产生；0：没有中断产生
// ================================================================
uint8_t tsc_get_int();
// ================================================================
//函数名称：tsc_softsearch
//功能概要：开启一次软件扫描
//参数说明：无
//函数返回：无
// ================================================================
void tsc_softsearch(void);
// ================================================================
//函数名称：tsc_clear_int
//功能概要：清除 TSC 中断标志
//参数说明：无
//函数返回：无
// ================================================================
void tsc_clear_int(void);
#endif    //防止重复定义(结尾)
```

4. 基于构件的 TSC 编程方法

STM32L431RC 芯片的 TSC 模块中共有 4 个 I/O 组,每组里面有 4 个引脚。只要将组内的一个引脚初始化为采样电容,这里采用 G1 组,初始化为采样电容的是 G1_IO2(PTB_13),对应开发板上的 30 号孔;初始化为通道的是 G1_IO1(PTB_12),对应开发板上的 31 号孔。在本书中,通道 1 对应的就是 G1_IO1(PTB_12、GEC_31),通道 3 对应的就是 G1_IO3(PTB_14、GEC_28),通道 4 对应的就是 G1_IO4(PTB_15、GEC_29)。构件的头文件 (tsc.h)中包含的内容有初始化 TSC 模块(tsc_init)、开始扫描(tsc_softsearch)和获取 TSC 值(tsc_get_value)等。

下面介绍构件的使用方法,举例如下。

(1) 变量定义。在 07_AppPrg\main.c 文件中 main 函数的"声明 main 函数使用的局部变量"部分,定义变量 mMainLoopCount、mFlag、mLightCount 和 vaule。

```
uint32_t mMainLoopCount;      //主循环次数变量
uint8_t mFlag;                //灯的状态标志
uint32_t mLightCount;         //灯的状态切换次数
uint16_t value;               //TSC 通道的值
```

(2) 给变量赋初值。

```
mMainLoopCount = 0;      //主循环次数变量
mFlag = 'A';             //灯的状态标志
mLightCount = 0;         //灯的闪烁次数
value = 0;               //TSC 通道的值
```

（3）在 main 函数的"用户外设模块初始化"处，调用初始化函数，传入通道号。

```
tsc_init(1);                    //初始化 TSC
```

（4）当获得通道计数值并把它通过串口 0 发送给 PC 时，要和 tsc_softsearch 函数合起来使用。

```
value = tsc_get_value();        //得到电荷转移次数
printf("value = %d\n", value);
```

测试工程见电子资源..\CH09\TSC-STM32L431，其功能如下。

（1）启动 TSC 扫描，初始化 TSC 中断使能。

（2）初始化蓝灯为暗，然后主循环中蓝灯闪烁，当 TSC 通道计数值高于预定的阈值的上下限时，将产生 TSC 中断，报告最大计数错误。每次采集完成后，也会进入中断，但本程序只有当触摸作为通道的引脚时，即计数值下降后，直到低于一定的值，才会提示有效触摸。此处如果使用的电容不同，计数值也将不同。

（3）由于 TSC 会产生采集结束中断，而 tsc_softsearch 函数又放在了 for 循环中，因此在 tsc_softsearch 函数中关了中断，不然程序会一直进中断。所以，使用 tsc_softsearch 函数时，需要在 main 函数中配合 tsc_get_value 函数一起使用，这样可以查看寄存器中的计数值。而因为在 tsc_get_value 函数中又打开了中断，所以 TSC 可以正常进入中断。

9.3.3　TSC 构件的制作过程

1. TSC 寄存器概述

STM32L431 芯片的 TSC 模块共有 10 个 32 位控制寄存器，如表 9-9 所示，详细介绍可查阅芯片参考手册或电子资源的补充阅读材料。

表 9-9　TSC 模块常用寄存器概述

绝 对 地 址	寄 存 器 名	R/W	功 能 简 述
0x4000_4000	控制寄存器(TSC_CR)	R/W	设置采集模式，使能触摸感应控制器等
0x4000_4004	中断使能寄存器(TSC_IER)	R/W	使能或禁止中断
0x4000_4008	中断清零寄存器(TSC_ICR)	R/W	将 ISR 中的中断位清零
0x4000_400C	中断状态寄存器(TSC_ISR)	R/W	判断是否产生中断
0x4000_4010	I/O 滞后控制寄存器(TSC_IOHCR)	R/W	控制 Gx_IOy 施密特触发器滞后使能
0x4000_4018	I/O 模拟开关控制寄存器（TSC_IOASCR）	R/W	控制 Gx_IOy 模拟开关使能
0x4000_4020	I/O 采样控制寄存器(TSC_IOSCR)	W	控制 Gx_IOy 采样模式
0x4000_4028	I/O 通道控制寄存器(TSC_IOHCR)	W	控制 Gx_IOy 通道模式
0x4000_4030	I/O 组控制状态寄存器（TSC_IOGSCR）	R	控制模拟 I/O 组 x 采集状态以及采集使能

续表

绝 对 地 址	寄 存 器 名	R/W	功 能 简 述
0x4000_4030 + 0x04×x(x=1~7)	I/O组 x 计数寄存器(TSC_IOGxCR)	R/W	记录在模拟 I/O 组 x 上产生的电荷转移周期

2. TSC 寄存器结构体类型

通常在构件设计中把一个模块的寄存器用一个结构体类型封装起来,方便编程时使用,这些结构体存放在工程文件夹的芯片头文件..\03_MCU\startup \ STM32L431xx. h 中,TSC 模块结构体类型为 TSC_TypeDef。

```
typedef struct
{
    __IO uint32_t CR;          / * !< TSC control register,                  Address offset: 0x00 * /
    __IO uint32_t IER;         / * !< TSC interrupt enable register,         Address offset: 0x04 * /
    __IO uint32_t ICR;         / * !< TSC interrupt clear register,          Address offset: 0x08 * /
    __IO uint32_t ISR;         / * !< TSC interrupt status register,         Address offset: 0x0C * /
    __IO uint32_t IOHCR;       / * !< TSC I/O hysteresis control register,   Address offset: 0x10 * /
    uint32_t    RESERVED1;     / * !< Reserved,                              Address offset: 0x14 * /
    __IO uint32_t IOASCR;      / * !< TSC I/O analog switch control register,
                                                                            Address offset: 0x18 * /
    uint32_t    RESERVED2;     / * !< Reserved,                              Address offset: 0x1C * /
    __IO uint32_t IOSCR;       / * !< TSC I/O sampling control register,     Address offset: 0x20 * /
    uint32_t    RESERVED3;     / * !< Reserved,                              Address offset: 0x24 * /
    __IO uint32_t IOCCR;       / * !< TSC I/O channel control register,      Address offset: 0x28 * /
    uint32_t    RESERVED4;     / * !< Reserved,                              Address offset: 0x2C * /
    __IO uint32_t IOGCSR;      / * !< TSC I/O group control status register, Address offset: 0x30 * /
    __IO uint32_t IOGXCR[7];   / * !< TSC I/O group x counter register,      Address offset: 0x34 - 4C * /
} TSC_TypeDef;
```

STM32L431 芯片的 TSC 模块各口基地址也在芯片头文件 STM32L431xx. h 中以宏常数方式给出,直接作为指针常量。

3. TSC 构件的接口函数原型分析

TSC 构件由头文件 tsc. h 及源代码文件 tsc. c 组成,放入 tsc 文件夹中,供应用程序开发调用。

TSC 构件具有初始化、获取计数值、开中断、开中断、获取中断状态、开始扫描和清中断位等基本操作。按照构件的思想,可将它们封装成几个独立的功能函数。例如,TSC 初始化函数 tsc_init 主要完成对 TSC 模块工作的参数设定,包括工作时钟、工作方式、引脚选择及模块使能等;TSC 获取返回值函数,将结果保存数返回;TSC 开中断函数,打开最大计数值错误中断和采集完成中断;TSC 关中断函数,关闭最大计数值错误中断和采集完成中断;TSC 获取中断状态函数,获取 TSC 中断状态;TSC 开始扫描函数,用于开始采集;TSC 清中断位函数,将中断标志位清零。通过以上分析,可以设计 TSC 构件的几个基本功能函数:

(1) TSC 初始化函数:tsc_init(uint8_t chnlID);

(2) 获取计数值函数:tsc_get_value();

(3) 开中断函数:tsc_enable_re_int();

（4）关中断函数：tsc_disable_re_int()；

（5）获取中断状态函数：tsc_get_int()；

（6）开始扫描函数：tsc_softsearch()；

（7）清中断位函数：tsc_clear_int()；

4. TSC 构件制作的基本编程步骤

实现 **TSC 的电容测量**主要涉及以下几个寄存器，控制寄存器(TSC_CR)、中断使能寄存（TSC_IER)、I/O 采样控制寄存器(TSC_ IOSCR)、I/O 通道控制寄存器(TSC_ IOHCR)、I/O 组控制状态寄存器(TSC_ IOGSCR)I/O 组 x 计数寄存器(TSC_ IOGxCR)等。

TSC 构件制作的基本编程步骤如下。

（1）**将引脚复用为 TSC 功能**。打开 GPIO 和 TSC 模块的时钟源，配置 GPIO 引脚功能，通过配置 GPIO 的 AFR 寄存器来复用引脚，复用为 TSC 功能。

（2）**设置控制寄存器**。设置电荷转移脉冲高低电平持续时间，最大计数值并使能 TSC 等。

（3）**设置 I/O 采样控制寄存器**。设置对应 Gx_IO2 引脚作为采样电容模式。

（4）**设置 I/O 通道控制寄存器**。设置对应 Gx_IOy 引脚作为通道模式。

（5）**设置 I/O 组控制状态寄存器**。使能组通道采集，计数器开始计数。

（6）**读取计数寄存器值**。获取 TSC 通道的计数值。

5. TSC 构件部分函数源码

tsc.c 文件中的源码请参见电子资源中的样例工程，部分函数源码如下：

```
// ================================================================
//文件名称：tsc.c
//功能概要：TSC 底层构件源文件
//版权所有：SD - EAI&IoT Lab.(sumcu.suda.edu.cn)
//更新记录：2020 - 11 - 06   V2.0
// ================================================================
# include "tsc.h"
// ================================================================
//函数名称：tsc_init
//功能概要：初始化 TSC 模块
//参数说明：uint8_t chnlID
//函数返回：无
// ================================================================
void tsc_init(uint8_t chnlID)
{
    //打开时钟
    RCC -> AHB1ENR | = RCC_AHB1ENR_TSCEN_Msk;    //使能 TSC 的时钟门
    //用的 I/O 组都是 GPIOB 的引脚
    RCC -> AHB2ENR | = RCC_AHB2ENR_GPIOBEN_Msk;  //使能 GPIOB 时钟门
    if(chnlID == 1)
    {
    //PTB12 - 通道 1 和 PTB13 - 通道 2 连接采样电容
```

```
//GPIO 功能配置
//清零
GPIOB->MODER &= ~(GPIO_MODER_MODE12_Msk | GPIO_MODER_MODE13_Msk);
//将 MODER 对应的 MODE12、MODE13 置 10,表示复用
GPIOB->MODER |= (2 << GPIO_MODER_MODE12_Pos | 2 << GPIO_MODER_MODE13_Pos);
//清零
GPIOB->OTYPER &= ~(GPIO_OTYPER_OT13_Msk | GPIO_OTYPER_OT12_Msk);
//PTB13 设为开漏输出,PTB12 为推挽输出
GPIOB->OTYPER |= (GPIO_OTYPER_OT13_Msk);
GPIOB->OSPEEDR &= ~(GPIO_OSPEEDR_OSPEED13_Msk | \
GPIO_OSPEEDR_OSPEED12_Msk);    //清零,置为 00,表示低速
//清零,无上拉或下拉
GPIOB->PUPDR &= ~(GPIO_PUPDR_PUPD13_Msk | GPIO_PUPDR_PUPD12_Msk);
GPIOB->AFR[1] &= ~(GPIO_AFRH_AFSEL13_Msk | GPIO_AFRH_AFSEL12_Msk);    //清零
//将 PTB12、13 复用功能选择 AF9,也就是 TSC_G1_IO1、TSC_G1_IO2
GPIOB->AFR[1] |= (9 << GPIO_AFRH_AFSEL13_Pos | 9 << GPIO_AFRH_AFSEL12_Pos);

//TSC 配置
//设置高低电平周期,最大计数值并使能 TSC
TSC->CR |= 1 << TSC_CR_CTPH_Pos | 1 << TSC_CR_CTPL_Pos | 1 << TSC_CR_SSD_Pos|\
        2 << TSC_CR_PGPSC_Pos | 5 << TSC_CR_MCV_Pos | 1 << TSC_CR_TSCE_Pos;
//禁止施密特触发器滞后
TSC->IOHCR &= ~(TSC_IOHCR_G1_IO1_Msk | TSC_IOHCR_G1_IO2_Msk);
TSC->IOSCR |= 1 << TSC_IOSCR_G1_IO2_Pos;        //io2 作为采样电容
TSC->IOCCR |= 1 << TSC_IOCCR_G1_IO1_Pos;        //io1 作为通道
TSC->IOGCSR |= 1 << TSC_IOGCSR_G1E_Pos;          //使能采集,计数器开始计数
}
else if(chnlID == 3)
{
...
}
else if(chnlID == 4)
{
...
}
}
// ================================================================
//函数名称: tsc_get_value
//功能概要: 获取 TSC 通道的计数值
//参数说明: 无
//函数返回: 获取 TSC 通道的计数值
// ================================================================
uint16_t tsc_get_value()
{
uint16_t value;
TSC->IER = ~(TSC_IER_EOAIE_Msk | TSC_IER_MCEIE_Msk);    //关中断
//从 I/O 组 x 计数器寄存器(IOGxCR)中得到组 1 的计数值
//IOGXCR[0]对应的就是 I/O 组 1
value = ((TSC->IOGXCR[0]) & TSC_IOGXCR_CNT_Msk);
TSC->IER = (TSC_IER_EOAIE_Msk | TSC_IER_MCEIE_Msk);      //开中断
return value;
}
```

9.3.4　模拟触摸感应输入功能

　　虽然STM32L431芯片具备TSC功能,也可以通过GPIO中某个引脚来模拟TSC的功能,其原理是因为当GPIO引脚被定义为无上下拉输入功能时,容易受到外界干扰,而由于人体相当于一个大电阻,手触摸到这个引脚时会使得引脚状态发生随机性变化。本来是一个不利的特性,但可以在一定程度上将其转化为检测是否有人体触摸该引脚的功能。

　　在本书中,由于电路板将触摸片和PTD2引脚相连,因此这里只能选用PTD2来使用。或者也可以用杜邦线接上想要使用的GPIO引脚,通过触摸针头来实现。测试工程见电子资源..\CH09\GPIO_TSC-STM32L431文件夹中,主要功能为:在main函数中调用GPIO_TSC函数;初始化蓝灯为暗,然后主循环中蓝灯闪烁。当触摸电极片时,会输出"触摸GPIO_TSC"。

```
// =====================================================================
//功能概要:连续判断 3 次 GPIO 的输入引脚,大部分为 0,则认为有触摸
//参数说明:GPIO 引脚
//函数返回:1:有触摸; 0:无触摸
//原理概要:当 GPIO 引脚被定义为无上下拉输入功能时,容易受到外界干扰,本程序
//         把这个特性转为有用的功能,由于人体相当于一个大电阻,手触摸这个
//         引脚会使得引脚状态发生随机性改变,利用这种变化可以被视为有触摸,
//         实现了无触摸功能引脚的触摸功能
//练习说明:本例仅为了说明 GPIO 悬空容易受到干扰,可以利用触摸感应,但不是
//         一定能成为稳定的触摸功能,仅供编程练习使用
// =====================================================================
uint8_t GPIO_TSC(uint16_t port_pin)
{
    //(1)声明局部变量
    int i,j,m;
    //(2)初始化 TSC 引脚
    gpio_init(port_pin,GPIO_INPUT,1);
    //(3)判断是否有触摸
    for(j = 0;j < 3;j++)
    {
        //(4)设置一个循环延时,保证触摸正常
        for(uint32_t   i = 0; i < 5000 * 50; i++) __asm ("NOP");
        m = 0;
        //(5)通过得到的引脚值来判断是否为有效触摸
        for(i = 0;i < 3000;i++) m = m + gpio_get(port_pin);
        if(m < 2500)
            continue;
        else
            return 0;
    }
    return 1;
}
```

9.4 实验五 SPI 通信实验

串行外设接口(Serial Peripheral Interface,SPI)是原摩托罗拉公司推出的一种同步串行通信接口,用于微处理器和外围扩展芯片之间的串行连接,已经发展成为一种工业标准。目前,各半导体公司推出了大量带有 SPI 接口的芯片,如 RAM、EEPROM、AD 转换器、DA 转换器、LCD 显示驱动器等。

1. 实验目的

本实验通过编程实现 SPI 主从机之间的通信过程,体会 SPI 的作用以及使用流程,可扩展连接 SPI 接口的传感器。主要目的如下:

(1) 理解 SPI 总线的基本概念、协议、连线的电路原理。

(2) 理解 SPI 总线的主机与从机的数据发送接收过程。

(3) 理解 SPI 模块基本工作原理。

2. 实验准备

(1) 软硬件工具:与实验一相同。

(2) 运行并理解..\04-Software\CH09 文件夹中的几个程序。

3. 参考样例

样例程序见电子资源..\04-Software\CH09\SPI\SPI-STM32L431。该程序使用 SPI 构件,实现 SPI 模块之间的通信,将"SPI TEST!"字符串通过主机 SPI1 发送给从机 SPI2,从机 SPI2 接受该字符串后,将该字符串通过 printf 语句输出。

4. 实验过程或要求

1) 验证性实验

参照类似实验二的验证性实验方法,验证本章电子资源中的样例程序,体会基本编程的原理与过程。验证 SPI 样例程序,实现主机 SPI 接口向从机 SPI 接口发送字符,从机 SPI 通过中断接收到字符并送串口 UART 打印显示。实验中使用一套开发套件的两个 SPI 模块,分别作为主机 SPI 和从机 SPI 来进行测试,也可以与同学一起使用两个开发板进行实验。实验过程中需要注意正确接线。

2) 设计性实验

(1) 复制样例程序(SPI),利用该程序框架实现 SPI 的读写操作,完成主机向从机写"Hello"字符串,主机到从机中读取"Hello"字符串,并通过串口调试工具或"C♯串口测试程序"显示读取到的字符串。

(2) 复制样例程序(SPI),利用该程序框架实现:通过两块开发板实现,主机和从机相互通信,主机 SPI 通过串口调试工具或"C♯串口测试程序"获取待发送的字符串,并将字符串向从机 SPI 发送,从机接收到主机发送来的数据后,发送到 PC 的串口调试工具显示。

3) 进阶实验★(选读内容)

(1) 复制样例程序(SPI),利用该程序框架实现:通过两块开发板实现 SPI 通信聊天,两块开发板通过 UART 与 PC 连接,通过 SPI 接口相互通信,其中一块开发板的 SPI 通过 C♯界面向另一块开发板的 SPI 发送字符串并发送到 PC 显示。注意:两块开发板是对等的,无主从机之分。

（2）利用 GPIO 模拟实现 SPI 通信。提示：参考电子资源本章补充阅读材料。

5. 实验报告要求

（1）用适当的文字、图表描述实验过程。

（2）用 200～300 字写出实验体会。

（3）在实验报告中完成实践性问答题。

6. 实践性问答题

（1）绘制以下 3 种时钟极性与相位选择情况下的时序图：空闲电平为低电平,下降沿取数—CPOL＝0,CPHA＝1；空闲电平为高电平,下降沿取数—CPOL＝1,CPHA＝0；空闲电平为高电平,上升沿取数—CPOL＝1,CPHA＝1。

（2）请修改程序,在连续发送数据位都为 1 或 0 的情况下,用万用表测试 SPI 的 MOSI 引脚输出的电平,记录万用表的读数。

（3）试比较 SPI 模块和 I2C 模块的异同。

本章小结

本章给出 SPI、I2C 与 TSC 这 3 个模块的编程方法,并给出 SPI、I2C 及 TSC 构件制作过程的基本要点。

1. 关于 SPI 模块

SPI 是四线制主从设备双工同步通信,4 条线分别是串行时钟线 SCK、主机输入/从机输出数据线 MISO、主机输出/从机输入数据线 MOSI 和从机选择线。编程时注意主机和从机必须使用同样的时钟极性与时钟相位才能正常通信。时钟极性与时钟相位的设置要做到：确保发送数据在一个周期开始的时刻上线,接收方在 1/2 周期的时刻从线上取数,这样是最稳定的通信方式。

2. 关于 I2C 模块

I2C 字面上的意思是集成电路之间,主要用于同一块电路板内集成电路模块之间的连接和数据传输。I2C 采用双向二线制（SDA、SCL）串行数据传输方式,简化了硬件连接。注意：二线均需接 1.5～10kΩ 的上拉电阻,接入总线的设备必须共地。一般情况下,I2C 设备使用 7 位地址,地址 0000000 一般用于发出总线广播。

3. 关于 TSC 模块

STML431RCT6 的 TSC 是一种电容转移计数传感器,当有感应物与初始化为 TSC 通道的引脚相连的电极时,通过观察 TSC 模块记录的采样电容达到阈值所经历的电荷转移周期数的变化,可以判断是否有触摸,可用于触摸键盘的设计。还提供了一种 GPIO 模拟 TSC 的方法,当 GPIO 引脚处于既无上拉也无下拉的状态时,通过触摸引脚,会发生一定变化,可以判断触摸,用于无触摸功能的 MCU 实现简单的触摸感应输入。

习题

1. 举例说明同步通信与异步通信的主要区别。
2. 简述 SPI 数据传输过程。
3. 说明在 SPI 通信中,如何设定时钟极性与相位。
4. 简述 I2C 总线的数据传输过程。
5. 编程实现两个 SPI 设备之间的发送与接收,功能自定。
6. 编程实现两个以上 I2C 设备的发送与接收,功能自定。
7. 简述 STM32L431 芯片的 TSC 模块基本原理。
8. 找几个小金属片,利用 STM32L431 芯片的 TSC 模块实现一个 2×3 触摸键盘。

第 10 章

CAN 总线、DMA 与位带操作

本章导读：本章阐述 CAN 总线、DMA、位带操作的编程方法。CAN 总线常用于汽车电子中，DMA 用于内存到外设的快速数据传输，位带操作主要用于快速位操作。本章首先给出 CAN 总线的通用基础知识，CAN 构件及使用方法，简要阐述 CAN 构件的制作过程；随后给出 DMA 的通用基础知识，DMA 使用方法，简要阐述 DMA 驱动构件的制作过程；最后给出位带操作的基本含义、使用缘由及编程方法。

10.1 CAN 总线

视频讲解

10.1.1 CAN 总线的通用基础知识

控制器局域网(Controller Area Network，CAN)最早出现于 20 世纪 80 年代末，是德国 Bosch 公司为简化汽车电子中信号传输方式并减少日益增加的信号线而提出的。CAN 总线是一个单一的网络总线，所有的外围器件可以挂接在该总线上。

1. CAN 硬件系统

1) CAN 原理性电路

最简明的 CAN 总线硬件原理性电路，即不连接收发器芯片的 CAN 总线电路连接如图 10-1 所示。它把所有芯片 CAN 的发送引脚 CAN_{TX} 经过快速二极管（如 1N4148 等）连接到数据线（以免输出引脚短路），CAN 的接收引脚 CAN_{RX} 直接连接到这条数据线，数据线由一个 3kΩ 左右的上拉电阻上拉至+5V（适配芯片的电源电压即可），以产生所需要的"1"电平。注意：该电路中各节点的地是连接在一起的。这个电路属于原理性电路，也可用于在电磁干扰较弱环境下 1m 以内的近距离通信。进行芯片 CAN 驱动构件设计时，可以使用这个简单且易于实现的电路，这种元器件极少的电路容易确保硬件连接无误条件下的软件调试。

实际应用的 CAN 总线电路需要采用 CAN 收发器及隔离电路差分方式连接，但软件是一致的。

2) 常用的 CAN 硬件系统的组成

常用的 CAN 硬件系统的组成如图 10-2 所示。

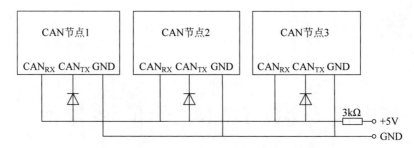

图 10-1　不连接收发器芯片的 CAN 总线电路连接

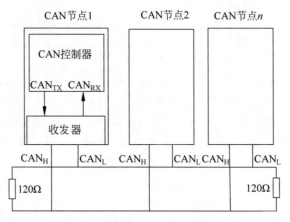

图 10-2　常用的 CAN 硬件系统组成

注意：CAN 通信节点上一般需要添加 120Ω 的终端电阻。每个 CAN 总线只需要两个终端电阻，分别在主干线的两个端点，支线上的节点不必添加。

3) 带隔离的典型 CAN 硬件系统电路

Philips 公司的 CAN 总线收发器 PCA82C250 能对 CAN 总线提供差动发送能力，并对 CAN 控制器提供差动接收能力。在实际应用过程中，为了提高系统的抗干扰能力，CAN 控制器引脚 CAN_{TX}、CAN_{RX} 和收发器 PCA82C250 并不是直接相连的，而是通过由高速光耦合器 6N137 构成的隔离电路后再与 PCA82C250 相连，这样可以很好地实现总线上各节点的电气隔离。一个带隔离的典型 CAN 硬件系统电路如图 10-3 所示。

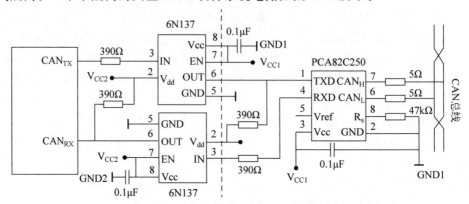

图 10-3　带隔离的典型 CAN 硬件系统电路

图 10-3 所示的电路连接需要特别注意以下两个问题。

(1) 6N137 部分的电路所采用的两个电源 V_{CC1} 和 V_{CC2} 需完全隔离,否则,光耦达不到完全隔离的效果。完全隔离可以采用带多个 5V 输出的开关电源模块实现。

(2) PCA82C250 的 CAN_H 和 CAN_L 引脚通过一个 5Ω 的限流电阻与 CAN 总线相连,保护 PCA82C250 免受过流的冲击。PCA82C250 的电源引脚旁应有一个 $0.1\mu F$ 的去耦电容。R_s 引脚为斜率电阻输入引脚,用于选择 PCA82C250 的工作模式(高速/斜率控制[①]/待机),该引脚上接一个下拉电阻,电阻的大小可根据总线速率适当的调整,其值一般为 16~140kΩ,图 10-3 中选用 47kΩ。关于电路相连的更多细节请参见 6N137 使用手册以及 PCA82C250 使用手册。

4) 不带隔离的典型 CAN 硬件系统电路

在电磁干扰较弱的环境下,隔离电路可以省略,这样 CAN 控制器可直接与 CAN 收发器相连,如图 10-4 所示。图 10-4 中所使用的 CAN 收发器为 TI 公司的 SN65HVD230。

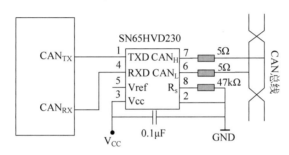

图 10-4　不带隔离的典型 CAN 硬件系统电路

2. CAN 总线的有关基本概念

1) 报文、位速率

报文(Message):报文是指在总线上传输的固定格式的信息,其长度是有限制的。当总线空闲时,总线上任何节点都可以发送新报文。报文被封装成帧(Frame)的形式在总线上传送。

位速率(Bit Rate):位速率是指 CAN 总线的传输速率。在给定的 CAN 系统中,位速率是固定唯一的。CAN 总线上任意两个节点之间的最大传输距离与位速率有关,通信距离与位速率的对应关系如表 10-1 所示。这里的最大距离是指在不使用中继器的情况下两个节点之间的距离。

表 10-1　CAN 总线上任意两节点最大距离及位速率对应表

位速率(kb/s)	1000	500	250	125	100	50	20	10	5
最大距离(m)	40	130	270	530	620	1300	3300	6700	10 000

[①]　在斜率控制模式中,由于 CAN_L 和 CAN_H 上的信号的单端转换速度和流出引脚 R_s 的电流 IR_s 成比例关系(或称斜率关系),而电流 IR_s 的大小主要由 R_s 阻值决定,因此 R_s 的阻值变化将引起转换速度的变化。在斜率控制模式下,R_s 阻值一般取 16.5~140kΩ。高速模式下,R_s 阻值为 0~1.8kΩ。

2）标识符 ID、优先权、仲裁

标识符 ID： 标识符 ID 是 CAN 节点的唯一标识。在实际应用时，应该给 CAN 总线上的每个节点按照一定规则分配一个唯一的 ID。每个节点发送数据时，发送的报文帧中含有发送节点的 ID 信息。

在 CAN 通信网络中，CAN 报文以广播方式在 CAN 网络中发送，所有节点都可以接收到报文，节点通过判断接收到的标识符 ID 决定是否接收该报文。报文标识符 ID 的分配规则一般在 CAN 应用层的协议中实现（比较著名的 CAN 应用层协议有 CANopen 协议、DeviceNet 协议等）。由于标识符 ID 决定报文发送的优先权，因此标识符 ID 的分配规则在实际应用中必须给予重视。一般可以用标识符的某几位代表发送节点的地址，接收到报文的节点可以通过解析接收报文的标识符 ID 来判断该报文来自哪个节点，属于何种类型的报文等。

下面给出 CANopen 协议最小系统配置的一个 ID 分配方案，供实际应用时参考。该分配方案是一个面向设备的 11 位（D10～D0）标识符分配方案，其中 4 位功能代码（D10～D7）区分 16 种不同类型的报文，7 位节点地址（D6～D0）可表达 128 个节点。但要注意 CAN 协议中，要求 ID 的高 7 位不能同时为 1。报文标识符 ID 的分配方法应遵循在同一系统中保证节点地址唯一的原则，这样每个报文的 ID 也就唯一了。

优先权（Priorities）： 在总线访问期间，报文的标识符 ID 定义了一个静态的报文优先权。在 CAN 总线上发送的每个报文都具有唯一的一个 11 位或 29 位的标识符 ID，在总线仲裁时，显性位（逻辑 0）的优先权高于隐性位（逻辑 1），从而标识符越小，该报文拥有越高的优先权。因此，一个拥有全 0 标识符的报文具有总线上的最高级优先权。

仲裁（Arbitration）： 当有两个节点同时进行发送时，必须通过"无损的逐位仲裁"[①]方法来使得有最高优先权的报文优先发送。总线空闲时，总线上任何节点都可以开始发送报文，若同时有两个或两个以上节点开始发送，总线访问冲突运用无损的逐位仲裁规则，借助于标识符 ID 解决。仲裁期间，每个发送器都对发送位电平与总线上检测到的电平进行比较，若相同，则该节点继续发送。当发送的是 1，而监视到的是 0 时，则该节点失去仲裁，退出发送状态。举例说明：若某一时刻有两个 CAN 节点 A、B 同时向总线发送报文，A 发送报文的 ID 为 0b00010000000，B 发送报文的 ID 为 0b01110000000。由于节点 A、B 的 ID 的第 10 位都为 0，而 CAN 总线是逻辑与的，因此总线状态为 0，此时两个节点检测到总线位和它们发送的位相同，因此两个节点都认为是发送成功，都继续发送下一位。发送第 9 位时，A 发送一个 0，而 B 发送一个 1，此时总线状态为 0。此时 A 检测到总线状态 0 与其发送位相同，因此 A 认为它发送成功，并开始发送下一位。但此时 B 检测到总线状态 0 与其发送位不同，则它会退出发送状态并转为监听方式，且直到 A 发送完毕，总线再次空闲时，它才试图重发报文。

3）帧结构

CAN 总线协议中有 4 种报文帧（Message Frame），它们分别是数据帧、远程帧、错误帧、过载帧。其中，数据帧和远程帧，与用户编程相关；错误帧和过载帧由 CAN 控制硬件处

[①] "无损的逐位仲裁"：当总线上出现报文冲突时，仲裁机制逐位判断标识符，实现高优先权的报文能够被不受任何损坏地优先发送。

理,与用户编程无关。

在 CAN 节点之间的通信中,要将数据从一个节点发送器传输到另一个节点的接收器,必须发送数据帧。而总线上节点发送远程帧的目的在于请求发送具有同一标识符 ID 的数据帧。

数据帧由 7 个不同的位场组成:帧起始(Start of Frame Symbol,SOF)、仲裁场、控制场、数据场、CRC 场、应答场、帧结束(End of Frame,EOF)。数据帧组成如图 10-5 所示。

图 10-5　数据帧组成

根据仲裁场的不同,在 CAN2.0B 中定义标准帧与扩展帧两种帧格式。标准帧的标识符 ID 为 11 位,扩展帧的标识符 ID 为 29 位(11 位标准 ID+18 位扩展 ID)。

10.1.2　基于构件的 CAN 编程方法

1. STM32L431 芯片的 CAN 引脚

64 引脚的 STM32L431RC 芯片共有 3 组 6 个引脚可以配置为 CAN 引脚,其中一组引脚未引出,另外两组引脚复用功能如表 10-2 所示。

表 10-2　CAN 模块实际使用的引脚名

引脚组	CAN 功能名	MCU 引脚名	AHL-STM32L431 引脚号	样例使用
A 组	$CAN1_{TX}$	PTA12	70	
	$CAN1_{RX}$	PTA11	71	
B 组	$CAN1_{TX}$	PTB9	54	
	$CAN1_{RX}$	PTB8	55	√

本例程将 PTB9 复用为 CAN 模块的发送引脚 CAN_{TX},将 PTB8 复用为 CAN 模块的接收引脚 CAN_{RX}。将发送引脚用一个二极管连接到总线上,接收引脚直接连接到总线上,实现本机的 CAN 总线通信。

2. CAN 构件的头文件

CAN 构件的头文件 can.h 在工程样例的 ..\03_MCU\MCU_drivers 文件夹中,这里给出其 API 接口函数的使用说明及函数声明。

```
// ===============================================================
//文件名称: can.h
//功能概要: CAN 底层驱动构件的头文件
//版权所有: SD-EAI&IoT Lab.(sumcu.suda.edu.cn)
//更新记录: 2021-02-03 V1.0 JJL
```

```
//适用芯片: STM32L431
// ================================================================

#ifndef _CAN_H            //防止重复定义(开头)
#define _CAN_H

#include "mcu.h"
#include "string.h"

#define CAN_1 1

…

// ================================================================
//函数名称: can_init
//函数返回: 无
//参数说明: canNo: 模块号,本芯片只有 CAN_1
//          canID: 自身 CAN 节点的唯一标识,按照 CANopen 协议给出
//          BitRate: 位速率
//功能概要: 初始化 CAN 模块
// ================================================================
void can_init(uint8_t canNo, uint32_t canID, uint32_t BitRate);


// ================================================================
//函数名称: can_send
//函数返回: 0 = 正常,1 = 错误
//参数说明: canNo: 模块号,本芯片只有 CAN_1
//          DestID: 目标 CAN 节点的唯一标识,按照 CANopen 协议给出
//          len: 待发送数据的字节数
//          buff: 待发送数据发送缓冲区首地址
//功能概要: CAN 模块发送数据
// ================================================================
uint8_t can_send(uint8_t canNo, uint32_t DestID, uint16_t len ,uint8_t * buff);


// ================================================================
//函数名称: can_recv
//函数返回: 接收到的字节数
//参数说明: canNo: 模块号,本芯片只有 CAN_1
//          buff: 接收到的数据存放的内存区首地址
//功能概要: 在 CAN 模块接收中断中调用本函数接收已经到达的数据
// ================================================================
uint8_t can_recv(uint8_t canNo, uint8_t * buff);


// ================================================================
//函数名称: can_enable_recv_int
//函数返回: 无
//参数说明: canNo: 模块号,本芯片只有 CAN_1
//功能概要: 开启 CAN 接收中断
// ================================================================
void can_enable_recv_int(uint8_t CanNo);


// ================================================================
//函数名称: can_disable_recv_int
```

```
//函数返回:无
//参数说明:canNo:模块号,本芯片只有 CAN_1
//功能概要:关闭 CAN 接收中断
// ========================================================================
void can_disable_recv_int(uint8_t CanNo);


# endif            //防止重复定义(结尾)
```

3. 基于构件的 CAN 编程举例

设有 3 个 CAN 节点,硬件可以按照图 10-1 所示的接法进行编程实践。设 3 个节点按照标准数据帧进行传输,并且只接收与自己地址相同的消息,3 个节点分别记为节点 A、节点 B 和节点 C,对应地址分别为 0x0A、0x0B 和 0x0C。节点 A 和节点 B 每隔一段时间互相发送数据为 IamNodeA 和 IamNodeB 的消息,节点 C 每隔一段时间向节点 A 发送数据为 IamNodeC 的消息。由于每个节点设置掩码后只接收与自己地址相同的信息,因此节点 A 会收到来自节点 B 和节点 C 的消息,节点 B 只会收到来自节点 A 的消息,节点 C 不会收到任何消息,下面给出 CAN 构件的使用方法。

CAN 驱动构件使用过程中,主要用到 4 个函数,分别是 CAN 初始化函数、数据发送函数、数据接收函数以及使能中断函数等。CAN 构件的测试工程在..\04-Software\CH10 \CAN-STM32L431 文件夹中,主要步骤如下。

1) 对节点 A 的编程

复制样例程序作为节点 A 的程序,并进行如下修改。

(1) CAN 初始化。使用 can_init 函数。设置本机 ID 为 0x0A,位速率为 36。

```
localMsgID = 0x0AU;
BitRate = 36;
can_init(CAN_1,localMsgID,BitRate);
```

(2) 使能 CAN 模块中断。使用 can_enable_recv_int 函数使能 CAN 模块中断。

```
can_enable_recv_int(CAN_1);
```

(3) CAN 模块发送数据。使用 can_send 函数发送消息,发送 ID 为 0x0B,内容为"IamNodeA"的消息。

```
txMsgID = 0x0BU;
if(can_send(CAN_1, txMsgID, 8, (uint8_t *)"IamNodeA") != 0) printf("failed\r\n");
```

2) 对节点 B 的编程

复制样例程序作为节点 B 的程序,并进行如下修改。

(1) CAN 初始化。使用 can_init 函数。设置本机 ID 为 0x0B,位速率为 36。

```
localMsgID = 0x0BU;
BitRate = 36;
can_init(CAN_1,localMsgID,BitRate);
```

（2）使能 CAN 模块中断。使用 can_enable_recv_int 函数使能 CAN 模块中断。

```
can_enable_recv_int(CAN_1);
```

（3）CAN 模块发送数据。使用 can_send 函数发送消息，发送 ID 为 0x0A，内容为 "IamNodeB"的消息。

```
txMsgID = 0x0AU;
if(can_send(CAN_1, txMsgID, 8, (uint8_t *)"IamNodeB") != 0) printf("failed\r\n");
```

3）对节点 C 的编程

复制样例程序作为节点 C 的程序，并进行如下修改。

（1）CAN 初始化。使用 can_init 函数。设置本机 ID 为 0x0C，位速率为 36。

```
localMsgID = 0x0CU;
BitRate = 36;
can_init(CAN_1,localMsgID,BitRate);
```

（2）使能 CAN 模块中断。使用 can_enable_recv_int 函数使能 CAN 模块中断。

```
can_enable_recv_int(CAN_1);
```

（3）CAN 模块发送数据。使用 can_send 函数发送消息，发送 ID 为 0x0A，内容为 "IamNodeC"的消息。

```
txMsgID = 0x0AU;
if(can_send(CAN_1, txMsgID, 8, (uint8_t *)"IamNodeC") != 0) printf("failed\r\n");
```

4）CAN 模块接收数据

在中断函数服务例程中，3 个节点都接收与自己地址相同的信息并通过串口转发到 PC 端。

```
len = can_recv(CAN_1, buff);
if(len > 0)
{
    uart_sendN(UART_3,len,buff);
}
```

10.1.3　CAN 构件的制作过程

1. CAN 模块寄存器概述

1）相关名称解释

STM32L431 芯片的 CAN 有多个寄存器，要理解这些寄存器的操作，首先需要了解一些比较重要的概念，下面先对 CAN 相关重要的名词进行解释，再介绍常用的 CAN 寄存器。

过滤器：CAN 模块发送器会将消息广播给所有接收器。因此,接收器节点在接收到消息时,会根据过滤器中设定的标识符 ID 的值来确定软件是否需要该消息。

邮箱：CAN 模块在发送和接收消息时,都需要把消息先存放到邮箱中,再通过软件进行消息的发送和接收。

测试模式：CAN 模块正常工作时既可以发送消息也可以接收消息。但根据情况的不同,可以只发送或者只接收消息,因此设定了 3 种测试模式,分别为环回模式、静默模式以及环回与静默组合模式。环回模式可以发送数据到总线或者自身,但不能接收总线上的数据;静默模式只能接收总线上的数据,但不能发送数据到总线上;环回与静默组合模式既不能发送数据到总线,也不能接收总线上的数据,一般用来检测设备能否正常工作。

2) CAN 寄存器概述

CAN 模块在发送和接收消息之前,需要对 CAN 的一些参数进行配置,并且发送和接收消息时,需要用到邮箱辅助消息的发送和接收,因此 CAN 模块寄存器主要分为三部分,分别负责 CAN 模块的配置、发送和接收。表 10-3 给出了 CAN 模块的所有寄存器。负责 CAN 模块配置的主要有 CAN 主控制寄存器、CAN 主状态寄存器、CAN 中断使能寄存器、CAN 错误状态寄存器、CAN 位时序寄存器。负责发送的主要有 CAN 发送状态寄存器、CAN 发送邮箱标识符寄存器、CAN 邮箱数据长度控制和时间戳寄存器、CAN 邮箱数据低位寄存器、CAN 邮箱数据高位寄存器。负责接收的主要有 CAN 接收 FIFO 邮箱标识符寄存器、CAN 接收 FIFO 邮箱数据长度控制和时间戳寄存器、CAN 接收 FIFO 邮箱数据低位寄存器、CAN 接收 FIFO 邮箱数据高位寄存器、CAN 过滤器主寄存器、CAN 过滤器模式寄存器、CAN 过滤器尺度寄存器、CAN 过滤器 FIFO 分配寄存器、CAN 过滤器激活寄存器、过滤器组 i 寄存器。

表 10-3　CAN 寄存器功能概述

偏移量	寄存器名		R/W	功能简述
0x00	CAN 主控制寄存器(CAN_MCR)		R/W	设置 CAN 各种功能
0x04	CAN 主状态寄存器(CAN_MSR)		R/W	标志 CAN 各种状态
0x08	CAN 发送状态寄存器(CAN_TSR)		R/W	标志 CAN 发送状态
0x0C	CAN 接收 FIFO 寄存器	CAN_RF0R	R/W	标志 CAN 接收状态
0x10		CAN_RF1R		
0x14	CAN 中断使能寄存器(CAN_IER)		R/W	使能 CAN 各种中断
0x18	CAN 错误状态寄存器(CAN_ESR)		R/W	管理 CAN 各种错误
0x1C	CAN 位时序寄存器(CAN_BTR)		R/W	设置 CAN 的位时序
0x180	CAN 发送邮箱标识符寄存器	CAN_TI0R	R/W	定义发送消息的标识符
0x190		CAN_TI1R		
0x1A0		CAN_TI2R		
0x184	CAN 邮箱数据长度控制和时间戳寄存器	CAN_TDT0R	R/W	设置发送消息的数据长度和时间戳
0x194		CAN_TDT1R		
0x1A4		CAN_TDT2R		
0x188	CAN 邮箱数据低位寄存器	CAN_TDL0R	R/W	设置发送消息的低位数据
0x198		CAN_TDL1R	R/W	
0x1A8		CAN_TDL2R	R/W	

续表

偏移量	寄存器名		R/W	功 能 简 述
0x18C	CAN 邮箱数据高位寄存器	CAN_TDH0R	R/W	设置发送消息的高位数据
0x19C		CAN_TDH1R	R/W	
0x1AC		CAN_TDH2R	R/W	
0x1B0	CAN 接收 FIFO 邮箱标识符寄存器	CAN_RI0R	R	存储接收消息的标识符
0x1C0		CAN_RI1R	R	
0x1B4	CAN 接收 FIFO 邮箱数据长度控制和时间戳寄存器	CAN_RDT0R	R	存储接收消息的数据长度和时间戳
0x1C4		CAN_RDT1R	R	
0x1B8	CAN 接收 FIFO 邮箱数据低位寄存器	CAN_RDL0R	R	存储接收消息的低位数据
0x1C8		CAN_RDL1R	R	
0x1BC	CAN 接收 FIFO 邮箱数据高位寄存器	CAN_RDH0R	R	存储接收消息的高位数据
0x1CC		CAN_RDH1R	R	
0x200	CAN 过滤器主寄存器(CAN_FMR)		R/W	选择 CAN 过滤器工作模式
0x204	CAN 过滤器模式寄存器(CAN_FM1R)		R/W	选择 CAN 标识符过滤模式
0x20C	CAN 过滤器尺度寄存器(CAN_FS1R)		R/W	配置 CAN 过滤器尺度
0x214	CAN 过滤器 FIFO 分配寄存器(CAN_FFA1R)		R/W	分配 CAN 过滤器 FIFO 邮箱
0x21C	CAN 过滤器激活寄存器(CAN_FA1R)		R/W	激活 CAN 过滤器
0x240 + 0x008×i	过滤器组 i 寄存器	CAN_FiR1	R/W	
0x244 + 0x008×i		CAN_FiR2	R/W	

2. CAN 寄存器结构体类型

编程时使用的 CAN 寄存器结构体为 CAN_TypeDef,在工程文件夹的芯片头文件..\03_MCU\startup\STM32L431xx. h 中可以找到,其中包含了 CAN_FilterRegister_TypeDef、CAN_FIFOMailBox_TypeDef、CAN_FilterRegister_TypeDef 3 个结构体。

```
typedef struct
{
    __IO uint32_t TIR;      /*!< CAN TX mailbox identifier register */
    __IO uint32_t TDTR;     /*!< CAN mailbox data length control and time stamp register */
    __IO uint32_t TDLR;     /*!< CAN mailbox data low register */
    __IO uint32_t TDHR;     /*!< CAN mailbox data high register */
} CAN_TxMailBox_TypeDef;
typedef struct
{
    __IO uint32_t RIR;      /*!< CAN receive FIFO mailbox identifier register */
    __IO uint32_t RDTR;     /*!< CAN receive FIFO mailbox length control and time stamp */
    __IO uint32_t RDLR;     /*!< CAN receive FIFO mailbox data low register */
    __IO uint32_t RDHR;     /*!< CAN receive FIFO mailbox data high register */
} CAN_FIFOMailBox_TypeDef;

typedef struct
{
```

```
    __IO uint32_t FR1,          /*!< CAN Filter bank register 1 */
    __IO uint32_t FR2;          /*!< CAN Filter bank register 1 */
} CAN_FilterRegister_TypeDef;

typedef struct
{
    __IO uint32_t  MCR;         /*!< CAN master control register,    Address offset: 0x00 */
    __IO uint32_t  MSR;         /*!< CAN master status register, Address offset: 0x04 */
    __IO uint32_t  TSR;         /*!< CAN transmit status register, Address offset: 0x08 */
    __IO uint32_t  RF0R;        /*!< CAN receive FIFO 0 register,Address offset: 0x0C */
    __IO uint32_t  RF1R;        /*!< CAN receive FIFO 1 register,Address offset: 0x10 */
    __IO uint32_t  IER;         /*!< CAN interrupt enable register,Address offset: 0x14 */
    __IO uint32_t  ESR;         /*!< CAN error status register,    Address offset: 0x18 */
    __IO uint32_t  BTR;         /*!< CAN bit timing register, Address offset: 0x1C */
    uint32_t  RESERVED0[88];    /*!< Reserved, 0x020 - 0x17F */
    CAN_TxMailBox_TypeDef    sTxMailBox[3];      /*!< CAN Tx MailBox,  0x180 - 0x1AC */
    CAN_FIFOMailBox_TypeDef  sFIFOMailBox[2];    /*!< CAN FIFO MailBox, 0x1B0 - 0x1CC */
    uint32_t     RESERVED1[12]; /*!< Reserved, 0x1D0 - 0x1FF */
    __IO uint32_t  FMR;         /*!< CAN filter master register, Address offset: 0x200 */
    __IO uint32_t  FM1R;        /*!< CAN filter mode register,Address offset: 0x204 */
    uint32_t       RESERVED2;   /*!< Reserved, Address offset: 0x208 */
    __IO uint32_t  FS1R;        /*!< CAN filter scale register,    Address offset: 0x20C */
    uint32_t       RESERVED3;   /*!< Reserved, Address offset: 0x210 */
    __IO uint32_t  FFA1R;       /*!< CAN filter FIFO assignment register, Address offset: 0x214 */
    uint32_t       RESERVED4;   /*!< Reserved, Address offset: 0x218 */
    __IO uint32_t  FA1R;        /*!< CAN filter activation register, Address offset: 0x21C */
    uint32_t       RESERVED5[8];             /*!< Reserved, Address offset: 0x220 - 0x23F */
    CAN_FilterRegister_TypeDef sFilterRegister[28];  /*!< CAN Filter Register, 0x240 - 0x31C */
} CAN_TypeDef;
```

3. CAN 构件接口函数原型分析

CAN 构件接口函数主要有初始化函数、发送函数以及接收函数。

(1) 初始化函数 can_init。

该函数中需要使用 3 个参数: 模块号 canNo、标识符 canID 和位速率 BitRate。

```
void can_init(uint8_t canNo, uint32_t canID, uint32_t BitRate)
```

(2) 发送函数 can_send。

该函数使用 4 个参数: 模块号 canNo、目标标识符 DestID、发送数据长度 len 和发送数据 buff。在使用发送函数之前,应首先调用初始化函数 can_init 对 CAN 模块进行初始化。

```
uint8_t can_send(uint8_t canNo, uint32_t DestID, uint16_t len ,uint8_t * buff)
```

(3) 接收函数 can_recv。

该函数使用 3 个参数: 模块号 CanNo、接收数据 buff 和数据 Data。

```
uint8_t can_recv(uint8_t canNo, uint8_t * buff)
```

4. CAN 构件部分函数源码

```
// ==================================================================
//函数名称: can_init
//函数返回: 无
//参数说明: canNo: 模块号,本芯片只有 CAN_1
//          canID: 自身 CAN 节点的唯一标识,按照 CANopen 协议给出
//          BitRate: 位速率
//功能概要: 初始化 CAN 模块
// ==================================================================
void can_init(uint8_t canNo, uint32_t canID, uint32_t BitRate)
{
    //声明 init 函数使用的局部变量
    uint32_t CANMode;
    uint32_t CANFilterBank;
    uint32_t CANFiltermode;
    uint32_t CAN_Filterscale;

    //给 init 函数使用的局部变量赋初值
    CANMode = CAN_MODE_NORMAL;
    CANFilterBank = CANFilterBank0;
    CANFiltermode = CAN_FILTERMODE_IDMASK;
    CAN_Filterscale = CAN_FILTERSCALE_32BIT;

    //(1)CAN 总线硬件初始化
    CAN_HWInit(CAN_CHANNEL);
    //(2)CAN 总线进入软件初始化模式
    CAN_SWInit_Entry(canNo);
    //(3)CAN 总线模式设置
    CAN_SWInit_CTLMode(canNo);
    //(4)CAN 总线位时序配置
    CAN_SWInit_BT(canNo,CANMode,BitRate);
    //(5)CAN 总线过滤器初始化
    CANFilterConfig(canNo, canID, CANFilterBank, CAN_RX_FIFO0, 1, CANFiltermode,\
              CAN_Filterscale);
    //(6)CAN 总线退出软件初始化模式,进入正常模式
    CAN_SWInit_Quit(canNo);
}


// ==================================================================
//函数名称: can_send
//函数返回: 0 = 正常,1 = 错误
//参数说明: canNo: 模块号,本芯片只有 CAN_1
//          DestID: 目标 CAN 节点的唯一标识,按照 CANopen 协议给出
//          len: 待发送数据的字节数
//          buff: 待发送数据发送缓冲区首地址
//功能概要: CAN 模块发送数据
// ==================================================================
uint8_t can_send(uint8_t canNo, uint32_t DestID, uint16_t len ,uint8_t * buff)
{
    if(DestID > 0x1FFFFFFFU) return 1;
    uint8_t send_length;
```

```
    for(int i = len; i > 0; i = i-8)
    {
        send_length = (i > 8)?8: i;
        if(can_send_once(canNo, DestID, send_length, buff + len - i) == 1)
        {
            return 1;
        }
    }
    return 0;
}
//==================================================================
//函数名称: can_recv
//函数返回: 接收到的字节数
//参数说明: canNo: 模块号,本芯片只有 CAN_1
//          buff: 接收到的数据存放的内存区首地址
//功能概要: 在 CAN 模块接收中断中调用本函数接收已经到达的数据
//==================================================================
uint8_t can_recv(uint8_t canNo, uint8_t * buff)
{
    uint8_t len;
    uint32_t RxFifo = CAN_RX_FIFO0;
    //(1)判断哪个邮箱收到了报文信息
    if(RxFifo == CAN_RX_FIFO0)
    {
        if((CAN_ARR[canNo - 1] - > RF0R & CAN_RF0R_FMP0) == 0U)
        {
            return 1;
        }
    }
    else
    {
        if((CAN_ARR[canNo - 1] - > RF1R & CAN_RF1R_FMP1) == 0U)
        {
            return 1;
        }
    }
    //(2)获取数据的长度
    len = (CAN_RDT0R_DLC &
CAN_ARR[canNo - 1] - > sFIFOMailBox[RxFifo].RDTR) >> CAN_RDT0R_DLC_Pos;
    //(3)获取数据帧中的数据
    buff[0] = (uint8_t)((CAN_RDL0R_DATA0 &
CAN_ARR[canNo - 1] - > sFIFOMailBox[RxFifo].RDLR) >> CAN_RDL0R_DATA0_Pos);
    buff[1] = (uint8_t)((CAN_RDL0R_DATA1 &
CAN_ARR[canNo - 1] - > sFIFOMailBox[RxFifo].RDLR) >> CAN_RDL0R_DATA1_Pos);
    ...
    ...
    ...
    buff[7] = (uint8_t)((CAN_RDH0R_DATA7 &
CAN_ARR[canNo - 1] - > sFIFOMailBox[RxFifo].RDHR) >> CAN_RDH0R_DATA7_Pos);
    //(4)清除标志位,等待接收下一帧数据
```

```
if(RxFifo == CAN_RX_FIFO0)
{
  SET_BIT(CAN_ARR[canNo-1]->RF0R, CAN_RF0R_RFOM0);
}
else
{
  SET_BIT(CAN_ARR[canNo-1]->RF1R, CAN_RF1R_RFOM1);
}
return len;
}
```

10.2 DMA

视频讲解

10.2.1 DMA 的通用基础知识

1. DMA 的含义

为了提高 CPU 的使用效率,人们提出了许多减轻 CPU 负担的方法。**直接存储器存取**(Direct Memory Access,DMA)是一种数据传输方式,该方式可以使数据不经过 CPU 直接在存储器与 I/O 设备之间、不同存储器之间进行传输。这样的好处是传输速度快,且不占用 CPU 的时间。

DMA 是所有现代微控制器的重要特色,它实现存储器与不同速度外设硬件之间的数据传输,而不需要 CPU 过多介入。否则,CPU 需从外设把数据复制到 CPU 的内部寄存器,然后由 CPU 内部寄存器再将它们写到新的地方。在这段时间内,CPU 无法做其他工作。

DMA 传输将数据从一个地址空间复制到另外一个地址空间。当 MCU 初始化这个传输动作,传输动作本身由 DMA 控制器来实施和完成。例如,要把存储器中的一段数据从串口发送出去,就可以使用 DMA 方式进行。MCU 初始化 DMA 后,可以继续处理其他的工作。DMA 负责它们之间的数据传输,传输完成后发出一个中断,MCU 可以响应该中断。DMA 传输对于高效能嵌入式系统和网络是很重要的。

2. DMA 控制器

MCU 内部的 DMA 控制器是一种能够通过专用总线将存储器与具有 DMA 能力的外设连接起来的控制器。一般而言,**DMA 控制器含有地址总线、数据总线和控制寄存器**。高效率的 DMA 控制器具有访问其所需要的任意资源的能力,而无须处理器本身的介入,它必须能产生中断,必须能在控制器内部计算出地址。实现 DMA 传输时,是由 DMA 控制器直接掌管总线,因此,存在着一个总线控制权转移问题。即 DMA 传输前,MCU 要把总线控制权交给 DMA 控制器,在结束 DMA 传输后,DMA 控制器应立即把总线控制权再交回给 MCU。

在微型计算机中,DMA 控制器属于一种特殊的外设。之所以把 DMA 控制器也称为外设,是因为它是在处理器的编程控制下执行传输的。值得注意的是,通常只有数据流量较大的外设才需要有支持 DMA 的能力,如视频、音频和网络等接口。

3. DMA 的一般操作流程

这里以 RAM 与 I/O 接口之间通过 DMA 的数据传输为例来说明一个完整的 DMA 传输过程,一般需经过请求→响应→传输→结束 4 个步骤。

(1) **CPU 向 DMA 发出请求**。CPU 完成对 DMA 控制器的初始化,并且向 I/O 接口发出操作命令,I/O 接口向 DMA 控制器提出请求。

(2) **DMA 响应**。DMA 控制器对 DMA 请求判别优先级及屏蔽,向总线裁决逻辑提出总线请求。当 CPU 执行完当前总线周期即可释放总线控制权。此时,总线裁决逻辑输出总线应答,表示 DMA 已经响应,通过 DMA 控制器通知 I/O 接口开始 DMA 传输。

(3) **DMA 传输**。DMA 控制器获得总线控制权后,CPU 即刻挂起或只执行内部操作,由 DMA 控制器输出读写命令,直接控制 RAM 与 I/O 接口进行 DMA 传输。

(4) **DMA 结束**。当完成规定的成批数据传送后,DMA 控制器即释放总线控制权,并向 I/O 接口发出结束信号。当 I/O 接口收到结束信号后,一方面停止 I/O 设备的工作,另一方面向 CPU 发出中断请求,使 CPU 从不介入的状态中解脱,并执行一段检查本次 DMA 传输操作正确性的代码。最后,带着本次操作结果及状态继续执行原来的程序。

由此可见,DMA 传输方式无须 CPU 直接控制传输,也没有中断处理方式那样保留现场和恢复现场的过程,通过硬件为 RAM 与 I/O 设备开辟一条直接传送数据的通路,使 CPU 的效率大为提高。

10.2.2　基于构件的 DMA 编程方法

1. STM32L431 芯片 DMA 模块的通道源

STM32L431 芯片中的 DMA 模块可以实现外设到存储器、存储器到外设、存储器到存储器以及外设到外设的数据传输,并支持外设与存储器之间的双向传输以及循环缓冲区管理;还可以访问片上存储器映射的器件,如 Flash、SRAM、UART 等外设。STM32L431 芯片中有两个 DMA 模块,分别是 DMA1 和 DMA2,每个模块都有 7 个通道,其通道与常用的外设源如表 10-4 所示。

表 10-4　DMA 通道与对应的常用外设源

模块	通道 1	通道 2	通道 3	通道 4	通道 5	通道 6	通道 7
DMA1	ADC1	ADC2					
		SPI1_RX	SPI1_TX	SPI2_RX	SPI2_TX		
	UART3_TX	UART3_RX	UART1_TX	UART1_RX	UART2_RX	UART2_TX
	I2C3_TX	I2C3_RX	I2C2_TX	I2C2_RX	I2C1_TX	I2C1_RX
DMA2			ADC1			UART1_TX	UART1_RX
	SPI3_RX	SPI3_TX	SPI1_RX	SPI1_TX		I2C1_RX	I2C1_TX

2. DMA 构件的头文件

头文件 dma.h 中给出了 DMA 构件提供的 4 个基本对外接口函数,包括初始化函数、DMA 发送函数、DMA 接收函数、使能 DMA 中断函数。

```
//===============================================================
//文件名称：dma.h
//功能概要：DMA底层构件的头文件
//制作单位：SD-EAI&IoT Lab(sumcu.suda.edu.cn)
//版　　本：20210204
//适用芯片：STM32L431xx
//===============================================================
#ifndef _DMA_H
#define _DMA_H

#include "includes.h"//包含公共要素头文件
//定义通道号
#define DChannel1   1
#define DChannel2   2
#define DChannel3   3
#define DChannel4   4
#define DChannel5   5
#define DChannel6   6
#define DChannel7   7
//===============================================================
//函数名称：dma_uart_init
//函数返回：无
//参数说明：uartNo：串口号
//功能概要：初始化指定的DMA1模块,并配置串口的不同通道,在内存与外设之间传输
//===============================================================
void dma_uart_init(uint8_t uartNo);


//===============================================================
//函数名称：dma_uart_recv
//函数返回：无
//参数说明：uartNo：串口号
//          ch：数据保存的内存地址
//功能概要：使能DMA通道,将串口收到的数据传输到内存
//===============================================================
void dma_uart_recv(uint8_t uartNo, uint8_t * ch);


//===============================================================
//函数名称：dma_uart_send
//函数返回：无
//参数说明：uartNo：串口号
//          SrcAddr：数据传输的源地址
//          Length：数据长度
//功能概要：使能DMA通道,通过DMA调用实现数据直接传输到串口进行输出
//===============================================================
void dma_uart_send(uint32_t SrcAddr,uint8_t uartNo,uint32_t Length);
//===============================================================
//函数名称：dma_enable_re_init
//函数返回：无
//参数说明：dmaNo：通道号：1~7
//功能概要：使能DMA通道传输完成中断
```

```
// =============================================
void dma_enable_re_init(uint8_t dmaNo);

#endif
```

3. 基于构件的 DMA 编程举例

本节以 DMA 与 UART2 之间的数据传输为例，将 DMA1 的通道 6 配置为 UART2 接收，通道 7 配置为 UART2 发送，测试工程见电子资源..\04-Software\CH10\DMA-STM32L431。

DMA 的头文件给出了 DMA 中 4 个最主要的基本构件函数，包括初始化函数 dma_uart_init、发送函数 dma_uart_send、接收函数 dma_uart_recv、使能中断函数 dma_enable_re_init。下面以测试 DMA 对内存和 UART 之间的数据传输为例，给出 DMA 构件的使用方法。

(1) 初始化 DMA 模块以及使能 DMA 模块传输完成中断。UART_User 表示进行数据传输的串口号，DMA_UART_RX 和 DMA_UART_TX 分别表示进行内存传输数据到串口和串口传输数据到内存的通道。当数据传输完成后会触发对应的 DMA 中断。

```
dma_uart_init(UART_User);
dma_enable_re_init(DMA_UART_RX);
dma_enable_re_init(DMA_UART_TX);
```

(2) DMA 传输数据到 UART。str1 表示要进行数据发送的内存地址，UART_User 表示进行数据接收的串口，60 表示传输的数据长度。当函数被执行完成后，会将 str1 为首地址的 60 字节的数据传输到 UART_User 的数据寄存器中，并通过串口进行输出。

```
dma_uart_send((uint32_t)&str1,UART_User,60);
```

(3) DMA 从 UART 接收数据。UART_User 表示进行数据发送的串口，data 表示保存数据的地址。当 UART_User 接收到数据时，将数据传输到 data 所表示的地址中。

```
dma_uart_recv(UART_User,&data);
```

10.2.3　DMA 构件的制作过程

本节讨论 DMA 构件是如何制作出来的。首先，从芯片手册中获得 DMA 模块编程结构，即用于制作 DMA 构件的有关寄存器；随后，从芯片手册中 DMA 模块的功能描述部分，总结 DMA 构件的设计技术要点；接下来，分析 DMA 构件的封装要点，即根据 DMA 的应用需求及知识要素，分析 DMA 构件应该包含哪些函数及哪些参数；最后，给出 DMA 构件的源程序代码。

1. DMA 模块寄存器概述

STM32L431 芯片中含有两个 DMA 模块，分别为 DMA1 和 DMA2，每个模块均有 7 个通道（通道 $x=1\sim7$）。以 DMA1 为例，DMA1 包含 7 个寄存器，如表 10-5 所示，详细的资料读者可查阅芯片参考手册或电子资源的补充阅读材料。

表 10-5　DMA1 通道 x 寄存器

类　　型	绝对地址	寄存器名	R/W	功能简述
配置寄存器	0x4002 _ 0010 + 0x14×(x−1)	外设地址寄存器(DMA_CPARx)	R/W	配置通道 x 外设地址
	0x4002 _ 0014 + 0x14×(x−1)	存储器地址寄存器(DMA_CMARx)	R/W	配置通道 x 存储器地址
	0x4002 _ 0008 + 0x14×(x−1)	控制寄存器(DMA_CCRx)	R/W	配置通道 x 功能模式
	0x4002_00A8	通道源请求寄存器(DMA_CSELR)	R/W	配置通道源选择
数据寄存器	0x4002 _ 000C + 0x14×(x−1)	待传输数据数量寄存器(DMA_CNDTRx)	R/W	设置通道 x 数据传输数量
其他寄存器	0x4002_0000	中断状态寄存器(DMA_ISR)	R	获取传输状态
	0x4002_0004	中断标志清零寄存器(DMA_IFCR)	W	清零传输标志

2. DMA 寄存器结构体类型

构件制作时使用电子资源..\03_MCU\startup \ STM32L431xx.h 文件夹中的 3 个结构体类型。

```
typedef struct
{
  __IO uint32_t IDCODE;   /*!< MCU device ID code,        Address offset: 0x00        */
  __IO uint32_t CR;        /*!< Debug MCU configuration register,   Address offset: 0x04   */
  __IO uint32_t APB1FZR1;/*!< Debug MCU APB1 freeze register 1,   Address offset: 0x08 */
  __IO uint32_t APB1FZR2;/*!< Debug MCU APB1 freeze register 2,   Address offset: 0x0C */
  __IO uint32_t APB2FZ;  /*!< Debug MCU APB2 freeze register, Address offset: 0x10     */
} DBGMCU_TypeDef;

typedef struct
{
  __IO uint32_t CCR;     /*!< DMA channel x configuration register    */
  __IO uint32_t CNDTR;   /*!< DMA channel x number of data register   */
  __IO uint32_t CPAR;    /*!< DMA channel x peripheral address register  */
  __IO uint32_t CMAR;    /*!< DMA channel x memory address register    */
} DMA_Channel_TypeDef;

typedef struct
{
  __IO uint32_t ISR;     /*!< DMA interrupt status register,       Address offset: 0x00 */
  __IO uint32_t IFCR;    /*!< DMA interrupt flag clear register,   Address offset: 0x04 */
} DMA_TypeDef;
```

3. DMA 构件接口函数原型分析

DMA 构件接口函数主要包括初始化函数、使能中断函数、DMA 数据发送函数及 DMA 数据接收函数。

（1）初始化函数 dma_uart_init。该函数中需要使用 1 个参数，即串口号 uartNo，通过传入串口号来进行 DMA 的不同通道源选择以及使能串口的 DMA 发送和接收。

```
void dma_uart_init(uint8_t uartNo);
```

（2）使能中断函数 dma_enable_re_init。该函数中需要使用 1 个参数，即通道号 dmaNo，在该函数中使能对不同通道的传输完成中断。

```
void dma_enable_re_init(uint8_t dmaNo);
```

（3）DMA 数据发送函数 dma_uart_send。该函数中需要使用 3 个参数：源数据的地址 SrcAddr、串口号 uartNo 和传输的数据长度 Length。在该函数中设置 DMA 数据发送的源地址 SrcAddr，目标地址为 uartNo 的数据寄存器和数据长度 Length，在使能 DMA 数据发送后，会将源地址中的数据传输到 uartNo 的数据寄存器。

```
void dma_uart_send(uint32_t SrcAddr,uint8_t uartNo,uint32_t Length);
```

（4）DMA 数据接收函数 dma_uart_recv。该函数中需要使用 2 个参数：串口号 uartNo 和数据存放的目的地址 ch。在该函数中设置 DMA 数据接收的源地址为 uartNo 的数据寄存器，目标地址为 ch。每当串口接收到数据时，会将数据传输到 ch 所在的地址中。

```
void dma_uart_recv(uint8_t uartNo,uint8_t * ch);
```

4. DMA 构件部分函数源码

```
// ================================================================
//函数名称: dma_deinit
//函数返回: 无
//参数说明: DMAChannelNo: 通道号
//功能概要: 关闭 DMA 通道
// ================================================================
void dma_deinit(uint16_t DMAChannelNo)
{
    //(1)反使能 DMA 通道
    DMA_Channel_ARR[DMAChannelNo - 1] -> CCR& = ~DMA_CCR_EN;
    //(2)重启 CCR 寄存器
    DMA_Channel_ARR[DMAChannelNo - 1] -> CCR = 0U;
    //(3)清除所有标志
    DMA1 -> IFCR = (DMA_ISR_GIF1 << (0x0& 0x1cU));
    //(4)清除 DMA 通道选择寄存器
    DMA1_CSELR -> CSELR & = ~((DMA_CSELR_C1S << (0x0& 0x1cU))\
        |(DMA_CSELR_C2S << (0x0& 0x1cU))|(DMA_CSELR_C3S << (0x0& 0x1cU))|\
            (DMA_CSELR_C4S << (0x0& 0x1cU))|(DMA_CSELR_C5S << (0x0& \
            0x1cU))|(DMA_CSELR_C6S << (0x0& 0x1cU))|\
                (DMA_CSELR_C7S << (0x0& 0x1cU)));
}
```

```c
// ========================================================================
//函数名称: dma_uart_init
//函数返回: 无
//参数说明: uartNo: 串口号
//功能概要: 初始化 DMA 通道,用于进行外设到内存的数据传输
// ========================================================================
void dma_uart_init(uint8_t uartNo)
{
    uint8_t DMA_Channel_No_Rx,DMA_Channel_No_Tx;
    //防止输入错误
     if(uartNo < 2||uartNo > 3)
        uartNo = 2;
    RCC -> AHB1ENR |= RCC_CR_MSION_Msk;                    //开启 DMA1 时钟
    for(int i = 0;i < 50000;i++);                          //等待 DMA 稳定
    if(uartNo == 2)
    {
        DMA1_CSELR -> CSELR &= ~(DMA_CSELR_C6S_Msk);
        DMA_Channel_No_Rx = 5;
        DMA1_CSELR -> CSELR |= (uint32_t) (2 << 20);       //通道 16/UART_User RX
        DMA1_CSELR -> CSELR &= ~(DMA_CSELR_C7S_Msk);
        DMA_Channel_No_Tx = 6;
        DMA1_CSELR -> CSELR |= (uint32_t) (2 << 24);       //通道 17/UART_User TX
    }
    if(uartNo == 3)
    //channel3/UART_printf RX
    {
        DMA1_CSELR -> CSELR &= ~(DMA_CSELR_C3S_Msk);
        DMA_Channel_No_Rx = 2;
        DMA1_CSELR -> CSELR |= (uint32_t) (2 << 8);
        DMA1_CSELR -> CSELR &= ~(DMA_CSELR_C2S_Msk);
        DMA_Channel_No_Tx = 1;
        DMA1_CSELR -> CSELR |= (uint32_t) (2 << 4);        //通道 12/UART_printf TX
    }
    DMA_Channel_ARR[DMA_Channel_No_Rx] -> CCR = 0;         //复位
    //外设数据宽度为 8 位
    DMA_Channel_ARR[DMA_Channel_No_Rx] -> CCR &= ~(DMA_CCR_PSIZE_Msk);
    //存储器数据宽度 8 位
    DMA_Channel_ARR[DMA_Channel_No_Rx] -> CCR &= ~(DMA_CCR_MSIZE_Msk);
    DMA_Channel_ARR[DMA_Channel_No_Rx] -> CCR |= DMA_CCR_PL_0;
    //中等优先级
    DMA_Channel_ARR[DMA_Channel_No_Rx] -> CCR &= ~(DMA_CCR_MEM2MEM_Msk);
    //非存储器到存储器模式
    DMA_Channel_ARR[DMA_Channel_No_Tx] -> CCR = 0;         //复位
    //从存储器读
    DMA_Channel_ARR[DMA_Channel_No_Tx] -> CCR |= DMA_CCR_DIR_Msk;
    //存储器增量模式
    DMA_Channel_ARR[DMA_Channel_No_Tx] -> CCR |= DMA_CCR_MINC_Msk;
    //外设数据宽度为 8 位
    DMA_Channel_ARR[DMA_Channel_No_Tx] -> CCR &= ~(DMA_CCR_PSIZE_Msk);
    //存储器数据宽度为 8 位
    DMA_Channel_ARR[DMA_Channel_No_Tx] -> CCR &= ~(DMA_CCR_MSIZE_Msk);
```

```
    DMA_Channel_ARR[DMA_Channel_No_Tx]->CCR &= ~(DMA_CCR_PL_Msk);
    DMA_Channel_ARR[DMA_Channel_No_Tx]->CCR |= DMA_CCR_PL_0;    //中等优先级
    //非存储器到存储器模式
    DMA_Channel_ARR[DMA_Channel_No_Tx]->CCR &= ~(DMA_CCR_MEM2MEM_Msk);
    USART_BASE[uartNo-1]->CR3 |= USART_CR3_DMAR_Msk;    //使能串口的 DMA 接收
    USART_BASE[uartNo-1]->CR3 |= USART_CR3_DMAT_Msk;    //使能串口的 DMA 发送
}


// =============================================================
//函数名称: dma_uart_send
//函数返回: 无
//参数说明: uartNo: 串口号
//          SrcAddr: 数据传输的源地址
//          Length: 每次传输的数据长度
//功能概要: 使能 DMA 通道, 通过 DMA 调用实现串口输出
// =============================================================
void dma_uart_send(uint32_t SrcAddr, uint8_t uartNo, uint32_t Length)
{
    uint8_t DMA_Channel_No;                             //串口所使用的 DMA 通道
    //通道选择
    if(uartNo == 2)
        DMA_Channel_No = 6;
    if(uartNo == 3)
        DMA_Channel_No = 1;
    //关闭 DMA 传输
    DMA_Channel_ARR[DMA_Channel_No]->CCR &= ~(DMA_CCR_EN_Msk);
    //外设地址
    DMA_Channel_ARR[DMA_Channel_No]->CPAR = \
                            (uint32_t)&USART_BASE[uartNo-1]->TDR;
    DMA_Channel_ARR[DMA_Channel_No]->CMAR = SrcAddr;    //存储器地址
    DMA_Channel_ARR[DMA_Channel_No]->CNDTR = Length;    //传输数据量
    //使能 DMA 传输
    DMA_Channel_ARR[DMA_Channel_No]->CCR |= (DMA_CCR_EN_Msk);
}
```

10.3　位带操作

视频讲解

10.3.1　位带操作的基本含义

在 MCU 编程中,通常情况下,对内存的操作,只能进行整个字执行"读-修-写"的操作, 而只对字中某位的操作则需要位带操作的支持。这里涉及位带区与位带别名区两个概念。 位带区是指支持位操作的存储器区域,位带别名区是指访问位带区的别名,对它的访问会引 起对位带区的一个位访问。位带操作实质上是一种内存映射关系,芯片内部机制将位带区 的存储单元按位映射到对应的别名区的 32 位字上,别名区中的一个 32 位地址,对应位带区

一个地址中的一个位。按字访问别名区的存储单元时,就相当于访问位带区对应的位,即通过对别名区地址的访问等同于对真实地址的某个位的访问。

在 STM32L431 芯片中,有个 48KB 的 SRAM1 位带区(Bit-Band Region),地址范围是 0x2000_0000~0x2000_BFFF,其所对应的别名区(Alias Region)地址范围是 0x2200_0000~0x2217_FFFF。

10.3.2　使用位带操作的缘由及编程方法

编程时,修改内存中的一位,不能影响其他位。下面以 STM32L431 芯片的 SRAM1 区中的目标地址 0x2000_0300 为例,设要修改其第 2 位为 0,有两种编程方法,分别是不使用位带操作方法与使用位带操作方法。

1. 不使用位带操作方法

不使用位带操作方法需要对待修改的字执行**读-改-写**操作,即读内存赋给临时变量,然后对临时变量进行修改,最后将临时变量结果写回内存。具体方法如下。

(1) 读一个字:读取 0x2000_0300~0x2000_0303 中内容到临时变量 temp 中。

```
temp = ( * (volatile unsigned long int * )(unsigned long int)0x20000300);
```

(2) 改一个位:将 temp 中的第 2 位清 0。

```
temp = temp&0xFFFFFFFB;
```

(3) 写一个字:将 temp 写回目标地址。

```
( * (volatile unsigned long int * )(unsigned long int) 0x20000300) = temp;
```

上述操作就是通常所说的读-改-写操作,即读内存赋给临时变量,然后对临时变量进行修改,最后将临时变量结果写回内存。

```
//读一个字
temp1 = ( * (volatile unsigned long int * )(unsigned long int) 0x20000300);
800e972:    4aa3     LDR R2, [pc, #652];    (800ec00 < main + 0x298 >)
800e974:    6813     LDR R3, [R2, #0]
//改一个位
temp1 = temp1&0xFFFFFFFB;
800e976:    f023 0304   bic.w R3, R3, #4
//位带区写一个字
( * (volatile unsigned long int * )(unsigned long int) 0x20000300) = temp1;
800e97a:    6013       STR R3, [R2, #0]
```

2. 使用位带操作方法

若使用 STM32L431 微控制器内硬件机制提供的 SRAM1 区具有的位带功能。位带区的位与位带别名区字地址的对应关系计算公式为:位带区基地址记为 d_0,设需要修改位带区变量地址 d_1 的第 n 位($n=0\sim31$);位带别名区基地址记为 f_0,设 d_1 第 n 位对应的位带别名区地址,即位地址,记为 f_1,则 $f_1 = f_0 + 32(d_1 - d_0) + 4n$。对于 STM32L431 芯片来说,具有位带功能的 SRAM1 区首地址为 $d_0 = 0x2000\_0000$,位带别名区首地址为 $f_0 = 0x2200\_0000$。

假定需要将地址单元 $0x2000\_0300$ 的第 2 位变为 0,则位地址 $f_1 = 0x2200\_0000 + 0x20(0x2000\_0300 - 0x2000\_0000) + 4 \times 2 = 0x2200\_6008$,这样仅需一步写操作就可以实现 $0x2000\_0300$ 的第 2 位变为 0。

```
//利用位带别名区写一个字
( * (volatile unsigned long int * )(unsigned long int) 0x22006008) = 0;
800e97c:    2400      MOVS  R4, #0
800e97e:    4ba2      LDR R3, [pc, #648];      (800ec08 <main + 0x2a0 >)
800e980:    601c      STR R4, [R3, #0]
```

由此可以看出,位带操作功能的优势是：使用位带操作比原有读-改-写方法的代码空间要小,执行效率更高。

注意：使用 C 语言进行位带操作编程时,所访问的存储器单元变量必须使用关键字 volatile 来修饰,指示 C 编译器不对此变量进行优化。如果没有 volatile 关键字,则编译器可能将对内存变量的读写优化为对 CPU 内部寄存器的读写。

本章小结

1. CAN 总线

CAN 总线常用于汽车电子中,它属于半双工通信。制作与测试芯片的 CAN 构件时,为了保证给未知软件提供可信的硬件环境,可以使用不带收发器芯片及隔离电路的连接方式。实际使用时是收发器芯片及隔离电路的差分线路。理解 CAN 总线通信原理有一定深度,读者可以从理论到应用,再从应用到理论的反复中不断理解。

2. DMA

DMA 是可以使数据不经过 CPU 直接在存储器与 I/O 设备之间、不同存储器之间进行传输的一种方式,一般用于比较深入的编程中,可以节约 CPU 的占用时间。例如,要把内存中的 2000 字节送入串口并发送出去,可以使用 DMA 编程方式,完成之后产生一个中断,CPU 就知道已经传输完毕。在 DMA 传输期间,CPU 可以做别的事情。

3. 位带操作

常规的编程中不会使用到位带操作,只有对位操作十分频繁且对时间要求很严格的条件下才会使用到,属于高级编程范畴。由于对内存的访问通常以字或字节为单位进行,要改变内存中的一位,需要通过读-改-写的过程,用时长。位带操作用于解决这个问题,其实质是内存位带区的一位,对应于一个位带别名区的一个字地址,对位带别名区字地址的赋值(0或1),等同于干预了位带区的那一位。需要注意的是,编程时对位带区的单元变量必须使用关键字 volatile 来修饰,指示 C 编译器不对此变量进行优化处理。

习题

1. 给出最简单的 CAN 硬件系统原理图,利用该图阐述 CAN 通信的发送与接收的基本原理。

2. CAN 总线为什么要使用总线仲裁? 简要阐述总线仲裁的基本过程。

3. 举例给出基于构件的 CAN 应用程序基本编程步骤。

4. 给出 DMA 的基本含义,哪种情况下会用到 DMA,举例说明 DMA 的用法。

5. 给出位带操作的基本含义,哪种情况下会用到位带操作,举例说明位带操作的用法及注意点。

第 **11** 章

系 统 时 钟 与 其 他 功 能 模 块

本章导读：本章介绍 STM32L431 芯片的基本功能模块之外的其他功能模块,11.1 节介绍系统时钟模块；11.2 节介绍复位模块与看门狗模块；11.3 节介绍电源控制与 CRC 校验模块。把时钟模块放到这里进行介绍,是因为它比较复杂,一开始讲解比较难以理解。前面的所有程序在启动过程中都使用到它,本章介绍时钟初始化的基本编程过程,而复位、看门狗、电源控制等也是嵌入式学习中必不可少的内容。

11.1 时钟系统

视频讲解

时钟系统是微控制器的一个重要部分,产生的时钟信号要用于 CPU、总线及挂接在总线上的各个外设模块等。STM32L431 芯片提供多个时钟源选择,每个模块可以根据自己的需求选择对应的时钟源。

11.1.1 时钟系统概述

STM32L431 芯片的时钟系统有多种时钟源可以选择,并支持低功耗模式,包括高速外部 HSE 时钟、内部 HSI16 时钟和 HSI48 时钟、内部 MSI 时钟、锁相环 PLL 时钟、低速外部 LSE 时钟、低速内部 LSI 时钟 6 个时钟源。时钟系统的框图如图 11-1 所示。

(1) 高速外部 HSE 时钟。通过接入引脚 OSC_IN 与 OSC_OUT 的外部晶振产生,外部晶振频率范围是 4~48MHz。部分封装可以通过接入引脚 CK_IN 的外部时钟产生。HSE 时钟可通过时钟控制寄存器(RCC_CR)中的 HSEON 位打开或关闭。

(2) 内部 HSI16 时钟和 HSI48 时钟。内部 RC 振荡器可以生成 16MHz 的 HSI16 时钟和 48MHz 的 HSI48 时钟,优点是成本较低,启动速度要比 HSE 时钟快,但其精度不及HSE 时钟。HSI16 时钟和 HSI48 时钟可分别通过时钟控制寄存器(RCC_CR)中的 HSION位和 HSI48ON 位打开或关闭。

(3) 内部 MSI 时钟。由内部 RC 振荡器生成,频率范围可通过时钟控制寄存器(RCC_CR)中的 MSIRANGE[3:0]位进行选择,有 12 个频率范围可用：100kHz、200kHz、

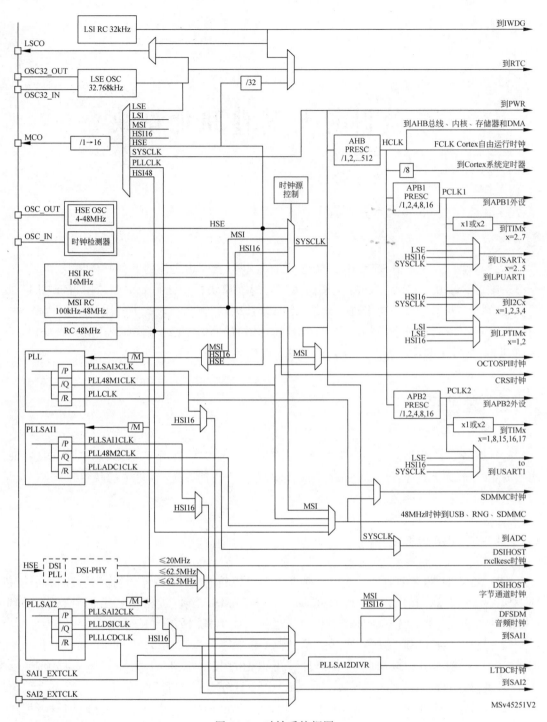

图 11-1 时钟系统框图

400kHz、800kHz、1MHz、2MHz、4MHz(默认值)、8MHz、16MHz、24MHz、32MHz 和 48MHz。当系统从复位重启、待机、低功耗模式中唤醒,MSI 时钟被用作系统时钟。MSI 时钟可通过时钟控制寄存器(RCC_CR)中的 MSION 位打开或关闭。

（4）锁相环 PLL 时钟。时钟系统中有 3 个 PLL，分别是 PLL、PLLSAI1 和 PLLSAI2。每个 PLL 提供了多达 3 个独立输出。内部 PLL 可用来倍频 HSI16、HSE 或 MSI 的输出时钟频率，PLL 输入频率必须介于 4～16MHz，PLL 输出频率不可超过 120MHz。PLL 时钟可通过时钟控制寄存器（RCC_CR）中的 PLLON 位打开或禁用 PLL。

（5）低速外部 LSE 时钟。32.768kHz 低速外部晶振或陶瓷谐振器可作为实时时钟（RTC）的时钟源来提供时钟/日历或其他定时功能，具有功耗低且精度高的优点。LSE 时钟可通过备份域控制寄存器（RCC_BDCR）中的 LSEON 位打开或关闭。

（6）低速内部 LSI 时钟。32kHz 低速内部 RC 振荡器可作为低功耗时钟源在停机和待机模式下保持运行，供独立看门狗 RTC 使用。LSI 时钟可通过控制状态寄存器（RCC_CSR）中的 LSION 位打开或关闭。

系统可以使用 HSI16、MSI、HSE、PLL 4 种不同的时钟源来驱动系统时钟，芯片复位后，默认使用 MSI(4MHz)作为系统时钟源，使得芯片内部程序开始运行，之后由程序初始化时钟系统。

11.1.2 时钟模块寄存器及编程实例

1. 时钟模块寄存器简介

系统时钟包括 9 个寄存器，如表 11-1 所示。通过对其中寄存器信息的读写，可以选择时钟源、配置时钟频率，以及开启时钟中断等。

表 11-1 系统时钟寄存器简介

类型	绝对地址	寄存器名	R/W	功能简述
控制寄存器	0x4002_1000	时钟控制寄存器（RCC_CR）	R/W	控制时钟选择
	0x4002_1004	校准寄存器（RCC_ICSCR）	R/W	校准时钟
配置寄存器	0x4002_1008	时钟配置寄存器（RCC_CFCR）	R/W	配置时钟
	0x4002_100C	PLL 配置寄存器（RCC_PLLCFGR）	R/W	配置 PLL 时钟
	0x4002_1010	PLLSAI1 配置寄存器（RCC_PLLSAI1CFGR）	R/W	配置 PLLSAI1
	0x4002_1014	PLLSAI2 配置寄存器（RCC_PLLSAI2CFGR）	R/W	配置 PLLSAI2
中断控制寄存器	0x4002_1018	时钟中断使能寄存器（RCC_CIER）	R/W	时钟中断使能
	0x4002_101C	时钟中断标志寄存器（RCC_CIFR）	R	时钟中断标识
	0x4002_1020	时钟中断清零寄存器（RCC_CICR）	W	时钟中断清零

在时钟系统模块中，经常使用到的寄存器有时钟控制寄存器（RCC_CR）、时钟配置寄存器（RCC_CFCR）、PLL 配置寄存器（RCC_PLLCFGR）、时钟中断使能寄存器（RCC_CIER）等。通过配置这些寄存器可以配置时钟源，从而获得想要的时钟信号。寄存器的详细内容可查阅芯片参考手册或电子资源中的补充阅读材料。

2. RCC 模块寄存器结构体类型

RCC 模块寄存器结构体类型为 RCC_TypeDef，在工程文件夹的芯片头文件..\03_MCU\startup\STM32L431xx.h 中。

```
typedef struct
{
    __IO uint32_t CR;              /* !< RCC clock control register,                        偏移地址
    __IO uint32_t ICSCR;           /* !< RCC internal clock sources calibration register,   0x00 */
    __IO uint32_t CFGR;            /* !< RCC clock configuration register,                  0x04 */
    __IO uint32_t PLLCFGR;         /* !< RCC system PLL configuration register,             0x08 */
    __IO uint32_t PLLSAI1CFGR;     /* !< RCC PLL SAI1 configuration register,               0x0C */
    uint32_t      RESERVED;        /* !< Reserved,                                          0x10 */
    __IO uint32_t CIER;            /* !< RCC clock interrupt enable register,               0x14 */
    __IO uint32_t CIFR;            /* !< RCC clock interrupt flag register,                 0x18 */
    __IO uint32_t CICR;            /* !< RCC clock interrupt clear register,                0x1C */
    uint32_t      RESERVED0;       /* !< Reserved,                                          0x20 */
    __IO uint32_t AHB1RSTR;        /* !< RCC AHB1 peripheral reset register,                0x24 */
    __IO uint32_t AHB2RSTR;        /* !< RCC AHB2 peripheral reset register,                0x28 */
    __IO uint32_t AHB3RSTR;        /* !< RCC AHB3 peripheral reset register,                0x2C */
    uint32_t      RESERVED1;       /* !< Reserved,                                          0x30 */
    __IO uint32_t APB1RSTR1;       /* !< RCC APB1 peripheral reset register 1,              0x34 */
    __IO uint32_t APB1RSTR2;       /* !< RCC APB1 peripheral reset register 2,              0x38 */
    __IO uint32_t APB2RSTR;        /* !< RCC APB2 peripheral reset register,                0x3C */
    uint32_t      RESERVED2;       /* !< Reserved,                                          0x40 */
    __IO uint32_t AHB1ENR;         /* !< RCC AHB1 peripheral clocks enable register,        0x44 */
    __IO uint32_t AHB2ENR;         /* !< RCC AHB2 peripheral clocks enable register,        0x48 */
    __IO uint32_t AHB3ENR;         /* !< RCC AHB3 peripheral clocks enable register,        0x4C */
    uint32_t      RESERVED3;       /* !< Reserved,                                          0x50 */
    __IO uint32_t APB1ENR1;        /* !< RCC APB1 peripheral clocks enable register 1,      0x54 */
    __IO uint32_t APB1ENR2;        /* !< RCC APB1 peripheral clocks enable register 2,      0x58 */
    __IO uint32_t APB2ENR;         /* !< RCC APB2 peripheral clocks enable register,        0x5C */
    uint32_t      RESERVED4;       /* !< Reserved,                                          0x60 */
    __IO uint32_t AHB1SMENR;       /* !< RCC AHB1 peripheral clocks enable register,        0x64 */
    __IO uint32_t AHB2SMENR;       /* !< RCC AHB2 peripheral clocks enable register,        0x68 */
    __IO uint32_t AHB3SMENR;       /* !< RCC AHB3 peripheral clocks enable register,        0x6C */
    uint32_t      RESERVED5;       /* !< Reserved,                                          0x70 */
    __IO uint32_t APB1SMENR1;      /* !< RCC APB1 peripheral clocks enable register 1,      0x74 */
    __IO uint32_t APB1SMENR2;      /* !< RCC APB1 peripheral clocks enable register 2,      0x78 */
    __IO uint32_t APB2SMENR;       /* !< RCC APB2 peripheral clocks enable register,        0x7C */
    uint32_t      RESERVED6;       /* !< Reserved,                                          0x80 */
    __IO uint32_t CCIPR            /* !< RCC peripherals independent clock register,;       0x84 */
    uint32_t      RESERVED7;       /* !< Reserved,                                          0x88 */
    __IO uint32_t BDCR;            /* !< RCC backup domain control register,                0x90 */
    __IO uint32_t CSR;             /* !< RCC clock control & status register,               0x94 */
    __IO uint32_t CRRCR;           /* !< RCC clock recovery RC register,                    0x98 */
} RCC_TypeDef;
```

3. 时钟模块编程实例

芯片上电复位后,默认使用 MSI(4MHz)作为系统时钟源初始化系统时钟,且芯片能支持的最高时钟频率为 48MHz(查询芯片数据手册得出该频率表示范围为 11,即 1011,写入到 RCC_CR 的值为 0xB0),可以通过设置 RCC 寄存器选择时钟源和分频系数。系统时钟初始化函数 SystemInit 可在电子资源的..\03_MCU\startup\system_stm32l4xx.c 文件中

查看。

这里的测试实例以 MSI 时钟作为时钟源驱动系统时钟,设置后的系统时钟频率为 48MHz,步骤如下。

(1) 使能 MSI 时钟并复位相关配置寄存器。将时钟控制寄存器(RCC_CR)的第 0 位 (MSION 位)标志位置为 1,即使能 MSI 时钟,此时 RCC_CR 寄存器的值为 0xBB。之后复位时钟配置寄存器(RCC_CFGR),该寄存器复位值是 0x0。因为本测试样例使用的是 MSI 时钟,故需要将其他能驱动系统时钟的时钟源或时钟安全系统暂时禁用或关闭,即 PLLON、HSEON、HSION 和 CSSON 位分别对应时钟控制寄存器(RCC_CR)的第 24 位、16 位、8 位和 19 位,并将 PLL 配置寄存器(RCC_PLLCFGR)和时钟控制寄存器(RCC_CR) 的 HSEBYP 位复位,RCC_PLLCFGR 复位值是 0x08,HSEBYP 位复位表示不使用外部时钟,HSEBYP 位必须在 HSEON 禁用情况下才能修改。

(2) 禁用所有中断后进入系统时钟的配置函数,再重定向中断向量表。在进入系统配置函数之前需要禁用所有中断,在系统配置函数里面主要做的工作是:使能电源接口时钟并配置电源控制寄存器 1,将 PWR_CR1 的第 0 位置为 1,供后续 Flash 擦除或编程操作。之后通过将新的等待状态数写入 Flash 访问控制寄存器(FLASH_ACR)中的 LATENCY 位,并检查新的等待状态数是否被设置成功,然后将 RCC_CR 的 MSIRGSEL 位置为 1,表示 MSI 时钟频率范围由 RCC_CR 寄存器中的 MSIRANGE[3:0]提供,并将 0xB0 写入 RCC_CR 中。此时,MSIRANGE 的值为 1011,表示频率范围为 11,即 48MHz 左右。若改为 0xA0 写入 RCC_CR 中,则此时 MSIRANGE 的值为 1010,表示频率范围为 10,即 32MHz 左右。其他情况用户可以参考芯片数据手册设定,但需注意 MSI 时钟可用的频率范围仅 12 种,其他值不允许使用。

```
void SystemInit(void)
{
    //将系统时钟寄存器恢复为默认状态
    RCC -> CR |= RCC_CR_MSION;              //使能 MSI 时钟
    RCC -> CFGR = 0x00000000U;              //复位配置寄存器
    RCC -> CR &= 0xEAF6FFFFU;               //复位控制寄存器中的 PLLON、CSSON、HSEON、HSION 位
    RCC -> PLLCFGR = 0x00001000U;           //复位 PLL 配置寄存器,VCO 的倍频系数为 8
    RCC -> CR &= 0xFFFBFFFFU;               //复位时钟控制寄存器中 HSEBYP 位
    RCC -> CIER = 0x00000000U;              //禁用所有中断
    SysClock_Config(0xB0);                  //系统时钟配置函数
    SCB -> VTOR = FLASH_BASE | VECT_TAB_OFFSET;    //中断向量表重定向
}
```

系统时钟配置函数是 SysClock_Config。

```
// ================================================================
//函数名称:SysClock_Config
//函数返回:1: 成功; 0: 失败
//参数说明:msirange: MSI 时钟频率等级
//功能概要:初始化时钟频率
// ================================================================
uint8_t SysClock_Config(uint32_t msirange)
```

```
{
    uint32_t vos;                    //记录电源控制寄存器 1 的配置状态
    uint32_t latency = 0;            //等待状态(WS),0WS 表示 1 个 CPU 周期
    //FLASH 擦除/编程仅适用电压调节范围 1,需将 PWR->CR1 的 VOS[1:0]置 01b
    //RCC_APB1ENR1,_PWRE 寄存器的 PWREN 为 1,电源接口时钟使能
    if(READ_BIT(RCC->APB1ENR1, RCC_APB1ENR1_PWREN) != 0U)
    {
        vos = (PWR->CR1 & PWR_CR1_VOS);       //配置电源控制寄存器 1
    }
    else
    {
        do {
            __IO   uint32_t   tmpreg;
            //RCC_APB1ENR1_PWRE 寄存器的 PWREN 置为 1,使能电源接口
            SET_BIT(RCC->APB1ENR1, RCC_APB1ENR1_PWREN);
            //延时等待 RCC 外设接口时钟使能
            tmpreg = READ_BIT(RCC->APB1ENR1, RCC_APB1ENR1_PWREN);
            (void)(tmpreg);      //防止编译警告错误的写法,表示该变量已使用,
                                 //在代码中无具体意义
        } while(0);
        //配置电源控制寄存器 1
        vos = (PWR->CR1 & PWR_CR1_VOS);
        //清除 RCC_APB1ENR1_PWRE 寄存器的 PWREN 标志位
        CLEAR_BIT(RCC->APB1ENR1, RCC_APB1ENR1_PWREN);
    }
    if(vos == PWR_CR1_VOS_0) //检查电源控制寄存器 1 是否配置成功
    {
            //MSI 时钟范围大于 8(16MHz 左右)
            if(msirange > RCC_CR_MSIRANGE_8)
            {
                //MSI 时钟范围大于 10(32MHz 左右)
                if(msirange > RCC_CR_MSIRANGE_10)
                {
                    latency = 2; //延迟设为 2WS,表示 3 个 CPU 周期
                }
                else
                {
                    latency = 1; //1WS 表示 2 个 CPU 周期
                }
            }
            //其他情况 latency 默认是 0WS,即 1 个 CPU 周期
    }
    //更改 CPU 频率,将新的等待状态数写入 FLASH_ACR 中的 LATENCY 位
    MODIFY_REG(FLASH->ACR, FLASH_ACR_LATENCY, (latency));
    if(READ_BIT(FLASH->ACR, FLASH_ACR_LATENCY) != latency)
    {
        return 0;                        //读取 FLASH_ACR 寄存器,检查新的等待状态数是否设置成功
    }
    //该位置为 1 表示 MSI 时钟频率范围由 RCC_CR 寄存器中的 MSIRANGE[3:0]提供
    SET_BIT(RCC->CR, RCC_CR_MSIRGSEL);
```

```
//设置 MSI 时钟频率为 48MHz
MODIFY_REG(RCC->CR, RCC_CR_MSIRANGE, (0xB0));
return 1;
}
```

11.2　复位模块与看门狗模块

视频讲解

11.2.1　复位模块

当芯片被正确地写入程序后,经复位或重新上电后才可启动并执行写入的程序。程序出现异常时,也可通过复位的方式重置芯片状态,对系统进行保护。STM32L431 有 3 种不同的复位方法,每种方法都会复位不同的寄存器,或保留部分寄存器的状态。在实际的应用开发、代码调试和程序执行期间,需要选择不同的复位方式来控制设备。这样,在重置芯片的同时又不会完全丢失芯片已有的状态信息。

STM32L431 芯片的复位方式主要有 3 种:电源复位、系统复位和备份域复位。下面对这 3 种复位方式做简要阐述。

1. 电源复位

电源复位的触发方式有欠压复位、退出待机模式、退出关机模式 3 种。

1) 欠压复位(BOR)

欠压复位包括上电复位(POR)和掉电复位(PDR),当电源电压超过或低于芯片稳定运行所需的电压阈值时,芯片复位会被触发。电源电压由低到高的上升过程中,越过电压阈值触发的复位称为上电复位,由高到低的下降过程中越过电压阈值触发的复位称为掉电复位。欠压复位方式仅保留备份域寄存器内的值,其他寄存器都会被复位。

2) 退出待机模式

在待机模式下,内核的供电是直接断电的,大多数寄存器的内容会完全丢失,包括内部的 SRAM,因此系统从待机模式下的低功耗唤醒时,系统是要复位的。

V_{CORE} 域指的是内核的一个供电区域,不仅给 CPU 内核供电,同时还给系统内部的存储器和它的数字外设供电。当退出待机模式时,V_{CORE} 的所有寄存器都会被复位,V_{CORE} 域外的寄存器(RTC、WKUP、IWDG,以及待机/关断模式控制)不受影响。

3) 退出关机模式

在关机模式下,系统达到了最低的功耗,电压调节器的供电被关断,内核的供电也完全被断开,只有备份域的 LSE、RTC 可以工作,关闭内部的稳压器以及禁止使用耗电的监控,所以这个模式可以达到最低的功耗电流。因此,系统从关机模式下的低功耗唤醒时,系统也是要复位的。

2. 系统复位

除了时钟控制/状态寄存器(RCC_CSR)中的复位标志和备份域中的寄存器外,系统复位会将其他全部寄存器都复位。

发生以下事件之一,就会产生系统复位。

1) NRST 引脚上的低电压复位(外部复位)

可以通过查看控制/状态寄存器(RCC_CSR)中的复位标志位来定位复位源。这些复位源均作用于 NRST 引脚,该引脚在复位过程中始终保持低电平。RESET 复位入口向量在存储器映射中固定在地址 0x0000_0004 中。芯片内部的复位信号会向 NRST 引脚上输出一个低电平脉冲。脉冲发生器可确保每个内部复位源的复位脉冲都至少持续 20μs。对于外部复位,在 NRST 引脚处于低电平时产生复位脉冲。

2) 独立看门狗复位(IWDG 复位)

独立看门狗(IWDG)可检测并解决由软件错误导致的故障,并在计数器达到给定的超时值时触发系统复位。

以超时值为 2000 为例,独立看门狗会按照时钟频率,从 2000 开始向下每隔一个时钟周期减少 1,如果在减到 0 之前,重新用程序向计数器中写入 2000("喂狗"操作),那么定时器会重新从 2000 开始递减,如果在减到 0 之前,没有将 2000 写入计数器(没有"喂狗"操作),则会产生系统复位。

3) 窗口看门狗复位(WWDG 复位)

窗口看门狗(WWDG)通常被用来监测,由外部干扰或不可预见的逻辑条件造成的应用程序背离正常的运行序列而产生的软件故障。窗口看门狗会设定一个上下阈值的时间窗口,必须在时间窗口内刷新计数器的值("喂狗"操作),否则会引起 MCU 复位。

以计数器值为 2000 为例,根据系统时钟频率,设置一个时间窗口值 1000(小于装载到计数器的初始值),窗口看门狗定窗口下线值是 64。计数器从 2000 开始向下减,在减到 1000 之前是不允许去"喂狗"的,一旦"喂狗",就会产生复位信号。只有计数器值减到上限值之后(1000 到 64 之间),才被允许去"喂狗"。当计数器减到下限值(64 到 0 之间),如果喂狗,也会产生复位信号。当减到 0 之后,自动产生复位信号。所以,窗口看门狗实际上就是设置一个时间窗口(上下限),只有在这个范围内,才允许喂狗,只要不在这个范围之内,都会复位。

窗口看门狗有着严格的喂狗时间段,而独立看门狗只要没有到达设定的时间,都可以进行喂狗操作。因此,窗口看门狗计时时间比独立看门狗精准。

4) 防火墙复位(FW 复位)

防火墙是 MCU 提供的附加保护系统。它用于保护 Flash 或 SRAM 存储器中的部分代码或数据。当检测到这些受保护区域被非法访问时,会相应地产生复位,中断任何入侵。

5) 软件复位(SW 复位)

通过将中断应用和复位控制寄存器中的 SYSRESETREQ 位置 1,可实现软件复位。

6) 低功耗模式安全复位

默认情况下,系统复位或上电复位后,微控制器进入运行模式。系统提供了多个低功耗模式,可在 CPU 不需要运行时(如等待外部事件时)节省功耗。由用户根据应用选择具体的低功耗模式,在低功耗、短启动时间和可用唤醒源之间寻求最佳平衡。为了防止关键应用错误地进入低功耗模式,提供了 3 种低功耗模式安全复位。如果在选项字节中使能,则在下列情况下会产生这种复位。

(1) 进入待机模式:此复位的使能方式是清零用户选项字节中的 nRST_STDBY 位。

使能后,只要成功执行进入待机模式序列,器件就将复位,而非进入待机模式。

(2) 进入停止模式:此复位的使能方式是清零用户选项字节中的 nRST_STOP 位。使能后,只要成功执行进入停止模式序列,器件就将复位,而非进入停止模式。

(3) 进入关断模式:此复位的使能方式是清零用户选项字节中的 nRST_SHDW 位。使能后,只要成功执行进入关断模式序列,器件就将复位,而非进入关断模式。

7) 选项字节加载器复位(OBL 复位)

Flash 中存在特定的一块存储区域,通常用来存放有关芯片内部 Flash 读保护、写保护、看门狗使能方式、芯片启动等配置信息。选项字节一般安排在某固定地址起始的一块连续的地址空间,对于出厂的芯片,选项字节往往具有初始出厂值,但在实际应用中,往往要结合实际情况,需要对选项字节进行修改。但要想新的选项字信息真正起作用,还需要将选项字节的配置信息加载到选项字寄存器中,加载的过程便需要借助系统复位或上电复位来完成。当 FLASH_CR 寄存器中的 OBL_LAUNCH 位(位 27)置 1 时,将产生选项字节加载器复位。

3. 备份域复位

备份域可以存储用户的重要数据,为防止恶意读写,开启侵入检测,可以在恶意读写备份域时产生复位信号,迫使备份域的数据被清除,保护用户的重要信息。复位仅作用于备份域本身,将备份域控制寄存器(RCC_BDCR)中的 BDRST 位置 1 触发备份域复位;由于 V_{BAT} 引脚连接上电池,一旦电源 V_{DD} 和 V_{BAT} 均已掉电后,数据会全部丢失,其中任何一个再上电也触发备份域复位。

11.2.2　看门狗

看门狗定时器(Watchdog Timer)具有监视系统功能,当运行程序跑飞或一个系统中的关键系统时钟停止引起严重后果的情形下,看门狗会通过复位系统的方式,将系统带到一个安全操作的状态。正常情况下,看门狗通过与软件的定期通信来监视系统的执行过程,看门狗定时器清零,即定期喂看门狗。如果应用程序丢失,未能在看门狗计数器超时之前清零,则将产生看门狗复位,强制将系统恢复到一个已知的起点。

STM32L431 芯片含有两种看门狗:系统窗口看门狗(WWDG)和独立看门狗(IWDG)。两种看门狗的主要区别在于:系统窗口看门狗需要在指定的计数范围内“喂狗”,否则会触发系统复位,且可使用提前唤醒中断(EWI);而独立看门狗只需要在计数值到 0 前复位即可,不需要在指定的窗口范围内“喂狗”。

1. 系统窗口看门狗

1) 系统窗口看门狗简介

系统窗口看门狗(WWDG)通常被用来监测由外部干扰或不可预见的逻辑判断造成的应用程序偏离正常运行而产生的软件故障。当程序没有在递减寄存器的 T[6:0]位变为 0 前刷新递减计数器的值,则看门狗电路在达到预置的时间周期时,会产生一个 MCU 复位。如果在递减计数器达到窗口寄存器值之前刷新控制寄存器中的 7 位递减计数器值,也会产生 MCU 复位。这意味着必须在限定的时间窗口内刷新计数器。

WWDG 时钟由预分频的 APB 时钟提供,通过可配置的时间窗口来检测应用程序提前或延迟的操作。WWDG 最适合那些要求看门狗在精确计时窗口内响应的应用程序。

2) 系统窗口看门狗寄存器

系统窗口看门狗的寄存器主要有控制寄存器、配置寄存器、状态寄存器等。

(1) 控制寄存器(WWDG_CR)。控制寄存器(WWDG_CR)可以使能或禁止看门狗,它的 T[6:0]位用来存储看门狗计数器的值。寄存器的复位值为 0x0000_007F。

数 据 位	D31～D8	D7	D6～D0
读	RES	WDGA	T
写			

D31～D8:保留,必须保持复位值。

D7(WDGA):激活位,此位由软件置 1,只有复位后才由硬件清零。0:禁止看门狗;1:使能看门狗。

D6～D0(T):7 位计数器,用来存储看门狗计数器的值。当它从 0x40 递减到 0x3F(T6清零)时会产生复位。

(2) 配置寄存器(WWDG_CFR)。通过设置配置寄存器(WWDG_CFR),可以提前唤醒中断,并且修改定时器的时钟,它的 D6～D0 位可以用来存储窗口值。寄存器的复位值为0x0000_007F。

数 据 位	D31～D10	D9	D8～D7	D6～D0
读	RES	EWI	WDGTB	W
写				

D31～D10:保留,必须保持复位值。

D9(EWI):提前唤醒中断,置 1 后,只要计数器值达到 0x40 就会产生中断。此中断只有在复位后才由硬件清零。

D8～D7(WDGTB):定时器时基。00:CK/1;01:CK/2;10:CK/4;11:CK/8。CK为计算器时钟,即 PCLK1 的 4096 分频。

D6～D0(W):7 位窗口值,这些位包含用于与递减计数器进行比较的窗口值。

(3) 状态寄存器(WWDG_SR)。状态寄存器(WWDG_SR)标识中断标志。寄存器的复位值为 0x0000_0000。

数 据 位	D31～D1	D0
读	RES	EWIF
写		

D31～D1:保留,必须保持复位值。

D0(EWIF):提前唤醒中断标志(Early Wakeup Interrupt Flag),当计数器值达到 0x40时,此位由硬件置 1,必须由软件通过写入 0 来清零,写入 1 无影响。如果不使能中断,此位也会被置 1。

【练习】 在任何一个样例工程的头文件 stm32l431xx.h 文件中及芯片参考手册中找出

WWDG 模块基地址及各寄存器地址。

3）系统窗口看门狗的配置方法

（1）使能 WWDG 时钟。与 IWDG 有自己独立的时钟不同，WWDG 使用的是 PCLK1 时钟，初始化 WWDG 时要先使能时钟。

（2）配置提前唤醒中断，定时器时基和窗口值。WWDG_CFR 寄存器中的 EWI 位可以使能提前唤醒中断，当计数值达到 0x40 时触发中断。WDGTB 位用来设定定时器时基，窗体看门狗超时计算公式为 $T=(4096\times2^{WDGTB}\times(T[5:0]+1))/PCLK1$。W 位与计数值相比较的窗口值，当计算值大于窗口值时也会发生复位。

（3）配置 EWI 中断。如果希望在 WWDG 产生实际复位前执行特定的安全操作或数据记录，可以使能 EWI 中断。先对 WWDG_SR 的 EWIF 位清零，再将 WWDG_CFR 的 EWI 位置 1，最后使能 WWDG_IRQn 中断。

（4）配置激活位和计数值。将初始值写入 WWDG_CR 的 T[6:0]位中，这个值要介于 0x40 和窗口值之间。将 WWDG_CR 的 WDGA 位置 1，激活 WWDG。

2. 独立看门狗

1）独立看门狗简介

独立看门狗能够检测并解决软件错误引起的系统失灵问题，当计数溢出时会触发系统复位。独立看门狗的时钟由其专用的 32kHz 低速内部时钟（LSI）提供，只要在向下计数器计数到 0 之前重载计数值就能组织独立看门狗复位。

2）独立看门狗的寄存器

独立看门狗的寄存器主要有关键字寄存器、预分频器寄存器、重载寄存器、状态寄存器及窗口寄存器等。

（1）关键字寄存器（IWDG_KR）。当程序中启动独立看门狗时，可每隔一段时间通过对关键字寄存器（IWDG_KR）的低十六位写入特定的值，避免独立看门狗产生复位。复位值为 0x0000_0000。

数 据 位	D31～D16	D15～D0
读	RES	
写		KEY

D31～D16：保留，必须保持复位值。

D15～D0（KEY）：键值（只写，读为 0x0000）。必须每隔一段时间便通过软件对这些位写入键值 0xAAAA，否则当计数器计数到 0 时，看门狗会产生复位。写入键值 0x5555 可禁用 IWDG_PR、IWDG_RLR 和 IWDG_WINR 寄存器的写保护，写入键值 0xCCCC 可启动看门狗。

（2）预分频器寄存器（IWDG_PR）。通过预分频寄存器改变计数器时钟的分频因子，整体改变时钟频率。复位值为 0x0000_0000。

数 据 位	D31～D3	D2～D0
读	RES	PR
写		

D31~D3：保留，必须保持复位值。

D2~D0(PR)：预分频系数。这些位受写访问保护，通过软件设置这些位来选择计数器时钟的预分频因子。若要更改预分频器的分频系数，状态寄存器(IWDG_SR)的PVU位必须为0。000:4分频；001:8分频；010:16分频；011:32分频；100:64分频；101:128分频；110:256分频；111:256分频。

(3) 重载寄存器(IWDG_RLR)。重载寄存器中的D11~D0为载入到计数器中的值。寄存器的复位值为0x0000_FFFF。

数 据 位	D31~D12	D11~D0
读	RES	RL
写		RL

D31~D12：保留，必须保持复位值。

D11~D0(RL)：看门狗计数器重载值。这个值由软件设置，每次对关键字寄存器(IWDG_KR)写入值0xAAAA时，这个值就会重装载到看门狗计数器中。之后，看门狗计数器便从该装载值开始递减计数。延时周期由该值和时钟预分频器共同决定。若要更改重载值，状态寄存器(IWDG_SR)中的RVU位必须为0。

(4) 状态寄存器(IWDG_SR)。状态寄存器(IWDG_SR)标识看门狗运行过程中的状态。寄存器的复位值为0x0000_0000。

数 据 位	D31~D3	D2	D1	D0
读	RES	WVU	RVU	PVU
写				PVU

D31~D3：保留，必须保持复位值。

D2(WVU)：计数器窗口值更新，可通过硬件将该位置1，以指示窗口值正在更新。窗口值只有在WVU位为0时才可更新。

D1(RVU)：计数器重载值更新。可通过硬件将该位置1，以指示重载值正在更新。重载值只有在RVU位为0时才可更新。

D0(PVU)：预分频器值更新。可通过硬件将该位置1，以指示预分频器值正在更新。预分频器值只有在PVU位为0时才可更新。

(5) 窗口寄存器(IWDG_WINR)。窗口寄存器中的D11~D0为看门狗计数窗口值，用于计数比较。寄存器的复位值为0x0000_0FFF。

数 据 位	D31~D12	D11~D0
读	RES	WIN
写		WIN

D31~D12：保留，必须保持复位值。

D11~D0(WIN)：看门狗计数器窗口值，它们包含用于与递减计数器进行比较的窗口值上限。为防止发生复位，当递减计数器的值低于窗口寄存器的值且大于0x0时必须重载。

若要更改重载值,状态寄存器(IWDG_SR)中的 WVU 位必须为 0。

【练习】 在任何一个样例工程的 stm32l431xx.h 文件中及芯片参考手册中找出 IWDG 模块基地址及各寄存器地址。

3) 独立看门狗的配置方式

(1) 解除预分频寄存器、重载寄存器的写保护。对关键字寄存器(IWDG_KR)写入 0x5555 后,可以解除对分频寄存器、重载寄存器的写保护。向关键字寄存器写入不同的值会重启写保护。

(2) 设置预分频寄存器(IWDG_PR)值。独立看门狗的时钟由内部的 RC 振荡器提供,该时钟频率为 32kHz,可选分频值为 4/8/16/32/64/128/256。

(3) 设置重装载寄存器(IWDG_RLR)的值。"喂狗"操作后,重装载寄存器的值会被加载进入计数器当中。预分频寄存器和重装载寄存器的值决定了需要"喂狗"的频率。假设预分频值为 16,看门狗的时钟为 32kHz/16＝2kHz,重装载寄存器值为 0xFFF,那么在启动独立看门狗之后,需要在每 0xFFF/2 之内对关键字寄存器写入 0xAAAA,否则独立看门狗就会触发复位。

(4) "喂狗"操作。向关键字寄存器写入 0xAAAA 会触发计数器加载重装载寄存器的值,使计数器重新开始计数。

(5) 打开独立看门狗。向关键字寄存器写入 0xCCCC 可以打开独立看门狗。

3. 基于构件的独立看门狗编程方法

1) IWDG 构件的制作

独立看门狗的配置方式:①打开看门狗,使能 IWDG_PR 和 IWDG_RLR 的写操作;②设置 IWDG 的预分频值为 32 分频;③设置重装载的时间,单位为 ms,即喂狗的最长周期,以设置 IWDG 的预分频值为 32 分频为例,重装载时间最短约为 1ms,最长约为 4096ms;④"喂狗"操作,重装载看门狗计数器;⑤使能看门狗。

IWDG 构件源程序文件 wdog.c 中的部分函数源码如下:

```
// ========================================================================
// 函数名称: wdog_start
// 函数参数: timeout: 设置重装载的时间
// 函数返回: 无
// 功能概要: 启动看门狗模块
// ========================================================================
void wdog_start(uint16_t timeout)
{
    //使能 IWDG_PR 和 IWDG_RLR 的写操作
    IWDG->KR = IWDG_KEY_WRITE_ACCESS_ENABLE;
    //设置 IWDG 的预分频值
    IWDG->PR = IWDG_PRESCALER_32;
    //设置重装载的时间
    IWDG->RLR = timeout;
    //重装载看门狗计数器
    IWDG->KR = IWDG_KEY_RELOAD;
    //使能看门狗
    IWDG->KR = IWDG_KEY_ENABLE;
```

```
}
// ================================================================
// 函数名称: wdog_feed
// 函数参数: 无
// 函数返回: 无
// 功能概要: "喂狗"操作,重载计时器
// ================================================================
void wdog_feed(void)
{
    IWDG -> KR = IWDG_KEY_RELOAD;      //重装载看门狗计数器
}
```

2) 基于构件的 IWDG 编程方法

在 IWDG 驱动的头文件 wdog.h 中包含的内容有启动独立看门狗(wdog_start)和"喂狗"操作(wdog_feed)。

为了方便理解,这里给出独立看门狗的简单测试程序来了解它的使用。一般使用 wdog_start 和 wdog_feed 两个函数对看门狗进行开启和喂狗操作。当开启看门狗时,如果在 for 循环中不添加 wdog_feed 这个喂狗操作,可以从图 11-2 看到串口输出的结果明显表示程序在不断复位,复位时间也跟设定的基本一致;如果在规定时间内添加 wdog_feed 喂狗操作,则程序正常运行,一直进行 for 循环、小灯状态切换和输出主程序循环提示。

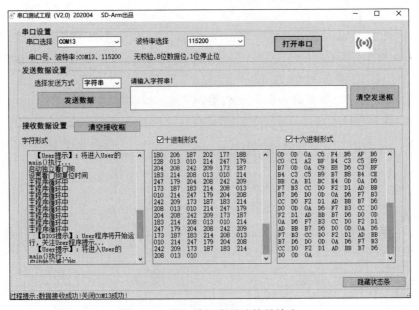

图 11-2 独立看门狗测试结果输出

下面介绍构件的使用方法,举例如下。

(1) 在 main 函数的"用户外设模块初始化"处,调用 emuart 初始化函数。其中,第 1 个参数为 UART_User 的用户串口号,第 2 个参数为波特率号。

```
emuart_init(UART_User,115200);           //emuart 初始化
```

（2）在 main 函数的"开关中断"处，初始化独立看门狗，并传入需要的参数设置。

```
wdog_start(2000);                          //启动看门狗,复位定时为2S
```

（3）在主循环中，添加"喂狗"操作。

```
for(;;)
{
    //(2.1)主循环次数变量 + 1
    mMainLoopCount++;
    //(2.2)未达到主循环次数设定值,继续循环
    if (mMainLoopCount <= 2000000)  continue;
    //(2.3)达到主循环次数设定值,执行下列语句,进行灯的亮暗处理
    //(2.3.1)清除循环次数变量
    mMainLoopCount = 0;
    //(2.3.2)"喂狗",灯切换状态
    wdog_feed();                          //"喂狗"
    gpio_reverse(LIGHT_BLUE);             //灯状态切换
    printf("主程序循环中\n");
}
```

测试工程见电子资源..\04-Soft\CH11\IWDG-STM32L431 文件夹中。

11.3 电源控制模块与 CRC 校验模块

视频讲解

11.3.1 电源控制模块

电源控制是指可以通过编程使得 MCU 处于不同的功耗模式，以便在确保系统性能的前提下，有更低的功耗。

1. 电源模式控制

默认情况下，系统复位或上电复位后，微控制器进入运行模式，STM32L431 芯片提供了 8 种功耗模式，可在 CPU 不需要运行时（例如，等待外部事件时）节省功耗。用户根据具体应用需求编程进入具体的低功耗模式，以在低功耗、短启动时间和可用唤醒源之间寻求最佳平衡。

1）运行模式（Run Mode）

运行模式，即正常工作模式。在运行模式下，可通过对预分频寄存器的编程来降低系统时钟频率，以便降低功耗。在进入睡眠模式之前，也可以使用预分频器降低外设速度。在运行模式下，可以随时停止各外设和存储器的 HCLK 和 PCLK，以降低功耗；可在执行 WFI（等待中断）或 WFE（等待事件）指令之前禁止外设时钟，进一步降低睡眠模式的功耗。

2）低功耗运行模式（Low-Power Run Mode）

为了减少在运行模式下的功耗，可以进入低功耗运行模式，CPU 频率限制在 2MHz。这种模式下，I/O 端口保持和运行模式相同的功能。

3）低功耗模式（Low-Power Mode）

MCU 可以通过执行 WFI（等待中断）或 WFE（等待事件）指令进入低功耗模式，也可以通过在从 ISR 返回时将 Cortex-M4 系统控制寄存器中的 SLEEPONEXIT 位置 1 进入低功耗模式。在没有中断或事件挂起时，才可以通过 WFI 或 WFE 进入低功耗模式。

4）睡眠模式（Sleep Mode）

在睡眠模式下，所有 I/O 引脚的状态与运行模式下相同。当 Cortex-M4 系统控制寄存器的 SLEEPDEEP 位清零时，根据进入低功耗模式的方式进入睡眠模式。

5）低功耗睡眠模式（Low-Power Sleep Mode）

当 Cortex-M4 系统控制寄存器的 SLEEPDEEP 位清零时，此模式从低功率运行模式进入。通过发出事件或中断来退出低功耗睡眠模式时，MCU 处于低功耗运行模式。

6）停止模式（Stop Mode）

停止模式在保留 SRAM 和寄存器中内容的同时实现最低功耗。在该模式下，V_{CORE} 域中的所有时钟停止，PLL、MSI、HSI16 和 HSE 被禁用，LSE 或 LSI 仍保持运行，RTC 可以保持活动状态。一些具有唤醒功能的外部设备可以在停止模式下启用 HSI16 来检测其唤醒状态。

停止模式分为 3 种：Stop 0 模式、Stop 1 模式和 Stop 2 模式。在 Stop 2 模式下，大部分 V_{CORE} 域处于低漏模式。Stop 1 模式提供了最大数量的活动外设和唤醒源，比 Stop 2 模式唤醒时间更短，但消耗更高。在 Stop 0 模式下，主调节器保持开启，唤醒时间非常快，但有着更高的功耗。退出停止模式时，系统时钟可以是 48MHz 的 MSI 或 HSI16，具体取决于软件配置。

7）待机模式（Standby Mode）

待机模式用于使用欠压复位（BOR）达到最低功耗。关闭内部调节器，使 V_{CORE} 域断电，PLL、MSI、HSI16 和 HSE 也关闭，可以保持活动状态，BOR 保持激活状态。除了备份域和备用电路中的寄存器外，SRAM1 和其他寄存器中的内容将丢失，SRAM2 中的内容可以选择保持，由低功率调节器供电。当外部复位、IWDG 复位、WKUP 引脚事件或发生 RTC 事件或在 LSE 上检测到故障，设备退出待机模式。

8）关断模式（Shutdown Mode）

关断模式可实现最低功耗。在该模式下会关闭内部调节器，使 V_{CORE} 域断电，PLL、HSI16、MSI、LSI 和 HSE 振荡器也关闭，RTC 可以保持活动状态，BOR 在停机模式下不可用。此模式下无法进行电源电压监测，因此不支持切换到备份域。除了备份域中的寄存器，SRAM1、SRAM2 和其他寄存器中的内容将丢失。当发生外部复位、WKUP 引脚事件或 RTC 事件时，设备退出关机模式，唤醒后的系统时钟为 4MHz 的 MSI。

2. 电源模式转换

在应用控制下可进行多种电源模式之间的转换，从而对给应用场景提供最佳的电源性能，优化功耗。低功耗模式转换方式如图 11-3 所示，详细内容可参见芯片参考手册或电子资源中的补充阅读材料。

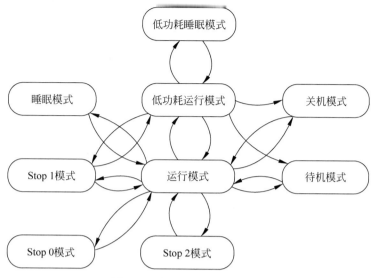

图 11-3 低功耗模式转换方式

11.3.2 校验模块

在数据传输过程中,差错的发生总是不可避免,这些差错可能会破坏传输的数据,使接收方接收到错误的数据。为了保证接收方接收到数据的准确性,必须对要接收的数据进行检测,循环冗余校验(Cyclic Redundancy Check,CRC)是一种常用校验方法。

1. CRC 模块简介

CRC 模块支持相互独立的 32 位 CRC,会为给定的数据序列生成一个标识,这些标识是按照各种标准规范的位串行定义的。其标识的产生可基于如下 CRC-32 多项式:

$$f(x) = x^{32} + x^{26} + x^{23} + x^{22} + x^{16} + x^{12} + x^{11} + x^{10} + x^8 + x^7 + x^5 + x^4 + x^2 + x + 1$$

这里使用位数可编程(7 位、8 位、16 位或 32 位)的完全可编程多项式。对于给定的 CRC 函数,当用固定的值初始化 CRC 时,相同的输入数据序列会产生相同的标识,而不同的输入数据序列通常产生不同的标识。

2. CRC 功能介绍

CRC 计算单元有一个 32 位数据读/写寄存器(CRC_DR),它用于写入新数据和保存 CRC 上一次的计算结果。数据寄存器的每个写操作都会对上一次的 CRC 值(存储在 CRC_DR 中)和新写入的值做一次 CRC 计算。CRC 对整个 32 位数据的计算可按字或字节完成,具体取决于数据的写入格式。CRC_DR 寄存器可按字、右对齐半字和右对齐字节进行访问,对于其他寄存器,只允许进行 32 位访问。计算时间取决于数据长度:32 位数据需要 4 个 AHB 时钟周期,16 位数据需要 2 个 AHB 时钟周期,8 位数据需要 1 个 AHB 时钟周期。输入缓冲器可立即写入第 2 个数据,无须因之前的 CRC 计算而等待。

输入数据的顺序可反转,来管理各种数据存放方式,可对 8 位、16 位和 32 位输入数据执行反转操作,具体取决于 CRC_CR 寄存器中的 REV_IN[1:0]位。例如,输入数据 0x1A2B_3C4D 在 CRC 计算中用作:执行字节位反转的 0x58D4_3CB2、执行半字位反转的

0xD458_B23C、执行全字位反转的 0xB23C_D458。通过将 CRC_CR 寄存器中 REV_OUT 位置 1 也可以将输出数据反转,该操作按位进行。例如,输出数据 0x1122_3344 将转换为 0x22CC_4488。CRC 计算单元的框图如图 11-4 所示。

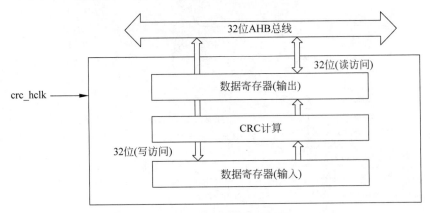

图 11-4　CRC 计算单元框图

3. CRC 寄存器概述

CRC 模块的基地址为 0x4002_3000,含有 5 个寄存器,如表 11-2 所示。详细介绍可查阅芯片参考手册或电子资源的补充阅读材料。

表 11-2　CRC 模块寄存器概述

地址偏移	寄存器名	R/W	功能简述
0x00	数据读写寄存器(CRC_DR)	R/W	写入新数据,可读出之前的结果
0x04	独立数据寄存器(CRC_IDR)	R/W	CRC 校验的过程中临时存储单元
0x08	控制寄存器(CRC_CR)	R/W	控制输出数据位的顺序及多项式的大小
0x10	初始值寄存器(CRC_INIR)	R/W	写入 CRC 计算的初始值
0x14	多项式寄存器(CRC_POL)	R/W	CRC 计算的多项式系数

【练习】　在任何一个样例工程的 stm32l431xx.h 文件中及芯片参考手册中找出 CRC 模块基地址及各寄存器地址。

4. 基于构件的 CRC 编程举例

先将待测试的数据存储在一个数组中,再使用 crc_get 函数获取该数据对应的 CRC 校验码,然后在主循环中每次打印该 CRC 校验码,对比每次打印的校验码是否一致,若一致,则证明测试成功。

(1) 定义待测试的数据。

```
uint32_t data[11] = {'H','e','l','l','o',' ','W','o','r','l','d'};
```

(2) 在主循环中。使用 crc_get 函数获取 data 数据对应的 CRC 校验码。

```
uint32_t crc = crc_get(data,11);
```

（3）用 printf 函数打印输出 data 数据对应的 CRC 校验码。

```
printf("测试 Hello World 的 CRC 校验码为 % x\n",crc);
```

CRC 构件的测试工程位于电子资源..\04-Software\CH11\CRC-STM32L431 文件夹中。

11.4　实验六　综合实验

嵌入式系统内容广泛,应用也十分广泛,有基础性内容,也有纵深内容。

1. 实验目的

把一些模块综合起来,完成一个具有一定综合度的嵌入式系统。

2. 实验准备

（1）软硬件工具：与实验一相同。

（2）对各章基本程序实践及理解。

3. 参考样例

各种基本模块样例程序。

4. 实验过程或要求

功能自定,用一个程序基本涵盖所学习的各个模块,分为 MCU 程序及 PC 方程序。

（1）要求 MCU 方程序涵盖知识要素全面、程序规范清晰、文档说明简捷明了,注释语言简明达意,输出提示反映基本要素。

（2）要求 PC 方程序界面设计美观大方,人机交互友好,过程提示简明达意,涵盖文字、图形图像、声音等提示信息。

5. 实验报告要求

（1）用适当的文字、图表描述实验过程。

（2）用 800～1000 字写出完整实验总结及学习体会。

本章小结

1. STM32L431 芯片的时钟系统

STM32L431 芯片的时钟系统包括 6 个时钟源,其中,HSI16、MSI、HSE、PLL 可以提供系统时钟,LSI、LSE、HIS 可以驱动部分外设,PLL,PLLSAI1 都有 3 个独立的输出。对于每个时钟源来说,在未使用时都可单独打开或关闭,以降低功耗。本书例程使用内部 MSI 时钟将 STM32L431 芯片的系统频率初始化为 48MHz,作为 MCU 运行的总线工作时钟。

2. 复位模块与看门狗模块

复位模块可以在出现异常时使得芯片恢复到最初已知状态,以对系统进行保护,需要了解不同的复位源以及各个复位发生的条件。关于看门狗模块,在应用系统研发阶段,一般先关闭看门狗功能,避免不必要的复位发生。只有在系统开发完成,调试正常准备投入使用时,才开启看门狗功能,规范的使用看门狗可以有效地防止程序跑飞。

3. 电源控制模块与 CRC 校验模块

STM32L431 芯片支持多种低功耗模式,用户可以选择具体的低功耗模式,以在低功耗、短启动时间和可用唤醒源之间寻求最佳平衡。CRC 校验模块提供了一种硬件 CRC 校验计算方法。

习题

1. 找出 STM32L431 系列芯片各个外设模块使用的时钟。

2. 在本书第 3 章给出了冷复位与热复位的概念,本章给出的各种复位情况,哪些属于冷复位? 哪些属于热复位?

3. 如何给一个应用程序增加看门狗功能? 什么阶段可以添加看门狗功能?

4. 看门狗复位属于热复位还是冷复位? 冷热复位后在编程方面有何区别?

5. 编程进入一种低功耗模式,测量芯片功耗,给出一个低功耗唤醒条件,说明唤醒后程序的运行流程。

6. 如何实现主动复位,如何记录芯片热复位类型及复位次数?

第12章

应 用 案 例

本章导读：本章作为扩展及讲座性内容，给出了嵌入式系统的稳定性问题、外接传感器及执行部件的编程方法、实时操作系统的应用、嵌入式人工智能的应用、NB-IoT 的应用，还给出了 4G、Cat1、WiFi 及 WSN 的应用简介等，这些内容来自实际应用开发的基本概括。目的是了解嵌入式系统实际应用的相关知识及有关领域，为实际应用提供借鉴。

12.1 嵌入式系统的稳定性问题

学习到这里，读者基本上具备了进行嵌入式系统开发的软硬件基础，但是在实际开发嵌入式产品的过程中，遇到的问题远不止于此。稳定性是嵌入式系统的生命线，而实验室中的嵌入式产品在调试、测试、安装完成，最终投放到实际应用之后，往往还会出现很多故障和不稳定的现象。由于嵌入式系统是一个综合了软件和硬件的复杂系统，因此单依靠哪方面都不能完全解决其抗干扰问题，只有从嵌入式系统硬件、软件以及结构设计等方面进行全面的考虑，综合应用各种抗干扰技术来全面应对系统内外的各种干扰，才能有效提高其抗干扰性能。在这里，作者根据多年来的嵌入式产品开发经验，对实际项目中较常出现的稳定性问题做简要阐述，供读者在进一步学习中参考。

嵌入式系统的抗干扰设计主要包括硬件和软件两方面。在硬件方面，通过提高硬件的性能和功能，能有效抑制干扰源，阻断干扰的传输信道，这种方法具有稳定、快捷等优点，但会增加成本。而软件抗干扰设计采用各种软件方法，通过技术手段来增强系统的输入输出、数据采集、程序运行、数据安全等抗干扰能力，具有设计灵活、节省硬件资源、低成本、高系统效能等优点，且能够处理某些用硬件无法解决的干扰问题。

1. 保证 CPU 运行的稳定

CPU 指令由操作码和操作数两部分组成，取指令时先取操作码后取操作数。当程序计数器(PC)因干扰出错时，程序便会跑飞，引起程序混乱失控，严重时会导致程序陷入死循环或者误操作。为了避免这样的错误发生或者从错误中恢复，通常使用指令冗余、软件拦截技术、数据保护、计算机操作正常监控(看门狗)和定期自动复位系统等方法。

2. 保证通信的稳定

在嵌入式系统中,会使用各种各样的通信接口与外界进行交互,因此,必须要保证通信的稳定。在设计通信接口时,通常从通信数据速度、通信距离等方面进行考虑。一般情况下,通信距离越短越稳定,通信速率越低越稳定。例如,对于 UART 接口,通常可选用9600、38 400、115 200 等低速波特率来保证通信的稳定性。另外,对于板内通信,使用 TTL电平即可;而板间通信通常采用 232 电平。有时为了传输距离更远,可以采用差分信号进行传输。

另外,通过为数据增加校验也是增强通信稳定性的常用方法,甚至有些校验方法不仅具有检错功能,还具有纠错功能。常用的校验方法有奇偶校验、循环冗余校验法(CRC)、海明码以及求和校验和异或校验等。

3. 保证物理信号输入的稳定

模拟量和开关量都属于物理信号,它们在传输过程中很容易受到外界的干扰,如雷电、可控硅、电机和高频时钟等,都有可能成为其干扰源。选用高抗干扰性能的元器件可有效克服干扰,但这种方法通常面临硬件开销和开发条件的限制。相比之下,在软件上可使用的方法则比较多,且开销低,容易实现较高的系统性能。

通常的做法是进行软件滤波,对于模拟量,主要的滤波方法有限幅滤波法、中位值滤波法、算术平均值法、滑动平均值法、防脉冲干扰平均值法、一阶滞后滤波法以及加权递推平均滤波法等;对于开关量,主要的滤波方法有同态滤波和基于统计计数的判定方法等。

4. 保证物理信号输出的稳定

系统的物理信号输出,通常是通过对相应寄存器的设置来实现的,由于寄存器数据会因干扰而出错,因此使用合适的办法来保证输出的准确性和合理性也很有必要,主要方法有输出重置、滤波和柔和控制等。

在嵌入式系统中,输出类型的内存数据或输出 I/O 口寄存器也会因为电磁干扰而出错,输出重置是非常有效的办法。定期向输出系统重置参数,即使输出状态被非法更改,也会在很短的时间里得到纠正。但是,使用输出重置需要注意:对于某些输出量,如 PWM,短时间内多次的设置会干扰其正常输出。通常采用的办法是在重置前先判断目标值是否与现实值相同,只有在不相同的情况下才启动重置。有些嵌入式应用的输出,需要某种程度的柔和控制,可使用前面所介绍的滤波方法来实现。

总之,系统的稳定性关系到整个系统的成败,所以在实际产品的整个开发过程中都必须要予以重视,并通过科学的方法进行解决,这样才能有效避免不必要的错误发生,提高产品的可靠性。

视频讲解

12.2　外接传感器及执行部件的编程方法

本节给出一些常见的嵌入式系统被控单元(传感器)的基本原理、电路接法和编程实践,对应硬件系统为 AHL-STM32L431-EXT,对没有硬件系统的读者,可以通过阅读了解本节源程序,理解应用构件的制作方法及应用方法,达到举一反三的目的。

12.2.1　开关量输出类驱动构件

1. 彩灯

彩灯的控制电路与 RGB 芯片集成在一个 5050 封装的元器件中,构成了一个完整的外控像素点,每个像素点的三基色可实现 256 级亮度显示。像素点内部包含了智能数字接口数据锁存信号的整形放大驱动电路、高精度的内部振荡器和可编程电流控制部分,有效保证了像素点光的颜色高度一致,数据协议采用单线归零码的通信方式,通过发送具有特定占空比的高电平和低电平来控制彩灯的亮暗。

彩灯的电路原理图及实物图如图 12-1 所示。

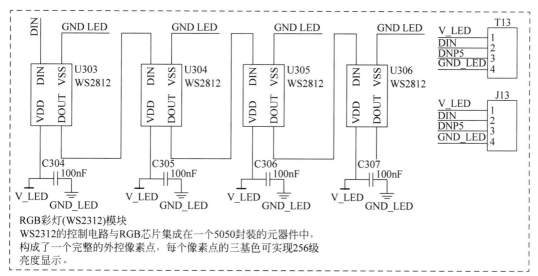

RGB彩灯(WS2312)模块
WS2312的控制电路与RGB芯片集成在一个5050封装的元器件中,构成了一个完整的外控像素点,每个像素点的三基色可实现256级亮度显示。

图 12-1　彩灯电路原理图及实物图

图 12-1 中,VDD 是电源端,用于供电;DOUT 是数据输出端,用于控制数据信号输出;VSS 用于信号接地和电源接地;DIN 控制数据信号的输入。彩灯使用串行级联接口,能够通过一根信号线完成数据的接收与解码。

硬件连接参见工程中的文档说明,程序参考电子资源中的..\04-Software\CH12\WJ01-ColorLight 工程。

2. 蜂鸣器

蜂鸣器输出端电平设置为高电平,蜂鸣器发出声响;输出端电平设置为低电平,蜂鸣器不发出声响或停止发出声响。蜂鸣器初始化默认是低电平,不发出声响。

蜂鸣器的电路原理图及实物图如图12-2所示。蜂鸣器通过 P_Beep 引脚来控制输出引脚的高低电平。当 P_Beep 对应的状态值为1,即高电平时,Q401 导通,蜂鸣器发出声响;反之,当 P_Beep 对应的状态值为0,即低电平时,Q401 截止,蜂鸣器不发出声响或停止发出声响。

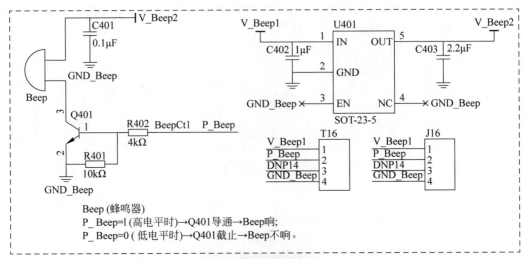

图 12-2　蜂鸣器电路原理图及实物图

硬件连接参见工程中的文档说明,程序参考电子资源中的..\04-Software\CH12\WJ02-BEEP工程。

3. 马达

输出端电平设置为高电平,马达开始振动;输出端电平设置为低电平,马达不振动或停止振动。马达初始化默认是低电平,不振动。

马达的电路原理图及实物图如图12-3所示。马达通过 AD_SHOCK 引脚来控制输出引脚的高低电平。当 AD_SHOCK 对应的状态值为1,即高电平时,Q301 导通,马达开始振动;反之,当 AD_SHOCK 对应的状态值为0,即低电平时,Q301 截止,马达不振动或停止振动。

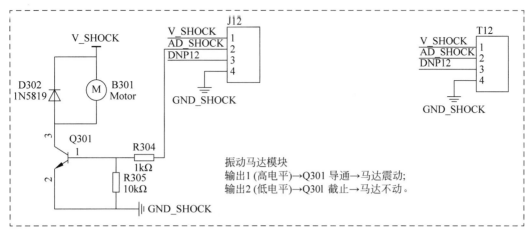

图 12-3 马达电路原理图及实物图

硬件连接参见工程中的文档说明,程序参考电子资源中的..\04-Software\CH12\WJ03-MOTOR 工程。

4. LED

在主函数中通过调用 TM1637_Display(a,a1,b,b1,c,c1,d,d1)函数可以点亮数码管,其中数码管的数字显示可在调用函数时设置,a、b、c、d 为要显示的 4 位数字大小;而 a1、b1、c1、d1 为 4 位数字后面的小数点显示,值为 0 则不显示小数点,值为 1 则显示小数点。

数码管的电路原理图及实物图如图 12-4 所示。TM1637 驱动电路,通过 DIO 和 CLK 两个引脚实现对 4 位数码管的控制。DIO 引脚为数据输入和输出,CLK 为时钟输入。数据输入的开始条件是 CLK 为高电平时,DIO 由高变低;结束条件是 CLK 为高电平时,DIO 由低电平变为高电平。

硬件连接参见工程中的文档说明,程序参考电子资源中的..\04-Software\CH12\WJ04- LED 工程。

12.2.2 开关量输入类驱动构件

1. 红外寻迹传感器

当遮挡物体距离传感器红外发射管 2～2.5cm 时,发射管发出的红外射线会被反射回来,红外接收管打开,模块输出端为高电平,指示灯亮;反之,若红外射线未被反射回来或反

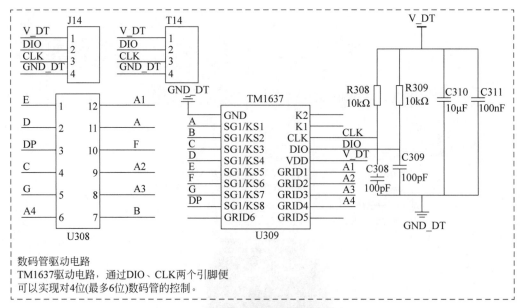

图 12-4　LED 电路原理图及实物图

射回的强度不够大时,红外接收管处于关闭状态,模块输出端为低电平,指示灯不亮。

红外寻迹传感器的电路原理图及实物图如图 12-5 所示。其中,V_IR3 引脚为左右两侧的红外发射器供电;GPIO_IR1 引脚为右侧的红外输出脚,并控制右侧的小灯亮暗;GPIO_IR2 引脚为左侧的红外输出脚,并控制左侧的小灯亮暗。红外寻迹传感器测试:用纸张靠近红外循迹传感器,红灯亮;撤掉纸张,红灯灭。

硬件连接参见工程中的文档说明,程序参考电子资源中的..\04-Software\CH12\WJ05- Ray 工程。

2. 人体红外传感器

任何发热体都会产生红外线,辐射的红外线波长(一般用 μm)跟物体温度有关,表面温度越高,辐射能量越强。人体都有恒定的体温,所以会发出特定波长 $10\mu m$ 左右的红外线,人体红外传感器通过检测人体释放的红外信号,判断一定范围内是否有人体活动。人体红外传感器默认输出是低电平,当传感器检测到人体运动时,会触发高电平输出,小灯亮(有 3s 左右的延迟)。

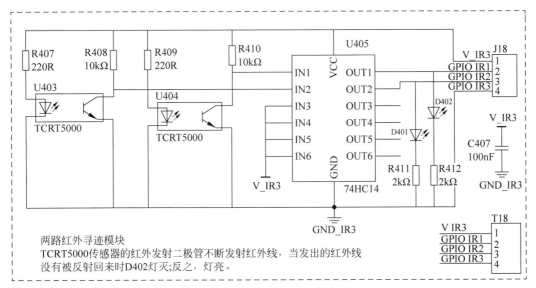

图 12-5　红外寻迹传感器电路原理图及实物图

人体红外传感器的电路原理图及实物图如图 12-6 所示。其中,V_PIR1 用于供电;REF 为输出引脚。当用手靠近人体红外传感器时,红灯亮;远离时,延迟 3s 左右,红灯灭。

硬件连接参见工程中的文档说明,程序参考电子资源中的.. \04-Software\CH12\WJ06- RayHuman 工程。

3. 按钮

按钮的工作原理很简单,对于常开触头,在按钮未被按下前,触头是断开的,按下按钮后,常开触头被连通,电路也被接通;对于常闭触头,在按钮未被按下前,触头是闭合的,按下按钮后,触头被断开,电路也被分断。

按钮的电路原理图及实物图如图 12-7 所示。Btn1、Btn2 初始化为 GPIO 输出,Btn3、Btn4 初始化为 GPIO 输入,并内部拉高(设置为高电平)。改变 Btn1、Btn2 的输出,通过扫描方式获取 Btn3、Btn4 的状态,判断按钮的闭合与断开。若将 Btn1 设置为低电平、Btn2 设置为高电平,则当 Btn3 为低电平时,S301 闭合;当 Btn3 为高电平时,S301 断开。同样,当 Btn4 为低电平时,S302 闭合;当 Btn4 为高电平时,S302 断开。若将 Btn1 设置为高电平、Btn2 设置为低电平,则当 Btn3 为低电平时,S303 闭合;当 Btn3 为高电平时,S303 断开。

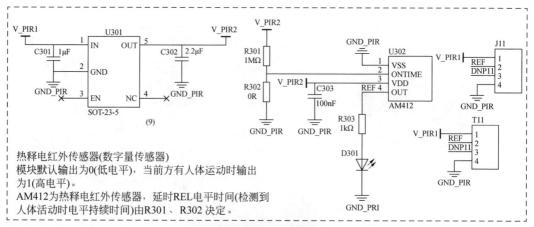

热释电红外传感器(数字量传感器)
模块默认输出为0(低电平),当前方有人体运动时输出为1(高电平)。
AM412为热释电红外传感器,延时REL电平时间(检测到人体活动时电平持续时间)由R301、R302决定。

图 12-6　人体红外传感器电路原理图及实物图

同样,当 Btn4 为低电平时,S304 闭合;当 Btn4 为高电平时,S304 断开。

如图 12-7 所示,使用连接线接到按钮接口,另一端连接按钮。S301 对应 Btn1 被按下的提示信息,S302 对应 Btn2 被按下的提示信息,S303 对应 Btn3 被按下的提示信息,S304 对应 Btn4 被按下的提示信息。

硬件连接参见工程中的文档说明,程序参考电子资源中的..\04-Software\CH12\WJ07-Btn 工程。

12.2.3　声音与加速度传感器驱动构件

1. 声音传感器

声音传感器内置一个对声音敏感的电容式驻极体话筒(MIC)。声波使话筒内的驻极体薄膜振动,导致电容变化,而产生与之对应变化的微小电压。这一电压随后被转化为 0~5V 的电压,经过 A/D 转换被数据采集器接收,并传送给计算机。

声音传感器的电路原理图及实物图如图 12-8 所示。对于一个驻极体的声音传感器,内部有一个振膜、垫片和极板组成的电容器。当膜片受到声音的压强时产生振动,从而改变膜片与极板的距离,此时会引起电容的变化。由于膜片上的充电电荷是不变的,因此必然会引起电压的变化,这样就将声音信号转换成了电信号。但由于这个信号非常微弱且内阻非常高,需要通过 U402 电路进行阻抗变化和放大,将放大后的电信号通过 AD_Sound 采集后被微机处理。

Btn1、Btn2初始化为GPIO输出，Btn3、Btn4初始化为GPIO输入，并内部拉高。改变Btn1、Btn2的输出，通过扫描方式获取Btn3、Btn4的状态，判断按钮的闭合与断开。

(1) 若将Btn1低、Btn2设为高，则当Btn3为低时，S301闭合；当Btn3为高时，S301断开。同样，当Btn4为低时，S302闭合；当Btn4为高时，S302断开。

(2) 若将Btn1高、Btn2设为低，则当Btn3为低时，S303闭合；当Btn3为高时，S303断开。同样，当Btn4为低时，S304闭合；当Btn4为高时，S304断开。

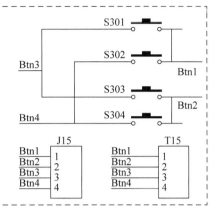

图 12-7　按钮电路原理图及实物图

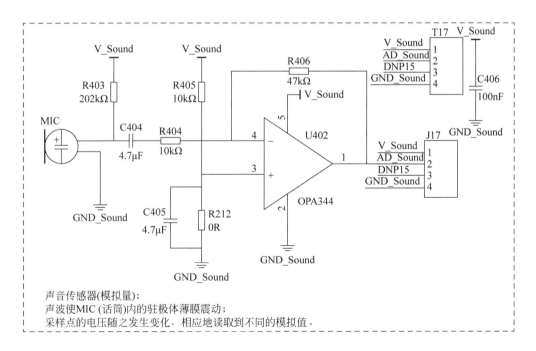

声音传感器(模拟量)；
声波使MIC(话筒)内的驻极体薄膜震动；
采样点的电压随之发生变化，相应地读取到不同的模拟值。

图 12-8　声音传感器电路原理图及实物图

图 12-8　（续）

硬件连接参见工程中的文档说明,程序参考电子资源中的..\04-Software\CH12\WJ08-ADSound 工程。

2. 加速度传感器

加速度传感器首先由前端感应器件感测加速度的大小(因为传感器内的差分电容会因为加速度而改变,从而传感器输出的幅度与加速度成正比),然后由感应电信号器件转为可识别的电信号。这个信号首先是模拟信号,然后通过 ADC(模数转换器)可以将模拟信号转换为数字信号,再通过串口读取数据。

加速度的电路原理图及实物图如图 12-9 所示。因为传感器内的差分电容会因为加速

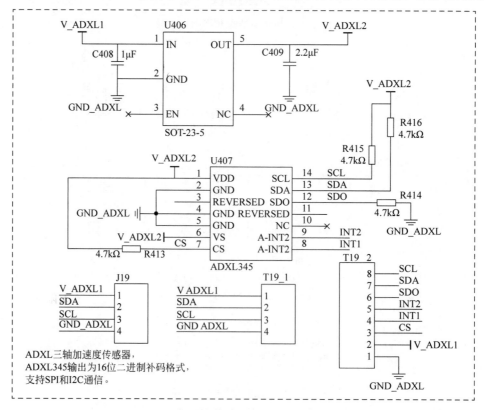

图 12-9　加速度传感器电路原理图及实物图

图 12-9 （续）

度而改变,从而传感器输出的幅度与加速度成正比,所以可以通过 SPI 或者 I2C 方法获得输出的十六进制数,从而显示出来。

硬件连接参见工程中的文档说明,程序参考电子资源中的..\04-Software\CH12\WJ09-Acceleration 工程。

12.3 实时操作系统的简明实例

视频讲解

在开发嵌入式应用产品时,根据项目需求、主控芯片的资源状况、软件可移植性要求及开发人员技术背景等情况,可选用一种实时操作系统作为嵌入式软件设计基础。特别是随着嵌入式人工智能与物联网的发展,对嵌入式软件的可移植性要求不断增强,实时操作系统的应用也将更加普及。

实时操作系统(Real Time Operation System,RTOS)是应用于嵌入式系统中的一种系统软件,在嵌入式产品开发中,可以从硬件资源、软件复杂程度、可移植性需求、研发人员的知识结构等方面综合考虑是否使用操作系统,若使用操作系统,则应该选择哪种操作系统。

12.3.1 无操作系统与实时操作系统

无操作系统(No Operating System,NOS)的嵌入式系统中,在系统复位后,首先进行堆栈、中断向量、系统时钟、内存变量、部分硬件模块等初始化工作,然后进入无限循环。在这个无限循环中,CPU 一般根据一些全局变量的值决定执行各种功能程序(线程),这是**第一条运行路线**。若发生中断,将响应中断,则执行中断服务程序(Interrupt Service Routines,ISR),这是**第二条运行路线**,执行完 ISR 后,返回中断处继续执行。从操作系统的调度功能角度理解,NOS 中的主程序可以被简单理解为一个 RTOS 内核,这个内核负责系统初始化和调度其他线程。

在基于 RTOS 的编程模式下,有两条线路。一条是线程线,编程时把一个较大工程分解成几个较小工程(被称为线程或任务),有一个调度者负责这些线程的执行;另一条线路是中断线,与 NOS 情况一致,若发生中断,则响应中断,执行中断服务程序 ISR,然后返回中断处继续执行。可以进一步理解:RTOS 是一个标准内核,包括芯片初始化、设备驱动及数据结构的格式化,应用层程序员可以不直接对硬件设备和资源进行操作,而是通过标准调用方法实现对硬件的操作,所有的线程由 RTOS 内核负责调度。也可以这样理解:RTOS 是一段嵌入在目标代码中的程序,系统复位后首先执行它,用户的其他应用程序(线程)都建立在 RTOS 之上。不仅如此,RTOS 将 CPU 的时间、中断、I/O、定时器等资源都包装起来,留给用户一个标准的应用程序编程接口(Application Programming Interface,API),并根据各个线程的优先级,合理地在不同线程之间分配 CPU 时间。**RTOS 的基本功能可以简单地概括为**:RTOS 为每个线程建立一个可执行的环境,方便线程间的消息传递,在中断服务程序 ISR 与线程之间传递事件,区分线程执行的优先级,管理内存,维护时钟及中断系统,并协调多个线程对同一个 I/O 设备的调用。**简而言之就是:线程管理与调度、线程间的通信与同步、存储管理、时间管理、中断处理等。**

12.3.2　RTOS 中的常用基本概念

　　在 RTOS 基础上编程,芯片启动过程中先运行一段程序代码,开辟好用户线程的运行环境,准备好对线程进行调度,这段程序代码就是 RTOS 的内核。RTOS 一般由内核与扩展部分组成,通常内核的最主要功能是线程调度,扩展部分的最主要功能是提供应用程序编程接口(API)。

1. 调度

　　多线程系统中,RTOS 内核负责管理线程,或者说为每个线程分配 CPU 时间,并且负责线程间的通信。调度就是决定轮到哪个线程该运行了,它是内核最重要的职责。每个线程根据其重要程度的不同被赋予一定的优先级。不同的调度算法对 RTOS 的性能有较大影响,基于优先级的调度算法是 RTOS 常用的调度算法,其核心思想是:总是让处于就绪态的、优先级最高的线程先运行。然而,何时高优先级线程掌握 CPU 的使用权,由使用的内核类型确定,基于优先级的内核有不可抢占型和可抢占型两种类型。

2. 时钟节拍

　　时钟节拍(Clock Tick),有时中文也直接译为时钟嘀嗒,它是特定的周期性中断,通过定时器产生周期性的中断,以便内核判断是否有更高优先级的线程已进入就绪状态。

3. 线程的基本含义

　　线程是 RTOS 中的重要概念之一。在 RTOS 下,把一个复杂的嵌入式应用工程按一定规则分解成一个个功能清晰的小工程,然后设定各个小工程的运行规则,再交给 RTOS 管理,这就是基于 RTOS 编程的基本思想。这一个个小工程被称为线程(Thread),RTOS 管理这些线程,被称为调度(Scheduling)。

　　准确且完整的定义 RTOS 中的线程并不十分容易,可以从不同角度理解线程。**从线程调度角度理解**,可以认为 RTOS 中的线程是一个功能清晰的小程序,是 RTOS 调度的基本单元;从 **RTOS 的软件设计角度来理解**,就是在软件设计时,需要根据具体应用划分出独立的、相互作用的程序集合,这样的程序集合就被称为线程,每个线程都被赋予一定的优先级;

从 CPU 角度理解，在单 CPU 下，某一时刻 CPU 只会处理(执行)一个线程，或者说只有一个线程占用 CPU。RTOS 内核的关键功能就是以合理的方式为系统中的每个线程分配时间(即调度)，使之得以被执行。

实际上，根据特定的 RTOS，线程可能被称为任务(Task)，也可能使用其他名词，含义有可能稍有差异，但本质不变，也不必花过多精力追究其精确语义。掌握线程设计方法，理解调度过程，提高编程鲁棒性，理解底层驱动原理，提高程序规范性，可移植性与可复用性，提高嵌入式系统的实际开发能力等才是学习 RTOS 的关键。要真正理解与应用线程进行基于 RTOS 的嵌入式软件开发，需要从线程的状态、结构、优先级、调度、同步等角度来认识。

4. 线程的上下文及线程切换

线程的上下文(Context)，即 CPU 内部寄存器。当多线程内核决定运行另外的线程时，它保存正在运行线程的当前上下文，这些内容保存在随机存储器(Random Access Memory,RAM)中的线程当前状况保存区，也就是线程自己的堆栈之中。入栈工作完成以后，把下一个将要运行线程的当前状况从其线程栈中重新装入 CPU 的寄存器中，开始下一个线程的运行，这一过程叫作线程切换或上下文切换。

5. 线程间的通信

线程间的通信是指线程间的信息交换，其作用是实现同步及数据传输。同步是指根据线程间的合作关系，协调不同线程间的执行顺序。线程间通信的方式主要有事件、消息队列、信号量、互斥量等。

12.3.3　线程的三要素、4 种状态及 3 种基本形式

线程是完成一定功能的函数，但是并不是所有的函数都可以被称为线程。线程有自己特有的要素以及形式。

1. 线程的三要素

从线程的存储结构上看，线程由 3 部分组成：线程函数、线程堆栈、线程描述符，这就是线程的三要素。线程函数就是线程要完成具体功能的程序；每个线程拥有自己独立的线程堆栈空间，用于保存线程在调度时的上下文信息及线程内部使用的局部变量；线程描述符是关联了线程属性的程序控制块，记录线程的各个属性。下面对线程的三要素做进一步阐述。

1) 线程函数

一个线程对应一段函数代码，完成一定的功能，可称为线程函数。从代码上看，线程函数与一般函数并无区别，被编译链接生成机器码之后，一般存储在 Flash 区。但是，从线程自身角度来看，它认为 CPU 就是属于自己的，并不知道还有其他线程存在。线程函数也不是用来被其他函数直接调用的，而是由 RTOS 内核调度运行的。要使线程函数能够被 RTOS 内核调度运行，必须将线程函数进行"登记"，要给线程设定优先级，设置线程堆栈大小，给线程编号等，否则如果有几个线程都要运行，RTOS 内核如何确定哪个线程该优先运行呢？由于任何时刻只能有一个线程在运行(处于激活态)，当 RTOS 内核使一个线程运行时，之前的运行线程就会退出激活态。CPU 被处于激活态的线程所独占，从这个角度看，线

程函数与无操作系统(NOS)中的 main 函数性质相近,一般被设计为永久循环,认为线程一直在被执行,永远独占处理器。

2)线程堆栈

线程堆栈是独立于线程函数之外的 RAM,按照先进后出策略组织的一段连续存储空间,是 RTOS 中线程概念的重要组成部分。在 RTOS 中被创建的每个线程都有自己私有的堆栈空间,在线程的运行过程中,堆栈用于保存线程程序运行过程中的局部变量、线程调用普通函数时会为线程保存返回地址等参数变量、保存线程的上下文等。在多线程系统中,每个线程都认为 CPU 寄存器是自己的,一个线程正在运行时,当 RTOS 内核决定不让当前线程运行,而转去运行别的线程时,就要把 CPU 的当前状态保存在属于该线程的线程堆栈中,当 RTOS 内核再次决定让其运行时,就从该线程的线程堆栈中恢复原来的 CPU 状态,就像未被暂停过一样。

3)线程描述符

线程被创建时,系统会为每个线程创建一个唯一的线程描述符(Thread Descriptor,TD),它相当于线程在 RTOS 中的一个"身份证",RTOS 就是通过这些"身份证"来管理线程和查询线程信息的。这个概念在不同操作系统中名称不同,但含义相同,有的称为线程控制块(Thread Control Block,TCB),有的称为任务控制块(Task Control Block,TCB),还有的称为进程控制块(Process Control Block,PCB)。线程函数只有配备了相应的线程描述符才能被 RTOS 调度,驻留在 Flash 区的未被配备线程描述符的线程函数代码就只是通常意义上的函数,是不会被 RTOS 内核调度的。

2. 线程的四种状态

RTOS 中的线程一般有四种状态,分别为**终止态**、**阻塞态**、**就绪态**和**激活态**。在任一时刻,线程被创建后所处的状态一定是四种状态之一。

(1)终止态(Terminated,Inactive):线程已经完成,或被删除,不再需要使用 CPU。

(2)阻塞态(Blocked):又称为挂起态。线程未准备好,不能被激活。因为该线程需要等待一段时间或某些情况发生,当等待时间到或等待的情况发生时,该线程才变为就绪态。处于阻塞态的线程描述符存放于等待列表或延时列表中。

(3)就绪态(Ready):线程已经准备好可以被激活,但未进入激活态,因为其优先级等于或低于当前的激活线程。该线程一旦获取 CPU 的使用权就可以进入激活态,处于就绪态的线程描述符存放于就绪列表中。

(4)激活态(Active,Running):又称为运行态,该线程在运行中,线程拥有 CPU 使用权。如果一个激活态的线程变为阻塞态,则 RTOS 将执行切换操作,从就绪列表中选择优先级最高的线程进入激活态;如果有多个具有相同优先级的线程处于就绪态,则就绪列表中的首个线程先被激活。也就是说,每个就绪列表中相同优先级的线程按执行先进先出(First in First out,FIFO)的策略进行调度。

3. 线程的基本形式

线程函数一般分为两部分:初始化部分和线程体部分。初始化部分实现对变量的定义、初始化以及设备的打开等;线程体部分负责完成该线程的基本功能。线程的一般结构如下:

```
void task(uint_32 initial_data)
{
    //初始化部分
    //线程体部分
}
```

线程的基本形式主要有单次执行线程、周期执行线程以及事件驱动线程三种。

1）单次执行线程

单次执行线程是指线程在创建完之后只会被执行一次，执行完成后就会被销毁或阻塞的线程，线程函数结构如下：

```
void task(uint_32 initial_data)
{
    //初始化部分
    //线程体部分
    //线程函数销毁或阻塞
}
```

单次执行线程由 3 部分组成：线程函数初始化、线程函数执行以及线程函数销毁或阻塞。初始化部分包括对变量的定义和赋值，打开需要使用的设备，等等；线程函数的执行是该线程的基本功能实现；线程函数的销毁或阻塞，即调用线程销毁或者阻塞函数将自己从线程列表中删除。销毁与阻塞的区别在于：销毁除了停止线程的运行，还将回收该线程所占用的所有资源，如堆栈空间等；而阻塞只是将线程描述符中的状态设置为阻塞而已。例如，定时复位重启线程就是一个典型的单次执行线程。

2）周期执行线程

周期执行线程是指需要按照一定周期执行的线程，线程函数结构如下：

```
void task(uint_32 initial_data)
{
    //初始化部分
    ...
    //线程体部分
    while(1)
    {
        //循环体部分
    }
}
```

初始化部分同单次执行线程一样包括对变量的定义和赋值，打开需要使用的设备，等等，与单次执行线程不一样的地方在于线程函数的执行是放在永久循环体中执行的。由于该线程需要按照一定周期执行，因此执行完该线程之后可能需要调用延时函数 wait 将自己放入延时列表中，等到延时的时间到了之后再重新进入就绪态。该过程需要被永久执行，所以线程函数和延时函数的执行需要放在永久循环中。例如，在系统中，需要得到被监测水域的酸碱度和各种离子的浓度，但并不需要时时刻刻都在检测数据，因为这些物理量的变化比较缓慢，所以使用传感器采集数据时只需要每隔半个小时采集一次数据，则需要调用 wait

函数延时半个小时,此时的物理量采集线程就是典型的周期执行的线程。

3) 资源驱动线程

资源驱动线程中的资源主要指信号量、事件等线程通信与同步中的方法。这种类型的线程比较特殊,它是操作系统特有的线程类型,因为只有在操作系统下才导致资源的共享使用问题,同时也引出了操作系统中另一个主要的问题,那就是线程同步与通信。该线程与周期驱动线程的不同在于它的执行时间不是确定的,只有在它所要等待的资源可用时,它才会转入就绪态,否则就会被加入等待该资源的等待列表中。资源驱动线程函数结构如下:

```
void task(uint_32 initial_data)
{
    //初始化部分
    …
    while(1)
    {
        //调用等待资源函数
        //线程体部分
    }
}
```

初始化部分和线程体部分与之前两个类型的线程类似,主要区别就是在线程体执行之前会调用等待资源函数,以等待资源实现线程体部分的功能。仍以周期执行线程的系统为例,数据处理是在物理量采集完成后才能进行的操作,所以在系统中使用一个信号量用于两个线程之间的同步。当物理量采集线程完成时就会释放这个信号量,而数据处理线程一直在等待这个信号量,当等到这个信号量时,就可以进行下一步的操作。系统中的数据处理线程就是一个典型的资源驱动线程。

12.3.4　RTOS 下的编程实例

从应用开发角度,只要能够正确使用延时函数、事件、消息队列、信号量、互斥量等,就可以基本使用 RTOS 进行编程,本节的目的是让读者通过实例,快速了解 RTOS 下编程与 NOS 下编程的异同,快速了解延时函数、事件、消息队列、信号量、互斥量等的应用方法。这些实例基于上海睿赛德电子科技有限公司推出的国产实时操作系统 RT-Thread(Real Time-Thread),编程列表如表 12-1 所示。开发环境使用 AHL-GEC-IDE,硬件使用本书随附的 AHL-STM32L431。

表 12-1　RTOS 下编程实例列表

工　程　名	知识要素	程　序　功　能
..\CH12\RTOS\RTOS01-Delay	延时函数	软件控制红、绿、蓝各灯每 5s、10s、20s 的状态变化,对外表现为三色灯的合成色,经过分析,开始时为暗,依次变化为红、绿、黄(红+绿)、蓝、紫(红+蓝)、青(蓝+绿)、白(红+蓝+绿),周而复始

续表

工　程　名	知识要素	程　序　功　能
..\CH12\RTOS\RTOS02-Event	事件	当串口接收到一帧数据(帧头 3A＋4 位数据＋帧尾 0D 0A)即可控制红灯的亮暗
..\CH12\RTOS\RTOS03-MessageQueue	消息队列	每当串口接收到 1 字节,就将一条完整的消息放入消息队列中,消息成功放入队列后,消息队列接收线程(run_messagerecv)会通过串口(波特率设置为 115 200)打印出消息,以及消息队列中消息的数量
..\CH12\RTOS\RTOS04-Semaphore	信号量	当线程申请、等待和释放信号量时,串口都会输出相应的提示
..\CH12\RTOS\RTOS05-Mutex	互斥量	说明如何通过互斥量来实现线程对资源的独占访问,RTOS01-Delay 的样例工程,仍然实现红灯线程每 5s 闪烁一次、绿灯线程每 10s 闪烁一次和绿灯线程每 20s 闪烁一次。在 RTOS01-Delay 的样例工程中,红灯线程、蓝灯线程和绿灯线程有时会出现同时亮的情况(出现混合颜色),而本工程通过单色灯互斥量使得每一时刻只有一个灯亮,不出现混合颜色情况

12.4　嵌入式人工智能的简明实例

视频讲解

目前,人工智能的算法大多在性能较高的通用计算机上进行。但是,人工智能真正落地的产品却为种类繁多的嵌入式计算机系统。嵌入式人工智能就是指含有基本学习或推理算法的嵌入式智能产品。嵌入式物体认知系统就是嵌入式人工智能的应用实例之一。在此理念的基础上,苏州大学嵌入式人工智能与物联网实验室利用 STM32L431 微控制器,设计了一套原理清晰、价格低廉、简单实用的基于图像识别的嵌入式物体认知系统(Embedded Object Recognition System,EORS),命名为 AHL-EORS,可以作为人工智能的快速入门系统。

12.4.1　EORS 简介

1. 概述

基于图像识别的嵌入式物体认知系统是利用嵌入式计算机通过摄像头采集物体图像,利用图像识别相关算法进行训练、标记,训练完成后,可进行推理完成对图像的识别。AHL-EORS 主要目标用于嵌入式人工智能入门教学,试图把复杂问题简单化,利用最小的资源、最清晰的流程体现人工智能中"标记、训练、推理"的基本知识要素。同时,提供完整源码、编译及调试环境,期望达到"学习汉语拼音从啊(a)、喔(o)、鹅(e)开始,学习英语从 A、B、C 开始,学习嵌入式人工智能从物体认知系统开始"的目标。学生可通过本系统来获得人工智能的相关基础知识,并真实体会到人工智能的学习快乐,消除畏惧心理,使其敢于自行开发自己的人工智能系统。AHL-EORS 除了用于教学,本身亦可用于数字识别、数量计数等实际应用系统中。

2. 硬件清单

AHL-EORS 硬件清单如表 12-2 所示。

表 12-2　AHL-EORS 硬件清单

序号	名　　称	数量	功　能　描　述
1	GEC 主机	1 台	(1) 内含 MCU(型号:STM32L431)、5V 转 3.3V 电源等 (2) 2.8 英寸(240×320)彩色 LCD (3) 接口底板:含光敏、热敏、磁阻等,外设接口 UART、SPI、I2C、A/D、PWM 等
2	TTL-USB 串口线	1 根	两端标准 USB 口
3	摄像头	1 个	获取图像。LCD 显示图像的默认设置为 112×112(像素)大小

3. 硬件测试导引

产品出厂时已经将测试工程下载到 MCU 芯片中,可以进行 0~9 十个数字识别,测试步骤如下。

步骤 1:通电。 使用盒内双头一致 USB 线给设备供电。电压为 5V,可选择计算机、充电宝等的 USB 口(**注意:供电要足**)。

步骤 2:测试。 上电后,正常情况下,LCD 彩色屏幕会显示出图像,可识别盒子内"一页纸硬件测试方法"上的 0~9 数字,显示各自识别概率以及系统运行状态等参数,如图 12-10 所示。

图 12-10　AHL-EORS 初始上电检测书中"3"正确现象

4. EORS 的开发环境与电子资源

本系统的软件资源都已经打包到电子资源文件夹内,软件下载方式如表 12-3 所示。

表 12-3 AHL-EORS 软件清单

序号	软 件 名	备 注
1	金葫芦集成开发环境（AHL-GEC-IDE）	（1）下载地址：百度搜索"苏州大学嵌入式学习社区"官网,随后进入"金葫芦专区"→AHL-GEC-IDE （2）操作系统：使用 Windows 10 版本 （3）下载完成后,进入下载地址,双击打开"AHL-GEC-IDE.exe",根据安装界面提示,进行安装。推荐选择默认安装在 D 盘,默认安装文件夹为 D:\AHL-GEC-IDE
2	EORS 电子资源	百度搜索"苏州大学嵌入式学习社区"官网,随后进入"金葫芦专区"→AHL-EORS 下载,内含说明文档及源程序资源等

12.4.2 AHL-EORS 的数据采集与训练过程

以识别字母 A、B、C、D 为例,用户通过本样例熟悉并掌握完整的 AHL-EORS 中图像数据集采集与标记、模型的训练以及最终在主机上部署模型这 3 步过程。

1. 利用 PC 软件进行图像采集与标记过程

在安装完环境之后,将串口与 PC 相连,然后打开电子资源中的..\06-Tool\EORS_PC_DataReceive.exe 文件。该程序可以通过串口获取 MCU 上面的摄像头拍摄到的照片,然后保存到本地计算机,该过程也是人工智能中的"采集"过程。采集 1 张完整的图像数据后,系统会显示采集到的这张图像,如图 12-11 所示。

若显示的图像清晰且无其他干扰,满足采集要求,单击"确认保存"按钮,将本张图像添加到物体数据集中,否则单击"采集下一张"按钮,丢弃本张数据。在采集完成所有的该图像数据集之后,将所有的 txt 文本文件按照类别合并,存放在对应的 txt 格式文件中。最后将文件名改为对应的类别名 A.txt、B.txt、C.txt、D.txt。

2. 利用 PC 软件进行训练过程

采集完成之后便要将采集到的图片进行训练。单击打开资源文件夹内的..\06-Tool\EORS_PC_TrainModel\EORS_ModelTrain\ModelTrain_v1.0.exe 可执行文件,打开过程较为缓慢,打开时长大于 10s,具体时间与个人计算机的性能相关,请耐心等待不要多次单击。

训练模型首先需要读取数据集,可以先使用电子资源中已经提供的例程,该例程已预先存放在..\05-Dataset\gray\ABCD 路径下,此时单击对应每个类别的数据集后的"选择文件"按钮,选择对应的数据集文件。在确定每个类别的训练集与测试集之后,再继续选择模型构件的保存位置。单击模型生成路径后的"选择路径"按钮,选择模型输出的文件夹。最后单击"开始训练"按钮,系统便开始训练模型。训练结束后,模型的测试准确率将会在提示窗口中显示,如图 12-12 所示。

训练完成后,若对模型准确率不满意,可继续单击"开始训练"按钮,继续对模型训练,直到模型准确率趋于平稳或者准确率达到用户预期为止。需要重新训练或选取物体种类时,

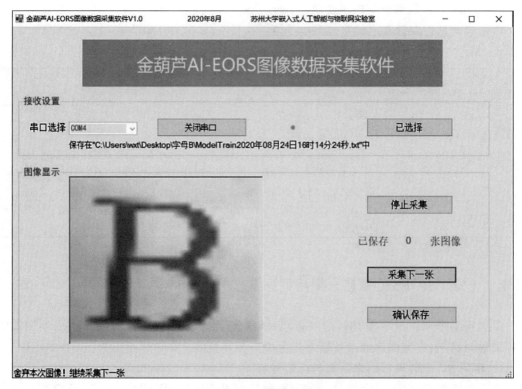

图 12-11　显示数据界面

图 12-12　训练过程的准确率显示信息

可单击左下角"返回"按钮,进入上一个界面。注意:返回后将丢失目前的模型和训练进度。

在得到用户满意的模型准确率之后,单击软件界面下方的"选择文件夹"按钮,选择指定的 AHL-EORS 推理工程,选择完毕后再单击"生成构件"按钮,更新工程推理模型参数构件,即对本次训练得到的网络模型进行再部署。

12.4.3　在通用嵌入式计算机 GEC 上进行的推理过程

用户此时可以选择电子资源中的 ..\04-Software\Predict_formwork 工程作为自己的样例工程,根据 12.4.2 节中所提到的模型参数构件的更新方法,将该工程变为具有识别 4 个字母功能的嵌入式工程,再重新编译烧录电子资源,系统便认识了这 4 个字母。此时,系统便"认识"了字母 B,如图 12-13 所示。

图 12-13　检测到字母 B

如想要进一步学习嵌入式物体认知系统的具体实现原理,可以参考 EORS 的电子资源文件夹内的快速指南。

12.5　NB-IoT 的应用简介

视频讲解

窄带物联网(Narrow Band Internet of Things,NB-IoT)是第三代合作伙伴计划(3rd Generation Partnership Project,3GPP)于 2016 年 5 月完成其核心标准制定的使用授权频段,只消耗大约 180kHz 带宽的一种蜂窝网络。它是主要面向智能抄表、智能交通、工厂设备远程测控、智能农业、远程环境监测、智能家居等应用领域的新一代物联网通信体系。NB-IoT 应用领域的数据通信具有以文本信息为主、流量不高、功耗敏感等特征。在此背景下,苏州大学利用 ARM Cortex-M4 内核的 STM32L431 系列微控制器,设计了以通用嵌入式计算机为核心,构件为支撑,工程模板为基础的 NB-IoT 应用开发生态系统,形成了 NB-IoT 技术基础与应用较为完整的知识要素体系,有效降低了 NB-IoT 应用开发技术的学习门槛。

12.5.1　NB-IoT 应用架构

从技术科学角度,NB-IoT 应用知识体系可分为终端(UE)、信息邮局(MPO)、人机交互系统(HCI)3 个有机组成部分。针对终端(UE),基于通用嵌入式计算机(GEC)的概念,将其软件分为 BIOS 与 User 两部分,使得 User 程序具有良好的可移植性与可复用性;针对信息邮局(MPO),将其抽象为固定 IP 地址与端口,并由此设计出云侦听程序模板;针对人机交互系统,设计出 Web 网页、微信小程序、手机 App 及 PC 客户端等模板,为"照葫芦画瓢"地进行具体应用提供共性技术。

NB-IoT 应用架构(Application Architecture)是从技术科学角度整体描述 NB-IoT 应用开发所涉及的基本知识结构,主要体现开发过程所涉及的微控制器(MCU)、NB-IoT 通信、人机交互系统等层次。

从应用层面来说,NB-IoT 应用架构可以抽象为 NB-IoT 终端(UE)、NB-IoT 信息邮局(MPO)、NB-IoT 人机交互系统(HCI)3 个组成部分,如图 12-14 所示。这种抽象为深入理解 NB-IoT 的应用层面开发共性提供理论基础。

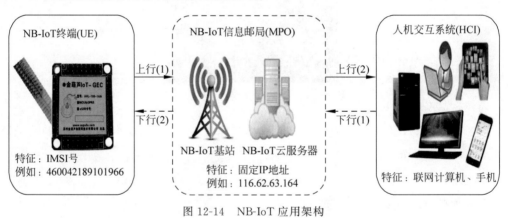

图 12-14　NB-IoT 应用架构

1. NB-IoT 终端

NB-IoT 终端(Ultimate-Equipment,UE)是一种以微控制器(MCU)为核心,具有数据采集、控制、运算等功能,带有 NB-IoT 通信功能,甚至包含机械结构,用于实现特定功能的软硬件实体。UE 一般以 MCU 为核心,辅以通信模组及其他输入输出电路构成。其中,MCU 负责数据采集、处理、分析,干预执行机构,以及与通信模组的板内通信连接;通信模组将 MCU 的板内连接转为 NB-IoT 通信,以便借助基站与远程服务器通信。UE 甚至可以包含短距离无线通信机构,与其他物联网节点实现通信。

2. NB-IoT 信息邮局

NB-IoT 信息邮局(Message Post Office,MPO)是一种基于 NB-IoT 协议的信息传送系统,由 NB-IoT 基站 eNodeB(eNB)与 NB-IoT 云服务器组成。在 NB-IoT 终端与 NB-IoT 人机交互系统之间起到信息传送的桥梁作用,由信息运营商负责建立与维护。

信息邮局中的云服务器(Cloud Server,CS),可以是一个实体服务器,也可以是几处分散的云服务器。对编程者来说,它就是具体信息侦听功能的固定 IP 地址与端口。这是要向信息邮局运营商或第二方机构申请并交纳费用的。

云侦听程序(CS-Monitor)是运行在云服务器上的、负责侦听终端和人机交互系统(包括 PC 客户端、Web 网页、微信小程序及手机 App 软件等)、并对数据进行接收、存储和处理的程序。可以形象地理解,云服务器"竖起耳朵"侦听着 UE 发来的数据,一旦"听"到数据,就把它接收下来,因此称之为 CS-Monitor。

3. NB-IoT 人机交互系统

NB-IoT 人机交互系统(Human-Computer Interaction,HCI)是实现人与 NB-IoT 信息邮局(NB-IoT 云服务器)之间信息交互、信息处理与信息服务的软硬件系统。目标是使人们能够利用个人计算机、笔记本电脑、平板电脑、手机等设备,通过 NB-IoT 信息邮局,实现获取 NB-IoT 终端的数据,并可实现对终端的控制等功能。

从应用开发角度来看,人机交互系统就是与信息邮局的固定 IP 地址与端口打交道,通过这个固定 IP 地址与端口,实现与终端 UE 的信息传输。

12.5.2　AHL-NB-IoT 开发套件简介

1. AHL-NB-IoT 开发套件设计思想

AHL-NB-IoT 开发套件的**关键特点在于完全从实际产品可用角度设计终端 UE 板**,一般"评估板"与"学习板",仅为学习而用,并不能应用于实际产品。该套件的软件部分给出了各组成要素的较为规范的模板,且注重文档撰写。同时,根据多年使用诸多评估板的经验教训,在设计时尽可能地考虑周全,方便开发者使用。设计思想及基本特点主要有**立即检验 NB-IoT 通信状况、透明理解 NB-IoT 通信流程、实现复杂问题简单化、兼顾物联网应用系统的完整性、考虑组件的可增加性及环境多样性、考虑"照葫芦画瓢"的可操作性**。

(1) **立即检验 NB-IoT 通信状况**。针对一般评估板难以立即检验的缺点,在出厂时,该套件的终端内部 MCU 中的 Flash 已驻留了初始模板程序,该程序可立即上电运行,可以完全满足立即检验的要求。可显示基站搜索过程、信号强度、芯片温度、通信过程等信息,由此可确定开发套件硬件的完好性以及检测地的基站状况。

(2) **透明理解 NB-IoT 通信流程**。针对一般评估系统只提供 NB-IoT 通信的 AT 指令,且不同通信模组 AT 指令不同的状况,该开发套件把硬件、软件及文档作为一个整体来对待。为此,打通了 NB-IoT 通信流程、提供终端收发功能、读者计算机侦听功能的初始模板工程源代码及文档,以便读者可以透明理解 NB-IoT 通信流程。

(3) **实现复杂问题简单化**。针对在一般评估系统上学习 NB-IoT 应用开发时,具有知识颗粒度小及碎片化的情况,本开发套件根据嵌入式软件工程的基本原则设计了各种类型的底层驱动构件及高层类,可供开发者调用,实现复杂问题简单化。例如,针对终端 UE 的通信编程,把 NB-IoT 通信封装成 UECom 构件,使得应用层设计者可以不必掌握 TCP/IP、UDP 等网络协议,避开复杂通信问题,直接调用 UECom 构件的对外接口函数,就可以完整实现 NB-IoT 通信。与之相对应,针对人机交互系统(HCI)的通信编程,把 NB-IoT 通信封装成 HCICom 类,供开发者直接使用。同时,给出了底层及高层软件模板与测试样例。这些工作,把复杂问题封装成构件、类,使得应用开发者可以专注于应用层面的设计开发,屏蔽了 MCU 的型号与内部细节,目的是不需要每个项目开发一个"小计算机",而是已经有一个

"小计算机",应用级设计基于此而展开,可以有效降低技术难度、减少工作量、提高设计效率与稳定性。

(4) **兼顾物联网应用系统的完整性**。针对一般评估系统只注重提供硬件评估板以及极少的底层软件参考,本开发套件注重物联网应用系统的完整性,从完整知识体系角度来进行NB-IoT 应用开发。物联网的本质是将物体信息接入互联网,移动互联网是物联网的重要表现形式。因此,物联网应用系统包含终端用户程序、云服务器上的数据侦听程序、数据存入数据库的操作、Web 网页程序、微信小程序、手机 App 软件等,本开发套件提供这些模板,以便基于这些模板实现快速开发。

(5) **考虑组件的可增加性及环境多样性**。针对一般评估系统缺少软件架构,难以提供应用分层与扩展结构的情况,本套件基于分层的 NB-IoT 应用架构,提供了 MCU 端应用构件的增加机制与制作原则,为应用扩展提供基础。在 PC 端、手机端也提供了相应的增加机制与制作原则。同时,考虑了开发环境的可移植性,以便适应开发环境的多样性。

(6) **考虑"照葫芦画瓢"的可操作性**。针对一般评估系统缺少用户开发体验性的样例,使得开发者不得不花费大量时间自我琢磨的情况,本套件不仅给出各种标准模板("葫芦"),还给出使用这些模板的基本步骤(即给出"照葫芦画瓢"的方法),以便进一步降低物联网开发的技术门槛,使得更多的技术人员可以从事物联网应用系统的开发,为实现实时计算、终端智能化、云计算、大数据分析等综合应用提供坚实基础,推动物联网应用的普及化。

2. AHL-NB-IoT 开发套件硬件组成

AHL-NB-IoT 开发套件(Auhulu NB-IoT Development Kit,AIDK)的硬件部分由AHL-NB-IoT、TTL-USB 串口线、扩展底板、彩色 LCD 等部分组成,如图 12-15 所示。

(a) AHL-NB-IoT

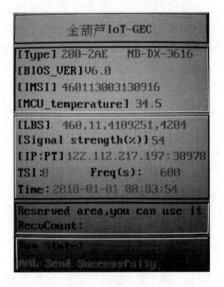

(c) 彩色LCD

(b) TTL-USB串口线

图 12-15　AHL-NB-IoT 开发套件硬件组成

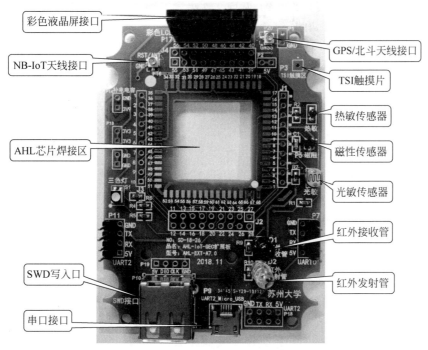

(d) 扩展底板

图 12-15 （续）

AHL-NB-IoT 的硬件设计目标是将 MCU、通信模组、电子卡、MCU 硬件最小系统等形成一个整体，集中在一个 SoC 芯片上，能够满足大部分终端产品的设计需要。AHL-NB-IoT 内含电子卡，在业务方面包含一定流量费。在出厂时含有硬件检测程序（基本输入输出系统 BIOS＋基本用户程序），当用户获得该芯片，直接供电即可运行程序，实现联网通信。AHL-NB-IoT 的软件设计目标是把硬件驱动按规范设计好并固化于 BIOS，提供静态连接库及工程模板（"葫芦"），可节省开发人员大量时间，同时给出与人机交互系统（HCI）的工程模板级实例，为系统整体的连通提供示范。

3. AHL-NB-IoT 开发套件软件资源

AHL-NB-IoT 电子资源中含有 6 个文件夹：01-Infor、02-Doc、03-Hard、04-Soft、05-Tool、06-Other，内容索引如表 12-4 所示。

表 12-4 AHL-NB-IoT 电子资源主要内容

文 件 夹	主 要 内 容	说 明
01-Infor	MCU 芯片参考手册	本 GEC 使用的 MCU 基本资料
02-Doc	金葫芦 AHL-NB-IoT 快速开发指南	供快速入门使用
03-Hard	AHL-GEC 芯片对外接口	使用 GEC 芯片时需要的电路接口
04-Soft	软件"葫芦"及样例	内含 UE 及 HCI 等下级文件夹
05-Tool	基本工具	含 TTL-USB 串口驱动、串口助手等
06-Other	C♯ 快速应用指南等	供 C♯ 快速入门使用

需要特别说明的是，04-Soft 文件夹存放了 AHL-NB-IoT 的主要配套源程序及用户程

序更新软件,包含 UE 和 HCI 文件夹。UE 文件夹含有终端的参考程序 User_NB-IoT 及用户程序更新软件 AHL-GEC-IDE 等。HCI 文件夹内含 HCI 的侦听程序、Web 网页、微信小程序、手机 App 软件框架及相关软件组件。有了这些配套程序、常用软件,再加上 AHL-NB-IoT 快速开发指南,就可以帮助读者迅速了解金葫芦工程框架,增大了 IoT 开发编程颗粒度,降低了开发难度。

4. 硬件测试导引

产品出厂时已经将测试工程下载到 MCU 芯片中,可以连接上 IP 为 116.62.63.164、端口为 20000 的云服务器,测试步骤如下。

步骤一:通电。使用盒内双头一致的 USB 线给开发套件供电,注意不能接错口。正确的接法如图 12-16 所示。电压为 5V,可选择计算机、手机充电器、充电宝等的 USB 口(注意:供电要足),不要使用其他的 USB 口供电,否则有烧坏的可能。

步骤二:观察。上电之后,正常情况下,如图 12-16 液晶屏显示,AHL-NB-IoT 上红灯亮,同时 LCD 屏显示初始数据,并显示 AHL Send Successfully 字样;若显示 AHL link base error 字样,请将设备置于开阔地带上电,以保证信号源稳定,若仍旧无法连接成功,可联系当地电信运营商咨询附近是否部署 NB 基站。

图 12-16　电源正确接线以及屏幕显示

12.5.3　NB-IoT 的数据传输

为了让读者快速体验 NB-IoT 的通信流程,本节将简单介绍如何通过微信小程序、Web 网页以及客户端程序等来查看苏州大学 NB-IoT 终端(简称苏大终端)的数据,让读者从感性上先认识一下 NB-IoT 的通信过程。

1. 通过微信小程序体验数据传输

为了方便读者体验,作者发布了一个可以获取终端数据、并可对终端进行干预的微信小程序"窄带物联网教材"。运行方法是:在安装了微信的手机上,通过微信扫一扫如图 12-17 所示的二维码,即可访问 NB-IoT 微信小程序。也可以打开手机微信,选择"发现"选项卡,进入小程序模块,搜到"窄带物联网教材"后,单击即可访问。微信小程序运行后,将进入微信小程序主页面,"实时数据"页面主要是显示苏大终端实时发来的数据,可以观察到这些数据是在变化的(正常情况下苏大的 3 个终端会每隔 2min、5min、10min 上传数据)。"实时曲线"页面主要是以折线图的方式展示收到的苏大终端实时数据变化情况。

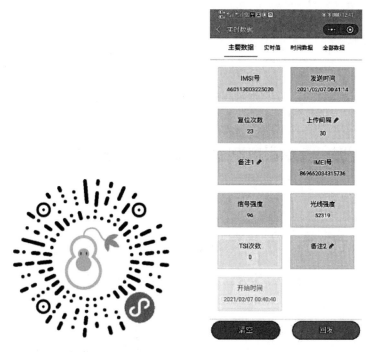

图 12-17　AHL-NB-IoT 微信小程序

2. 通过网页体验数据传输

通过 Chrome、IE 等浏览器(由于网站兼容性问题,建议使用谷歌或 IE10 以上浏览器),进入"苏州大学嵌入式学习社区"主页,随后进入"金葫芦专区"→"窄带物联网教材"→单击"金葫芦 Web 实时数据网页"即可进入已经发布的 NB-IoT 开发套件的 Web 网页。单击"实时数据"菜单进入实时数据页面,如图 12-18 所示。

3. 通过客户端体验数据传输

为了读者体验方便,针对苏大终端,已经运行云侦听程序。此时,读者可以直接运行客户端程序来观察苏大终端的实时数据,方法如下。

(1)参考电子资源中开发环境的安装说明,安装 Visual Studio 2019(简称 VS2019),若已经安装,本步骤略。

(2)在已经下载本书电子资源的前提下,双击运行电子资源中的..\04-Soft\ch01-1\Client\bin\Debug\AHL-IoT.exe 文件。

正常情况下,会出现如图 12-19 所示的界面,间隔几分钟,可以看到苏大终端上传的一条最新实时数据。

如想要进一步 NB-IoT 的原理知识,可以参考《窄带物联网技术基础与应用》一书。

图 12-18　Web 模板实时数据

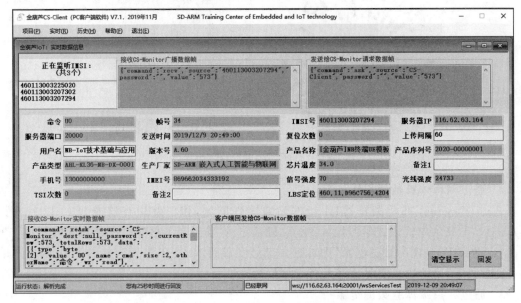

图 12-19　CS-Client 实时数据窗体

视频讲解

12.6　4G、Cat1、WiFi 及 WSN 的应用

本节给出 4G、Cat1、WiFi 及 WSN 的简明实例,使读者粗略了解这 4 方面的嵌入式应用。

12.6.1　4G 通信

第四代移动通信技术(The Fourth Generation of Mobile Phone Mobile Communication

Technology Standards，4G)具有通信速度快、智能化、兼容性强等特点。基于 4G 通信技术的广泛应用前景，苏州大学利用 ARM Cortex-M4 内核的 STM32L431 系列微控制器研发了基于 4G 通信技术的开发套件，它使用 4G 通信技术来传输数据，其应用架构类似于 NB-IoT，通过将 AT 指令屏蔽在内部并封装成 UECom 构件，利用 AT 指令完成初始化、发送、接收等功能，实现 MCU 与通信模组的通信，使读者可以像使用 NB-IoT 开发套件一样方便使用 AHL-4G 开发套件。

在 4G、NB-IoT 等通信模组中，终端的数据直接送向具有固定 IP 地址的计算机，本书把具有固定 IP 地址的计算机一律称为云平台，云侦听程序(CS-Monitor)需要运行在云平台上，才能正确接收终端的数据，并建立上下行通信。但是在实际应用中，有时没有这样的"一朵云"。为了解决这个问题，使得没有"一朵云"的情况下，也能顺利进行 NB-IoT 等实践，这里利用 SD-ARM 租用的固定 IP 地址 **116.62.63.164**(域名为 **suda-mcu.com**)，拿出 **7000～7009 十个端口**，服务于 **NB-IoT 等通信实践**，这个服务器简称为"苏大云服务器"。在此服务器上，运行了内网穿透软件快速反向代理(Fast Reverse Proxy，FRP[①])的服务器端，将固定 IP 地址与端口"映射"到读者计算机上。读者若要进行相关实践，可以参阅电子资源中的补充阅读材料配置好 FRP 客户端，就可像使用云平台一样，在自己的计算机上运行云侦听程序(CS-Monitor)。

测试时，只需要运行该套件电子资源中的 CS-Monitor 工程，当终端重新启动后，出现发送数据成功的提示 AHL Send Successfully，就可以在 CS-Monitor 中看到终端发来的数据，如图 12-20 所示。CS-Monitor 程序还提供了实时曲线、历史数据、历史曲线、终端基本参数配置、程序使用说明和退出等功能。

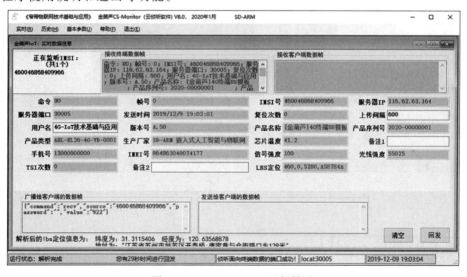

图 12-20　CS-Monitor 运行情况

---

① 内网穿透即网络地址转换(Network Address Translation，NAT)，其主要功能是实现外网与内网的连接通信，在这种情况下，外网可以访问内网应用。同样，内网也可以将应用发布到外网中去。FRP 是一款开源免费且易用的内网穿透工具，可免费用于教学与基本测试，该工具符合 Apache License 2.0 协议，可以快速搭建自己的内网服务器(本机)，并且不受端口限制。Apache Licence 2.0 是著名的非营利开源组织 Apache 采用的协议，鼓励代码共享和尊重原作者的著作权，允许代码修改，再发布(作为开源或商业软件)。

12.6.2 Cat1 通信

Cat1 全称是 LTE UE-Category 1,是 3GPP 在 LTE(Long Term Evolution)下按照用户终端类别将 LTE 网络重新划分,为了让 LTE 能为不同用户提供不同等级的网络服务能力,是通用分组无线服务技术(General Packet Radio Service,GPRS)[①]的升级版本,是 4G 场景下的数据通信业务。由于 Cat1 基于现有的 LTE 网络,复用现有 LTE 资源,不需要增加额外投资,因此,它有着比 NB-IoT 更好的网络覆盖,更快的速度,更低的延时;又有着比 4G 更低的成本,更低的功耗,而且 Cat1 芯片及模组的成熟度更高,能够在短时间内形成规模效应。因此在此背景下,苏州大学嵌入式人工智能与物联网实验室研发了 AHL-Cat1 开发套件。

AHL-Cat1 套件由于出厂时已经将基本测试程序烧录到开发板中,利用该套件,只要打开 FRP 使自己的计算机变成"一朵云",即可运行电子资源中的 CS-Monitor 工程,运行后如图 12-21 所示。正常情况下,LCD 彩色屏幕会显示出 BIOS、USER 的版本、ISMI 号、MCU 的温度、基站信息和信号强度等参数。

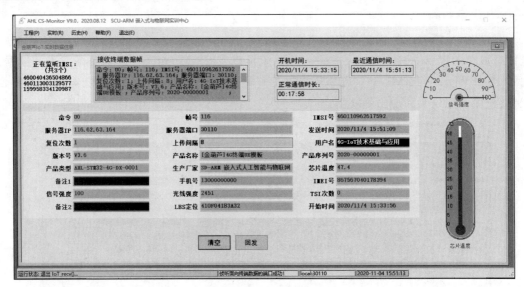

图 12-21   CS-Monitor 正常接收数据示意图

12.6.3 WiFi 通信

WiFi(Wireless Fidelity)又称为 IEEE 802.11b 标准,是 WiFi 联盟于 1999 年推出的一种商业认证,是一种基于 IEEE 802.11 标准的无线局域网技术,是当今使用最广的一种短距离无线网络传输技术。WiFi 具有费用低、带宽高、信号强、功耗低、传输速度快、覆盖范围

---

①   GPRS:是 GSM 移动电话用户可用的一种移动数据业务,属于 2G 通信中的数据传输技术。可以把 GPRS 看成 GSM 的延续。它是以封包(Packet)式来传输,其速率最高为 100kb/s 左右。

广、连接便捷等特点,但也存在通信质量不高、数据安全性能差、传输质量弱等不足之外。依"照葫芦画瓢"的思想,类比 NB-IoT 应用架构,WiFi 应用架构同样可以抽象为 WiFi 终端、WiFi 信息邮局、WiFi 人机交互系统 3 个组成部分,如图 12-22 所示。

图 12-22 WiFi 应用架构

AHL-WiFi 开发套件是在金葫芦 WiFi 应用架构基础上,研发的一套软硬件系统。AHL-WiFi 套件包括了一块 AHL-WiFi 终端开发板、一根 TTL 转 USB 串口线、一根 microUSB 串口线和若干杜邦线,套件硬件如图 12-23 所示。

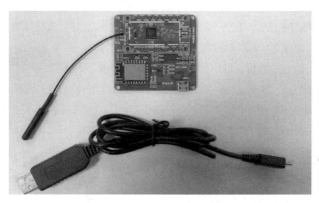

图 12-23 AHL-WiFi 开发套件

WiFi 通信不同于 NB-IoT 通信,它的信息邮局的邮箱需要自己搭建。由于终端使用的是 2.4GHz 的频段,因此接入点也必须工作在 2.4GHz 的频段。所以,首先需要提供一个 2.4GHz 的频段的 WiFi 热点。配置完接入点后,需要修改终端中的接入点信息,才能让 UE 找到"信箱"。然后,利用开发环境 AHL-GEC-IDE 编译修改完成后的 User 程序,并下载更新终端。最后配置、运行 CS-Monitor,如图 12-24 所示,IMSI 号和 IMEI 号相同且为一个 15 位字母数字混合的字符串,信号强度为 0(因为不存在基站,所以无法获取信号强度)。至此,AHL-WiFi 模板程序通信流程打通。

12.6.4 WSN

无线传感器网络(Wireless Sensor Networks,WSN)是一种具有数据采集、处理和传输功能的分布式网络,它的末梢由大量微型、廉价、具有无线通信和感知能力的传感器节点组

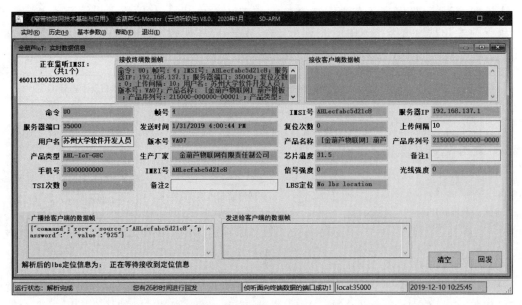

图 12-24　WiFi 通信流程打通后的 CS-Monitor 界面

成,通过无线通信方式以自组织和多跳的方式进行组网。相比 NB-IoT,WSN 具有低功耗、低成本、自组网、分布式等特点,在军事、交通、医疗、环保、工业、农业、物流、家居等许多领域具有广泛的应用价值。鉴于 WSN 的优势,作者也研发了基于 WSN 的开发套件,它采用无线通信方式来传输数据,在 AHL-GEC 框架基础上,继承其硬件直接可测性、用户软件编程快捷性与可移植性等特点,使得读者可以像使用 NB-IoT 一样使用 WSN。

　　AHL-WSN 开发套件的硬件部分由 AHL-WSN-PCNode、AHL-WSN-TargetNode、TTL-USB 串口线等部分组成,如图 12-25 所示。

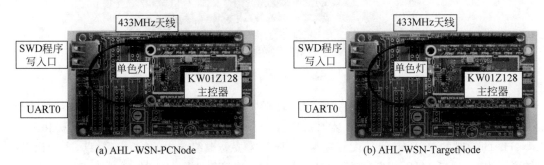

(a) AHL-WSN-PCNode　　　　　　　　　(b) AHL-WSN-TargetNode

图 12-25　AHL-WSN 开发套件硬件组成

　　AHL-WSN 的硬件设计目标是将 MCU 及最小系统、射频收发器电路等形成一个整体,集中在一个 SoC 芯片上,能够满足 WSN 产品的设计需要。AHL-WSN 通信无须收费,网络为自组网,WSN 各个节点间通过 433MHz 频段进行无线通信。

　　测试该硬件需要一块 AHL-WSN-PCNode、一块 AHL-WSN-TargetNode 和一根串口线。将 AHL-WSN- PCNode 上电,小灯闪烁,并将其 UART0 通过串口线(从板 TX 端开始依次为白线、绿线、红线和黑线)与 PC 相连,两节点间距离建议不超过 50m。打开电子资源目录下的..\04-Soft\ch10-5\PCNode-TargetNode\bin\Debug 文件夹下的 KW01.exe 文件,单击"检测 PC 节点"按钮,PC 节点状态显示为 COMx: PCNode,则连接成功,否则连接失败,连接失败请检查串口驱动是否正确。

单击测试程序中的"关闭小灯"按钮,按钮文字变为"打开小灯",PCNode 将命令 LightOff 作为数据通过无线通信发送给 TargetNode 节点,TargetNode 接收命令后回发该条数据,并将自身的小灯熄灭;在测试程序中单击"打开小灯"按钮,按钮文字变为"关闭小灯",PCNode 将命令 LightOn 作为数据通过无线通信发送给 TargetNode 节点,TargetNode 接收命令后回发该条数据,并将自身的小灯点亮。最终,PCNode 将 TargetNode 节点回发的数据通过串口发送至测试程序,如图 12-26 所示。

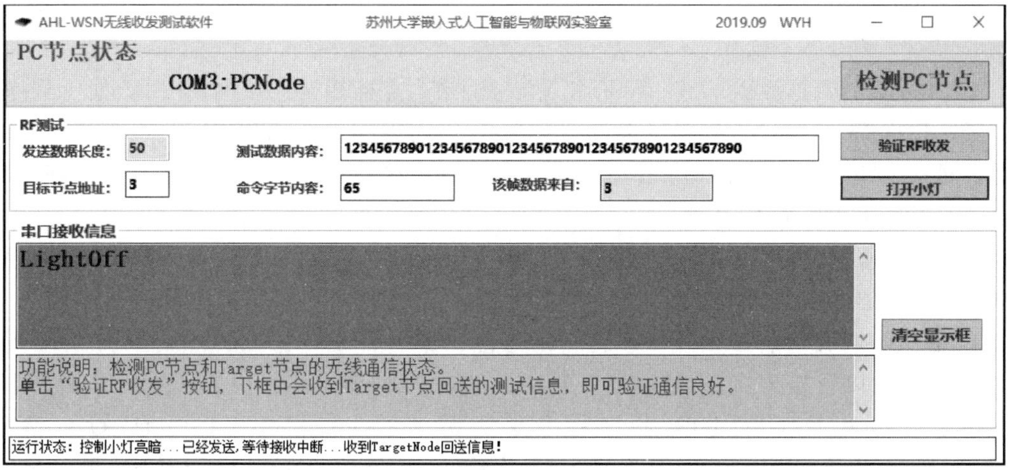

(a) 打开小灯情况

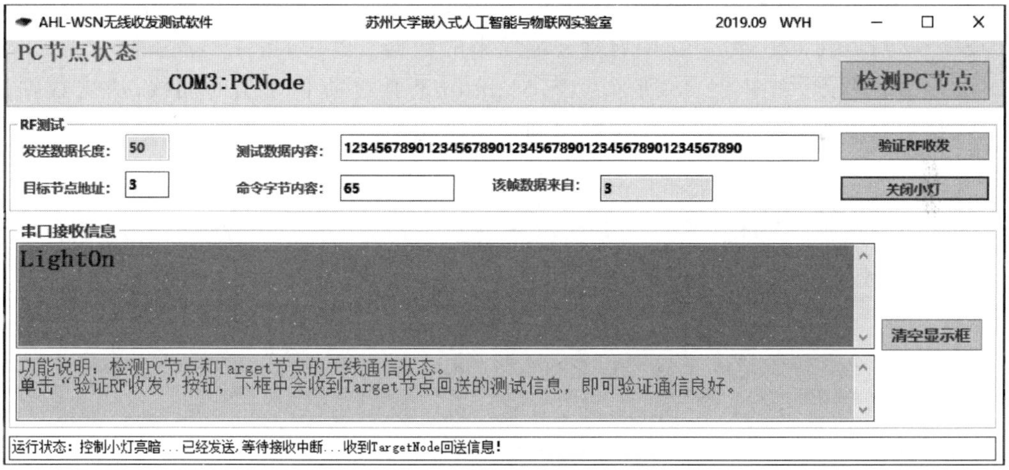

(b) 关闭小灯情况

图 12-26 AHL-WSN 通信测试程序测试结果

12.6.5 WiFi 与 WSN 相结合系统

AHL-WSN 能够采集大范围、多测量点的数据,可以将这些数据汇总至 PC 端,需要结合 AHL-WiFi,将 AHL-WSN 接入金葫芦通信框架,整体结合的应用通信框架如图 12-27 所示。

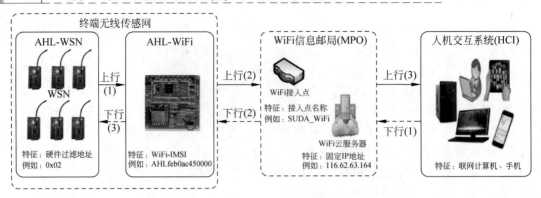

图 12-27　AHL-WSN 与 AHL-WiFi 结合应用通信框架

　　WSN 采集的数据经由 AHL-WiFi 汇总后,由接入点连接至广域网,并由云侦听程序接收且存入数据库,同时推送至各个人机交互系统。因此,本书也给出 WiFi 与 WSN 相结合的物联网系统实例的运行测试方法,实现两个 WSN 节点芯片温度经由 AHL-WiFi 网关节点发送到云侦听程序 CS-Monitor 上。

　　运行该模板,硬件上需要两块 AHL-WSN 节点、一块 AHL-WiFi 网关节点、一根串口线以及一台能够联网的 PC。3 个节点均正常上电,三者两两之间距离建议不超过 50m,其中,AHL-WiFi 网关节点必须在 PC 热点覆盖范围中。首先根据前面所讲的分别配置好 WiFi 热点信息以及接入信息,然后更新两块 AHL-WSN 节点和一块 AHL-WiFi 网关节点的程序。启动 AHL-GEC-IDE,分别将电子资源中的 User-WSN-Target1、User-WSN-Target1、User-WiFi-WSN 工程的程序下载到 User-WSN-Target1、User-WSN-Target2 和 AHL-WiFi 节点中。再配置好 FRP,运行 CS-Monitor 程序,等待终端数据上传,终端数据上传成功后,可以在 CS-Monitor 中看到终端发来的数据。其中,备注 1 及备注 2 就是两个 WSN 节点芯片温度,如图 12-28 所示。CS-Monitor 程序还提供了实时曲线、历史数据、历史曲线、终端基本参数配置、程序使用说明和退出等功能。

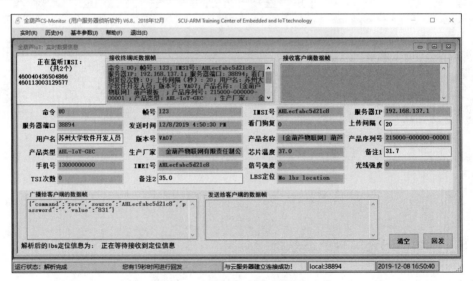

图 12-28　CS-Monitor 侦听到终端数据

参 考 文 献

［1］ Free Software Foundation Inc. Using as the GNU assembler［Z］. Version 2. 11. 90.［S. 1；s. n. ］,2012.

［2］ NATO Communications and Information Systems Agency. NATO standard for development of reusable software components［S］.［S. 1. ；s. n. ］,1991.

［3］ ARM. ARMv7-M architecture reference manual［Z］.［S. 1. ；s. n. ］,2014.

［4］ ARM. ARM Cortex-M4 processor revision：r0p1 technical reference manual［Z］.［S. 1. ；s. n. ］,2015.

［5］ ARM. Cortex-M4 devices generic user guide［Z］.［S. 1. ；s. n. ］,2010.

［6］ BRYANT R E,O'HALLARON D R. Computer systems：a programmer's perspective［M］. 3rd ed. Upper Saddle River：Pearson Prentice Hall,2016.

［7］ ST. STM32L431xx datasheet Rev. 3［Z］.［S. 1. ；s. n. ］,2018.

［8］ ST. STM32L4xx reference manual Rev. 4［Z］.［S. 1. ；s. n. ］,2018.

［9］ JOSEPH Y. ARM Cortex-M3 与 Cortex-M4 权威指南［M］. 吴常玉,曹孟娟,王丽红,译. 3 版. 北京：清华大学出版社,2015.

［10］ 王宜怀,吴瑾,文瑾. 嵌入式技术基础与实践——ARM Cortex-M0＋KL 系列微控制器［M］. 4 版. 北京：清华大学出版社,2017.

［11］ 王宜怀,许粲昊,曹国平. 嵌入式技术基础与实践——基于 ARM-Cortex-M4F 内核的 MSP432 系列微控制器［M］. 5 版. 北京：清华大学出版社,2019.

［12］ 王宜怀,张建,刘辉,等. 窄带物联网 NB-IoT 应用开发共性技术［M］. 北京：电子工业出版社,2019.

［13］ 王宜怀,李跃华. 汽车电子 KEA 系列微控制器——基于 ARM Cortex-M0＋内核［M］. 北京：电子工业出版社,2015.

［14］ JACK G. 嵌入式系统设计的艺术［M］. 2 版. 北京：人民邮电出版社,2009.

［15］ 上海睿赛德电子科技有限公司. RT-THREAD 编程指南［Z］.［S. 1. ；s. n. ］,2019.

［16］ 王宜怀,刘长勇,帅辉明. 窄带物联网技术基础与应用［M］. 北京：人民邮电出版社,2020.

图 书 资 源 支 持

感谢您一直以来对清华版图书的支持和爱护。为了配合本书的使用,本书提供配套的资源,有需求的读者请扫描下方的"书圈"微信公众号二维码,在图书专区下载,也可以拨打电话或发送电子邮件咨询。

如果您在使用本书的过程中遇到了什么问题,或者有相关图书出版计划,也请您发邮件告诉我们,以便我们更好地为您服务。

我们的联系方式:

地　　址:北京市海淀区双清路学研大厦 A 座 714

邮　　编:100084

电　　话:010-83470236　010-83470237

客服邮箱:2301891038@qq.com

QQ:2301891038(请写明您的单位和姓名)

资源下载:关注公众号"书圈"下载配套资源。

资源下载、样书申请

书圈

获取最新书目

观看课程直播